Schnittpunkt 7

Mathematik für Realschulen
Rheinland-Pfalz

Joachim Böttner
Rainer Maroska
Achim Olpp
Rainer Pongs
Claus Stöckle
Hartmut Wellstein
Heiko Wontroba

bearbeitet von
Karin Hantschel, Koblenz
Andreas Müller, Koblenz
Volker Müller, Isenburg

Ernst Klett Verlag
Stuttgart · Leipzig

Schnittpunkt 7, Mathematik für Realschulen, Rheinland-Pfalz

Begleitmaterial:
Lösungsheft (ISBN 978-3-12-742673-1)
Arbeitsheft plus Lösungsheft (ISBN 978-3-12-742676-2)
Arbeitsheft plus Lösungsheft mit Lernsoftware (ISBN 978-3-12-742677-9)
Schnittpunkt Kompakt, Klasse 5/6 (ISBN 978-3-12-740358-9)
Schnittpunkt Kompakt, Klasse 7/8 (ISBN 978-3-12-740378-7)
Kompetenztest 2, Klasse 7/8 (ISBN 978-3-12-740487-6)
Formelsammlung (ISBN 978-3-12-740322-0)

1. Auflage 1 5 4 3 2 | 11 10 09 08

Autoren: Joachim Böttner, Rainer Maroska, Achim Olpp, Rainer Pongs, Claus Stöckle, Prof. Dr. Hartmut Wellstein, Heiko Wontroba
bearbeitet von: Agathe Bachmann, Benita Banach, Christof Birkendorf, Berthold Grimm, Karin Hantschel, Marion Koch, Paul Krahe, Andreas Müller, Volker Müller, Rainer Pongs, Kathrein Schadow
Redaktion: Annette Thomas, Katja Biallaß

Zeichnungen / Illustrationen: Uwe Alfer, Waldbreitbach
Bildkonzept Umschlag: SoldanKommunikation, Stuttgart
Umschlagfoto: Klaus Mellenthin, Stuttgart

Reproduktion: Meyle + Müller, Medien-Management, Pforzheim
DTP / Satz: media office gmbh, Kornwestheim
Druck: Druckhaus Götz GmbH, Ludwigsburg
Printed in Germany

ISBN 978-3-12-742671-7

9 783127 426717

Willkommen im Schnittpunkt

Liebe Schülerin, lieber Schüler,

der Schnittpunkt soll dich in diesem Schuljahr beim Lernen begleiten und unterstützen. Damit du dich jederzeit zurecht findest, wollen wir dir ein paar Hinweise geben.

Zu Beginn des Buches findest du **Basiswissen** aus den letzten Schuljahren zum Nachschlagen und Auffrischen.

Jedes neue Kapitel beginnt mit einer **Doppelseite**, auf der es viel zu entdecken und auszuprobieren gibt und auf der du nachlesen kannst, was du in diesem Kapitel lernen wirst. Innerhalb der Kapitel wirst du vor allem die **Aufgaben** bearbeiten – gemeinsam mit anderen oder allein.

Auf vielen Aufgabenseiten findest du bunt hervorgehobene Kästen, die Verschiedenes bieten:

- Wichtige mathematische Methoden und Vorgehensweisen, die du immer wieder brauchen wirst.
- Informationen, Daten und Diagramme zu einem interessanten Thema sowie einige Fragestellungen, zu denen du Antworten und Fragen finden kannst.
- Den Anstoß zu einer ausführlichen Beschäftigung mit einem Thema, bei dem es einiges zu entdecken gibt.
- Wissenswertes aus alter Zeit.
- Schaufenster in die Mathematik mit Interessantem, Staunenswertem, mit Spielen, Bastelideen, Gedankenexperimenten und echten Knobelnüssen.

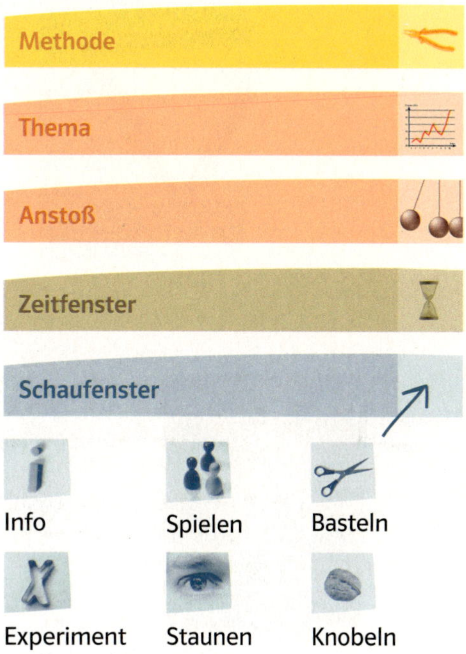

Am Ende jedes Kapitels findest du in der **Zusammenfassung** noch einmal alles, was du dazugelernt hast. Hier kannst du dich für Klassenarbeiten fit machen und jederzeit nachschlagen. Unter **Üben • Anwenden • Nachdenken** sind Aufgaben zum Üben, Weiterdenken und Anknüpfen an früher Gelerntes zusammengestellt.
Die letzte Seite des Kapitels, der **Rückspiegel**, bietet dir eine Aufgabenauswahl, mit der du dein Wissen und Können testen kannst. Links findest du die leichteren, rechts die schwierigeren Aufgaben. Wenn du einen Aufgabentyp schon sehr gut beherrschst, kannst du nach rechts springen, wenn dir eine Art von Aufgaben noch Schwierigkeiten bereitet, wechselst du auf die linke Seite. Die Lösungen zu diesen Aufgaben findest du alle am Ende des Buches.

Manche Aufgaben haben eine blaue Aufgabenziffer. Bei diesen musst du ein bisschen länger überlegen oder brauchst eine gute Idee.

Und jetzt wünschen wir dir viel Spaß und Erfolg!

Inhalt

38%

Basiswissen | Kreis und Winkel, rationale Zahlen

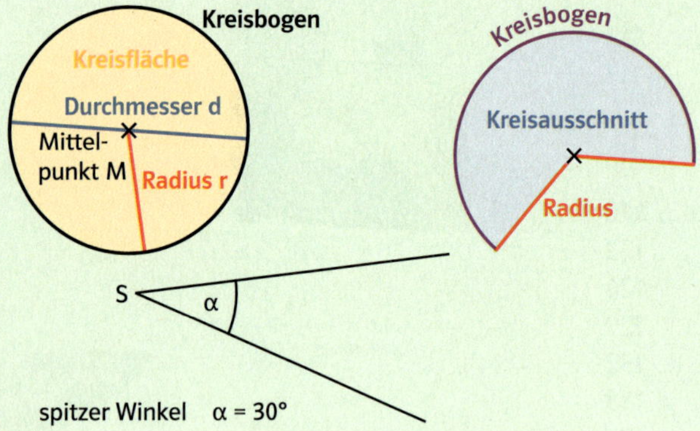

Alle Punkte des Kreises sind gleich weit vom Mittelpunkt entfernt. Es gilt: $d = 2 \cdot r$.
Ein **Winkel** wird von zwei **Schenkeln** mit gemeinsamem Anfangspunkt S begrenzt. Der Punkt S heißt **Scheitel** des Winkels.
Winkelgrößen misst man in **Grad** (kurz: °).
Winkel werden nach ihrer Größe eingeteilt. Es gibt **spitze** (kleiner als 90°), **rechte** (90°), **stumpfe** (zwischen 90° und 180°), **gestreckte** (180°), **überstumpfe** (zwischen 180° und 360°) und **volle** Winkel (360°).

1 Zeichne je einen Kreis.
r = 2,0 cm r = 45 mm d = 6,0 cm

2 Zeichne je einen Winkel mit
45°; 90°; 135°; 240° und 310°.
Um welche Winkelarten handelt es sich?

3 In wie viele Teile wurde zerlegt?
Benenne jeweils einen Kreisausschnitt und den gefärbten Anteil der Kreisfläche.

−3,786; $2\frac{1}{7}$ oder $-\frac{34}{123}$ sind Beispiele für rationale Zahlen.

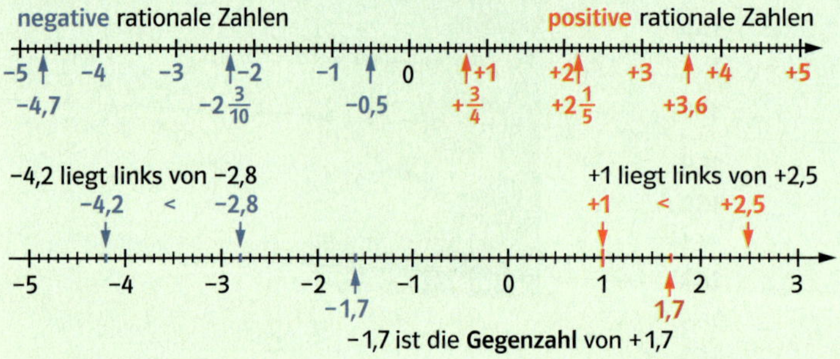

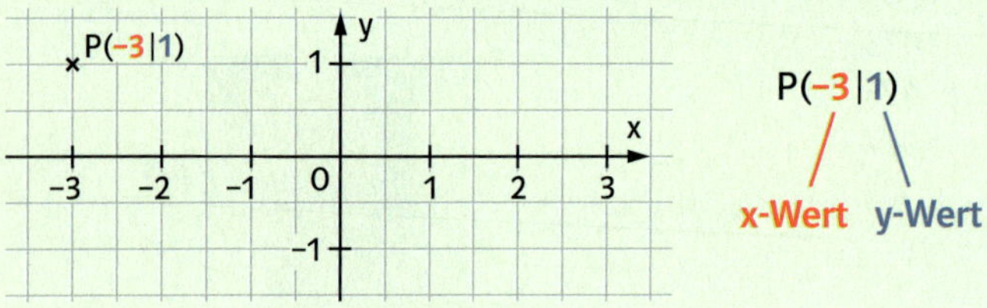

Die positiven und negativen Bruchzahlen einschließlich der Null heißen **rationale Zahlen**. Die Menge der rationalen Zahlen wird mit ℚ bezeichnet.
Zur Darstellung der rationalen Zahlen wird der Zahlenstrahl zur Zahlengerade erweitert. Negative Zahlen stehen links der Null.
Allgemein gilt: Die kleinere von zwei rationalen Zahlen liegt auf der Zahlengerade weiter links.
Das **Koordinatensystem** ist eine Erweiterung des Quadratgitters nach links und nach unten. Die waagerechte Achse heißt x-Achse, die senkrechte y-Achse.
Punkte im Koordinatensystem sind durch die Koordinaten eindeutig bestimmt.

4 a) Wie heißen die markierten Zahlen?

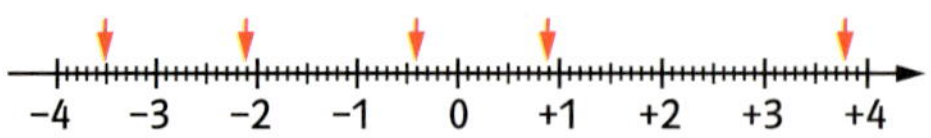

b) Welche Zahlen musst du korrigieren?

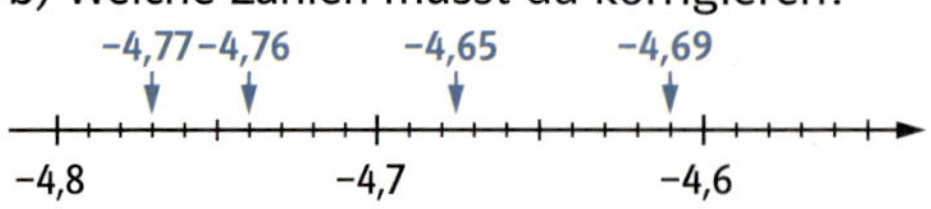

5 Was ist richtig, was ist falsch?
a) $3 < 5$ b) $5 < 3$
c) $-3 > -5$ d) $-5 < 3$

6 In welchem Quadranten liegt der Punkt? Muss man die Punkte einzeichnen?
a) P(−7|3) b) Q(−9|−12)
c) R(4,7|−0,5) d) S(−0,1|−0,9)

Basiswissen | Symmetrische Figuren. Vierecke

Eine Figur mit zwei spiegelbildlichen Hälften heißt **achsensymmetrisch**.
Die Verbindungsstrecke spiegelbildlicher Punkte steht auf der **Symmetrieachse** senkrecht und wird von ihr halbiert.

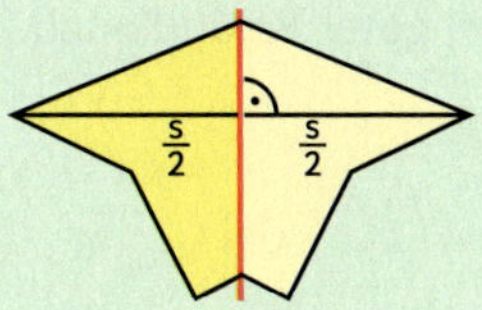

Vierecke

Rechteck
- gegenüberliegende Seiten gleich lang
- gegenüberliegende Seiten parallel
- vier rechte Winkel

Quadrat
- Rechteck mit vier gleich langen Seiten

Parallelogramm
- gegenüberliegende Seiten gleich lang
- gegenüberliegende Seiten parallel

Raute
- Parallelogramm mit vier gleich langen Seiten

Drachen
- Symmetrieachse durch zwei Eckpunkte
- dort kommen gleich lange Seiten zusammen

Symmetrisches Trapez
- zwei Seiten parallel
- zwei Seiten gleich lang
- Symmetrieachse durch die Mittelpunkte der parallelen Seiten

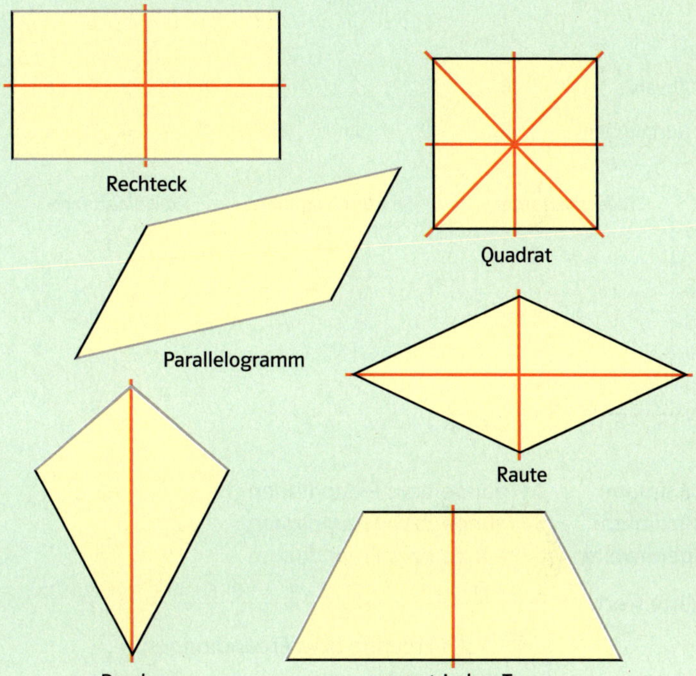

Im Bild gleich gefärbte Seiten sind gleich lang. Außerdem sind die Symmetrieachsen eingezeichnet.

1 Drei Eckpunkte eines Rechtecks ABCD sind gegeben:
A(3|2); B(9|5); C(7|9).
Bestimme die Koordinaten von D.

2 Ein Drachen ABCD mit der Symmetrieachse durch A und C hat die Eckpunkte
A(2|8); B(3|2); C(7|3).
Bestimme die Koordinaten von D.

3 Ergänze die Punkte P(5|2); Q(7|7); R(2|5) zum Parallelogramm. Es gibt drei Möglichkeiten.

4 Übertrage die Figur ins Heft und zeichne die Symmetrieachsen ein.

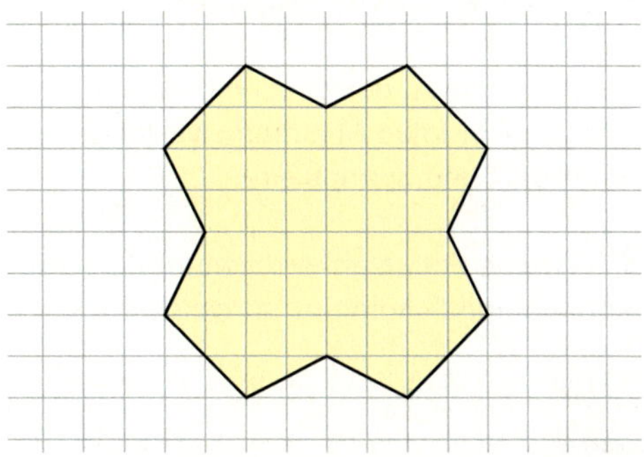

Basiswissen | Daten

In der Jahrgangsstufe 7 wird nach der Anzahl guter Freundinnen bzw. Freunde gefragt.

Eine **statistische Erhebung** ist eine Sammlung von Daten.

Anzahl	0	1	2	3	4	5	6
Nennungen	𝍸 |	𝍸 𝍸 𝍸 ||||	𝍸 𝍸 𝍸 𝍸 𝍸 𝍸	𝍸 𝍸 𝍸 𝍸 |||	𝍸 |||		||||

Die einzelnen Ergebnisse der statistischen Erhebung werden oft in **Strichlisten**

Anzahl	0	1	2	3	4	5	6
Nennungen	6	19	30	23	8	0	4

oder **Häufigkeitslisten** festgehalten.

Säulendiagramm

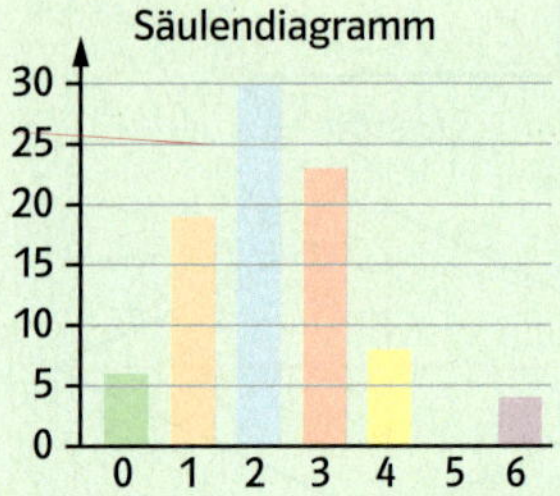

Streifendiagramm

Kreisdiagramm

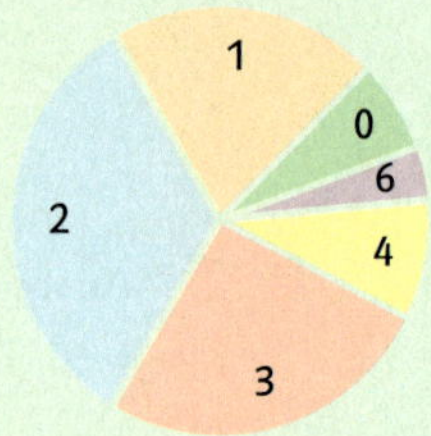

Statistische Erhebungen können durch **Säulen-**, **Balken-**, **Bild-**, **Streifen-** oder **Kreisdiagramme** veranschaulicht werden.

Minimum: 0 Freunde bzw. Freundinnen

Maximum: 6 Freunde bzw. Freundinnen

Spannweite: 6 Freunde bzw. Freundinnen

Mittelwert: $\frac{6 \cdot 0 + 19 \cdot 1 + 30 \cdot 2 + 23 \cdot 3 + 8 \cdot 4 + 0 \cdot 5 + 4 \cdot 6}{90}$

$= \frac{204}{90} \approx 2{,}3$ Freunde bzw. Freundinnnen

Einen schnellen Überblick über statistische Erhebungen verschafft man sich mit **Kennwerten.**

Der kleinste Wert der Liste: **Minimum**

Der größte Wert der Liste: **Maximum**

Die Differenz aus Maximum und Minimum: **Spannweite**

Die Summe aller Werte durch die Anzahl der Werte: **Mittelwert**

Niederschlagsmenge von Tokio in mm

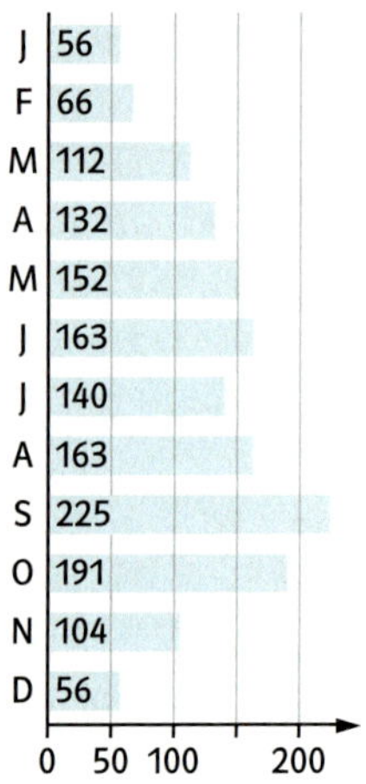

1 Bei einer Verkehrszählung wurden in einer Stunde 58 Autos, 5 Omnibusse, 20 Motorräder und 17 Fahrräder gezählt.
a) Zeichne ein Säulendiagramm.
b) Zeichne ein Kreisdiagramm.
c) Zeichne ein Streifendiagramm.

2 Berechne zu den Niederschlagsmengen von Tokio Minimum, Maximum, Mittelwert und Spannweite.

3 Welche Punktzahl erreichten die Schülerinnen und Schüler im Durchschnitt?

Punkte	2	3	4	5	6	7	8	9	10	11	12	13	14	15
Anzahl	1	0	1	1	3	2	0	0	6	8	5	0	2	1

4 Beim Kugelstoßwettkampf wurden folgende Weiten (in cm) erzielt:

7a: 665; 682; 671; 703; 689; 696; 699; 701
7b: 692; 686; 700; 699; 685; 683; 676; 671
7c: 689; 686; 692; 691; 692; 697; 691; 693
7d: 687; 652; 692; 702; 710; 675; 684; 623

a) In welcher Klasse wurde die durchschnittlich größte Weite gestoßen?
b) In welcher Klasse ist der Unterschied am größten, in welcher am kleinsten?
c) Welche Klasse hat den besten Durchschnitt, wenn man nur die drei Besten wertet?
d) Es werden die beiden schlechtesten Leistungen jeder Klasse gestrichen. Berechne die veränderten Werte und vergleiche.

Basiswissen | Rechnen mit Brüchen

Brüche werden **erweitert**, indem man Zähler und Nenner mit derselben Zahl multipliziert. Brüche werden **gekürzt**, indem man Zähler und Nenner durch dieselbe Zahl dividiert. Beim Erweitern oder Kürzen ändert sich der Wert des Bruches nicht.
Brüche **vergleicht** man, indem man sie auf den gleichen Nenner erweitert oder kürzt und dann die Zähler vergleicht.

Erweitern → / ← Kürzen

$\frac{5}{8} = \frac{5 \cdot 3}{8 \cdot 3} = \frac{15}{24}$

Kürzen → / ← Erweitern

$\frac{6}{10} = \frac{6 : 2}{10 : 2} = \frac{3}{5}$

$\frac{3}{4} < \frac{4}{5}$, da $\frac{3 \cdot 5}{4 \cdot 5} = \frac{15}{20}$ und $\frac{4 \cdot 4}{5 \cdot 4} = \frac{16}{20}$

1 Erweitere.
a) $\frac{2}{3}$ mit 2; 3; 4
b) $\frac{2}{3}$ auf $\frac{\square}{15}$; $\frac{\square}{18}$; $\frac{\square}{30}$
c) $\frac{3}{4}$ mit 6; 8; 10
d) $\frac{3}{4}$ auf $\frac{\square}{8}$; $\frac{\square}{12}$; $\frac{\square}{16}$
e) $\frac{5}{6}$ mit 2; 5, 8
f) $\frac{5}{6}$ auf $\frac{\square}{18}$; $\frac{\square}{24}$; $\frac{\square}{60}$

2 Kürze vollständig.
a) $\frac{24}{42}$
b) $\frac{20}{32}$
c) $\frac{28}{42}$
d) $\frac{45}{54}$
e) $\frac{60}{80}$
f) $\frac{75}{125}$

3 Vergleiche.
a) $\frac{3}{8} \square \frac{1}{4}$
b) $\frac{3}{5} \square \frac{7}{10}$
c) $\frac{2}{3} \square \frac{4}{5}$
d) $\frac{5}{6} \square \frac{5}{9}$
e) $\frac{5}{6} \square \frac{4}{5}$
f) $\frac{7}{8} \square \frac{8}{9}$

4 Ordne die Brüche nach der Größe.
a) $\frac{1}{4}$; $\frac{5}{6}$; $\frac{7}{12}$; $\frac{17}{24}$; $\frac{3}{8}$; $\frac{1}{2}$
b) $\frac{37}{50}$; $\frac{2}{3}$; $\frac{17}{25}$; $\frac{3}{5}$; $\frac{11}{15}$; $\frac{52}{75}$; $\frac{7}{10}$

Zwei Brüche werden **addiert** oder **subtrahiert**, indem man beide Brüche auf einen gemeinsamen Nenner erweitert und dann die beiden Zähler addiert oder subtrahiert.
In Summen dürfen die Summanden vertauscht
und beliebig Klammern gesetzt und weggelassen werden.

$\frac{1}{6} + \frac{3}{4} = \frac{1 \cdot 2}{6 \cdot 2} + \frac{3 \cdot 3}{4 \cdot 3} = \frac{2}{12} + \frac{9}{12} = \frac{11}{12}$

$\frac{4}{5} - \frac{2}{3} = \frac{4 \cdot 3}{5 \cdot 3} - \frac{2 \cdot 5}{3 \cdot 5} = \frac{12}{15} - \frac{10}{15} = \frac{2}{15}$

$\frac{2}{3} + \frac{1}{2} = \frac{1}{2} + \frac{2}{3}$, denn $\frac{2}{3} + \frac{1}{2} = \frac{4}{6} + \frac{3}{6} = \frac{7}{6} = 1\frac{1}{6}$ und $\frac{1}{2} + \frac{2}{3} = \frac{3}{6} + \frac{4}{6} = \frac{7}{6} = 1\frac{1}{6}$

$\left(\frac{2}{3} + \frac{2}{5}\right) + \frac{1}{5} = \frac{2}{3} + \left(\frac{2}{5} + \frac{1}{5}\right) = \frac{2}{3} + \frac{3}{5} = \frac{10}{15} + \frac{9}{15} = \frac{19}{15} = 1\frac{4}{15}$

5 Berechne im Kopf.
a) $\frac{2}{5} + \frac{3}{5}$
b) $\frac{5}{7} - \frac{2}{7}$
c) $\frac{3}{4} + \frac{5}{4}$
d) $\frac{2}{3} + \frac{1}{4}$
e) $1 - \frac{1}{5}$
f) $\frac{2}{3} + \frac{2}{5}$
g) $\frac{1}{3} + 1$
h) $\frac{3}{4} - \frac{3}{8}$
i) $\frac{5}{6} - \frac{1}{3}$

6 Addiere und subtrahiere.
a) $\frac{5}{6} + \frac{3}{8}$
b) $\frac{3}{4} + \frac{4}{5}$
c) $\frac{3}{4} - \frac{5}{9}$
d) $\frac{7}{8} + \frac{4}{5}$
e) $\frac{3}{5} - \frac{2}{7}$
f) $\frac{2}{3} - \frac{2}{5}$
g) $\frac{6}{7} - \frac{5}{8}$
h) $\frac{5}{7} + \frac{2}{9}$
i) $\frac{3}{8} - \frac{2}{9}$

7 Rechne in gemischter Schreibweise.
a) $1\frac{3}{4} - \frac{1}{2}$
b) $2\frac{2}{3} + 1\frac{1}{2}$
c) $1\frac{2}{3} + 2\frac{7}{8}$
d) $1\frac{4}{5} - 1\frac{1}{8}$
e) $1\frac{4}{9} - \frac{1}{6}$
f) $\frac{1}{2} + 1\frac{5}{6}$

8 Berechne.
a) $\frac{3}{4} + \frac{4}{3} + \frac{1}{4}$
b) $\frac{1}{6} + \left(\frac{1}{4} + \frac{5}{6}\right)$
c) $\frac{1}{2} + \left(\frac{3}{7} + \frac{1}{4}\right) + \frac{9}{14}$
d) $\left(\frac{2}{7} + \frac{5}{8}\right) + \left(\frac{5}{7} + \frac{3}{4}\right)$
e) $\frac{1}{12} + \left(\frac{3}{7} + \frac{5}{6}\right) + \frac{2}{7} + \frac{1}{3}$
f) $\left(\frac{1}{6} + \frac{2}{3}\right) + \frac{1}{2} + \left(\frac{8}{9} + \frac{3}{4}\right)$

Basiswissen | Rechnen mit Brüchen und Dezimalbrüchen

Zwei Brüche werden **multipliziert**, indem man Zähler mit Zähler und Nenner mit Nenner multipliziert.
Zwei Brüche werden **dividiert**, indem man den ersten Bruch mit dem Kehrbruch des zweiten Bruches multipliziert.
In Produkten dürfen die Faktoren vertauscht und beliebig Klammern gesetzt und weggelassen werden.

$\frac{2}{3} \cdot \frac{5}{7} = \frac{2 \cdot 5}{3 \cdot 7} = \frac{10}{21}$

$\frac{2}{3} : \frac{4}{5} = \frac{2}{3} \cdot \frac{5}{4} = \frac{2 \cdot 5}{3 \cdot 4} = \frac{10}{12} = \frac{5}{6}$

$\frac{3}{5} \cdot \frac{4}{7} = \frac{4}{7} \cdot \frac{3}{5}$, denn $\frac{3}{5} \cdot \frac{4}{7} = \frac{3 \cdot 4}{5 \cdot 7} = \frac{12}{35}$; $\frac{4}{7} \cdot \frac{3}{5} = \frac{4 \cdot 3}{7 \cdot 5} = \frac{12}{35}$

$\left(\frac{2}{3} \cdot \frac{2}{5}\right) \cdot \frac{5}{2} = \frac{2}{3} \cdot \left(\frac{2}{5} \cdot \frac{5}{2}\right) = \frac{2}{3} \cdot 1 = \frac{2}{3}$

9 Berechne im Kopf.

a) $\frac{3}{5} \cdot \frac{1}{2}$ b) $\frac{1}{2} \cdot \frac{9}{5}$ c) $\frac{2}{3} \cdot \frac{1}{2}$
d) $\frac{3}{8} \cdot 1$ e) $\frac{3}{4} : \frac{7}{3}$ f) $1 \cdot \frac{5}{7}$
g) $1 : \frac{5}{6}$ h) $\frac{2}{3} \cdot \frac{3}{4}$ i) $\frac{8}{9} : 1$

10 Multipliziere und dividiere.

a) $\frac{3}{5} \cdot \frac{7}{6}$ b) $\frac{3}{7} : \frac{8}{5}$ c) $\frac{4}{9} \cdot \frac{4}{5}$
d) $\frac{7}{9} \cdot \frac{1}{4}$ e) $\frac{5}{6} : \frac{6}{7}$ f) $\frac{4}{9} : \frac{7}{4}$
g) $\frac{11}{9} : \frac{6}{5}$ h) $\frac{5}{9} \cdot \frac{7}{8}$ i) $\frac{3}{8} : \frac{8}{7}$

11 Berechne. Kürze wenn möglich.

a) $\frac{5}{4} : \frac{15}{8}$ b) $\frac{8}{25} \cdot \frac{5}{12}$
c) $\frac{5}{9} \cdot \frac{3}{10}$ d) $\frac{3}{5} \cdot \frac{10}{3}$
e) $\frac{9}{8} : \frac{3}{10}$ f) $\frac{25}{12} : \frac{5}{6}$

12 Benutze die Rechengesetze.

a) $\left(\frac{2}{5} \cdot \frac{3}{4}\right) \cdot \frac{5}{3}$ b) $\frac{3}{8} \cdot \left(\frac{5}{7} \cdot \frac{4}{3}\right)$
c) $\left(\frac{8}{9} \cdot \frac{7}{5}\right) \cdot \left(\frac{3}{4} \cdot \frac{15}{14}\right)$ d) $\frac{5}{8} \cdot \left(\frac{14}{3} \cdot \frac{12}{25}\right) \cdot \frac{4}{7}$
e) $\frac{8}{6} \cdot \left(\frac{2}{25} \cdot \frac{4}{7}\right) \cdot \left(\frac{15}{8} \cdot \frac{21}{16}\right)$ f) $\left(\frac{8}{9} \cdot \frac{3}{10}\right) \cdot \frac{7}{20} \cdot \left(\frac{5}{4} \cdot \frac{10}{21}\right)$

Dezimalbrüche sind Brüche mit den Nennern 10; 100; 1000; ... Sie lassen sich direkt in der Dezimalschreibweise (Kommaschreibweise) darstellen.

$\frac{3}{10} = 0{,}3$; $\frac{87}{100} = 0{,}87$; $\frac{156}{1000} = 0{,}156$

Die Ziffern hinter dem Komma heißen **Dezimalen** oder Nachkommaziffern. Die Stellenwerttafel erklärt die Bedeutung der Dezimalen.

Hunderter	Zehner	Einer		Zehntel	Hundertstel	
H	Z	E		z	h	
7	3	0	,	2	5	730,25

Zum **Vergleichen** und **Ordnen** von Dezimalbrüchen untersucht man die Ziffern von links nach rechts, bis sie sich erstmals unterscheiden.

5,2763
5,2736 Es gilt also: 5,2763 > 5,2736.

Beim **Addieren** und **Subtrahieren** von Dezimalbrüchen stehen die Zahlen so untereinander, dass **Komma unter Komma** steht.

```
  187,35        2,074
+  49,2       - 0,965
  236,55        1,109
```

Dezimalbrüche werden zunächst ohne Berücksichtigung des Kommas **multipliziert**. Dann setzt man das Komma. Das Ergebnis hat so viele Nachkommastellen wie beide Faktoren zusammen.

3,9 · 2,75 = 10,725
1 Dezimale 2 Dezimalen 3 Dezimalen

Beim **Dividieren** von zwei Dezimalbrüchen muss man bei Dividend und Divisor das Komma so weit nach rechts verschieben, bis der Divisor eine natürliche Zahl ist. Beim Überschreiten des Kommas schreibt man das Komma im Ergebnis.

1,248 : 0,52

```
124,8 : 52 = 2,4
-104
  208
- 208
    0
```

Basiswissen | Rechnen mit Dezimalbrüchen

1 Schreibe als Dezimalbruch.

a) $\frac{9}{10}$ b) $\frac{23}{100}$ c) $\frac{901}{1000}$

d) $\frac{7}{50}$ e) $\frac{49}{200}$ f) $5\frac{9}{20}$

2 Schreibe als Bruch.

a) 0,7 b) 0,45 c) 0,567

d) 1,6 e) 54,3 f) 10,01

3 Ordne nach der Größe.

a) 0,42; 0,95; 0,951; 0,036; 0,36; 4,02

b) 6,52; 2,65; 5,62; 6,25; 2,56; 5,26

c) 0,087; 0,0878; 0,0788; 0,0877; 0,0780

4 Schreibe ohne Komma.

a) 1,36 m b) 3,4 dm c) 8,250 km

d) 19,350 kg e) 1,75 t f) 4,5 g

g) 4,2 m^3 h) 0,55 a i) 123,4 cm^2

5 Wie heißen die markierten Zahlen?

a)

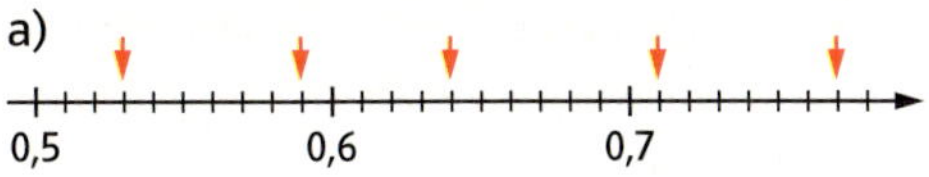

b)

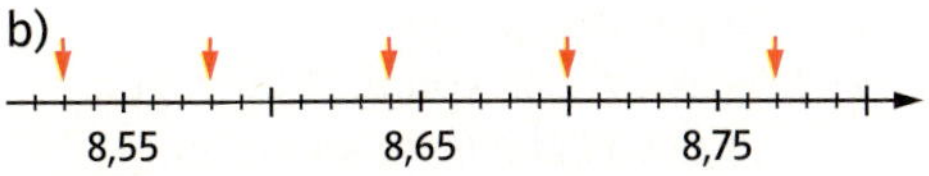

6 Rechne im Kopf.

a) 4,3 + 2,5 b) 7,5 − 3,2

c) 12,8 + 7,6 d) 32,5 − 20,7

e) 0,85 − 0,48 f) 9,72 + 0,81

7 Addiere oder subtrahiere.

a)
```
   4,285
 + 7,063
```
b)
```
   6,248
 − 5,724
```
c)
```
    56,2
 +   7,051
 + 108,09
 +  12
```
d)
```
   8,508
 − 4,07
 − 0,9
 − 0,099
```

8 Berechne.

a) 9,98 + 1,384 + 51,98 + 14,3 + 0,5

b) 10,03 + 400,01 + 0,09 + 25,6825

c) 100,5 − 12,698 − 0,056 − 8,54 − 17,026

d) 99,654 − 0,0258 − 30,098 − 5,007

e) 76,807 + 23,092 + 0,97 − 57,906

f) 0,8052 + 11,015 − 9,097 + 0,0413 − 2,6645

9 Nutze Rechenvorteile.

a) 2,8 + 4,9 + 2,2 + 5,1

b) 4,35 + 7,27 + 1,65 − 4,27 + 0,50

c) 3,54 + 11,23 + 4,5 − 9,73 + 2,46

10 Multipliziere.

a) 41,6 · 5 b) 1,49 · 3

c) 36,5 · 2,8 d) 4,6 · 11,3

e) 84,39 · 7,2 f) 8,92 · 0,43

g) 5,02 · 1,035 h) 0,07 · 0,095

11 Dividiere.

a) 3,9 : 13 b) 0,45 : 9

c) 8,46 : 5 d) 35,7 : 42

12 Rechne schriftlich.

a) 5,4 : 0,27 b) 9,6 : 0,48

c) 18,2 : 6,5 d) 24,48 : 7,2

e) 74 : 0,06 f) 17 : 0,004

g) 0,434 : 0,62 h) 0,9315 : 69

13 Setze die richtige Zahl ein.

a) 30,72 : 2,4 = □ b) 0,64 : 2,5 = □

c) 21,84 : □ = 2,73 d) 56,95 : □ = 8,5

e) □ : 10,2 = 0,75 f) □ : 96,8 = 0,042

14 Berechne.

a) 4,5 + 8,4 · 12,5

b) 23,56 : 7,6 − 2,95

c) 10,9 − 45,76 : 5,2 + 0,7

d) 0,28 · 6,8 − 4,8 : 12,5 − 0,52

15 Achte auf die Klammern.

a) 29,5 − (6,2 + 2,5 · 9,2)

b) 5,5 − (49,2 − 8 · 5,7) : 0,9

c) 0,3 − (3,2 · 0,85 − 0,76) : 7

d) 17,5 − ((3,5 + 8,9) · 0,75 − 6,6) : 0,18

e) 0,8 · (2,75 − (2,4 · 0,45 + 0,52) : 0,64) − 0,1

16 Setze die Ziffern 9; 7; 4 und 0 so in die Kästchen ein, dass

a) ein möglichst großer Wert entsteht.

b) das Produkt den Wert 4,23 hat.

□,□ · □,□ = ?

17 Subtrahiere vom Produkt der Zahlen 7,5 und 2,4 den Quotienten der Zahlen 19,6 und 3,5.

Zahlen nachgehen

Klebt im Klassenzimmer oder im Flur einen großen Papierstreifen auf den Boden. Zeichnet einen Ausschnitt der Zahlengeraden und markiert die Zahlen von – 10 bis + 10. Wenn ihr den Schulhof nutzen wollt, nehmt ihr am besten ein Stück Kreide.

Hatice steht auf der Null und geht fünf Schritte nach rechts in positive Richtung, danach acht Schritte nach links in negative Richtung.
- Wo steht Hatice jetzt?
- Wie muss sie sich von dort bewegen, um auf das Feld + 10 zu kommen?
- Legt eigene Wege zurück.

Sina und Pierre üben an der Zahlengeraden auf dem Schulhof. Sina geht mit einem Schritt immer zwei Zahlen weit, Pierre sogar drei. Sina startet bei – 23 und geht in positive Richtung. Pierre beginnt gleichzeitig bei + 17 und geht in negative Richtung.
- Wo treffen die beiden sich, wenn sie gleich viele Schritte machen?
- Wo stehen beide nach je 10 Schritten?
- Probiert mit eigenen Zahlen.

Thorben legt mit jedem Schritt drei Zahlen zurück.
- Wie viele Schritte macht er von – 7 bis + 8? Wie viele von – 4 bis + 5?

Vanessa macht sieben Zweier-Schritte und landet bei der Zahl – 9.
- Wo ist sie gestartet?

Ein Kartenspiel für Drei

Stellt euch 18 Karten mit den ganzen Zahlen von + 1 bis + 9 und von − 1 bis − 9 her.

Ihr spielt zu zweit gegen einen Mitschüler. Die Karten werden gleichmäßig verteilt. Jeder legt seine Karten offen auf den Tisch. Der Einzelspieler, der jede Runde beginnt, legt ein Kärtchen in die Mitte des Tischs. Die beiden anderen versuchen nun zusammen mit ihren beiden Kärtchen die Zahl Null zu bilden.

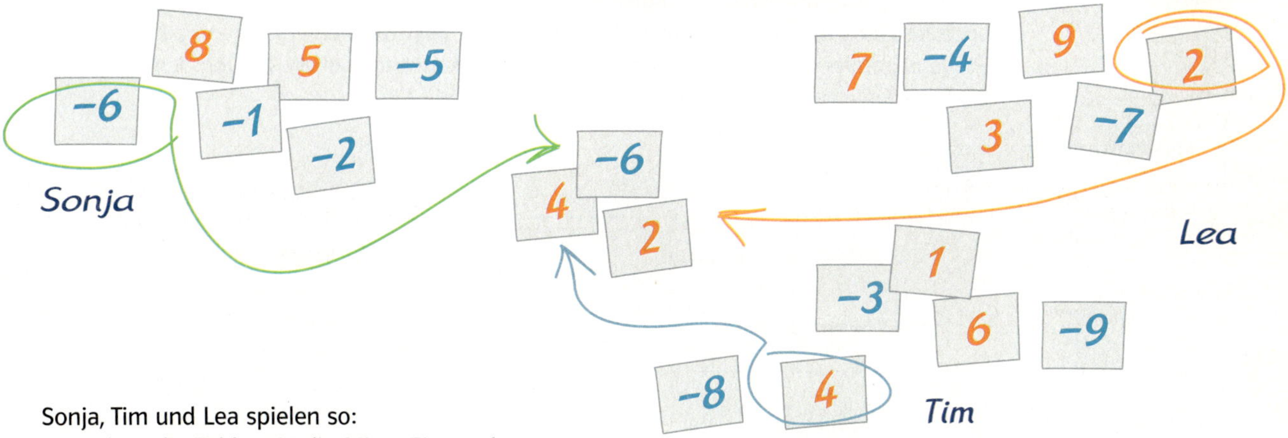

Sonja, Tim und Lea spielen so:
Sonja legt die Zahl −6 in die Mitte, Tim und Lea legen ihre Kärtchen 4 und 2 dazu.
$-6 + 4 + 2 = 0$

Tim und Lea bekommen die drei Kärtchen als Gewinn und nehmen sie aus dem Spiel. In der zweiten Runde legt Sonja die Zahl +8 in die Mitte. Lea und Tim finden keine passenden Kärtchen, müssen aber dennoch legen. Die Kärtchen gehen jetzt an Sonja.

Gewonnen hat, wer am Ende die meisten Kärtchen hat.

Nun spielt ein anderer gegen zwei.

In diesem Kapitel lernst du,

- dass eine rationale Zahl aus Vorzeichen und Betrag besteht,
- wie man rationale Zahlen addiert, subtrahiert, multipliziert und dividiert,
- wie man Rechengesetze zum vorteilhaften Rechnen nutzt,
- welche Reihenfolge beim Berechnen von Rechenausdrücken zu beachten ist.

1 Addieren

In der Tabelle siehst du die monatlichen Veränderungen der Mitgliederzahlen eines großen Sportvereins.

Monat	Jan.	Feb.	März	April	Mai	Juni
Veränderungen der Personenzahl	−9	+14	−15	−7	+28	−18

→ Waren es Ende Juni mehr oder weniger Mitglieder als am Jahresanfang?

→ Im Juli erreicht die Mitgliederzahl wieder den Stand des Jahresanfangs.

→ Wie groß ist die Änderung? Wie viele Personen sind eingetreten oder ausgetreten?

Hier musst du Rechenzeichen und Vorzeichen unterscheiden.

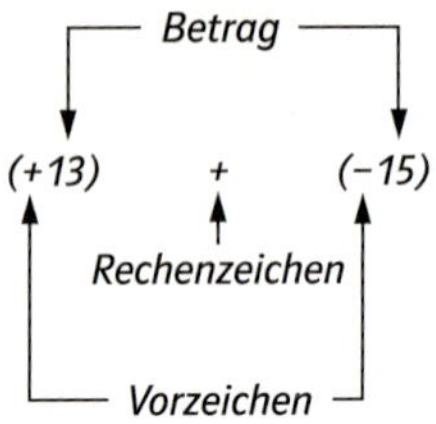

Es geht weiter …
Setze die Reihe fort
(+2) + (+2) = (+4)
(+2) + (+1) = (+3)
(+2) + (0) =
(+2) + (−1) =
(+2) + (−2) =
(+2) + (−3) =
…

Rationale Zahlen bestehen aus einem **Vorzeichen**, das angibt, ob die Zahl kleiner oder größer als Null ist, und einem **Betrag**, der den Abstand der Zahl von der Null anzeigt. Die Addition von rationalen Zahlen lässt sich durch das Aneinanderfügen von Pfeilen entsprechender Länge und Richtung darstellen. Pfeile **positiver** Zahlen zeigen nach **rechts**, Pfeile **negativer** Zahlen nach **links**. Der Ersatzpfeil kennzeichnet die Lösung. Aufgrund der beiden möglichen Vorzeichen ergeben sich folgende Fälle.

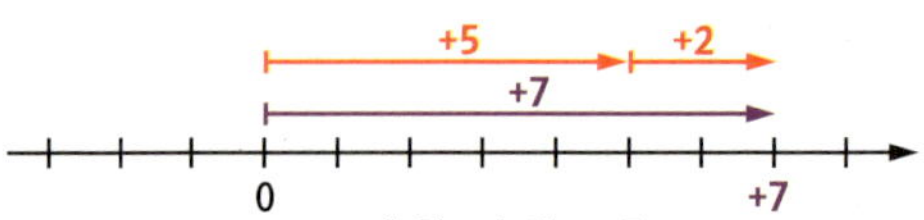

(+5) + (+2) = +7

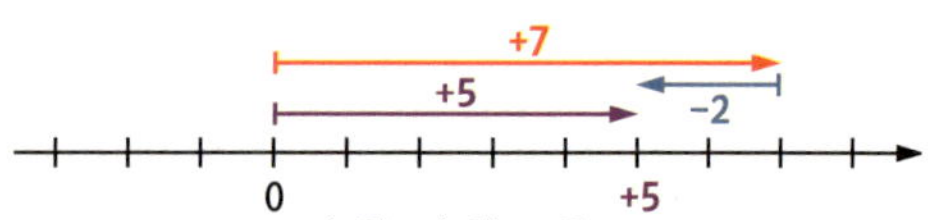

(+7) + (−2) = +5

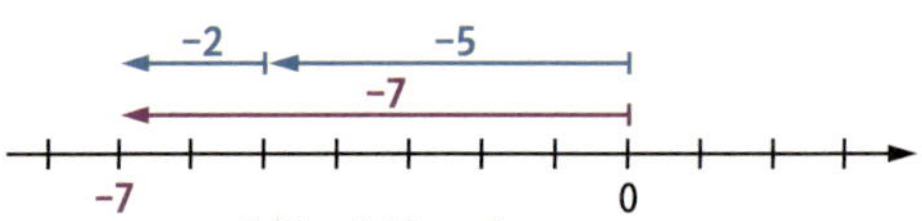

(−5) + (−2) = −7

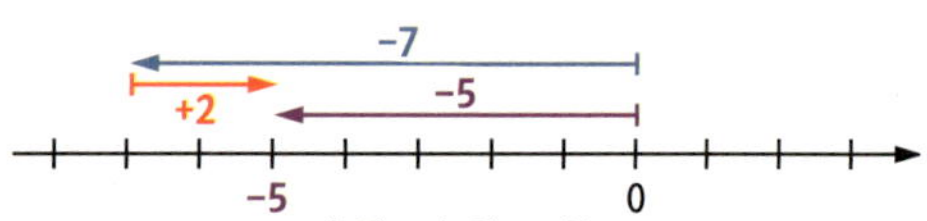

(−7) + (+2) = −5

Bei **gleichen** Vorzeichen werden die **Beträge addiert**. Das Ergebnis erhält das **gemeinsame Vorzeichen**.

Bei **verschiedenen** Vorzeichen werden die **Beträge subtrahiert**. Das Ergebnis erhält das Vorzeichen vor dem größeren **Betrag**.

Addition im Bild:

(+3) + (+2)

(+5) + (−2)

*Pfeil**anfang** 2. Pfeil an Pfeil**spitze** 1. Pfeil*

Beispiele

a) Rationale Zahlen schreibt man in Rechenausdrücken in Klammern.

(−36) + (−28)	(+36) + (−15)	(+12) + (−44)	(+18) + (+31)
= −(36 + 28)	= +(36 − 15)	= −(44 − 12)	= +(18 + 31)
= −64	= +21	= −32	= +49

b) Um die Schreibweise zu vereinfachen, verwendet man Klammern nur, wenn Rechenzeichen und Vorzeichen direkt aufeinander folgen. Bei positiven Zahlen kann man das Vorzeichen weglassen.

(+25) + (−17) = 25 + (−17)

(−9) + (−14) = −9 + (−14)

Aufgaben

1 Addiere im Kopf.
Entscheide zuerst, ob das Ergebnis positiv oder negativ ist.

a) (+24) + (−10) b) (−7) + (−12)
c) (−40) + (+18) d) (+15) + (−45)
e) (+32) + (−15) f) (−42) + (−28)
g) (−75) + (+40) h) (−125) + (−85)

2 Addiere.

a) 35 + (−18) b) −38 + 23
c) −29 + 43 d) 23 + (−37)
e) −40 + (−68) f) 102 + (−89)
g) 150 + (−105) h) −225 + (−245)

3 Berechne.

a) −3,5 + 8,5 b) 1,5 + (−4,2)
c) −6,3 + (−2,8) d) 15,2 + (−7,8)
e) 31,4 + (−36,2) f) −22,4 + (−36,5)
g) 0,45 + (−1,65) h) −6,28 + (−5,94)

4 Addiere.

a) $-\frac{3}{4}+\frac{1}{4}$ b) $\frac{3}{5}+\left(-\frac{4}{5}\right)$
c) $\frac{5}{8}+\left(-\frac{3}{4}\right)$ d) $-\frac{4}{5}+\left(-\frac{3}{4}\right)$
e) $-\frac{7}{12}+\frac{1}{3}$ f) $-\frac{7}{8}+\frac{5}{6}$

5 Aus den Zahlen der linken und rechten Reihe lassen sich Summen bilden.

Beispiel: −12 + (−8)

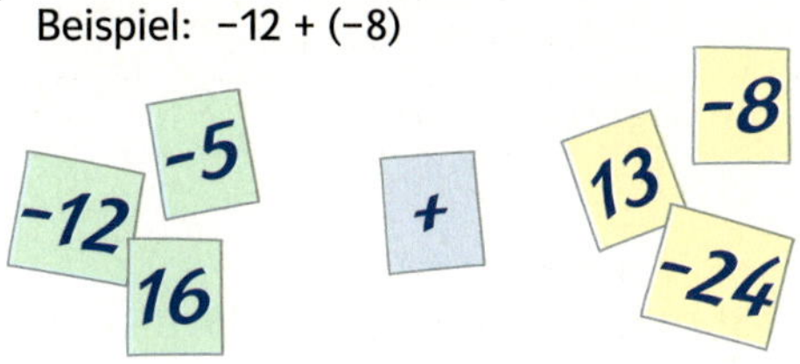

a) Welcher Rechenausdruck hat den größten Wert?
b) Welcher Rechenausdruck hat den kleinsten Wert?
c) Welche Summe hat den kleinsten Betrag?

6 Setze passende Vorzeichen.

a) (−16) + (−7) = □23
b) (+28) + (□41) = −13
c) 8,1 + (□10,7) = □2,6
d) □1,6 + 0,9 = □0,7

7 Wähle Ziffern und Vorzeichen so,
a) dass der Wert der Summe möglichst groß wird.
b) dass der Wert der Summe möglichst klein wird.
c) dass der Betrag der Summe möglichst klein ist.

?(□□□□) + (□□□□)

8 Fülle die Steine der Zahlenmauer. Zahlen auf nebeneinander liegenden Steinen werden addiert.

9 Würfle sechsmal hintereinander. Setze die Zahlen so ein, dass du als Ergebnis ganze Zahlen erhältst.
Für jede ganze Zahl gibt es einen Punkt. Schaffst du 1 oder −1 als Ergebnis bekommst du zwei Punkte.
Vergleicht nach sechs Durchgängen die Punkte.

Beispiel:

3 , 2 + 1 , 4 − 5 , 6 = −1

Wege und Summen

Im magischen Kreuz haben die waagerechte und die senkrechte Zahlenreihe denselben Summenwert.

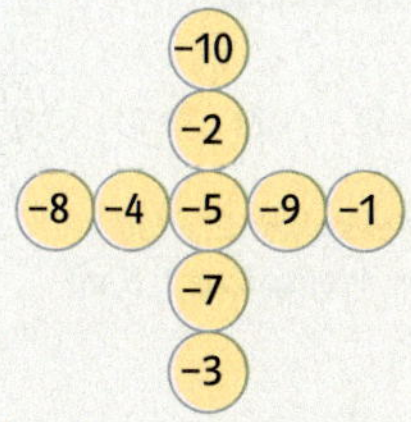

■ Bilde ein magisches Kreuz mit den Zahlen −4; −3; −2; −1; 0; 1; 2; 3 und 4. Gibt es verschiedene Lösungen? Welche Gesetzmäßigkeiten kannst du erkennen?

Das Haus des Nikolaus kannst du in einem Zug durchlaufen.

■ Addiere die Zahlen auf deinem Weg durch das Haus des Nikolaus. Berücksichtige auch die Anfangs- und die Endzahl. Was fällt dir auf, wenn du verschiedene Wege wählst? Begründe.

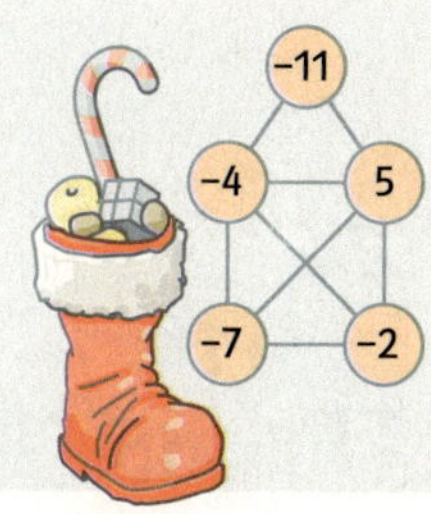

2 Subtrahieren

7 gewinnt	Lea	Kim
Runde 1	●●●	●●●
Runde 2		
Runde 3		
...		

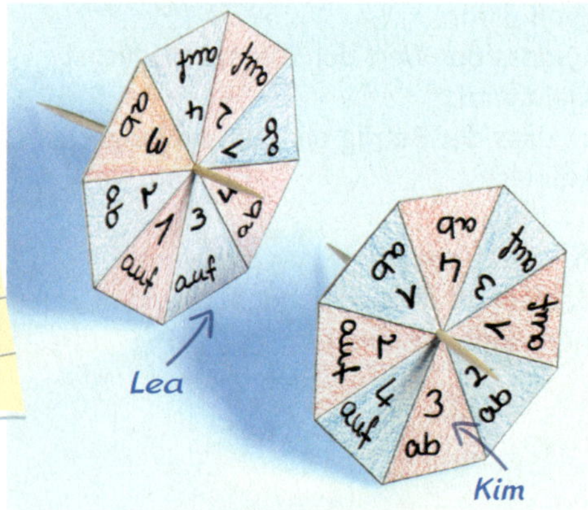

Lea und Kim spielen Kreisel. Nach dem Drehen zeigt das untere Feld, wie viele rote Gewinnsteine oder blaue Verluststeine genommen oder abgelegt werden.
Rote und blaue Steine dürfen stets in gleicher Anzahl gezogen werden.
Gewinner ist, wer zuerst genau sieben Gewinnsteine hat.

➔ Wer steht nach der 2. Runde besser?
➔ Kim soll in der 3. Runde zwei rote Steine abgeben, obwohl er keine hat. Was rätst du ihm?
➔ Welchen Punktestand hat er danach?

Es muss weitergehen ...
Setze die begonnene Reihe fort.
(+4) − (+3) = +1
(+4) − (+2) = +2
(+4) − (+1) = +3
(+4) − 0 = +4
(+4) − (−1) = ▢
(+4) − (−2) = ▢
(+4) − (−3) = ▢
(+4) − (−4) = ▢
...

Die Subtraktion ist die Umkehrung der Addition. Entsprechend stellt man die Subtraktion mit Pfeilen dar: die Pfeilspitzen von Subtrahend und Minuend liegen aneinander, der **Ergebnispfeil** verläuft vom **Anfang** des 1. Pfeils zum **Anfang** des 2. Pfeils:

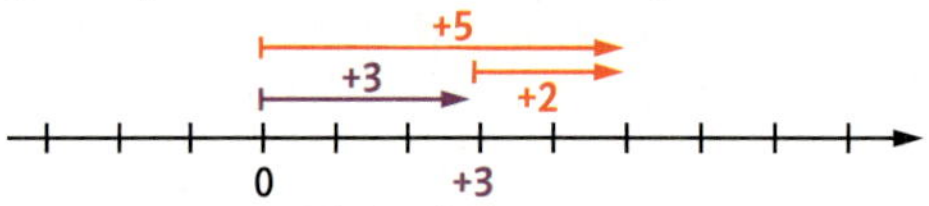

(+5) − (+2) = 3

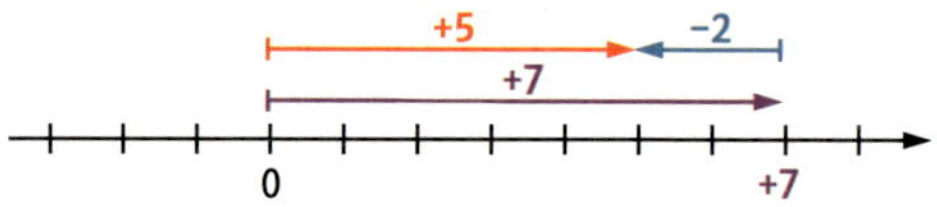

(+5) − (−2) = 7

Die Lösung der Subtraktion erhält man ebenso durch die Addition der Gegenzahl:

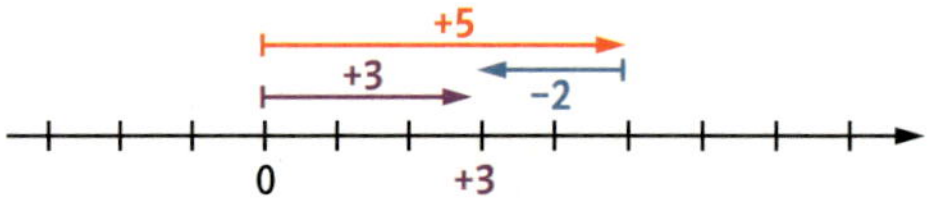

(+5) + (−2) = 3

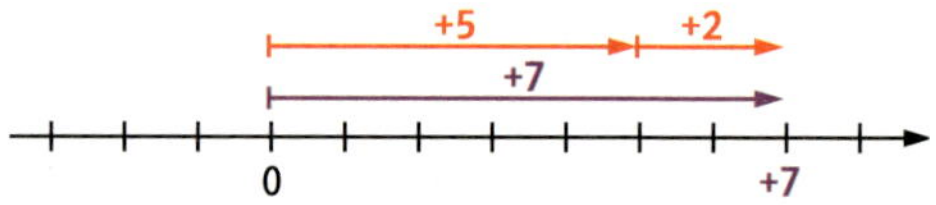

(+5) + (+2) = 7

Subtraktion im Bild:

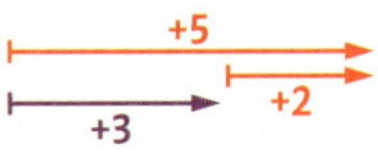

(+5) − (+2) = (+3)

*Pfeil**spitze** 2. Pfeil an Pfeil**spitze** 1. Pfeil*

Regel für die Subtraktion:
Eine rationale Zahl wird **subtrahiert**, indem man ihre **Gegenzahl addiert**.

Beispiele

a) (+17) − (+13) = (+17) + (−13) = +4
(−10) − (+15) = (−10) + (−15) = −25

b) (+3) − (−13) = (+3) + (+13) = +16
(−14) − (−11) = (−14) + (+11) = −3

Bemerkung

Auch bei der Subtraktion können positive Vorzeichen weggelassen werden.

Aufgaben

1 Bilde Aufgaben und rechne im Kopf.
Beispiel: (−15) − (+9) = (−15) + (−9) = −24

2 Setze „+" oder „−" ein.
a) (+7) − (+10) = (+7) + (▢10)
b) (−12) − (+4) = (−12) + (▢4)
c) (+22) − (−19) = (+22) + (▢19)
d) (−18) − (−11) = (−18) + (▢11)

3 Entscheide zunächst, ob das Ergebnis positiv oder negativ ist.
Rechne dann.

a) (+15) − (+42) b) (+45) − (+34)
c) (−33) − (−12) d) (+62) − (−23)
e) (−78) − (+69) f) (−107) − (−174)
g) (+235) − (−185) h) (−125) − (+175)

4 Die Ergebnisse wurden abgerissen. Füge die Aufgaben im Heft wieder zusammen.

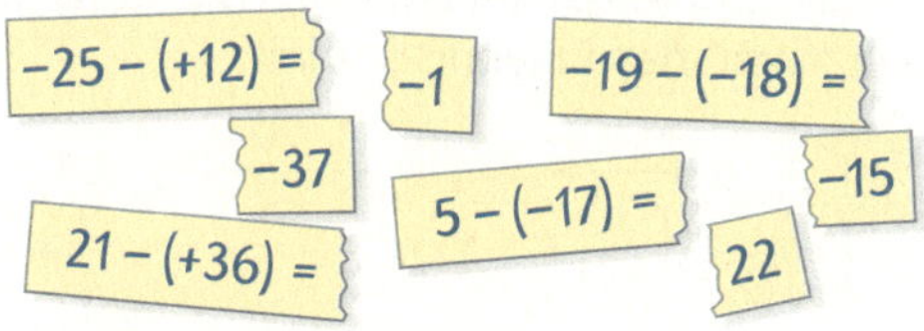

5 Berechne mithilfe der Gegenzahl.

Beispiel: (−14) − (−20) = −14 + 20 = +6

a) 18 − (+23) b) (−28) − (+16)
c) −44 − (−19) d) 67 − (−78)
e) 899 − (+998) f) −989 − (+898)
g) −9889 − (+8989) h) −8998 − (−9898)

6 Setze richtige Vorzeichen ein.

a) (□45) − (□28) = −17
b) (□45) − (□28) = +73
c) (□45) − (□28) = −73
d) (□45) − (□28) = +17

7 Ergänze die fehlenden Vorzeichen.

a) (−7) − (−18) = □11
b) (□17) − (+19) = □36
c) (□26) − (□15) = +41
d) (□29) − (□38) = □9

8 Berechne der Reihe nach. Auf dem Rand findest du das Lösungswort.

a) 3,5 − (+8,5) b) −16,5 − (+14,8)
c) 12,4 − (−0,5) d) −2,8 − (−6,8)
e) −0,7 − (+1,9) f) 22,5 − (+17,2)
g) 45,3 − (−46,7) h) −87,7 − (−89,1)

N	−2,6
L	−5
B	−5,3
C	−1,4
U	4,0
E	92
F	−4,0
M	2,5
N	1,4
S	12,9
Ö	−31,3
G	5,3
W	−0,5

9 Addiere oder subtrahiere.

a) $\frac{1}{2} - \left(+\frac{1}{4}\right)$ b) $-\frac{3}{5} + (-0{,}8)$
c) $-0{,}08 + \left(-\frac{3}{20}\right)$ d) $-\frac{7}{8} - \left(-\frac{5}{6}\right)$

10 Lange Zahlen, einfache Ergebnisse.

a) −438 515 027 − (+672 596 084)
b) −380 754 291 − (−302 976 514)
c) 4 631 735 988 − (+9 076 180 432)

11 Zahlen auf nebeneinander liegenden Steinen werden addiert.

a)

b)

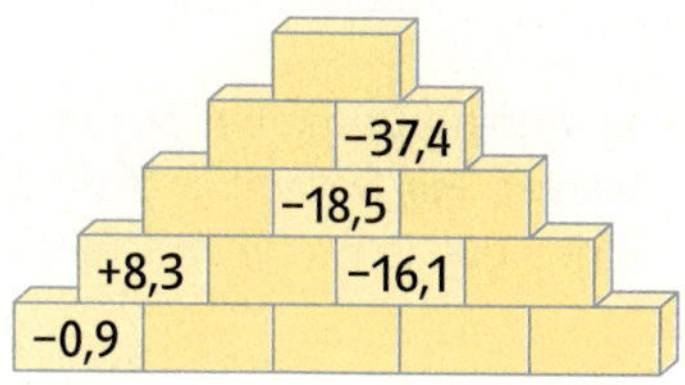

Mit Koordinaten rechnen

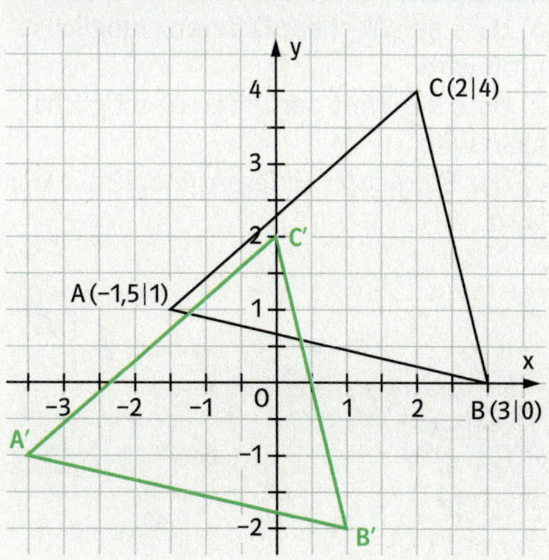

Mit den Koordinaten von geometrischen Figuren im Koordinatensystem kann man auch rechnen.
Das grün gefärbte Dreieck A′B′C′ erhält man, wenn man sowohl von der 1. Koordinate als auch von der 2. Koordinate der Eckpunkte des Dreiecks ABC jeweils die Zahl 2 subtrahiert.

- Wie lauten die Koordinaten der Eckpunkte des grün gefärbten Dreiecks?
- Addiere zur 1. Koordinate die Zahl 3 und subtrahiere von der 2. Koordinate die Zahl 4. Zeichne.
- Welche Zahlen muss man sowohl von der 1. Koordinate als auch von der 2. Koordinate mindestens subtrahieren, damit alle Eckpunkte negative Koordinaten haben?

Kontoführung

Sina besitzt ein Jugendgirokonto. Mit diesem Girokonto kann sie am Bankautomaten Geld abheben und Beträge überweisen, solange das Guthaben ausreicht. Das monatliche Taschengeld von den Eltern wird auch auf das Konto überwiesen.

Sparkasse Waldhausen Auszug Nr. *14*

Buchungstag	Vorgang	Betrag
12.10.	*Geldautomat*	*−35,00*
15.10.	*Bareinzahlung*	*+60,00*
23.10.	*Geldautomat*	*−45,00*
28.10.	*Handy-Abrechnung*	*−33,87*
2.11.	*Taschengeld*	*+40,00*
	Kontostand	*11.10. alt EUR 55,11*
		5.11. neu EUR 41,24

Sina Müller SB-Kontoauszug

■ Wie hoch war die Summe der Einzahlungen, wie hoch der Gesamtbetrag aller Abhebungen?

■ Sina wollte am 12.10. zunächst 60 € abheben. Weshalb war dies nicht möglich? Wie viel Euro hätte sie maximal am Bankautomat erhalten können?

■ Anfang Dezember bekommt sie wieder Taschengeld überwiesen. Für November plant sie keine Ausgaben. Kann sie dann eine neue Jeans für 79 € kaufen?

Frau Möller besitzt zurzeit auf ihrem Konto ein Guthaben in Höhe von 2024,18 €. Davon sollen verschiedene Ausgaben, die Frau Möller auf einem Zettel notiert hat, abgebucht werden.

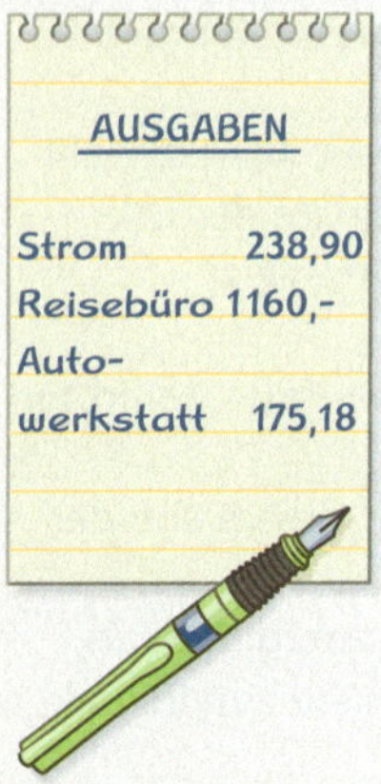

■ Wie ist der Kontostand nach den Abbuchungen?

■ Frau Möller kann ihr Konto um 3000 € überziehen. Über wie viel Geld kann sie dann insgesamt verfügen?

■ Nach einer dringenden Reparatur am Dach ihres Hauses ist eine Handwerkerrechnung über 1483,50 € fällig. Wie viel Euro muss Frau Möller von ihrem Sparbuch mindestens abheben, wenn sie ihr Konto nicht überziehen will?

12 Vervollständige die Rechennetze.
a) Berechne die fehlenden Zahlen.

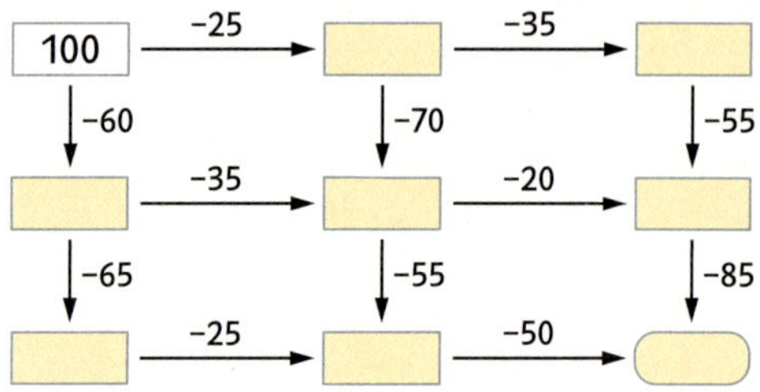

b) Hier musst du addieren oder subtrahieren, damit das Ergebnis stimmt.

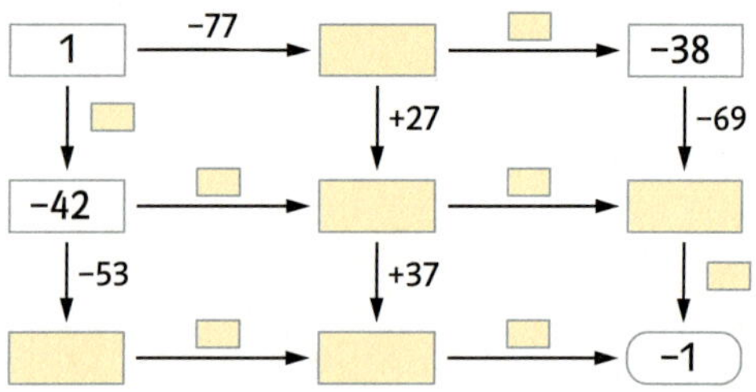

13 Vervollständige das magische Quadrat. Alle Zeilen, Spalten und Diagonalen haben die magische Zahl −10 als Summe.

5		−9	
	−1		
	−5	−4	1
−7		3	

14 Wähle Ziffern und Vorzeichen so,
a) dass der Wert der Differenz möglichst groß wird.
b) dass der Wert der Differenz möglichst klein wird.
c) der Betrag der Differenz möglichst klein wird.

(□□□□) − (□□□□)

3 Vereinfachte Schreibweise von Addition und Subtraktion

Zu Monatsbeginn weist ein Girokonto ein Guthaben von 700 € auf. In den folgenden Tagen erfolgt eine Gutschrift über 158 € und eine Abbuchung über 132 €.
Danach bemerkt die Bank, dass durch einen technischen Fehler beide Beträge um 10 € zu hoch waren.
Der Bankangestellte notiert das Hinzufügen einer Buchung mit dem Rechenzeichen plus, das Rückgängigmachen mit minus. Gutschriften erhalten das Vorzeichen plus, Abbuchungen das Vorzeichen minus.

→ Schreibe den zugehörigen Rechenausdruck auf.

→ Wie könntest du ihn vereinfachen?

Volksbank Erkelenz		Auszug Nr.	27
Andrea Schultz		Kontostand am	*1.8.2006* *700,00*
Buchungstag	**Vorgang**		**Betrag**
5.8.	*Rückzahlung Nebenkosten*		*+158,00*
7.8.	*Deutsche Bahn AG Erkelenz*		*−132,00*
10.8.	*Korrektur Fehlbuchung 5.8.*		*−(+10,00)*
10.8.	*Korrektur Fehlbuchung 7.8.*		*−(−10,00)*
		Kontostand am	*14.8.2006, 16:43* *726,00*

Kontoauszug

Die Subtraktion darf durch die Addition der Gegenzahl ersetzt werden. Dabei werden jeweils Rechenzeichen und Vorzeichen umgekehrt. Vereinfachen der Schreibweise führt zu einer einfachen Addition:

$$(+4) - (-7) = (+4) + (+7) = 4 + 7 = 11$$

Jede Addition mit der Gegenzahl darf natürlich auch wieder als Subtraktion geschrieben werden. Auch hierbei werden beide Zeichen umgekehrt. Vereinfachen der Schreibweise führt zu einer einfachen Subtraktion:

$$(+8) + (-3) = (+8) - (+3) = 8 - 3 = 5$$

Gleiche Vor- und Rechenzeichen ersetzt man durch das Rechenzeichen (+).
Ungleiche Vor- und Rechenzeichen ersetzt man durch das Rechenzeichen (−).
Komplizierte Terme lassen sich somit stark vereinfachen.

Beispiel

$$\begin{aligned} & (+48) + (-16) - (-36) + (+30) - (+15) \\ = {} & 48 - 16 + 36 + 30 - 15 \\ = {} & 83 \end{aligned}$$

Bemerkung

Rechenausdrücke mit mehreren Additionen und Subtraktionen werden von links nach rechts vereinfacht. Man darf auch Summanden und Subtrahenden zusammenfassen.

$$\begin{aligned} & (+150) + (+47) - (+18) - (-33) + (-12) \\ = {} & 150 + 47 - 18 + 33 - 12 \\ = {} & 197 - 18 + 33 - 12 \\ = {} & 179 + 33 - 12 \\ = {} & 212 - 12 \\ = {} & 200 \end{aligned}$$

$$\begin{aligned} & (+150) + (+47) - (+18) - (-33) + (-12) \\ = {} & 150 + 47 - 18 + 33 - 12 \\ = {} & 150 + (47 + 33) - (18 + 12) \\ = {} & 150 + 80 - 30 \\ = {} & 200 \end{aligned}$$

Aufgaben

1 Setze Klammern und Vorzeichen. Es gibt mehrere Möglichkeiten.

Beispiel: $43 - 28 = 43 + (-28) = 43 - (+28)$

a) $53 + 21$ b) $35{,}6 - 21{,}4$
c) $-8{,}5 + 12{,}6$ d) $-19{,}3 - 12{,}5$
e) $35 - 5{,}1 + 7{,}3$ f) $-17 + 8{,}9 - 6{,}4$

2 Vereinfache und berechne.
a) $(+12) + (+9)$ b) $(+48) + (+71)$
c) $26{,}38 + (-4{,}1)$ d) $(-6{,}8) - (+6{,}8)$
e) $\frac{3}{8} + \left(+\frac{7}{8}\right)$ f) $12\frac{3}{5} - \left(+8\frac{4}{5}\right)$

3 Vereinfache, berechne dann von links nach rechts.
a) $(+13) + (-21) + (+37)$
b) $35 - (-47) - (-66) - (+32)$
c) $-16{,}5 + (-6{,}1) - (-12{,}4) - (+23{,}6)$
d) $31{,}59 - (+23{,}04) - (+6{,}3) - (-8{,}55)$
e) $13\frac{4}{7} + \left(-\frac{2}{7}\right) - \left(+3\frac{1}{7}\right) - \left(-\frac{6}{7}\right)$

4 Vereinfache, fasse dann Summanden und Subtrahenden zusammen.
a) $37 - (-23) + (+17) + (-26) - (+34)$
b) $-65 + (-34) + (+52) - (+56) - (-28)$
c) $71 + (+17{,}3) + (-21{,}6) - (-6{,}7) - (+8{,}4)$
d) $5 - (+3{,}08) + (+7{,}21) + (-6{,}42) - (+3{,}29)$
e) $34 + \left(-\frac{3}{8}\right) + \left(+4\frac{7}{8}\right) - \left(-2\frac{1}{8}\right) - \left(+1\frac{5}{8}\right)$

5 Ein Girokonto weist ein Guthaben von 537,24 € auf. Nun wird nacheinander eine Gutschrift von 129,00 €, eine Lastschrift von 7,82 €, zwei Gutschriften von 89,73 € und 13,59 € und eine Lastschrift von 25,13 € gebucht.
Die letzte Lastschrift und die letzte Gutschrift erfolgten jedoch versehentlich und müssen wieder rückgängig gemacht werden.
a) Schreibe die Vorgänge in einem gemeinsamen Term mit Rechen- und Vorzeichen.
b) Vereinfache dann die Schreibweise und berechne den neuen Kontostand.

Immer mehr Zahlen ...

Zuerst kanntest du die Menge der **natürlichen Zahlen** ℕ = {0, 1, 2, 3, 4, 5 ...}. Jede Addition und Multiplikation mit ihnen hatte ein Ergebnis, nicht aber jede Subtraktion und Division. Mit der Menge der **Bruchzahlen** hatte auch jede Division (außer durch 0) ein Ergebnis.
Jede natürliche Zahl ist auch eine Bruchzahl, denn $1 = \frac{1}{1} = \frac{2}{2}, \ldots\ 2 = \frac{2}{1} = \frac{4}{2}$ usw.
Durch Zusatz eines Vorzeichens sind zunächst die negativen ganzen Zahlen hinzugekommen, sie bilden gemeinsam mit den natürlichen Zahlen die Menge der **ganzen Zahlen** ℤ = {... −3, −2, −1, 0, 1, 2, 3 ...}.
Es folgten die negativen Brüche. Mit ihnen hat nun auch jede Subtraktion ein Ergebnis.
Alle zusammen nennt man die Menge der **rationalen Zahlen** ℚ. Als **rationale Zahl** bezeichnet man jede positive oder negative Zahl, die man als Bruch darstellen kann.

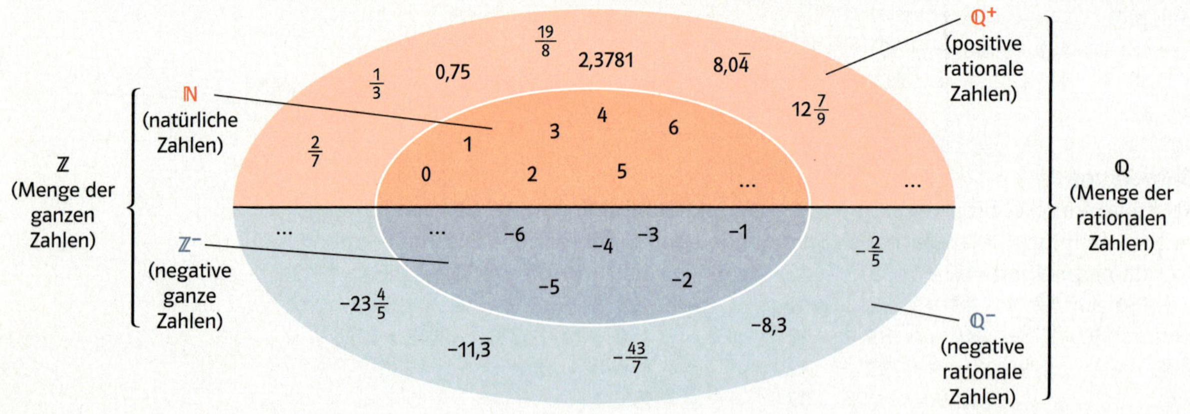

4 Addition und Subtraktion. Klammern

Tim, Stefanie und Linda spielen Karten. Für gewonnene Spiele gibt es Pluspunkte, für verlorene Minuspunkte.

→ Vergleiche die Punktestände von Tim und Linda nach dem siebten Spiel.

→ Wie lässt sich Stefanies Punktezwischenstand geschickt bestimmen?

Spiel-Nr.	Tim	Stefanie	Linda
1	27	–	–
2	–	–	–48
3	–	36	–
4	–	–	27
5	–	–40	–
6	–	44	–
7	–48	–	–
Zwischenstand			

Jede Addition lässt sich durch das Aneinanderlegen von Zahlenpfeilen veranschaulichen. Da die Reihenfolge der Pfeile für die Gesamtlänge und damit für das Ergebnis ohne Bedeutung ist, darf man bei der Addition die Summanden beliebig vertauschen.
Ebenso ist es gleich, in welcher Reihenfolge man bei mehreren Summanden Teilergebnisse bildet, also die Länge einiger Pfeile zusammenfasst.

Das Kommutativgesetz und das Assoziativgesetz gelten auch für rationale Zahlen.

Kommutativgesetz (Vertauschungsgesetz)

In einer Summe rationaler Zahlen darf man die Summanden vertauschen.

$$(+25) + (-45) = (-45) + (+25)$$
$$-20 = -20$$

Assoziativgesetz (Verbindungsgesetz)

In einer Summe rationaler Zahlen darf man Klammern beliebig setzen oder weglassen.

$$((-12) + (-18)) + (+24) = (-12) + ((-18) + (+24))$$
$$(-30) + (+24) = (-12) + (+6)$$
$$-6 = -6$$

Vertauschen:

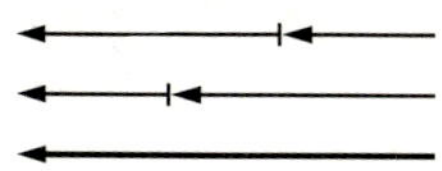

Verbinden:

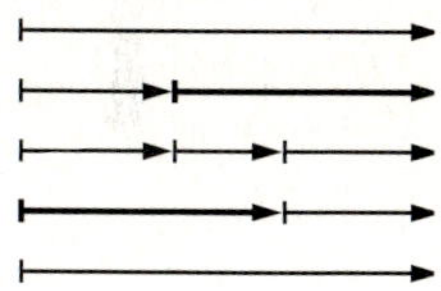

Beispiel

Bei geschickter Anwendung beider Gesetze entstehen oftmals Rechenvorteile.

$(+67) + ((-119) + (+33)) = (+67) + ((+33) + (-119))$ Vertauschungsgesetz

$= ((+67) + (+33)) + (-119)$ Verbindungsgesetz

$= (+100) + (-119)$

$= -19$

Bemerkungen

a) Steht vor der Klammer ein Pluszeichen (Plusklammer), darf man die Klammer weglassen.
Rechenzeichen und Vorzeichen ändern sich dabei nicht.

$48 + (-25 + 17)$
$= 48 + (-8)$
$= 40$

$48 + (-25 + 17)$
$= 48 - 25 + 17$
$= 23 + 17$
$= 40$

b) Auch wenn vor einer Klammer ein Minuszeichen steht (Minusklammer), darf man die Klammer weglassen.
Aus allen Pluszeichen in der Klammer werden Minuszeichen und umgekehrt.

$48 - (-25 + 17)$
$= 48 - (-8)$
$= 48 + 8$
$= 56$

$48 - (-25 + 17)$
$= 48 + 25 - 17$
$= 73 - 17$
$= 56$

Aufgaben

1 Berechne vorteilhaft.

a) (+16) + (54) + (−29)
b) (+47) + (−38) + (−22)
c) (−15) + (−35) + (+63)
d) −21 + (−39) + 33
e) 65 + (−57) + 35
f) 237 + 49 + (−187)
g) 5,5 + (−6,7) + 4,5
h) −8,1 + 6,8 + (−1,9)

2 Setze „+“ und „−“ richtig ein.

a) (−21) + (+18) − (+33) + (−19)
= □21 □ 18 □ 33 □ 19
b) (+77) − (+36) + (+68) − (−41)
= □77 □ 36 □ 68 □ 41
c) (−1,8) + (+7,2) + (−4,5) + (−0,6)
= □1,8 □ 7,2 □ 4,5 □ 0,6

3 Vereinfache zuerst die Schreibweise. Rechne dann von links nach rechts.

Beispiel: 21 + (−18) − (+34)
= 21 − 18 − 34
= 3 − 34 = −31

a) −13 + 42 + (−19)
b) 73 + (−49) − (−37)
c) 97 − (+56) + (−84) − (−41)
d) −42 − (−78) − (+36) + 66
e) 97 − (−56) + (+84) − (+41)
f) −3,4 + (−6,5) − (−10,2)
g) −63,7 + 49,8 − (−28,0) + (−32,5)
h) −4,57 + (−7,54) − (−5,74) − (+4,75)

Verbinde die Ziffernkärtchen mit + oder − und Klammern, so dass du verschiedene Zahlen ausdrücken kannst.
Beispiel:
(−1) − ((−2) + (−3))
= (−1) − (−5)
= −1 + 5 = 4

? Wer findet die meisten Möglichkeiten?

4 Vertausche und fasse geschickt zusammen.

Beispiel: (−17) + (+36) + (−83) + (+24)
= (−17) + (−83) + (+36) + (+24)
= −100 + 60
= −40

a) 44 + (−37) + 26 + (−63)
b) −79 + 65 + 15 + (−41)
c) −91 + 46 + (−77) + 64 + (−19)
d) −77 + 68 + (−39) + (−43) + 82
e) −234 + 123 + 77 + (−466)
f) 157 + (−127) + 243 + (−151) + (−122)
g) 43,9 + (−24,4) + 36,1 + (−45,6)
h) −52,3 + 63,6 + (−32,7) + 26,4 + (−15,0)

5 Fasse zuerst zusammen.

Beispiel: 54 + 39 + 68 − 73 − 87 − 45
= (54 + 39 + 68) − (73 + 87 + 45)
= 161 − 205 = −44

a) 23 + 71 + 59 − 92 − 47 − 54
b) 62 + 35 + 43 − 87 − 26 − 53
c) 89 + 98 − 61 − 16 − 85 − 58
d) 444 − 98 − 87 − 76 − 65 − 54 − 43 − 32
e) 38,4 + 62,6 + 159,8 − 82,7 − 79,5 − 99,9
f) 280 − 55,5 − 66,6 − 77,7 − 88,8

6 Sortiere zuerst nach Vorzeichen.

Beispiel: −38 + 57 + 31 − 24 + 43 − 62
= 57 + 43 + 31 − 38 − 62 − 24
= 131 − 124 = 7

a) 25 − 53 − 39 + 64 − 47 + 36
b) −81 + 67 + 48 + 72 − 65 − 44
c) −55 + 94 − 71 − 22 + 86 − 37
d) −57 + 68 + 31 − 76 − 63 + 93 − 4
e) −15,3 + 43 + 72,4 − 89,7 − 39 + 21,8
f) 24,25 − 36,6 − 105 + 90,9 + 21,95

7 Im Zahlenbaukasten befinden sich vier Zahlen, vier Rechenzeichen sowie ein Klammerpaar.

a) Erstelle zehn verschiedene Aufgaben und berechne sie.

Beispiel: (−10) + (+8) − ((−15) − (+24))
= −10 + 8 − (−15 − 24)
= −2 + 39 = 37

b) Wie heißt der Rechenausdruck mit dem größten Wert?
c) Welche Aufgabe hat den kleinsten Betrag?

8 Achte auf die Minusklammer. Vergleiche die Ergebnisse.

a) −25 − (−55 − 35) − 15 − 45
b) −25 − (55 − 35 − 15) − 45
c) −25 − (−55 − 35 − 15 − 45)

9 Die Aufgabe $-77 - (34 - 89)$ lautet in Worten: „Subtrahiere von der Zahl minus 77 die Differenz der Zahlen 34 und 89.“ Schreibe in Worten.
a) $28 + (45 - 62)$
b) $-69 - (25 + 48)$
c) $(35 - 54) - (27 + 46)$
d) $-50 - (87 - 68 - 26)$

10 Schreibe zuerst einen Rechenausdruck.
a) Addiere zur Differenz der Zahlen 45 und 99 die Zahl minus 33.
b) Subtrahiere von der Summe der Zahlen −49 und 32 die Summe von 41 und 17.
c) Addiere zur Differenz der Zahlen 39 und 83 die Summe der Zahlen −26 und −73.

11 Löse die Klammern auf und nutze Rechenvorteile.

Beispiel: $-83 - (-56 + 17) + 44$
$= -83 + 56 - 17 + 44$
$= 56 + 44 - 83 - 17$
$= 100 - 100 = 0$

a) $65 + (-78 + 35) - 42 + 18$
b) $-24 + (-61 + 52) - (-88 + 73)$
c) $57 + (14 - 37) - (-75 + 34) - 49$
d) $-62 - (-17 + 94 - 83) + (-28 + 64)$
e) $(-53 + 47) - 35 - (-133 + 61) - 76$

12 Ein Würfelspiel mit negativen Zahlen. Gespielt wird mit drei Würfeln, die gleichzeitig geworfen werden. Ungerade Augenzahlen werden addiert, gerade Augenzahlen werden subtrahiert.

Beispiel: $-4 + 3 - 6 = -7$

Gewonnen hat, wessen Ergebnis nach drei Durchgängen am weitesten von der Zahl 0 entfernt liegt.

1. Wurf: $5 - 2 - 6 = -3$
2. Wurf: $5 - 6 + 5 = +4$
3. Wurf: $1 - 2 - 6 = -7$
Ergebnis: $-3 + 4 - 7 = -6$

13 Setze in den vorgegebenen Rechenausdruck ein weiteres, zusätzliches Klammerpaar. Schaffst du es, fünf verschiedene Ergebnisse zu erhalten?

$20 - (+24) - (-15) + (-18)$

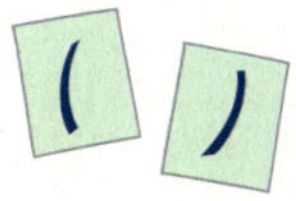

14 Löse die Klammern von innen nach außen auf. Rechne dann.

Beispiel: $22 - (41 - (-19 + 38))$
$= 22 - (41 + 19 - 38)$
$= 22 - 41 - 19 + 38$
$= 22 + 38 - 41 - 19 = 0$

Innere Klammer vor äußerer Klammer

a) $47 - (85 + (29 - 53))$
b) $-66 - (-35 - (74 + 49))$
c) $((-38 + 17) - (-81 + 43)) - (62 - 79)$
d) $-((55 - 71) - (-96 + 38) + 53) + 53$
e) $-67 - (-89 - (-42 - 17) - 77)$

Plus und Minus

- Berechne und setze fort.
  $1 - 2$
  $1 - 2 + 3$
  $1 - 2 + 3 - 4$
- Wie lautet das Ergebnis für die 10. Zeile, wie für die 11. Zeile, wie für die 37. Zeile und wie für die 100. Zeile?
  $1 + 2$
  $1 + 2 - 3$
  $1 + 2 - 3 - 4$
  $1 + 2 - 3 - 4 + 5$
  $1 + 2 - 3 - 4 + 5 + 6$
  $1 + 2 - 3 - 4 + 5 + 6 - 7$
- Erkläre, wie die Zahlenreihen gebildet werden. Berechne das Ergebnis für die 1000. Zeile.

Solche Aufgaben kann man auf zwei Arten lösen:
Sprünge auf der Zahlengeraden

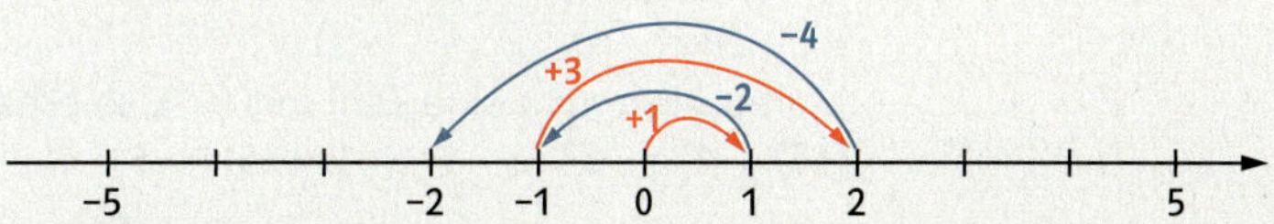

An der Zahlengeraden erkennst du:
$1 - 2 = -1$; $1 - 2 + 3 = 2$; $1 - 2 + 3 - 4 = -2$ usw.

Eine andere Methode ist das geschickte **Bündeln von Zahlenpaaren**.

$\underbrace{1 - 2}_{-1} + \underbrace{3 - 4}_{-1} + \underbrace{5 - 6}_{-1} + \underbrace{7 - 8}_{-1} + 9 \ldots$

Hier musst du die Zahl −1 entsprechend oft vervielfachen.

5 Multiplizieren

→ Ergänze die fehlenden Werte in der Multiplikationstafel sinnvoll. Fülle ganze Zeilen und Spalten jeweils in einem Zug aus. Färbe Felder mit positiven Ergebnissen rot ein, Felder mit negativen blau.
→ Prüfe den Zusammenhang zwischen den Vorzeichen von Faktoren und Produktwert.
→ Wie viele Fälle treten auf?

Die Multiplikation rationaler Zahlen ist eine verkürzte Schreibweise der Addition:

$3\cdot(+7) = (+7) + (+7) + (+7) = \mathbf{+21}$

Dementsprechend gilt: $3\cdot(-7) = (-7) + (-7) + (-7) = \mathbf{-21}$

Nach dem Kommutativgesetz gilt dann: $(-7)\cdot(+3) = (+3)\cdot(-7) = \mathbf{-21}$

Produkt
$(-3) \cdot (+4)$
Faktor *Faktor*

Das Produkt $(-7)\cdot(-3)$ muss folglich die Gegenzahl von -21 ergeben, also **+21**.
Demnach gilt: $(-7)\cdot(-3) = \mathbf{+21}$.
Das Vorzeichen des Produktwerts hängt von den Vorzeichen der Faktoren ab.
Den Betrag des Ergebnisses erhält man durch Multiplikation der einzelnen Beträge.

Haben beide Faktoren **gleiche** Vorzeichen, so ist der Produktwert **positiv**.
Haben die Faktoren **ungleiche** Vorzeichen, so ist der Produktwert **negativ**.

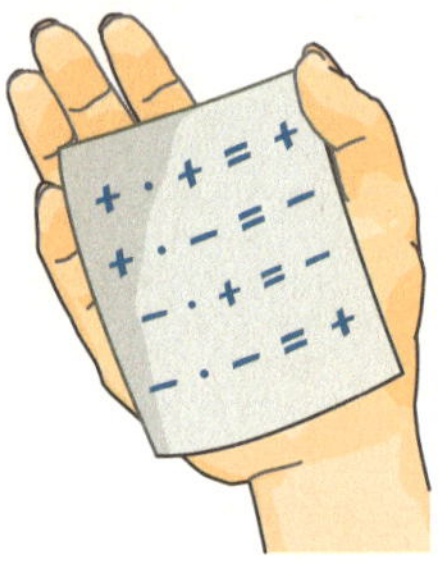

Beispiele

a) $(+8)\cdot(-12) = -(8\cdot 12) = -96$
b) $(-15)\cdot(+9) = -(15\cdot 9) = -135$
c) $(-1{,}6)\cdot(-5) = +(1{,}6\cdot 5) = 8{,}0$
d) $\left(-\frac{5}{6}\right)\cdot\frac{9}{10} = -\frac{5\cdot 9}{6\cdot 10} = -\frac{3}{4}$

Bemerkungen

Das **Vertauschen** und das beliebige **Verbinden** von Faktoren ist weiterhin möglich.

Vertauschungsgesetz (Kommutativgesetz)

$(+3)\cdot(-7) = -(3\cdot 7) = -21$

$(-7)\cdot(+3) = -(7\cdot 3) = -21$

Verbindungsgesetz (Assoziativgesetz)

$((+3)\cdot(-7))\cdot(-2) = (-21)\cdot(-2) = 42$

$(+3)\cdot((-7)\cdot(-2)) = (+3)\cdot(+14) = 42$

Multipliziert man eine Zahl mit (-1), so erhält man ihre Gegenzahl.

$(+5)\cdot(-1) = -5$ $\quad (-1)\cdot(+5) = -5$ $\quad (-5)\cdot(-1) = +5$ $\quad (-1)\cdot(-5) = +5$

Multipliziert man eine Zahl mit ihrer **multiplikativen Gegenzahl**, so ist das **Ergebnis 1**.

$5\cdot\frac{1}{5} = 1$ $\quad \left(-\frac{7}{9}\right)\cdot\left(-\frac{9}{7}\right) = 1$ $\quad$ Die Zahl 0 hat keine multiplikative Gegenzahl.

Aufgaben

1 Rechne im Kopf.

a) $(+5)\cdot(-7)$ b) $(-4)\cdot(+9)$
c) $(-4)\cdot(-5)$ d) $(+8)\cdot(-7)$
e) $(+12)\cdot(-6)$ f) $(-4)\cdot(-15)$

2 Rechne ebenfalls im Kopf.

a) $(-50)\cdot(-0{,}5)$ b) $20\cdot(-1{,}2)$
c) $(-2{,}5)\cdot 12$ d) $(-7)\cdot(-0{,}4)$
e) $200\cdot(-0{,}1)$ f) $(-40)\cdot(-1{,}8)$

3 Multipliziere. Ermittle zunächst das Vorzeichen des Ergebnisses.

a) $(+15) \cdot (-20)$ b) $(-12) \cdot (+30)$
c) $(-36) \cdot (-8)$ d) $(+24) \cdot (-28)$
e) $(-41) \cdot (+49)$ f) $(-53) \cdot (-17)$
g) $(+63) \cdot (-19)$ h) $(-55) \cdot (-82)$

4 Berechne.

a) $88 \cdot (-12)$ b) $(-44) \cdot 77$
c) $(-55) \cdot (-33)$ d) $67 \cdot (-83)$
e) $(-72) \cdot 23$ f) $(-125) \cdot (-59)$

5 Überschlage zunächst das Ergebnis.

a) $(-789) \cdot 19$ b) $(-47) \cdot (-211)$
c) $106 \cdot (-69)$ d) $(-68) \cdot (-97)$
e) $42{,}8 \cdot (-12{,}5)$ f) $(-9{,}6) \cdot 18{,}4$
g) $(-0{,}7) \cdot (-4{,}8)$ h) $2{,}25 \cdot (-0{,}45)$

6 Multipliziere.

a) $\left(-\frac{1}{2}\right) \cdot \frac{2}{3}$ b) $\frac{2}{5} \cdot \left(-\frac{3}{4}\right)$
c) $\frac{1}{4} \cdot \left(-\frac{1}{3}\right)$ d) $\left(-\frac{3}{8}\right) \cdot \left(-\frac{4}{3}\right)$
e) $\left(-\frac{7}{9}\right) \cdot \frac{9}{14}$ f) $\left(-\frac{12}{25}\right) \cdot \left(-\frac{15}{16}\right)$

7 Wähle den ersten Faktor aus der linken Wolke, den zweiten aus der rechten.

Beispiel: $(-0{,}8) \cdot 3{,}5$

a) Welches Produkt hat den größten Wert, welches hat den kleinsten Wert?
b) Wie viele Produkte haben ein positives, wie viele ein negatives Ergebnis?

8 Berechne. Die Summe aller Ergebnisse ergibt den Wert 500.

a) $(-8) \cdot (-3) \cdot 2$ b) $12 \cdot 8 \cdot (-3)$
c) $25 \cdot (-4) \cdot (-2)$ d) $(-4) \cdot (-5) \cdot 48$
e) $12{,}5 \cdot (-6) \cdot 8$ f) $2{,}5 \cdot (-4) \cdot (-18)$

9 Lena hat innerhalb von zwei Sekunden das Ergebnis bestimmt. Schaffst du das auch?
$(-42) \cdot 72 \cdot (-7) \cdot 0 \cdot (-89) \cdot 36$

10 Multipliziere vorteilhaft.

Beispiel: $(-4) \cdot 9 \cdot 25 \cdot (-5)$
$= (-4) \cdot 25 \cdot 9 \cdot (-5)$
$= (-100) \cdot (-45) = 4500$

a) $2 \cdot 7 \cdot (-5) \cdot (-12)$
b) $4 \cdot (-9) \cdot 8 \cdot (-25) \cdot (-5)$
c) $(-8) \cdot 50 \cdot (-125) \cdot (-6)$
d) $(-4) \cdot (-4) \cdot (-25) \cdot (-8) \cdot (-5)$

11 Wähle Ziffern und Vorzeichen aus und setze sie ein.
a) Der Wert des Produkts soll möglichst groß werden.
b) Der Wert des Produkts soll positiv sein und möglichst klein werden.
c) Der Wert des Produkts soll negativ sein und möglichst nahe bei null liegen.

12 Potenzen sind verkürzte Schreibweisen für Produkte mit gleichen Faktoren.

$(-2)^2 = (-2) \cdot (-2)$
$(-2)^3 = (-2) \cdot (-2) \cdot (-2)$
$(-2)^4 = (-2) \cdot (-2) \cdot (-2) \cdot (-2)$

a) Schreibe die Potenzen bis $(-2)^{10}$ als Produkte und berechne den Potenzwert.
b) Kannst du die Vorzeichen der Potenzwerte $(-2)^{97}$, $(-2)^{144}$ bestimmen? Begründe.

13 a) Der erste Faktor eines Produkts ist −35, der zweite 24. Wie groß ist der Produktwert?
b) Welche Zahl erhält man, wenn man vom Produkt aus −18 und −45 die Zahl 888 subtrahiert?
c) Multipliziere das Produkt aus −60 und 42 mit dem Faktor −5.

14 Ein Würfelspiel mit zwei verschiedenfarbigen Würfeln
Der blaue Würfel ist der Vorzeichenwürfel. Aus ihm gelten gerade Augenzahlen als Pluszeichen, ungerade Augenzahlen als Minuszeichen.
Würfle mit beiden Würfeln gleichzeitig. Die so entstehenden Zahlen sind Faktoren eines Produkts.
Sieger ist, wer nach dem fünften Wurf das Produkt mit dem größten Wert erzielt hat.

$(-2) \cdot (+3) \cdot (-6) \cdot (-1) \cdot (+4) = -144$

6 Dividieren

Der heftigste innerhalb von 24 Stunden je gemessene Temperatursturz ereignete sich 1916 im Bundesstaat Montana in den USA. Dabei sank das Thermometer von +6 °C auf −42 °C.

→ Wie groß war die durchschnittliche Temperaturänderung in einer Stunde?

Da auch bei den rationalen Zahlen die Division die Umkehrung der Multiplikation ist, können wir für die Division folgende Regeln erkennen:

56 : 7 = 8, da 8 · 7 = 56
6,5 : 0,5 = 13, da 13 · 0,5 = 6,5
(−12) : (+4) = −3, da (−3) · (+4) = −12
(+12) : (−4) = −3, da (−3) · (−4) = +12
(−12) : (−4) = +3, da (+3) · (−4) = −12

Quotient
(−24) : (+8)
Dividend Divisor

Zunächst dividiert man die beiden rationalen Zahlen, ohne deren Vorzeichen zu berücksichtigen. Das Vorzeichen des Quotienten hängt von den Vorzeichen des Dividenden und des Divisors ab. Dabei gelten dieselben Vorzeichenregeln wie bei der Multiplikation.

! *Durch null kann man nicht dividieren.*

Regeln für das Dividieren rationaler Zahlen
Haben Dividend und Divisor **gleiche Vorzeichen**, dann ist der Wert des Quotienten **positiv.**
Haben Dividend und Divisor **verschiedene Vorzeichen**, dann ist der Wert des Quotienten **negativ**.

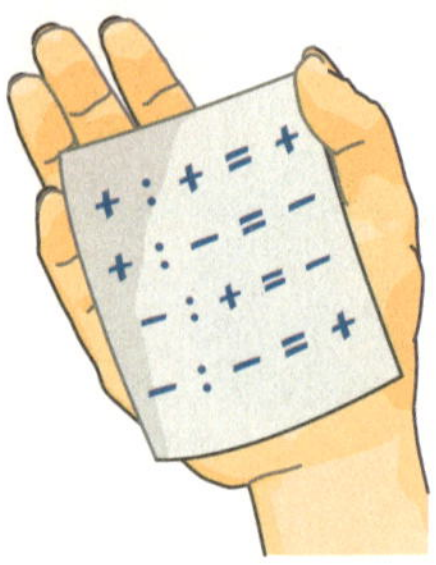

Beispiele
a) (+45) : (−15) = −(45 : 15) = −3
b) (−45) : (−15) = +(45 : 15) = 3
c) Durch einen Bruch wird dividiert, indem man mit seinem Kehrbruch multipliziert.

$\left(-\frac{3}{5}\right) : \left(+\frac{3}{4}\right) = \left(-\frac{3}{5}\right) \cdot \left(+\frac{4}{3}\right) = -\frac{3 \cdot 4}{5 \cdot 3} = -\frac{4}{5}$

Bemerkung
Dividiert man eine Zahl durch (−1), erhält man die Gegenzahl.
(+5) : (−1) = −5 (−5) : (−1) = +5

Aufgaben

1 Rechne im Kopf.
a) (+56) : (−7) b) (−64) : (+8)
c) (−49) : (−7) d) (+48) : (−12)
e) (−72) : (+8) f) (−84) : (−14)

2 Rechne im Kopf.
a) (−96) : 12 b) 108 : (−9)
c) (−75) : (−15) d) (−225) : 25
e) (−144) : (−16) f) 600 : (−75)

3 Dividiere. Überlege zuerst, ob das Ergebnis positiv oder negativ ist.

a) (−121) : 11 b) 144 : (−18)
c) (−96) : (−16) d) (−270) : 15
e) (−102) : 17 f) 156 : (−12)
g) (−675) : (−25) h) 726 : (−33)

4 Fülle die Tabellen aus.

a)

:	−2	+5	−8	−12
+24	−12			
−64				
+72				
−108				

b)

·	9	−12		
		72		
15			−270	
44				−1848
	−702			

5 Ergänze Vorzeichen und Zahlen.

a) (−128) : (□16) = (−□)
b) 72 : (+□) = (□18)
c) (□105) : (−□) = −15
d) (−□) : 25 = □12

6 Setze im Heft die richtige Zahl ein.

a) 72 : □ = −9
(−72) : □ = −9
(−72) : □ = 9
72 : □ = 9

b) □ : 12 = −7
□ : (−12) = 7
□ : 12 = 7
□ : (−12) = −7

7 Ergänze im Heft.

a) 48 : □ = −4 b) □ : 9 = −8
c) −57 : □ = 3 d) □ : (−14) = 13
e) 207 : □ = −9 f) □ : (−21) = 36

8 Dividiere.

a) 9,1 : (−7) b) (−20,4) : 12
c) (−13,2) : (−2,4) d) (−0,72) : 0,6
e) (−110,4) : (−23) f) 81 : (−5,4)
g) (−80,75) : 19 h) (−85,8) : (−3,75)

9 Multipliziere mit dem Kehrbruch.

a) $\left(+\frac{2}{3}\right) : \left(-\frac{4}{9}\right)$ b) $\left(-\frac{4}{7}\right) : \left(\frac{6}{7}\right)$
c) $\left(-\frac{3}{4}\right) : \left(-\frac{7}{8}\right)$ d) $\left(-\frac{35}{36}\right) : \frac{25}{48}$

10 Wähle aus den Ziffern und Vorzeichen aus und setze ein.

a) Der Wert des Quotienten soll möglichst groß werden.
b) Der Wert des Quotienten soll möglichst klein werden.
c) Der Betrag des Quotienten soll so klein wie möglich sein.

? (□□□) : (□□)

11 Welche Aufgabe gehört zu welchem Ergebnis? Überschlage bevor du rechnest.

(−11,2) : 3,2	−7,5
9,12 : (−22,8)	2,8
(−5,1) : (−8,5)	−0,4
81 : (−10,8)	−3,5
(−9,8) : (−3,5)	0,6

12 Lege die Dominosteine in die richtige Reihenfolge.

−11 (−84) : (−7)
6 (−126) : 9
−14 165 : (−15)
−9 136 : (−8)
−17 (−96) : (−16)
12 (−198) : 22

Zahlenzauber

Bei diesen magischen Quadraten hat jede Zeile und jede Spalte und sogar jede Diagonale denselben Produktwert.

■ Vervollständige das Quadrat.

−4		−6
		8
		−36

■ Hier heißt die magische Zahl −27.

−6		
−9		−1,5

■ Bei dem 4 × 4-Quadrat brauchst du bestimmt einen Taschenrechner. Berechne auch die unterschiedlich gefärbten Gruppen.

■ Welches Produkt erhältst du im rot umrandeten Zentrum?

■ Wie viele Pluszeichen und wie viele Minuszeichen kommen im magischen 4 × 4-Quadrat vor?

−33	−85	7	26
−2			
65	3		−77
		−39	−5

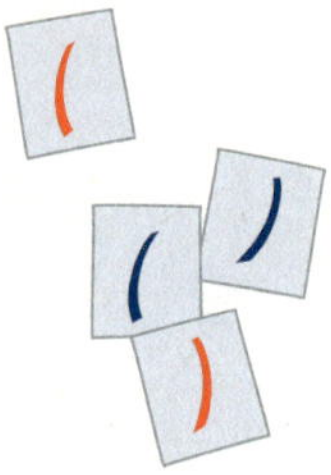

13 Setze zusätzlich Klammern.
Bilde Aufgaben mit unterschiedlichem Ergebnis.

Beispiel: $(-5) : (((-5) : (-5)) : (-5))$
$= (-5) : (1 : (-5))$
$= (-5) : (-0{,}2)$
$= 25$

a) $(-2) : (-2) : (-2) : (-2)$
b) $(-4) : (-4) : (-4) : (-4)$
c) $(-2) : (-2) \cdot (-2) : (-2)$
d) $(-4) : (-3) : (-2) : (-1)$

14 Zahlen auf nebeneinander liegenden Steinen werden miteinander multipliziert. Das Produkt steht darüber.

a)

b)

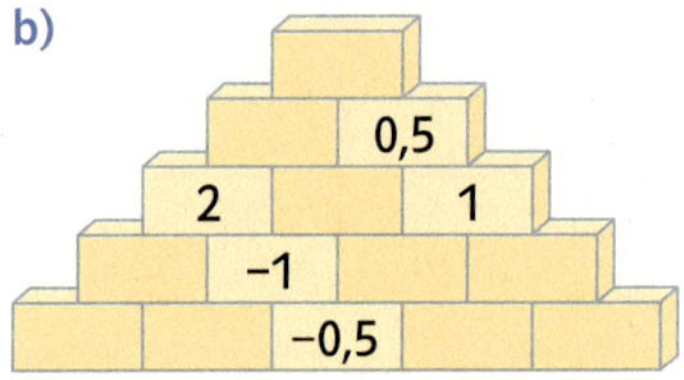

15 Stelle zuerst einen Rechenausdruck auf. Rechne dann.
a) Multipliziere den Quotienten aus −48 und 6 mit der Zahl −13.
b) Subtrahiere vom Quotienten der Zahlen 72 und −8 die Zahl −10.
c) Dividiere den Quotienten aus −35 und +5 durch den Quotienten aus +49 und −7.
d) Dividiere das Produkt der Zahlen 12,5 und −4 durch den Quotienten von −6,0 und −1,2.

16 Löse durch Probieren.
a) $8 \cdot x = -24$
b) $(-12) \cdot x = 60$
c) $x \cdot (-12) = 108$
d) $3 \cdot x - 14 = 5 \cdot x$

17 Richtig oder falsch?
Ist bei einem Produkt mehr als die Hälfte der Faktoren positiv, dann ist der Wert des Produkts positiv. Begründe.

Rechennetze

In diesen Rechnetzen werden alle Grundrechenarten verwendet.

- Berechne die im Rechennetz fehlenden Zahlen.

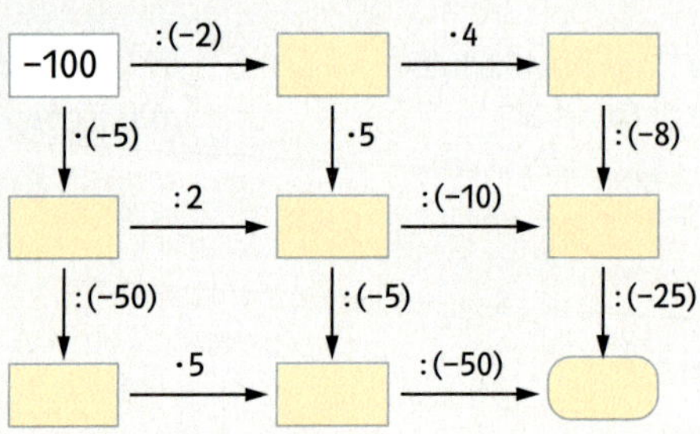

- Hier kannst du dein Ergebnis kontrollieren.

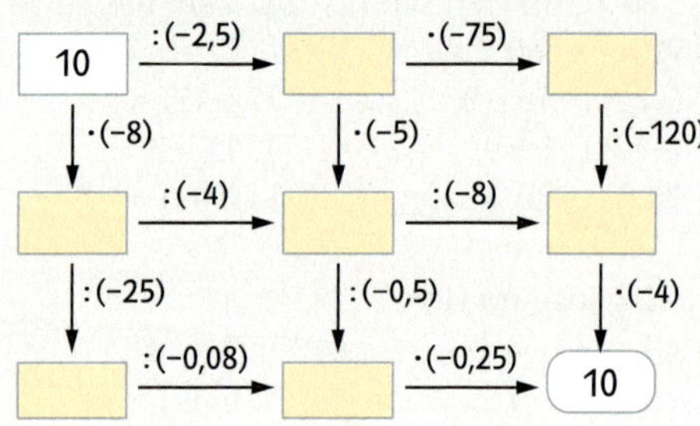

- Verwende alle Rechenarten.

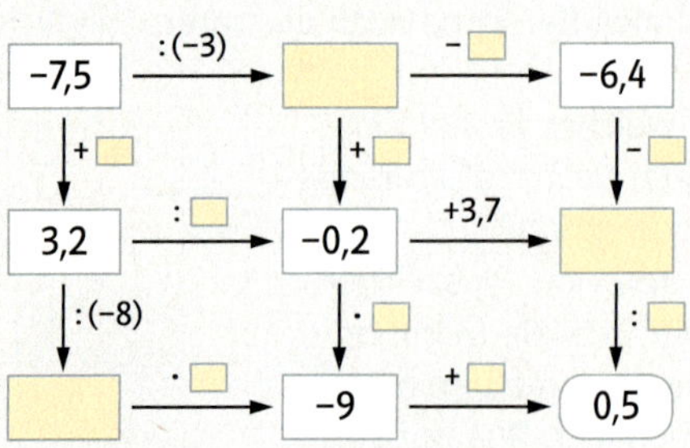

- Ergänze die fehlenden Werte.

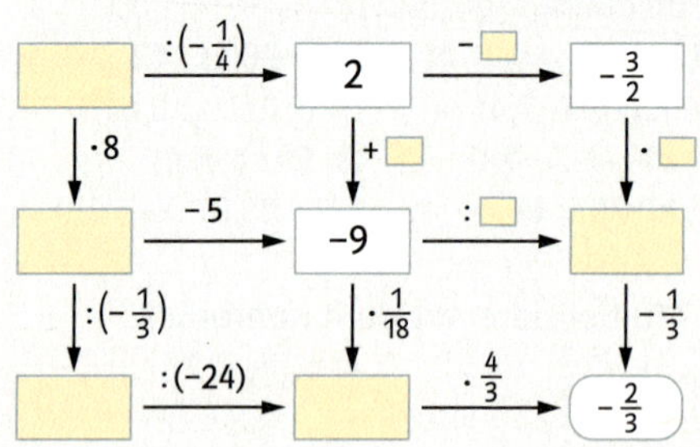

7 Verbindung der Rechenarten

Setze die Zahlen in die Kreise, Dreiecke und Vierecke ein.
→ Berechne jeweils den Wert des Rechenausdrucks.
→ Was fällt dir auf?
→ Wähle noch andere Zahlen als die angegebenen und prüfe nach.

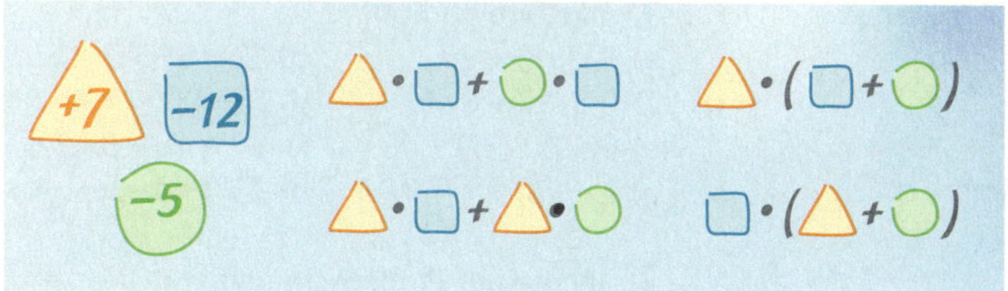

Rechenausdrücke wie $(-8) \cdot 33 + (-8) \cdot 17$ oder $\left(-\frac{2}{5}\right) \cdot \left(15 + \frac{1}{2}\right)$ lassen sich auf verschiedene Arten berechnen. Dabei können Rechenvorteile entstehen.

Ausklammern

$(-8) \cdot 33 + (-8) \cdot 17$
$= (-8) \cdot (33 + 17)$
$= (-8) \cdot 50$
$= -400$

Ausmultiplizieren

$\left(-\frac{2}{5}\right) \cdot \left(15 + \frac{1}{2}\right)$
$= \left(-\frac{2}{5}\right) \cdot 15 + \left(-\frac{2}{5}\right) \cdot \frac{1}{2}$
$= -6 + \left(-\frac{1}{5}\right) = -6\frac{1}{5}$

Das **Distributivgesetz** (Verteilungsgesetz) gilt auch für rationale Zahlen.

Distributivgesetz (Verteilungsgesetz)
Beim **Ausklammern** schreibt man den gemeinsamen Faktor vor oder hinter die Klammer. Anschließend kann die Summe in der Klammer berechnet und mit dem Faktor multipliziert werden.
Beim **Ausmultiplizieren** wird der Faktor außerhalb der Klammer mit jedem Summanden in der Klammer multipliziert. Dabei sind die Vorzeichenregeln zu beachten.

! *Dieses Gesetz gilt auch beim Subtrahieren und Dividieren.*

Beispiele

a) Hier bringt das Ausklammern Vorteile.

$(-7{,}5) \cdot (-39) + (-7{,}5) \cdot (-61)$
$= (-7{,}5) \cdot ((-39) + (-61))$
$= (-7{,}5) \cdot (-100)$
$= 750$

b) Hier hat das Ausmultiplizieren Vorteile.

$(-7) \cdot \left(\left(+\frac{1}{7}\right) + \left(-\frac{3}{4}\right)\right)$
$= (-7) \cdot \left(+\frac{1}{7}\right) + (-7) \cdot \left(-\frac{3}{4}\right)$
$= (-1) + \left(+\frac{21}{4}\right)$
$= (-1) + 5{,}25$
$= 4{,}25$

c) Auch bei rationalen Zahlen gelten das **Kommutativgesetz** (Vertauschungsgesetz) und das **Assoziativgesetz** (Verbindungsgesetz) der Multiplikation.
Bei mehrfacher Anwendung können sich Rechenvorteile ergeben.

$(-2{,}5) \cdot (+38{,}7) \cdot (-4)$
$= (-2{,}5) \cdot (-4) \cdot (+38{,}7)$ — Kommutativgesetz
$= ((-2{,}5) \cdot (-4)) \cdot (+38{,}7)$ — Assoziativgesetz
$= (+10) \cdot (+38{,}7) = +387$

d) Auch für rationale Zahlen gelten die Rechenregeln:
Innere Klammer vor äußerer Klammer
Punktrechnung vor Strichrechnung
Ansonsten von links nach rechts

$((6{,}5 - 21{,}5) : (-5)) - 1{,}5 \cdot 8$ — Innere Klammer vor äußerer Klammer
$= ((-15) : (-5)) - 1{,}5 \cdot 8$
$= 3 - 1{,}5 \cdot 8$ — Punkt vor Strich
$= 3 - 12$
$= -9$

kurz:
Klammer vor Punkt
Punkt vor Strich

Aufgaben

1 Rechne im Kopf.

a) $5 \cdot (-8) + 20$ b) $12 - 4 \cdot 5$
c) $(-8) \cdot 7 + 6 \cdot 5$ d) $5 - 48 : 4 + 6$
e) $(-49) : (-7) - 49$ f) $24 - 42 - 5 \cdot 9$
g) $2 \cdot (-5) + 4 - 9 : 3$ h) $25 : (-5) - 36 : (-6)$

2 Achte auf Punktrechnung vor Strichrechnung.

a) $(-5) \cdot (-10) + 40$
b) $(-42) : 7 - 65 : (-13)$
c) $(-2{,}5) - 3{,}2 \cdot (-4) + (10{,}2)$
d) $32{,}2 : (-3{,}5) - 7{,}8 \cdot 1{,}5 + 4{,}8$
e) $22{,}5 - (-1{,}5) \cdot 24 : (-9) - 3{,}6 \cdot 7{,}5$

3 Rechne vorteilhaft.

a) $13 \cdot (-5) \cdot 20$
$(-8) \cdot (-25) \cdot 17$
$(-50) \cdot 2 \cdot (-30)$
$(-7) \cdot (-25) \cdot (-8)$

b) $(-2{,}5) \cdot 4 \cdot (-19)$
$(-4{,}7) \cdot (-0{,}5) \cdot 20$
$-400 \cdot 0{,}25 \cdot (-1{,}5)$
$0{,}3 \cdot (-0{,}2) \cdot 750$

4 Verbinde die Faktoren geschickt.

Beispiel: $(-16) \cdot 5 \cdot (-9) \cdot (-4) \cdot 25$
$= (-80) \cdot (-9) \cdot (-100)$
$= 720 \cdot (-100) = -72\,000$

a) $(-25) \cdot 4 \cdot 20 \cdot (-5) \cdot (-7)$
b) $(-8) \cdot 125 \cdot (-9) \cdot (-40) \cdot 5$
c) $(-6) \cdot (-25) \cdot (-4) \cdot (-125) \cdot 4$
d) $8 \cdot (-25) \cdot (-18) \cdot 5 \cdot (-3)$
e) $(-50) \cdot (-4) \cdot 30 \cdot 250 \cdot (-4) \cdot (-3)$

5 Multipliziere aus und berechne.

a) $4 \cdot (-25 + 12)$ b) $8 \cdot (40 - 75)$
c) $(-20) \cdot (-5 + 24)$ d) $(-35 + 16) \cdot (-10)$
e) $(-4) \cdot (12{,}5 - 19)$ f) $(2{,}4 - 8{,}4) \cdot (-5)$
g) $\left(-\frac{3}{4} + 1{,}2\right) \cdot 8$ h) $(-7) \cdot \left(-\frac{2}{7} - 0{,}4\right)$

15 − 7 · 12 = −69
oder:
7 − 15 · 12 = −173
oder:
...

6 Ein Würfelspiel mit 5 Würfeln:
Würfelt mit drei 20-flächigen Würfeln und zwei normalen Würfeln.
Auf den normalen Würfeln bedeuten die Zahlen 1 und 2 das Zeichen „+", die Zeichen 3 und 4 das Zeichen „−", und die Zahlen 5 und 6 das Zeichen „·".
Links siehst du mögliche Aufgaben.
a) Welcher Spieler hat das größte Ergebnis?
b) Wer hat das kleinste Ergebnis?

7 Ausklammern ist vorteilhaft.

Beispiel: $12 \cdot (-17) + 12 \cdot (-33)$
$= 12 \cdot ((-17) + (-33))$
$= 12 \cdot (-50) = -600$

a) $14 \cdot (-9) + 6 \cdot (-9)$
b) $42 \cdot (-14) + 42 \cdot (-16)$
c) $(-19) \cdot (-73) + (-27) \cdot (-19)$
d) $(-16) \cdot 33 - (-16) \cdot 23$

8 Klammere zunächst gemeinsame Faktoren aus.

Beispiel: $16 \cdot (-17) + 62 \cdot (-17) + 22 \cdot (-17)$
$= (-17) \cdot (16 + 62 + 22) = (-17) \cdot 100$
$= -1700$

a) $(-9) \cdot 16 + (-9) \cdot 23 + (-9) \cdot 11$
b) $59 \cdot (-18) + (-32) \cdot (-18) + 73 \cdot (-18)$
c) $12 \cdot (-2{,}3) + 12 \cdot (-4{,}9) + 12 \cdot (-2{,}8)$
d) $(-12{,}4) \cdot 4{,}75 + 4 \cdot (-12{,}4) + 1{,}25 \cdot (-12{,}4)$

9 Ausklammern oder Ausmultiplizieren?
Berechne. Beschreibe die Rechenschritte.

a) $32 \cdot (-5) + 18 \cdot (-5)$ b) $5 \cdot (-40 + 7)$
c) $(-20 - 3) \cdot 13$ d) $9 \cdot (-43) + 9 \cdot 33$
e) $(-12) \cdot \left(\frac{1}{3} - \frac{1}{4}\right)$ f) $\frac{3}{4} \cdot (-9) - \frac{5}{8} \cdot (-9)$
g) $\left(-72 + \frac{3}{11}\right) \cdot \left(-\frac{11}{12}\right)$ h) $\left(-\frac{2}{9}\right) \cdot \left(\frac{9}{10} - 18\right)$

10 Berechne.

a) $-120 : (-57 + 33) + 1$
b) $(-13 + 21) \cdot (-19 - 16)$
c) $(-96) : 12 - 7 \cdot 16$
d) $(-21 + 6 \cdot (-7)) : (-9)$
e) $(-43 + 25) \cdot (-6) - 112 : 16$
f) $((-12) \cdot 13 - 144 : 18) : (-4)$

11 Gleiche Zahlen – gleiches Ergebnis?
Schreibe eine Erklärung auf.

a) $(1 - 2 \cdot (3 - 4)) \cdot (5 - 6 \cdot 7 - 8 \cdot (9 - 10))$
b) $((1 - 2) \cdot 3 - 4) \cdot ((5 - 6) \cdot 7 - 8 \cdot 9 - 10)$
c) $(1 - 2 \cdot 3 - 4) \cdot ((5 - 6) \cdot (7 - 8) \cdot 9 - 10)$
d) $(1 - (2 \cdot 3 - 4)) \cdot ((5 - 6 \cdot 7) - (8 \cdot 9 - 10))$
e) $((1 - 2 \cdot 3) - 4) \cdot (5 - (6 \cdot 7 - 8 \cdot 9) - 10)$

12 Hier musst du noch Klammern setzen.

a) $(-5) \cdot 3 - 9 = 30$
b) $-28 - 21 : 7 = -7$
c) $3 \cdot 5 + 9 \cdot (-2) = -48$
d) $(-2) \cdot 8 - 4 \cdot 5 = -100$

Die Temperaturmessung

Anders Celsius (1701–1744)

Die noch heute in den USA verwendete Fahrenheitskala wurde bereits um 1714 von **Daniel Fahrenheit** aus Danzig entwickelt. Als Nullpunkt seiner Skala wählte er die tiefste Temperatur des strengen Winters von 1709, die er später durch eine Mischung aus Eis, festem Salmiak und Wasser wieder herstellen konnte. Mit der Wahl dieses Nullpunktes hoffte Fahrenheit negative Temperaturen vermeiden zu können. Als zweiten „Fixpunkt" seiner Skala soll Fahrenheit seine eigene Körpertemperatur (37,8 °C) gewählt haben, der er willkürlich die Zahl 100 zuordnete.

Die bei uns gebräuchliche Celsius-Temperaturskala wurde im Jahre 1742 vom schwedischen Astronomen und Physiker Anders Celsius (1701–1744) eingeführt. Auf der Celsiusskala ist der Gefrierpunkt des Wassers mit 0 °C festgelegt, der Siedepunkt mit 100 °C.

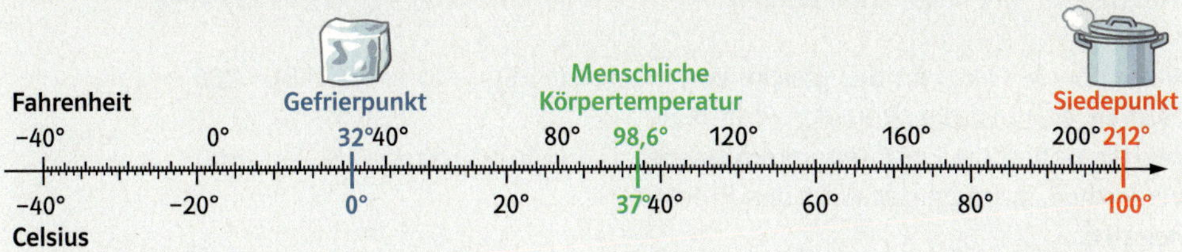

Die Rechenbäume zeigen dir, wie die Temperaturwerte umgerechnet werden können.

Celsius in Fahrenheit

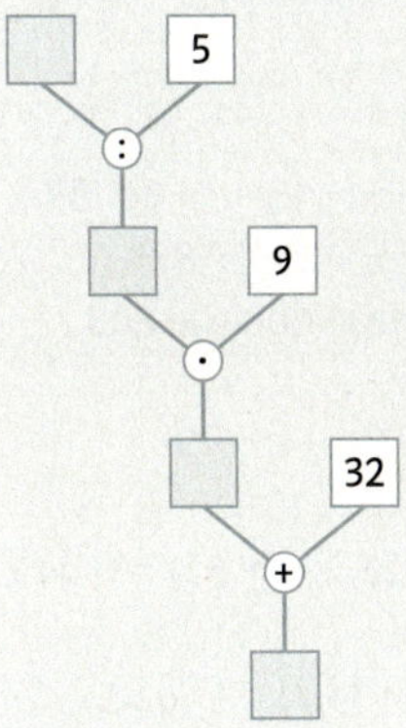

Fahrenheit in Celsius

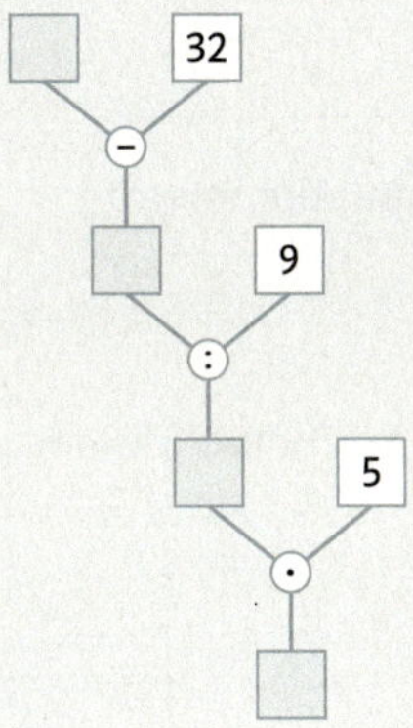

Beispiel:

$20\,°C \xrightarrow{:5} 4° \xrightarrow{\cdot 9} 36° \xrightarrow{+32} 68\,°F$

■ Rechne die Celsiuswerte in Fahrenheit um.
100 °C; 0 °C; 50 °C; 10 °C und −10 °C

■ Bestimme die zugehörigen Celsiuswerte.
68 °F; 140 °F; 100 °F; 0 °F; −148 °F

■ Bei welcher Temperatur sind die Gradzahlen von Fahrenheit und Celsius gleich?

■ Tim ruft aus Miami (USA) zu Hause an: „Stell' dir vor, wir haben über 100° Lufttemperatur im Schatten." Kann das sein?

Die Tabelle zeigt Temperaturwerte der ganzen Erde.

■ Wo war es am wärmsten, wo am kältesten?

■ Herrschte auf der Nordhalbkugel Winter oder Sommer?

	Fahrenheit		Celsius
New York	81	Kapstadt	16
Los Angeles	84	Melbourne	10
Phoenix	107	Peking	32
Fairbanks	62	Kairo	35
Denver	73	Stuttgart	31

Zusammenfassung

Vorzeichen, Betrag	Jede rationale Zahl besteht aus dem **Vorzeichen** (+ oder −) und dem **Betrag**.	Vorzeichen Betrag $-31{,}7$
Addieren	Bei **gleichen** Vorzeichen werden die **Beträge addiert**. Das Ergebnis erhält das **gemeinsame Vorzeichen**. Bei **verschiedenen** Vorzeichen werden die Beträge **subtrahiert**. Das Ergebnis erhält das Vorzeichen vor dem **größeren Betrag**.	$(+18) + (-12{,}7)$ $= +(18 - 12{,}7)$ $(+23) + (-48{,}5)$ $= -(48{,}5 - 23)$
Subtrahieren	Eine rationale Zahl wird subtrahiert, indem man ihre Gegenzahl addiert.	$(-7) - (+11) = (-7) + (-11) = -18$ $(-17) - (-9) = (-17) + (+9) = -8$
Multiplizieren	Haben beide Faktoren das **gleiche Vorzeichen**, dann ist der Wert des Produkts **positiv**. Haben die Faktoren **verschiedene Vorzeichen**, dann ist der Wert des Produkts **negativ**.	$(-25) \cdot (-8) = +(25 \cdot 8) = 200$ $(+16) \cdot (-5) = -(16 \cdot 5) = -80$
Dividieren	Haben Dividend und Divisor **gleiche Vorzeichen**, dann ist der Wert des Quotienten **positiv**. Haben Dividend und Divisor **verschiedene Vorzeichen**, dann ist der Wert des Quotienten **negativ**.	$(-28) : (-4) = +(28 : 4) = 7$ $(-56) : 7 = -(56 : 7) = -8$
Distributivgesetz	Das Distributivgesetz wird zum **Ausklammern** und **Ausmultiplizieren** verwendet.	Ausklammern: $(-6) \cdot 13 + (-6) \cdot 87$ $= (-6) \cdot (13 + 87)$ $= (-6) \cdot 100 = -600$ Ausmultiplizieren: $(-7) \cdot (40 + 9)$ $= (-7) \cdot 40 + (-7) \cdot 9$ $= -280 + (-63) = -343$
Vereinfachte Schreibweise	Bei der **vereinfachten Schreibweise** werden gleiche Rechen- und Vorzeichen durch „+“ ersetzt, ungleiche durch „−“.	$48{,}4 + (-13) - (-7) - (+18{,}7) + (+6{,}3)$ $= 48{,}4 - 13 + 7 - 18{,}7 + 6{,}3$
Vereinfachen von Termen	**Innere Klammer** zuerst **Klammern** vor anderen Rechnungen **Potenzen** zuerst **Punkt**rechnung **vor Strich**rechnung **Vereinfachte Schreibweise** anwenden **von links nach rechts** vereinfachen	$(64 - (130 - 36)) + (-5) \cdot 2^3 + 46{,}5$ $= (64 - 94) + (-5) \cdot 2^3 + 46{,}5$ $= -30 + (-5) \cdot 2^3 + 46{,}5$ $= -30 + (-5) \cdot 8 + 46{,}5$ $= -30 + (-40) + 46{,}5$ $= -30 - 40 + 46{,}5$ $= -70 + 46{,}5$ $= -23{,}5$

Üben • Anwenden • Nachdenken

1 Rechne im Kopf.

a) $-42 + 65$ b) $-23 - 77$
c) $(-7) \cdot 13$ d) $144 : (-12)$
e) $76 - 93$ f) $(-16) \cdot (-2{,}5)$
g) $-46 - 135$ h) $-162 : (-18)$

2 Welche Zahl musst du einsetzen?

a) $-85 + \square = -47$ b) $-29 - \square = -17$
c) $63 : \square = -7$ d) $-13 \cdot \square = 104$
e) $\square \cdot (-3{,}25) = -58{,}5$ f) $\square : (-0{,}8) = 6$

3 Runde das Ergebnis auf eine Stelle nach dem Komma.

a) $(-37) : 7$ b) $(-2{,}46) \cdot (-9{,}8)$
c) $25{,}8 : (-5{,}2)$ d) $(-0{,}76) \cdot 0{,}67$
e) $11{,}3 \cdot \left(-\frac{3}{4}\right)$ f) $\left(-\frac{7}{8}\right) : (-4{,}9)$

4 Rechne wie im Beispiel:

$-93 + 38 + 68 - 41 + 72 - 56$
$= 68 + 38 + 72 - (93 + 56 + 41)$
$= 178 - 190 = -12$

a) $74 - 143 + 26 - 57$
b) $17 - 29 - 44 + 83 - 71$
c) $-63 + 12 + 58 - 47 - 39$
d) $-107 + 95 + 59 - 45 - 43 + 21$
e) $71 - 48 + 133 - 29 + 109 - 42 + 57$

5 Rechne möglichst vorteilhaft.

a) $(-25) \cdot 7{,}5 \cdot (-4) \cdot (-9)$
b) $0{,}4 \cdot (-50) \cdot 0{,}8 \cdot (-5)$
c) $(-1{,}25) \cdot (-2{,}5) \cdot (-3{,}8) \cdot (-800) \cdot (-40)$
d) $\left(-\frac{2}{3}\right) \cdot \left(-\frac{2}{5}\right) \cdot \frac{3}{4}$

6 Welche Aufgabe gehört zu welchem Ergebnis? Überschlage bevor du rechnest.

$3{,}8 + (-4{,}2) + 0{,}8$	$-4{,}9$
$0{,}9 - 7{,}1 + 2{,}7$	$-6{,}5$
$-7{,}2 - 3{,}5 + 5{,}8$	$0{,}4$
$-1{,}6 + 4{,}4 - 9{,}3$	$-0{,}4$
$-9{,}8 + 4{,}3 + 5{,}1$	$-3{,}5$

7 Löse die Klammern auf und berechne.

a) $-23 + (-27 + 18) - (31 - 44)$
b) $82 - (37 - (-56 + 24) + 35)$
c) $67 - (-29 - (-48 + 87 - 58)) - 13$
d) $7{,}8 - (4{,}1 - (-2{,}7 - 8{,}3 + 0{,}6) - 5{,}9)$

8 Ordne die Dominosteine.

-120 | $-77 - 83$
$-3{,}4$ | $(-56) : (-14)$
4 | $(-7{,}5) \cdot 16$
-160 | $-43 + (-26)$
-69 | $-42 : (-2{,}4)$
$17{,}5$ | $(-0{,}4) \cdot 8{,}5$

9 Achte auf die Klammern.

a) $75 - (22 - 36 - 47 - 68)$
b) $75 - (22 - 36) - (47 - 68)$
c) $(75 - 22 - 36) - 47 - 68$
d) $75 - 22 - (36 - 47 - 68)$
e) $75 - (22 - (36 - 47)) - 68$
f) $75 - (22 - (36 - (47 - 68)))$
g) $(((75 - 22) - 36) - 47) - 68$

10 In der rechten Spalte stehen die Ergebnisse in falscher Reihenfolge. Ordne richtig zu.

a) $-1 + 2 - 3 + 4 - 5 + 6$	-7
b) $-(1 + 2 - 3 + 4 - 5 + 6)$	15
c) $-(1 + 2) - (3 + 4) - (5 + 6)$	7
d) $-(1 + 2 - 3 + 4 - (5 + 6))$	3
e) $-1 + (2 - (3 + 4 - 5) + 6)$	-5
f) $-((1 + 2) - (3 + 4) - (5 + 6))$	-21
g) $-(1 + 2 - (3 + 4 - (5 + 6)))$	5

11 Die Zahlenmauer hat fünf Schichten.

a) Nebeneinander liegende Steine werden addiert. Was beobachtest du in den einzelnen Reihen der Zahlenmauer? Erkläre.
b) In derselben Zahlenmauer werden nebeneinander liegende Steine multipliziert. Welches Vorzeichen hat die Zahl in der Spitze? Beantworte die Frage zunächst ohne zu rechnen.
c) Lissy sagt: „Wenn in der unteren Reihe der Mauer eine ungerade Anzahl von negativen Faktoren steht, dann ist der Wert in der Spitze negativ, sonst ist er positiv."

12 Bilde Aufgaben mit ganzzahligem Ergebnis.

Beispiel: $10 : (-5) + 8 \cdot (-2) = -2 - 16 = -18$

Schaffst du fünf verschiedene Aufgaben? Welche Aufgabe hat den kleinsten, welche den größten ganzzahligen Wert?

13 Jede Menge Klammern.

a) $32 \cdot (-5) - (-39) : 13$

b) $-44 + 26 - 14 \cdot (-4)$

c) $25 \cdot (-63 + 48) - (-24)$

d) $(-74) : (21 - (17 - 33))$

e) $-(-12 - (72 \cdot (-3) + 99))$

f) $77 - (-(83 - 98) : (-5))$

g) $-(-(22 - 31) \cdot (-7)) - (-37)$

h) $-(-88 : (-24 + 35) - 49)$

14 Welche Zahl musst du einsetzen?

a) $-8 \cdot \square + 5 = -43$

b) $20 - 36 : \square = 23$

c) $-5 + \square \cdot (-2) = -19$

d) $2 \cdot \square - 7 = -25 - \square$

e) $(3 \cdot \square - 1) : (-4) = 2 \cdot \square + 3$

15 In den Zahlenspiralen kannst du das Ergebnis kontrollieren.

a)

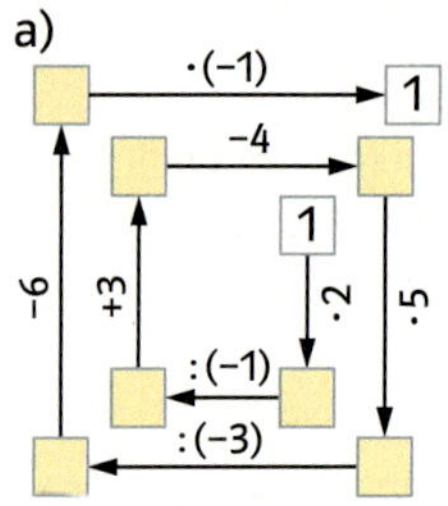

b)

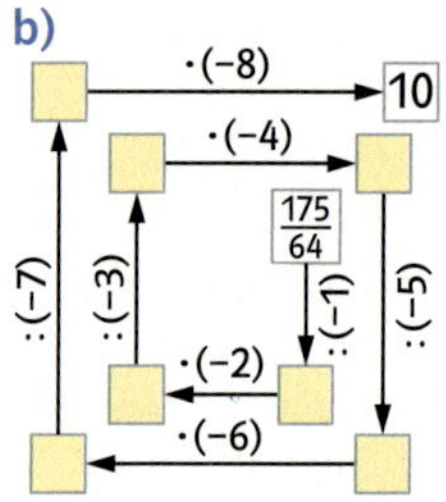

16 Übertrage ins Heft und ergänze.

a)

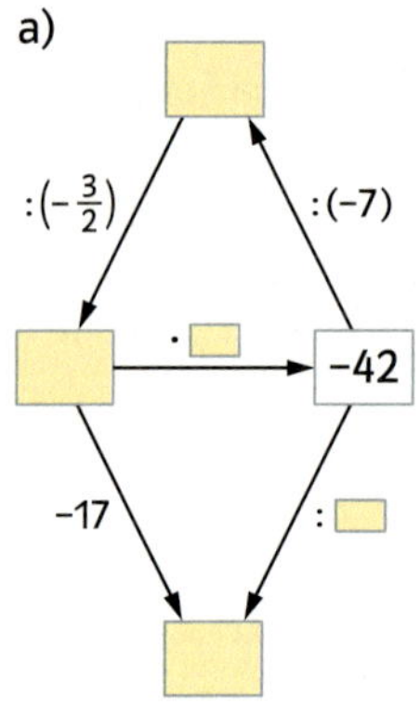

b)

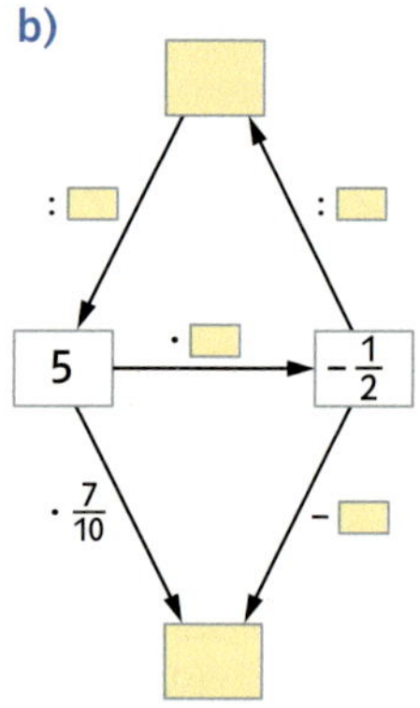

Zahlenreihen

Mit etwas Geschick und Ausdauer kannst du die nachfolgenden Aufgaben bestimmt lösen.

- Setze die Folge um fünf Zahlen fort.

a) 3; −6; 12; −24; …

b) 256; −128; 64; −32; 16; …

c) −2; −4; −5; −10; −11; −22; −23; …

d) 1; −2; 6; −24; 120; …

e) 3; −2; 10; 5; −25; −30; 150; …

- Finde selbst weitere Folgen.

Wenn du die abgebildeten Zahlen in der richtigen Reihenfolge addierst oder subtrahierst, erreichst du, dass alle Zwischenergebnisse zwischen 10 und −10 liegen.

39 − 30 = 9

9 − 18 = −9

−9 + 17 = 8

8 − 15 = −7

−7 + 12 = 5

- Versuche es in gleicher Weise mit den Zahlen 55; 18; 63; 13; 15 und 11.

Ergänze mit Rechenzeichen und Klammern zu einem Rechenausdruck.

Beispiel: − 1 + 2 · (3 + 4) = 13

1 2 = −1

1 2 3 = −2

1 2 3 4 = −3

1 2 3 4 5 = −4

- Setze die Reihe bis −10 fort und suche weitere Lösungen.

- Addiere oder subtrahiere, beginnend mit der Zahl 1, die natürlichen Zahlen so, dass die Zwischenergebnisse immer negativ sind, aber möglichst nahe bei 0 liegen. Das erste Ergebnis, das kleiner als −20 ist, ist das Endergebnis.

1 − 2 = −1

−1 − 3 = −4

−4 − 4 = −8

−8 + 5 = −3

17 Sarah und Max addieren und subtrahieren die natürlichen Zahlen in der vorgegebenen Weise.

$0 + 1 - 2 + 3 - 4 + 5 - \dots$

Sarah behauptet: „Wenn du mir das Ergebnis deiner Rechnung sagst, kann ich dir sagen, aus wie vielen Summanden deine Summe besteht."

18 Gib Beispiele oder Gegenbeispiele an.
a) Die Summe zweier rationaler Zahlen ist stets größer als jeder einzelne Summand.
b) Die Differenz zweier rationaler Zahlen ist größer als Minuend und Subtrahend.
c) Kann der Wert eines Produkts aus rationalen Zahlen kleiner sein als die Faktoren?
d) Kann der Wert eines Quotienten aus zwei rationalen Zahlen größer sein als der Dividend?

19 Dieses Würfelspiel spielt man am besten zu dritt oder viert.
Drei Würfel werden gleichzeitig geworfen. Versucht nun mit den Rechenzeichen und wenn nötig auch Klammern eine Aufgabe zu bilden. Nach fünf Durchgängen addiert ihr eure Ergebnisse. Wer am nächsten bei der Zahl Null liegt, hat gewonnen.
Variante: in eurer Aufgabe muss sowohl eine Punktrechnung als auch eine Strichrechnung vorkommen.

1. Wurf: $5 + 2 - 6 = 1$
2. Wurf: $4 - 2 \cdot 3 = -2$
3. Wurf: $6 : 2 - 3 = -1$
...

20 Übertrage die Tabelle in dein Heft und berechne die fehlenden Angaben (in Euro).

Alter Kontostand	64,25	−408,52	−19,29	−273,16	
Buchung	−103,50	396,83			−47,37
Neuer Kontostand			−91,92	−88,30	−71,73

Rechnen im Koordinatensystem

Addiert man beim Viereck ABCD zu jeder x-Koordinate die Zahl 3 und subtrahiert von jeder y-Koordinate die Zahl 2, erhält man folgendes Bild. Das Viereck ABCD wird also verschoben.

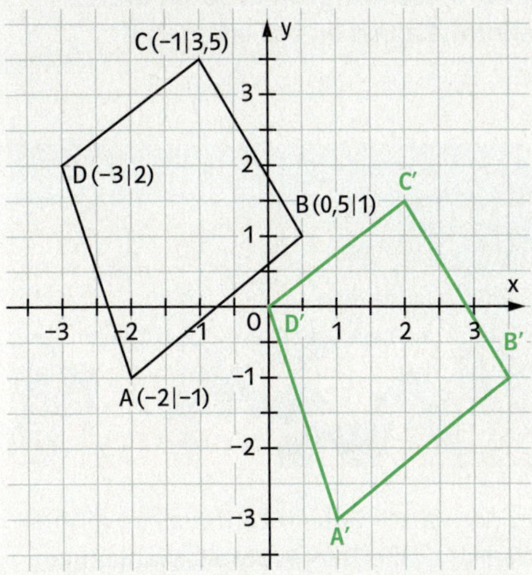

■ Das Viereck ABCD hat die Eckpunkte A(−4|−2); B(8|−4); C(5|0) und D(−5|2). Subtrahiere von den 1. Koordinaten die Zahl 3, von den 2. Koordinaten die Zahl 5.

Das Viereck ABCD hat die Eckpunkte A(7|4); B(1|6); C(−5|−2) und D(8|−4). Zeichne und beschreibe, was mit dem Viereck passiert.

■ Multipliziere die 1. Koordinaten jeweils mit −1.

■ Multipliziere die 2. Koordinaten jeweils mit −1.

■ Multipliziere sowohl die 1. Koordinaten als auch die 2. Koordinaten mit −1.

■ Wie sind die Koordinaten der Bildpunkte A′; B′; C′ und D′ berechnet worden?

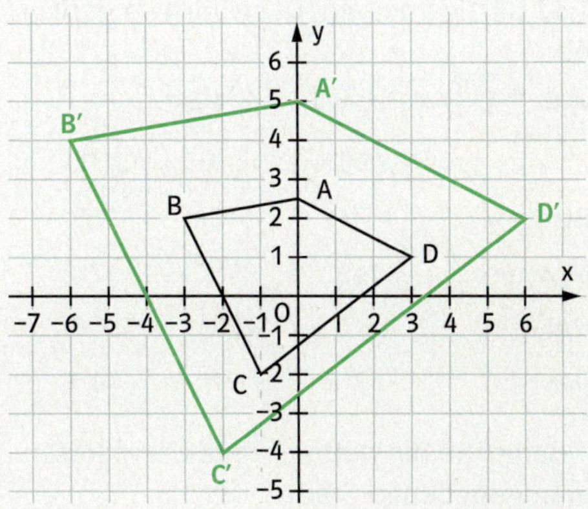

Rund um die Temperaturmessung

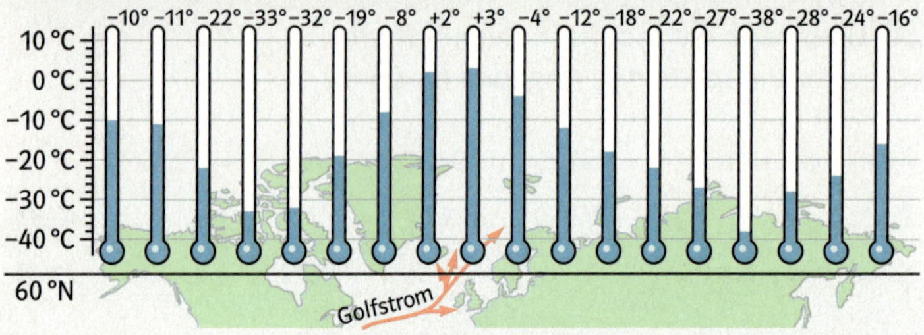

	A	B	C
1	**Mittlere Monatstemperaturen**		
2			
3		Werchojansk	Reykjavík
4	Januar	–47,0	–0,5
5	Februar	–42,7	0,4
6	März	–29,8	0,5
7	April	–12,9	2,9
8	Mai	2,8	6,3
9	Juni	13,0	9,0
10	Juli	15,2	10,6
11	August	10,8	10,3
12	September	2,3	7,7
13	Oktober	–14,9	4,4
14	November	–36,7	1,1
15	Dezember	–43,6	–0,2
16			

Die Grafik zeigt Durchschnittstemperaturen des Monats Januar entlang dem 60. Breitenkreis.

- Welcher Unterschied besteht zwischen der höchsten und der tiefsten Temperatur? Wo werden sie gemessen?
- Berechne die Durchschnittstemperatur aller 18 Messstationen.
- Um wie viel °C unterscheidet sich diese Durchschnittstemperatur von der in Stuttgart, die bei 10,2 °C liegt?

Werchojansk (Ostsibirien) und Reykjavík (Island) liegen beide etwa auf dem 65. nördlichen Breitengrad.

- Berechne mit einer Tabellenkalkulation die jährliche Durchschnittstemperatur.
- Erstelle unterschiedliche Diagramme. Welche eignen sich gut, welche weniger?
- Die Temperaturen unterscheiden sich trotz derselben geografischen Breite enorm. Kannst du das erklären?

Die **mittlere Tagestemperatur** wird folgendermaßen bestimmt. Die Temperaturwerte eines Ortes werden zu drei fest vorgegebenen Uhrzeiten (7:30 Uhr; 14:30 Uhr und 21:30 Uhr) gemessen. Dann wird so gerechnet:

$$T_{\text{Mittel}} = \frac{1}{4}(T_{7:30} + T_{14:30} + 2 \cdot T_{21:30})$$

	7:30	14:30	21:30
Berlin	–1 °C	5 °C	2 °C
New York	–14 °C	–5 °C	–17 °C
Sydney	18 °C	33 °C	27 °C
Jakutsk	–33 °C	–19 °C	–40 °C

- Berechne die mittlere Tagestemperatur der angegebenen Städte.

In der Wüste Gobi in Zentralasien gibt es täglich große Temperaturschwankungen. Am Morgen wurden –12 °C, am Mittag 44 °C gemessen. Die mittlere Tagestemperatur wurde mit 7 °C angegeben.

- Welche Temperatur herrschte am Abend gegen 21:30 Uhr?

Rückspiegel

1 Addiere und subtrahiere.

a) −42 + 25 b) 19 − 32
c) 53 − (−49) d) −39 + (−44)

2 Berechne.

a) (−12) · 8 b) 15 · (−7)
c) 72 : (−8) d) (−84) : (−14)
e) (−24) · (−11) f) (−144) : 36

3 Nutze Rechenvorteile.

a) −24 + 17 + 13
b) −63 + 29 + 51 − 37
c) 112 − 49 + 64 + 78 − 44 − 51
d) 84 − 57 + 38 − 34 + 7 + 52

4 Berechne.

a) 26 − 14 · 6
b) 4 · 9 − 96 : (−12)
c) 35 − 112 : (−14) + 22
d) −19 − 9 · (−11) + 87 : (−3)

5 Addiere die Zahlen in nebeneinander liegenden Steinen.

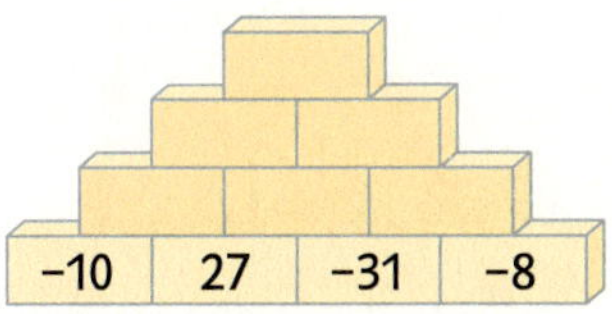

6 Achte auf die Klammern.

a) −36 − (16 − 29) − (−52 + 33)
b) 94 − (67 − (−49 + 37)) − 71
c) −12 − (28 + 5 · (−7))
d) (41 − 56) · (−7) − 76 : 4
e) −144 : (−91 + 67) − (105 − 119) · 6

7 Subtrahiere von der Zahl −17 die Summe der Zahlen 23 und 36.

8 Der Förderkorb einer Kohlenzeche fährt in einer Höhe von 208 m über dem Meeresspiegel los und erreicht nach 737 m Seilfahrt das Kohleflöz.
Wie viele Meter unter dem Meersspiegel liegt das Abbaugebiet?

1 Addiere und subtrahiere.

a) 163 − 214 b) −74 − 97
c) −12,5 + (−23,6) d) −1,79 − (−4,83)

2 Berechne.

a) 2,5 · (−6) b) (−2,8) · (−3,2)
c) (−45,6) : 3,8 d) 127,5 : (−34)
e) $\frac{3}{4} \cdot \left(-\frac{8}{9}\right)$ f) $\left(-\frac{4}{5}\right) : \frac{2}{15}$

3 Nutze Rechenvorteile.

a) −8,2 + 6,9 − 14,8 − 5,5 + 3,1
b) −29,74 − 17,83 − 11,12 − 32,17 − 15,26
c) $\frac{3}{7} \cdot \left(\frac{7}{12} - 7\right)$
d) $23 \cdot \left(-\frac{4}{13}\right) + \left(-\frac{9}{13}\right) \cdot 23$

4 Berechne.

a) −25 + (−12) · 6 − 18 : (−0,5)
b) −12,5 + 16,2 : (−2,7) − (−44,9)
c) $\left(-\frac{1}{2}\right) - 0{,}2 - \frac{3}{4} \cdot (-8)$

5 Die Zahlen in nebeneinander liegenden Steinen werden addiert. Vervollständige.

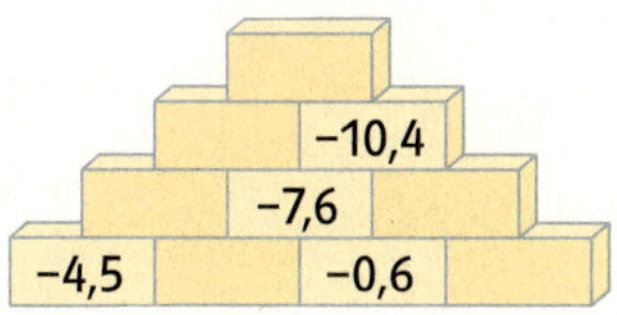

6 Achte auf die Klammern.

a) (−8) · (11 + (−24) − (−27))
b) −8,1 − (−(2,3 − 4,7) − 12,8)) − 5,5
c) −3 + ((−35 − 61) + (−59 + 83)) : (−36)
d) −((5,8 − 9,4) : 1,8 − 6,5) − (0,7 − 4,2 · 0,5)

7 Multipliziere die Differenz der Zahlen −88 und −76 mit dem Quotienten der Zahlen 84 und −28.

8 Beim Start eines Airbus in München (500 m über Meereshöhe) werden 9 °C gemessen. In der Reiseflughöhe (11 900 m über Meereshöhe) herrschen −48 °C.
Wie hoch ist der durchschnittliche Temperaturrückgang pro 100 m?

Dreiecks-Experimente

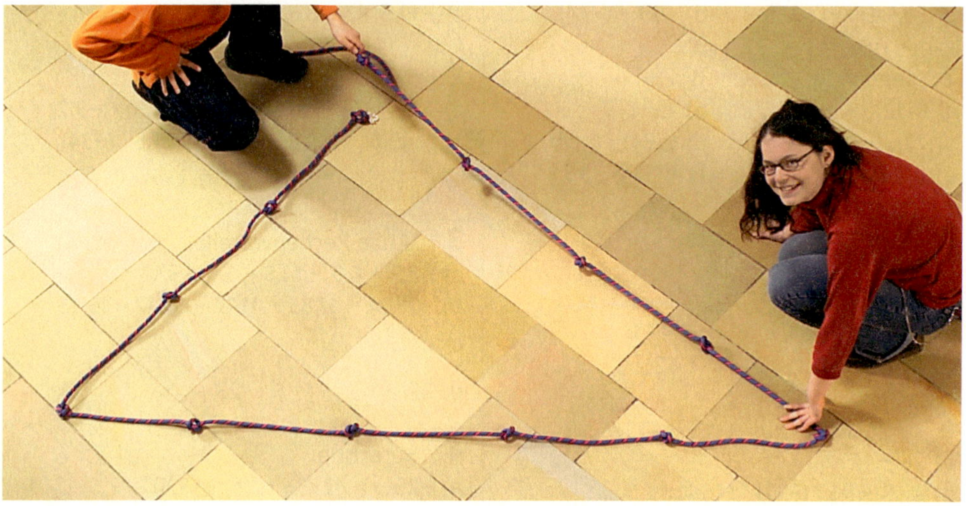

Dreiecke in der Schule

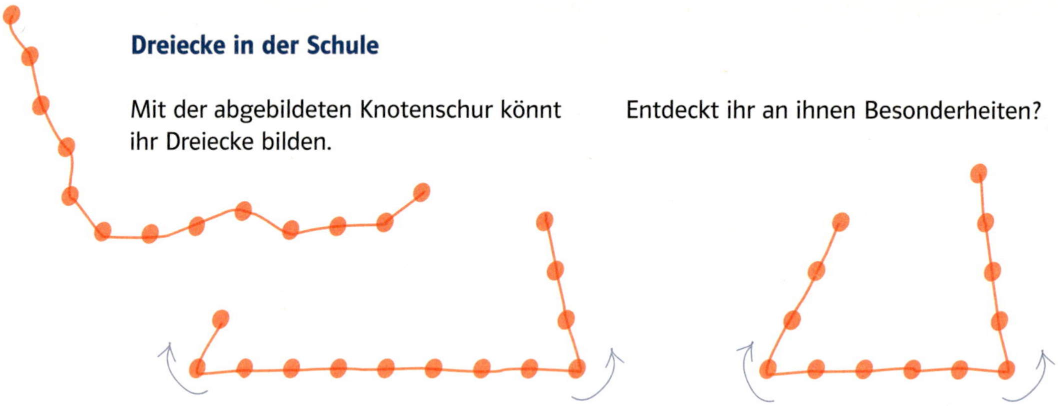

Mit der abgebildeten Knotenschur könnt ihr Dreiecke bilden.

Entdeckt ihr an ihnen Besonderheiten?

Es geht auch ohne Schnur, wenn ihr euch einfach an den Händen fasst.

Welche Dreiecke lassen sich bilden, wenn man die Anzahl der Knoten oder der Schülerinnen und Schüler verändert?

Im Team experimentieren

Jeder benötigt 5 Pappstreifen und einige Papiernieten. Die Löcher der Streifen sollen 2 cm; 4 cm; 6 cm; 8 cm und 10 cm voneinander entfernt sein.

Stellt nun in Gruppen zu je drei Schülern möglichst viele verschiedene Dreiecke her.

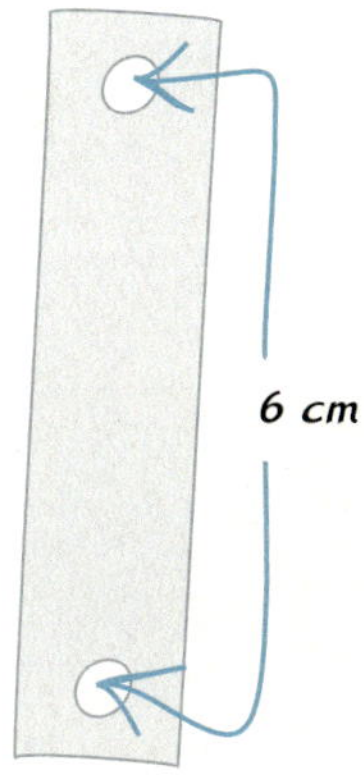

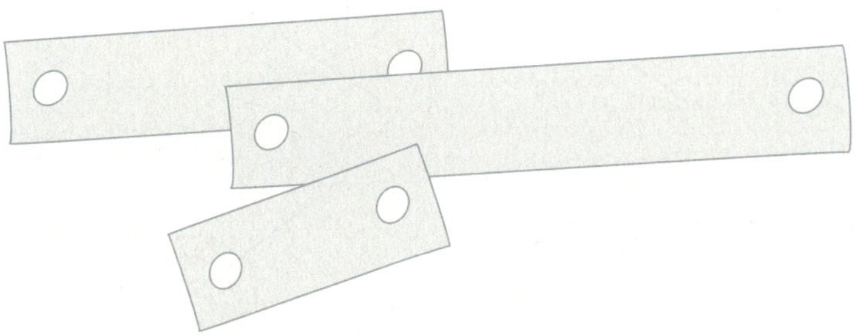

Lassen sich Streifen mit beliebigen Längen zu Dreiecken verbinden?
Versucht eine Regel zu finden.

In diesem Kapitel lernst du,

- dass man durch Messung eines einzigen Winkels die Größe von mehreren Winkeln bestimmen kann,
- welche Regeln für die Winkel von Dreiecken wichtig sind,
- verschiedene Arten von Dreiecken zu unterscheiden,
- wie man Dreiecke konstruiert,
- dass es in Dreiecken Linien mit besonderen Eigenschaften gibt.

1 Winkel im Schnittpunkt von Geraden

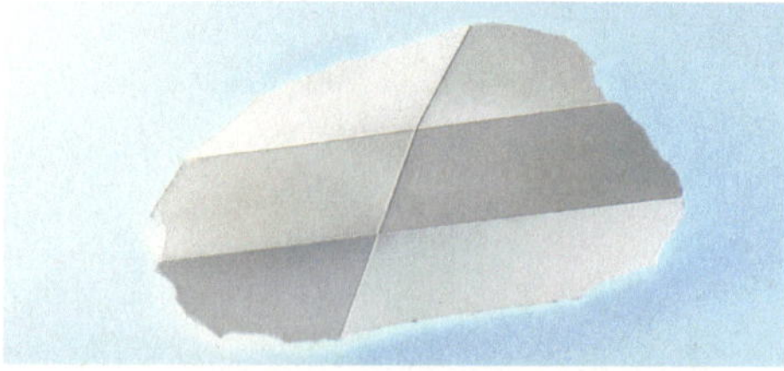

→ Falte einen Papierausriss zunächst so, dass zwei parallele Faltlinien entstehen, und klappe das Papier wieder auf. Wenn du jetzt schräg dazu noch einmal faltest, erhältst du 8 Winkel.

→ Musst du alle Winkel messen, wenn ihre Größe gesucht wird?

Schneiden sich zwei Geraden, so entstehen vier Winkel mit besonderen Eigenschaften. Gegenüberliegende Winkel nennt man **Scheitelwinkel**. Es gilt: $\alpha = \gamma$ und $\beta = \delta$. Bilden zwei nebeneinander liegende Winkel einen gestreckten Winkel, so nennt man sie **Nebenwinkel**. Es gilt: $\alpha + \beta = 180°$; $\beta + \gamma = 180°$; $\gamma + \delta = 180°$; $\delta + \alpha = 180°$.

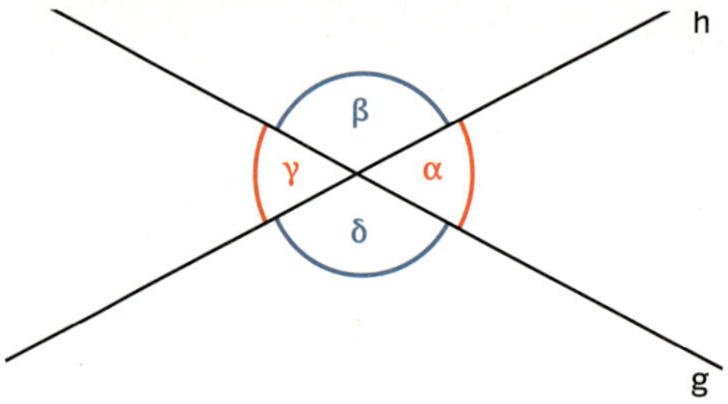

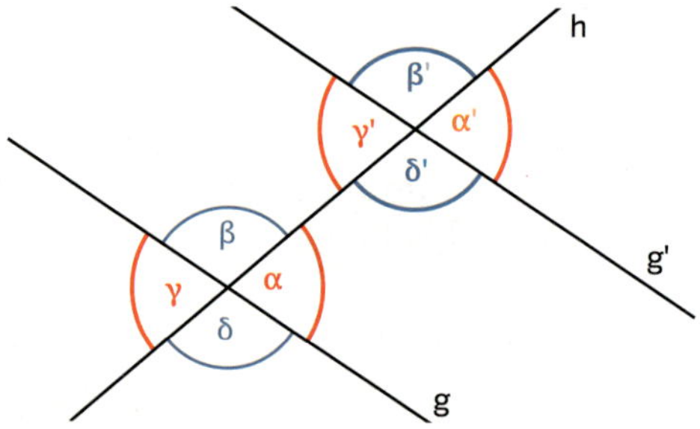

Werden zwei Parallelen von einer Geraden geschnitten, so entstehen acht Winkel. Zu jedem Winkel an der einen Parallelen entsteht ein gleich großer Winkel an der anderen Parallelen. Man nennt sie **Stufenwinkel**. Es gilt beispielsweise $\alpha = \alpha'$.
Darüber hinaus betrachtet man oft Paare von **Wechselwinkeln** wie α und γ'.
Aus $\alpha' = \gamma'$ und $\alpha' = \alpha$ folgt $\alpha = \gamma'$.

Scheitelwinkel sind gleich groß.
Nebenwinkel ergänzen sich zu 180°.

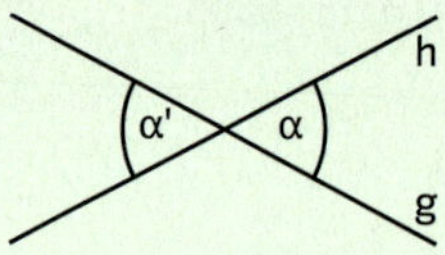

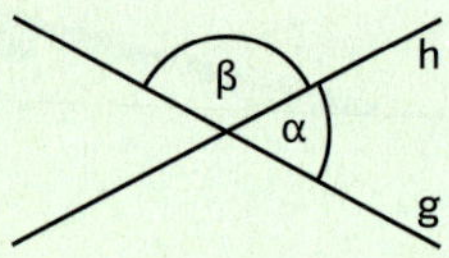

Stufenwinkel an geschnittenen Parallelen sind gleich groß.
Wechselwinkel an geschnittenen Parallelen sind gleich groß.

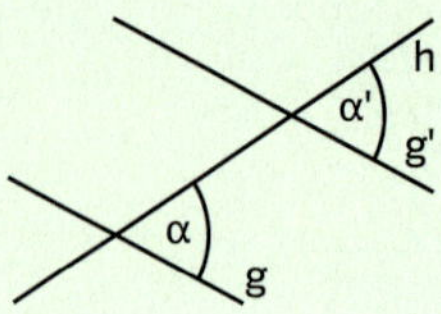

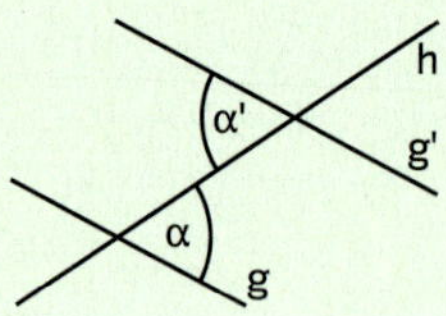

Beispiel

Die Winkel α, β, γ und δ lassen sich aus dem gegebenen Winkel $\varepsilon = 120°$ berechnen.

Stufenwinkel zu ε: $\alpha = 120°$
Wechselwinkel zu ε: $\beta = 120°$
Nebenwinkel zu α: $\gamma = 180° - 120° = 60°$
Nebenwinkel zu α: $\delta = 180° - 120° = 60°$

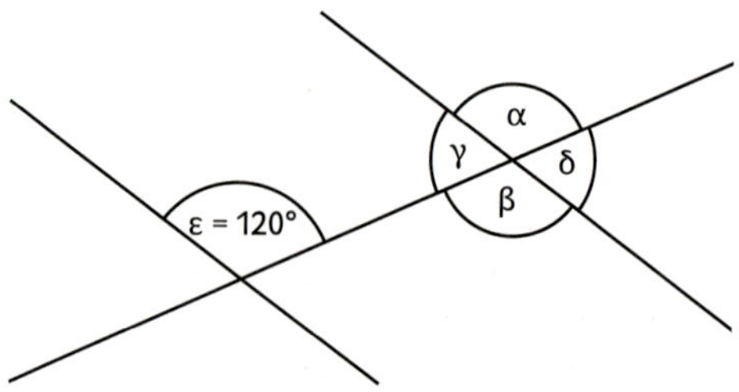

Bemerkung

Eine Stufenwinkelfigur erinnert an den Buchstaben „F“. Man spricht daher auch von F-Winkeln. Die Wechselwinkelfigur sieht aus wie der Buchstabe „Z“. Daher nennt man solche Winkel auch Z-Winkel.

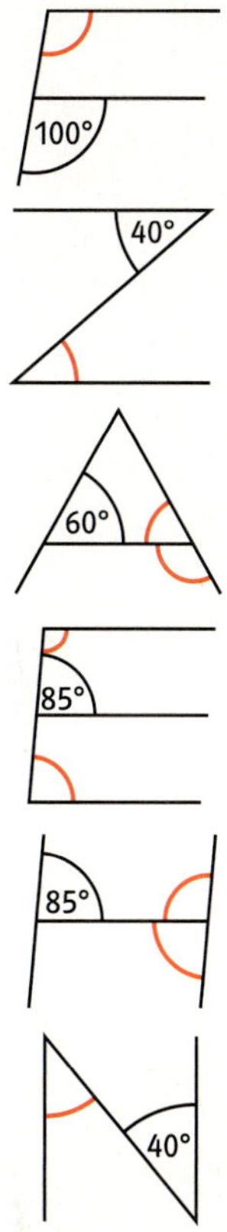

Aufgaben

1 Wie groß sind die Winkel α und β an den Parallelen g und h? Welche Winkelsätze hast du angewendet?

a)

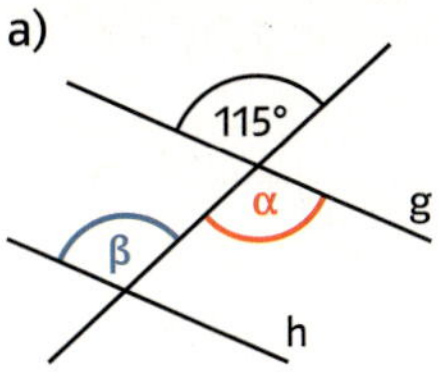

b)

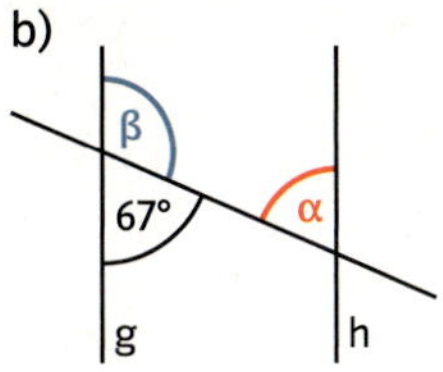

2 Welche der Winkel an den parallelen Geraden sind ebenso groß wie der angegebene Winkel?

a)

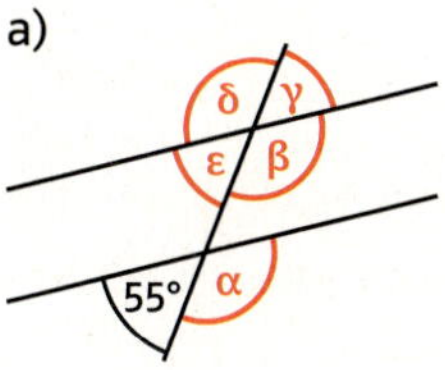

b)

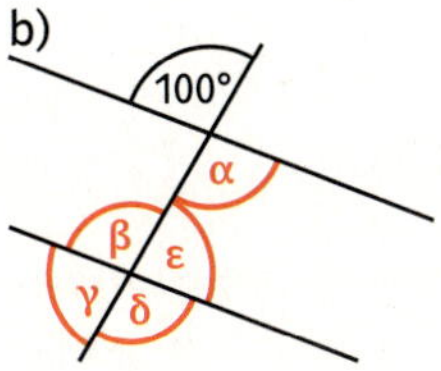

3 Bestimme die Winkel. Die Geraden g und h bzw. i und k sind parallel.

a)

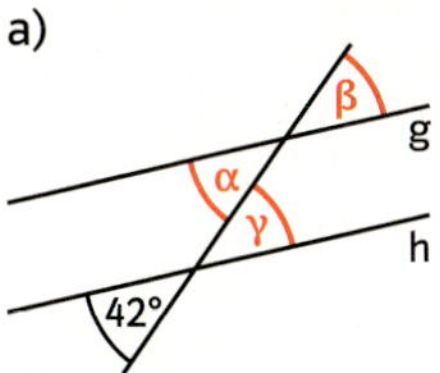

b)

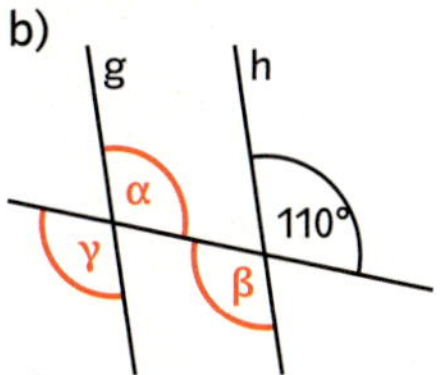

c)

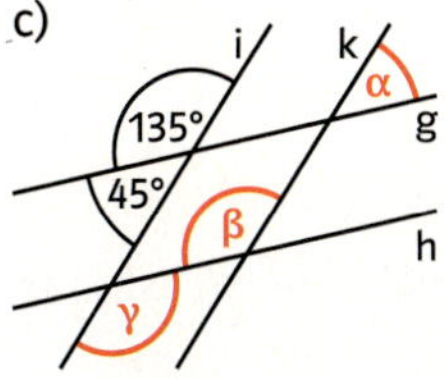

d)

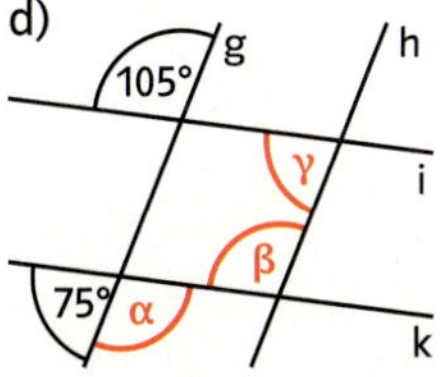

4 Wie groß sind die markierten Winkel in den Buchstaben vom Rand? Zeichne.

5 Zwei Parallelen g und h werden von i unter einem Winkel von 49° geschnitten.

a) Zeichne Stufenwinkel.

b) Zeichne Wechselwinkel.

6 Wie viele verschieden große Winkel gibt es am Scherenarm der Lampe und am Treppengeländer?

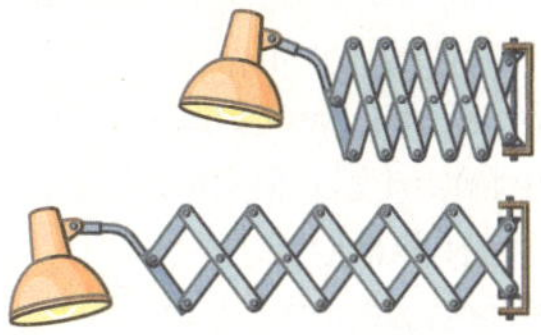

7 Sind die Geraden g und h parallel? Falls nicht: Auf welcher Seite der Geraden i schneiden sie sich?

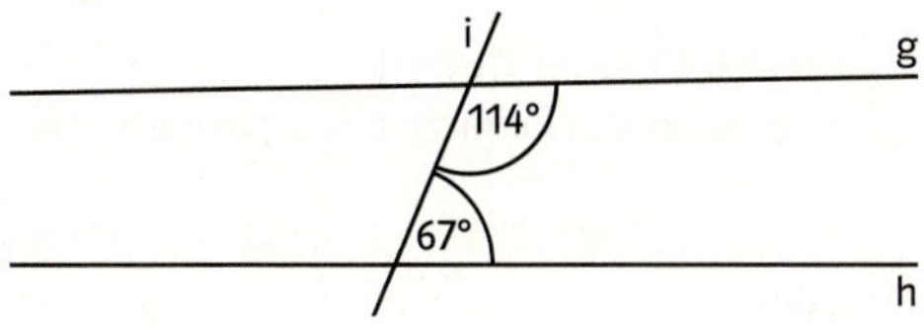

8 a) Was gilt für die Summe von benachbarten Winkeln im Parallelogramm?

b) Findest du auch eine Regel für die gegenüberliegenden Winkel?

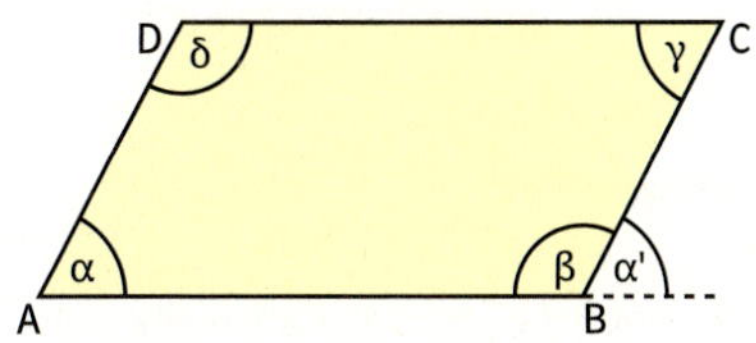

9 Die Geraden g und h sind parallel. Eine geschickt gewählte weitere Gerade hilft dir α zu bestimmen.

a)

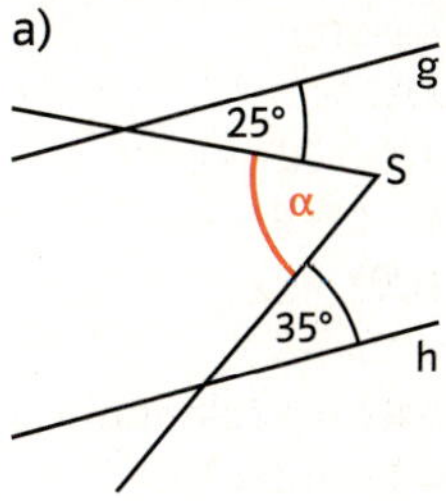

b)

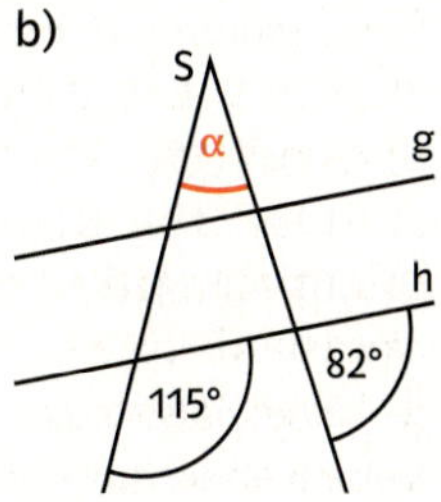

2 Winkelsumme im Dreieck

Zeichne ein beliebiges Dreieck.
→ Kennzeichne die im Dreieck liegenden Winkel mit verschiedenen Farben.
→ Schneide das Dreieck aus und reiße die drei Ecken ab.
→ Wie groß ist der Winkel, der sich durch das Zusammenlegen der Dreieckswinkel ergibt? Wie heißt er?

Um die Winkelsumme im Dreieck zu bestimmen, zeichnet man zur Seite $\overline{AB}$ die Parallele durch den Punkt C.
α', γ und β' bilden einen gestreckten Winkel. Es gilt: $\alpha' + \beta' + \gamma = 180°$.
α und α' sowie β und β' sind Wechselwinkel. Damit gilt: $\alpha = \alpha'$ und $\beta = \beta'$.
Somit erhält man $\alpha + \beta + \gamma = 180°$.

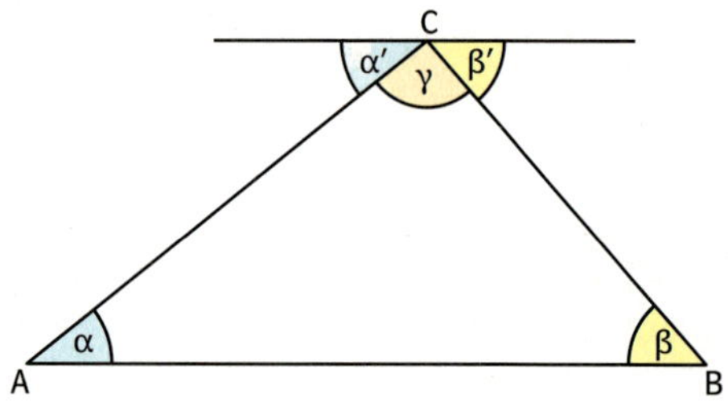

Winkelsumme im Dreieck
Die Summe der Winkel eines Dreiecks beträgt 180°: $\boldsymbol{\alpha + \beta + \gamma = 180°}$.

Beispiel

Im Dreieck ABC werden zwei Winkel gemessen: $\alpha = 32°$ und $\beta = 110°$.
Damit lässt sich γ berechnen:

$$32° + 110° + \gamma = 180°$$
$$142° + \gamma = 180°$$
$$\gamma = 38°$$

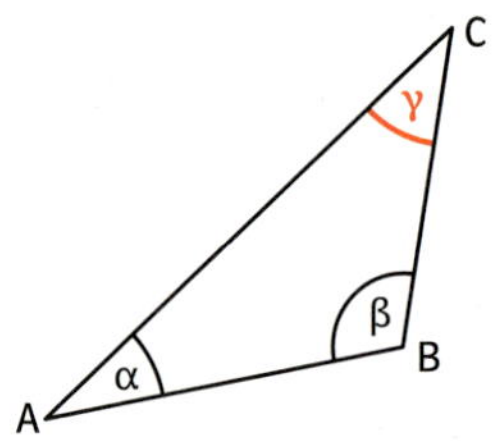

Aufgaben

1 Die neun Schnipsel waren die Ecken von drei Dreiecken.

2 Zeichne die Dreiecke in ein gemeinsames Koordinatensystem. Überprüfe die Winkelsumme durch Messung.
a) A(2|2); B(5,5|2); C(5|5)
b) A(−4,5|1,5); B(−1|1); C(−2,5|4)
c) A(−3|−3,5); B(−2|−1); C(−6|−4)
d) A(0|−2); B(3,5|−5); C(2|−2)

3 Wie viele spitze, rechte bzw. stumpfe Winkel kann ein Dreieck besitzen?

4 Vervollständige.

	α	β	γ
a)	40°	60°	
b)	33°		87°
c)	105°	25°	

5 Berechne die fehlenden Winkel.
a) $\alpha = 25°$
$\beta = 53°$
b) $\alpha = 111°$
$\delta = 146°$

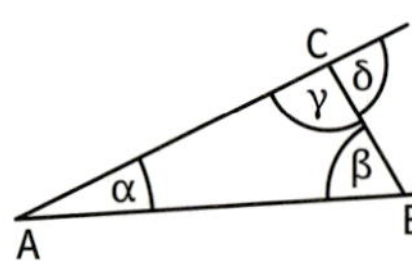

6 Berechne die Winkel.

a) b) c) d)

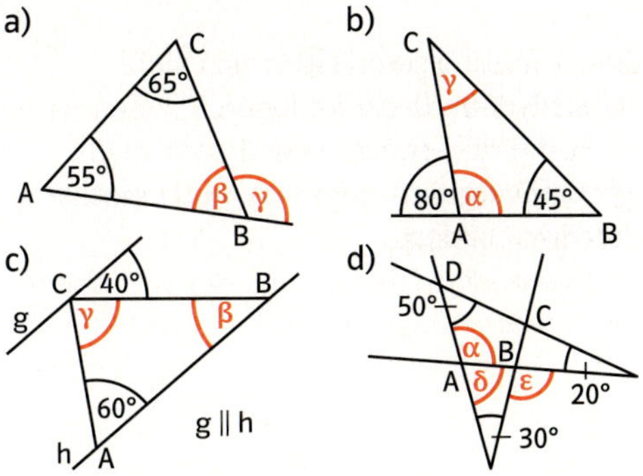

7 Berechne die Winkel β′ und γ′.

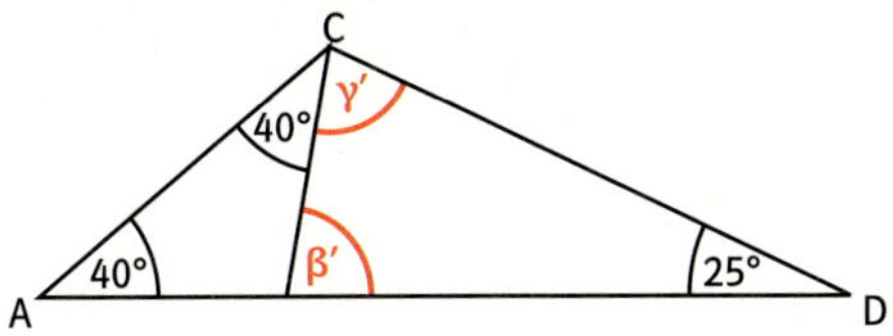

8 Die Geraden g und h sind parallel. Berechne β und γ.

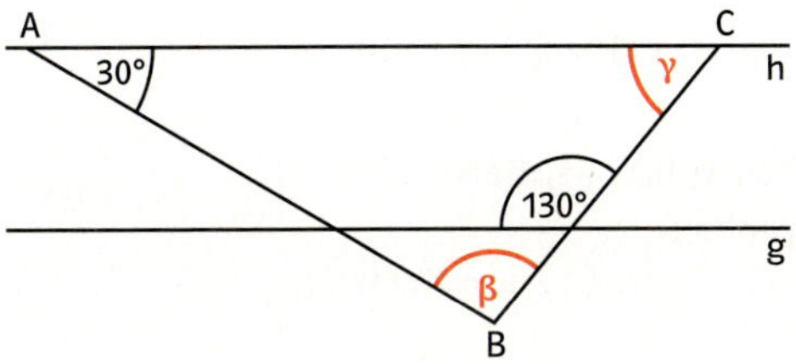

9 Im Dreieck ABC halbiert w den Winkel am Punkt A. Wie groß sind die Winkel γ und δ?

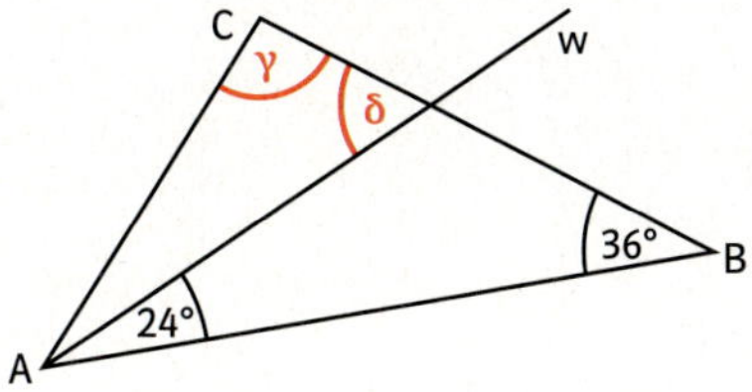

10 a) Gib alle Winkel eines Dreieckes an, wenn diese Vielfache von 15° sind. Es gibt mehrere Möglichkeiten.
b) Formuliere weitere Aufgaben.

11 Vom Dreieck wurden zwei Ecken abgeschnitten, eine sogar abgerissen. Wie groß waren die Winkel des ursprünglichen Dreiecks?

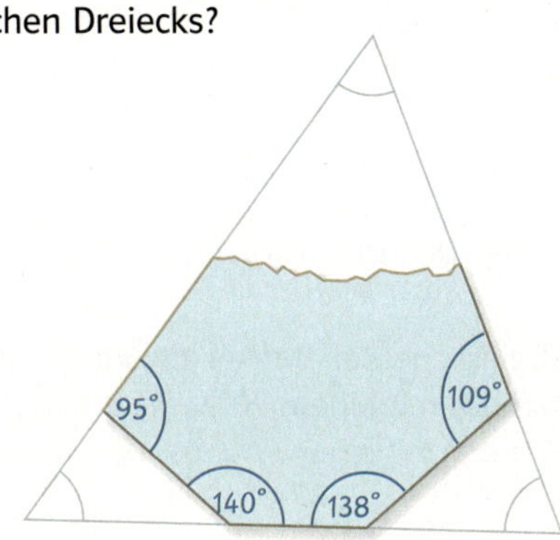

Dynamische Geometriesoftware (DGS)

Dynamische Geometriesoftware kann dir helfen, schnell viele Dreiecke zu untersuchen.

Du kannst folgendermaßen vorgehen:
- das Dreieck ABC zeichnen,
- die Winkel α, β und γ des Dreiecks markieren und ihre Größe messen,
- einen der Punkte A, B oder C auf der Zeichenfläche bewegen.

■ Was beobachtest du, wenn du beim Bewegen eines Eckpunkts die Summe der Winkel betrachtest?

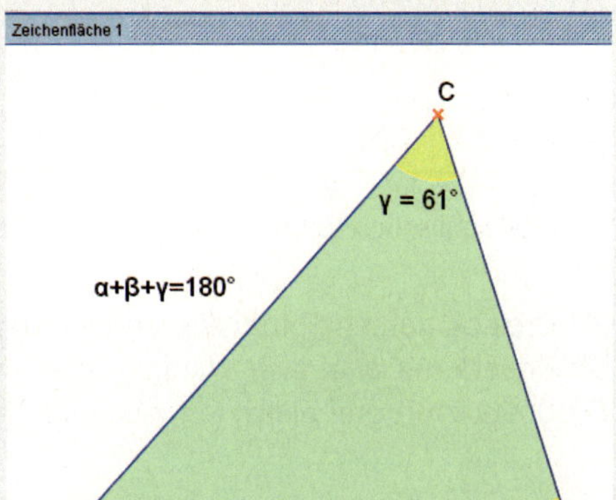

3 Dreiecksformen

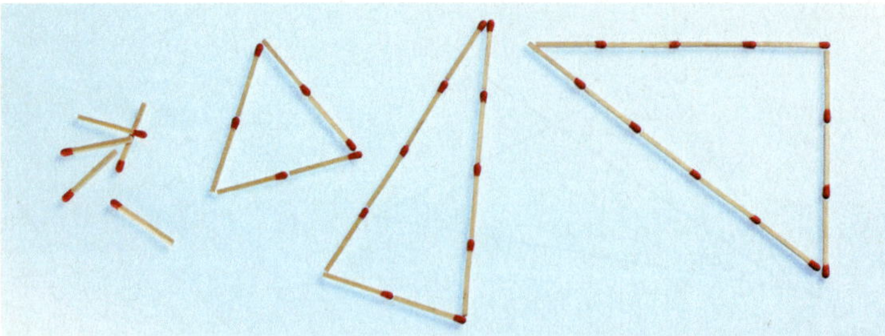

Mit Streichhölzern lassen sich viele verschiedene Dreiecke legen.
→ Wenn du Seitenlängen und Winkelgrößen vergleichst, kannst du „Dreiecksfamilien“ bilden.

Dreiecke können nach der Größe ihrer Winkel eingeteilt werden.

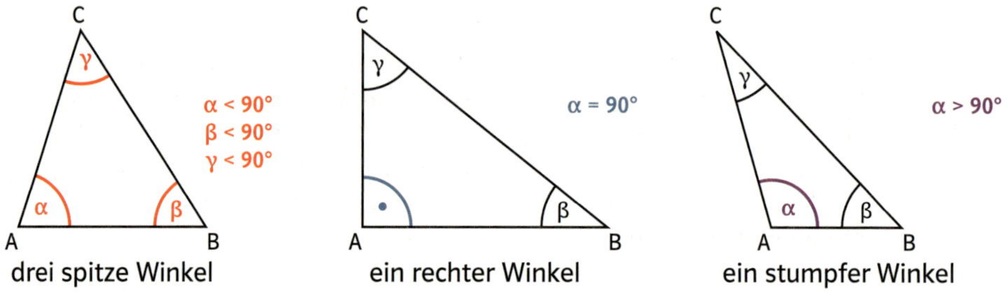

Die Art des Dreiecks wird von der Größe des größten Winkels bestimmt.

Ein Dreieck, dessen Winkel alle kleiner als 90° sind, heißt **spitzwinklig**.
Ein Dreieck mit einem 90°-Winkel heißt **rechtwinklig**.
Ein Dreieck mit einem Winkel, der größer als 90° ist, heißt **stumpfwinklig**.

Dreiecke können auch nach der Länge ihrer Seiten eingeteilt werden.

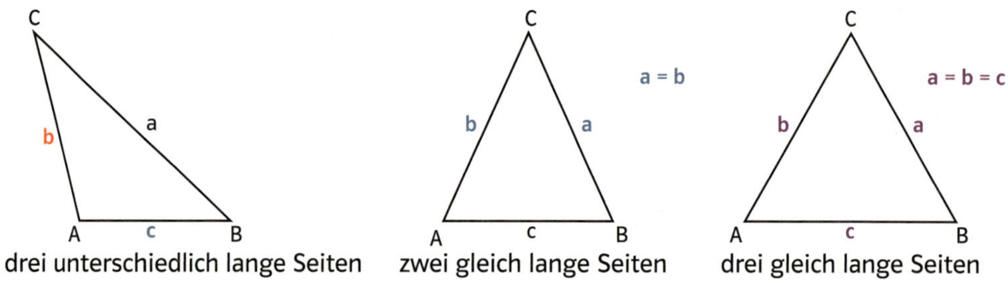

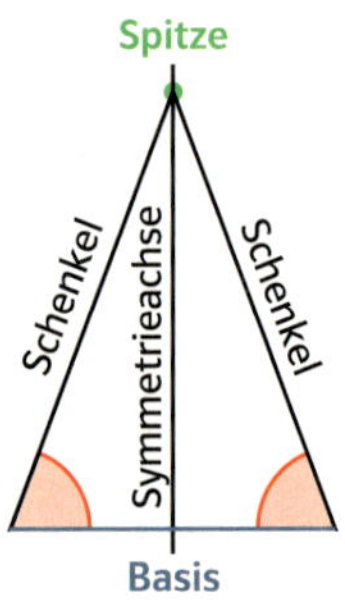

Ein Dreieck, dessen Seiten alle unterschiedlich lang sind, heißt **allgemein**.
Ein Dreieck mit zwei gleich langen Seiten heißt **gleichschenklig**.
Ein Dreieck mit drei gleich langen Seiten heißt **gleichseitig**.

! *Im gleichschenkligen Dreieck gibt es besondere Bezeichnungen.*

Bemerkung
Für das gleichseitige Dreieck gilt $a = b = c$, es ist ein besonderes gleichschenkliges Dreieck.

Beispiele

a) Das gleichschenklige Dreieck hat eine Symmetrieachse.
Es gilt $a = b$ und somit auch $\alpha = \beta = 40°$.
Mithilfe der Winkelsumme erhält man:
$40° + 40° + \gamma = 180°$; also $\gamma = 100°$.

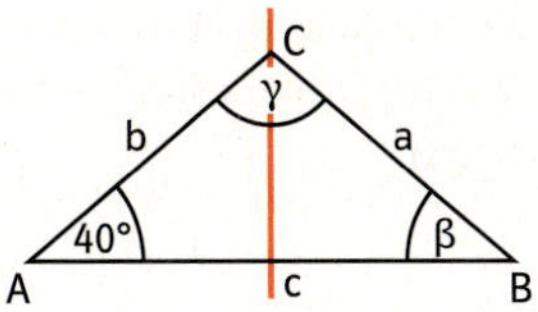

b) Das gleichseitige Dreieck mit $a = b = c$ besitzt drei Symmetrieachsen.
Deswegen gilt $\alpha = \beta$ und $\alpha = \gamma$.
$\alpha + \beta + \gamma = \alpha + \alpha + \alpha = 3 \cdot \alpha = 180°$.
Im gleichseitigen Dreieck beträgt jeder Winkel 60°.

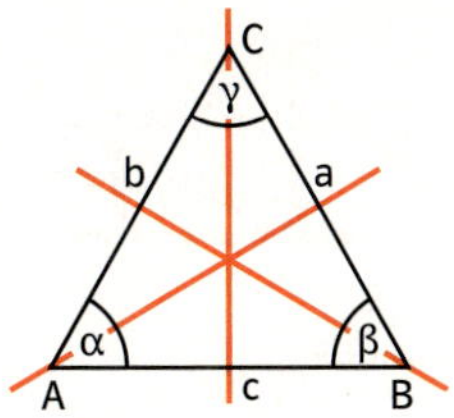

Aufgaben

1 Gehe auf Entdeckungsreise. Suche Dreiecke in deiner Umwelt. Um welche Arten von Dreiecken handelt es sich?

2 Schreibe alle gleichschenkligen Dreiecke auf, die du in den Figuren a), b) und c) findest.
Welche Dreiecke sind gleichseitig?

a)

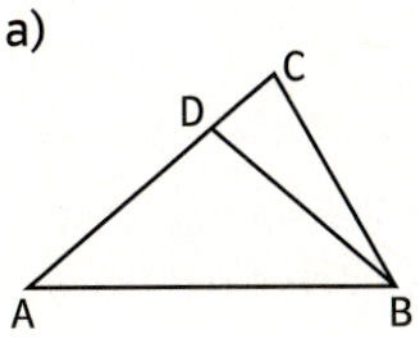

b)

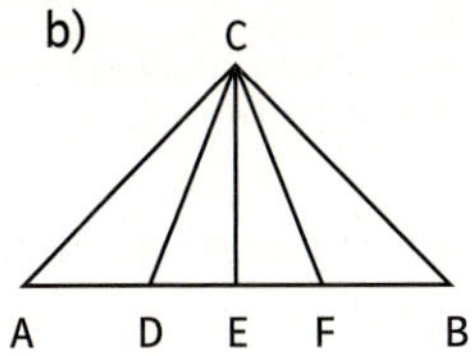

c)

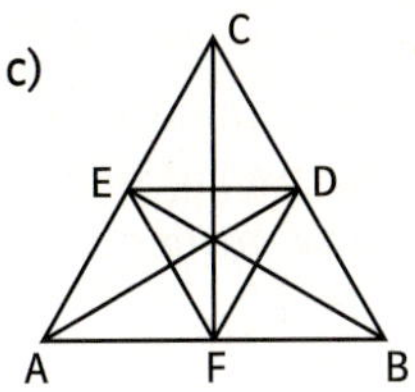

3 Vervollständige die Tabelle.
Benenne die Dreiecksart nach Winkeln. Lassen sich auch Aussagen über die Seiten machen?

	Winkel		
	α	β	γ
a)	30°	60°	
b)	40°		80°
c)	40°	40°	
d)		60°	60°

4 Wo liegt in einem rechtwinkligen Dreieck die längste Seite?

5 Ordne die Nummern der Dreiecke dem richtigen Feld der Tabelle zu.

	spitzwinklig	rechtwinklig	stumpfwinklig
gleichseitig			
gleichschenklig, nicht gleichseitig			
allgemein			

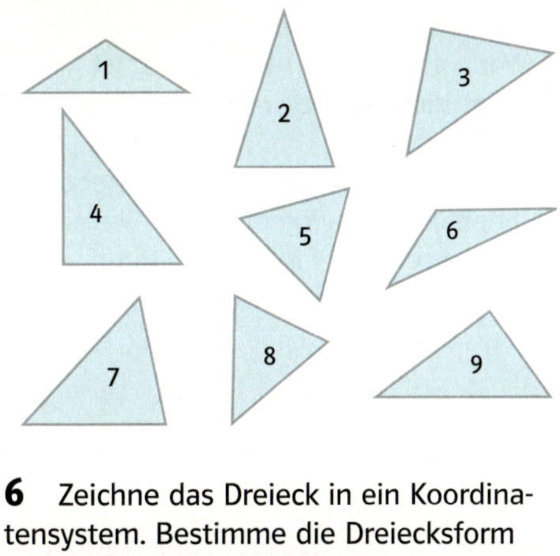

6 Zeichne das Dreieck in ein Koordinatensystem. Bestimme die Dreiecksform nach Seiten und Winkeln.
a) A(1|1); B(2|1); C(2|7)
b) A(1|9); B(4|8); C(7|9)
c) A(0|0); B(2|4); C(−3|2,5)
d) A(−6|−4); B(−5|−0,5); C(−4|1)
e) A(0|−3); B(4|−3); C(4|1)
f) A(−1|4); B(−3|7,5); C(−5|4)

Du findest überall Dreiecke.

! Seiten-Winkel-Beziehung:
In jedem Dreieck liegt der größeren von zwei Seiten auch der größere Winkel gegenüber und umgekehrt. Prüfe selbst.

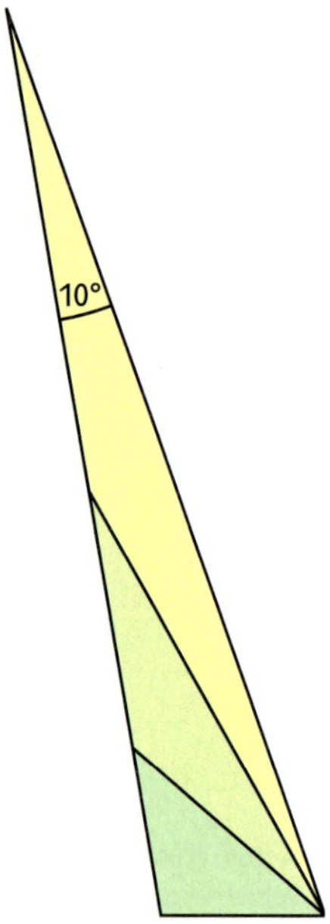

Die drei Dreiecke sind gleichschenklig. Welche Winkelsumme ergibt sich am gemeinsamen Eckpunkt?

7 a) Zeichne die Brückenkonstruktionen ins Heft. Welche Dreiecksformen wurden hier verwendet?

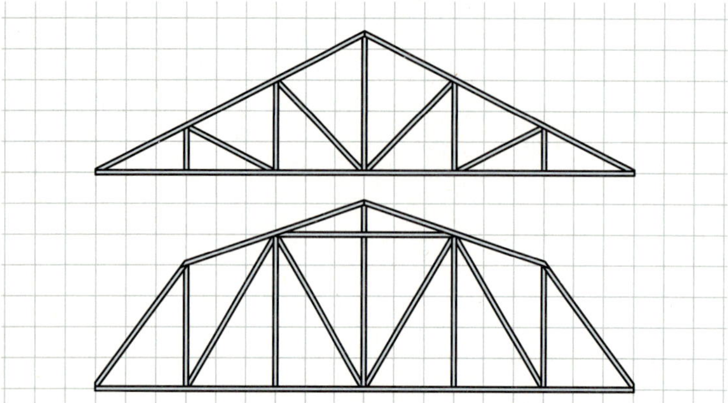

b) Suche Bilder weiterer Bauwerke (Dachkonstruktionen, Fachwerke, …), die aus Dreiecken aufgebaut sind.

8 Ist folgende Aussage wahr oder falsch?
a) Ein stumpfwinkliges Dreieck hat zwei spitze Winkel.
b) Wenn ein Dreieck allgemein ist, so ist es spitzwinklig.
c) Wenn ein Dreieck gleichschenklig ist, so ist es stumpfwinklig.
d) Wenn ein Dreieck gleichschenklig ist, so ist es auch gleichseitig.
e) Wenn ein Dreieck rechtwinklig ist, so ist es nicht stumpfwinklig.

9 Ergänze das rechtwinklige Dreieck zu einem achsensymmetrischen Dreieck. Es gibt jeweils zwei Möglichkeiten. Welche Dreiecksart ergibt sich?

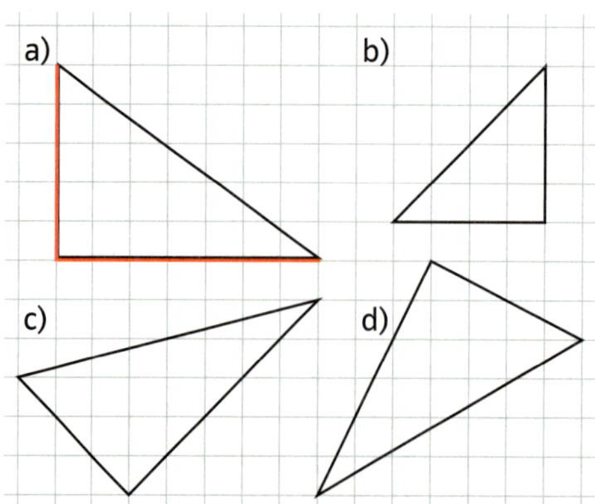

10 Ergänze ein gleichseitiges Dreieck über jede seiner Seiten zu einer größeren achsensymmetrischen Figur. Welche Form hat das große Dreieck, das dabei entsteht?

11 Ein gleichschenkliges Dreieck hat an der Basis die Winkel α und β sowie an der Spitze den Winkel γ.
a) Berechne γ aus $\alpha = 20°;\ 70°;\ 81°;\ 89°$.
b) Berechne α aus $\gamma = 30°;\ 50°;\ 120°;\ 178°$.

12 An eine Hauswand wurde eine 3 m lange Leiter angestellt. Aus Sicherheitsgründen muss der Anstellwinkel α zwischen 50° und 70° liegen.
Welche Werte kann dann der Winkel β an der Hauswand annehmen?

Mit einer maßstäblichen Zeichnung lässt sich sogar ermitteln, wie hoch eine 4 m lange Leiter reicht.

13 In einem stumpfwinkligen Dreieck, dessen Winkelmaße alle ganzzahlig sind, ist $\alpha = 88°$. Wie groß sind die beiden anderen Winkel?

14 Das Dreieck ABC ist gleichseitig. Berechne alle farbig markierten Winkel.

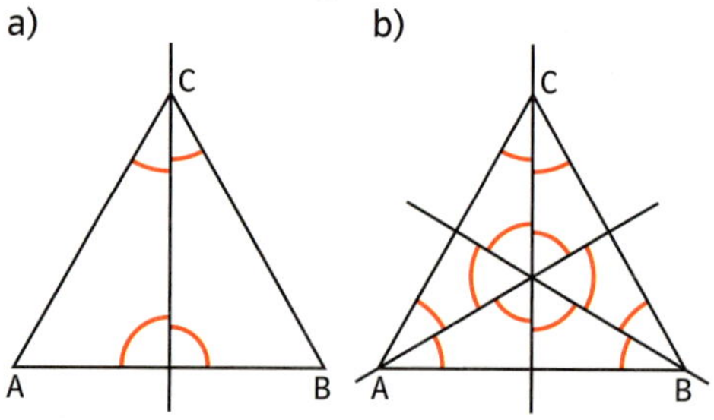

15 Wie sieht ein Dreieck aus, an dem nichts Besonderes ist?

4 Konstruktion von kongruenten Dreiecken

Tina, Maik und Steffi wollen aus bunter Pappe Dreiecke ausschneiden, die dieselbe Form und Größe haben, also deckungsgleich sind.
→ Wie viele Angaben brauchen sie mindestens dazu?
→ Welche Maße müssen sie kennen, damit alle Dreiecke wirklich deckungsgleich sind?

Jedes Dreieck besitzt drei Seiten und drei Winkel. Man spricht auch von sechs Stücken, die gegeben sein können. Um ein Dreieck eindeutig zu zeichnen, benötigt man mindestens drei bestimmte Stücke. Zwei Dreiecke von gleicher Form und Größe heißen **deckungsgleich** oder **kongruent**.

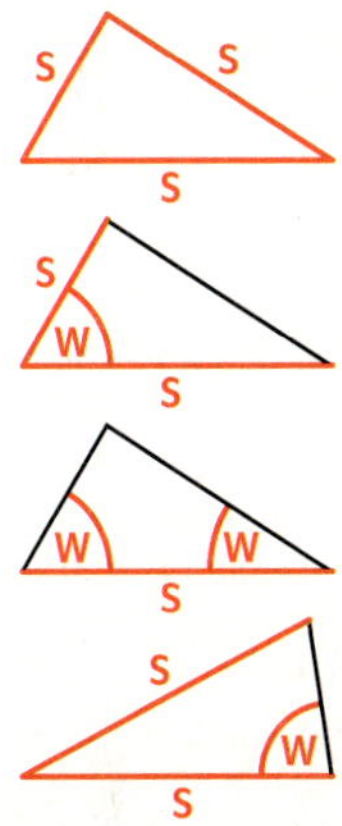

Zum **Konstruieren** eines Dreiecks mit Geodreieck und Zirkel benötigt man drei Stücke. Mit diesen erhält man kongruente Dreiecke.
Gegeben sind:
- drei Seiten (SSS)
- zwei Seiten und der eingeschlossene Winkel (SWS)
- eine Seite und die beiden anliegenden Winkel (WSW)
- zwei Seiten und der Gegenwinkel der längeren Seite (SSW)

Bemerkung
Um sich die Reihenfolge der notwendigen Schritte bei einer Konstruktion zu überlegen, wird immer eine **Planfigur** angefertigt. Eine Skizze mit farbig hervorgehobenen gegebenen Stücken genügt.

Planfigur
Gegeben: *a, b,* γ

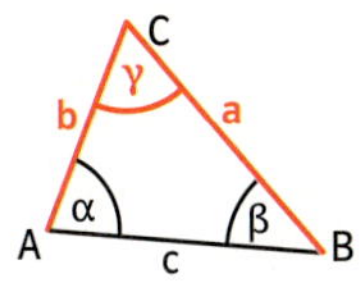

Beispiele

a) Gegeben:
a = 7 cm
b = 5 cm
c = 6 cm
SSS-Konstruktion

Planfigur

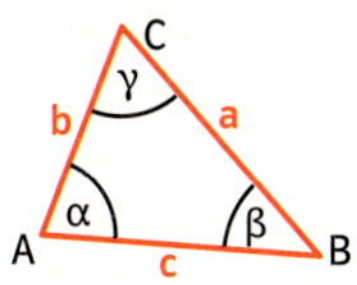

Gezeichnet werden
1. die Seite c
2. der Kreis um A mit dem Radius b
3. der Kreis um B mit dem Radius a und
4. markiere den Schnittpunkt C der Kreise.

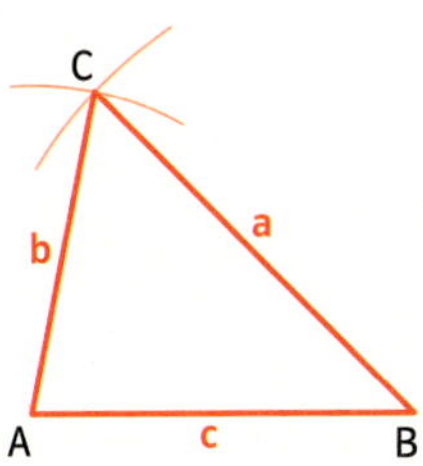

Es gibt nur ein solches Dreieck.

d) Gegeben:
c = 5 cm
b = 8 cm
β = 120°
SSW-Konstruktion

Planfigur

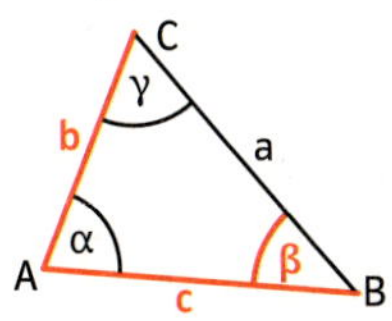

Gezeichnet werden
1. die Seite c
2. der Winkel β
3. der Kreis um A mit dem Radius b
4. der Schnittpunkt C des Kreises mit dem freien Schenkel von β.

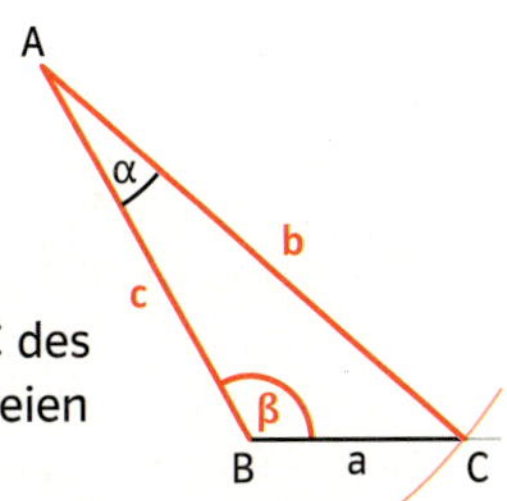

Weil der Kreis den Schenkel nur einmal schneidet, gibt es nur ein solches Dreieck.

Bemerkung

Konstruiert man Dreiecke nach SSW, sind sie nur dann eindeutig, wenn der gegebene Winkel der längeren Seite gegenüberliegt. Liegt der Winkel der kürzeren Seite gegenüber, können zwei Dreiecke konstruiert werden oder auch gar keines.

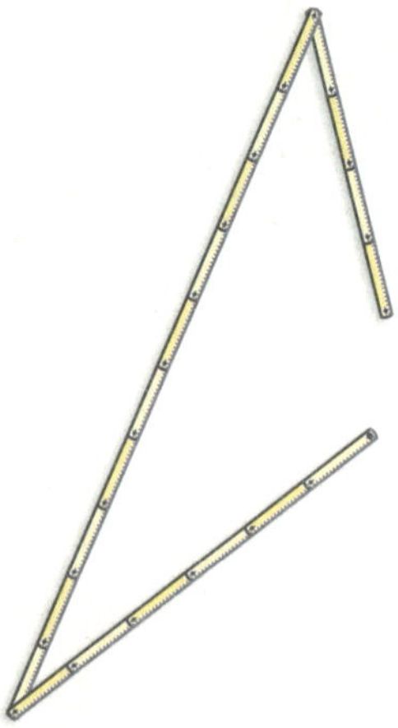

Dreiecksungleichung
In jedem Dreieck ist die Summe der Längen zweier Seiten größer als die Länge der dritten Seite.
$a + b > c$
$b + c > a$
$a + c > b$

Aufgaben

1 Auf wie viele Arten lässt sich der 2 m lange Zollstock zu einem Dreieck knicken?

2 Konstruiere das Dreieck aus drei gegebenen Seiten.
a) a = 7 cm; b = 8 cm; c = 9 cm
b) a = 11 cm; b = 7 cm; c = 10 cm
c) a = 5,5 cm; b = 9,3 cm; c = 7,8 cm

3 Konstruiere das Dreieck aus zwei Seiten und dem eingeschlossenen Winkel.
a) b = 9 cm; c = 10 cm; α = 40°
b) a = 5 cm; c = 10 cm; β = 124°
c) a = 8,5 cm; b = 11,2 cm; γ = 75°

4 Konstruiere das Dreieck aus zwei Seiten und dem Gegenwinkel einer Seite.
a) b = 8 cm; c = 7 cm; β = 50°
b) a = 12 cm; c = 8 cm; α = 42°
c) a = 5,3 cm; b = 8,9 cm; β = 60°

5 Hier gibt es Probleme. Beschreibe.
a) a = 5 cm; b = 10 cm; c = 3 cm
b) c = 5 cm; α = 90°; β = 100°
c) c = 6 cm; α = 80°; γ = 120°

6 Konstruiere das Dreieck nach SSW. Zeichne dazu besonders sorgfältig den Kreisbogen. Was fällt dir auf? Beschreibe dein Problem beim Konstruieren.
a) c = 8 cm; α = 30°; a = 6 cm
b) c = 7 cm; β = 25°; b = 4 cm
c) c = 4 cm; α = 70°; a = 3 cm
d) c = 5 cm; β = 100°; b = 4 cm

Maßstab
z. B.
1 : 1000 bedeutet:
Eine 100 m lange Strecke wird 100 m : 1000 = 0,1 m = 10 cm lang gezeichnet.

7 Unter welchem Höhenwinkel sieht man die Spitze des Kölner Doms (Höhe 157 m), wenn man 50 m vor dem Hauptportal steht?
Die Augenhöhe kann vernachlässigt werden.

Geometrie-Diktat

Konstruiere nach den Anweisungen.
1. Zeichne Seite c = 6 cm; du erhältst A und B.
2. Trage an c in A den Winkel α = 45° ab.
3. Zeichne einen Kreisbogen um B mit Radius r = 7 cm.
4. Der Schnittpunkt von Kreisbogen und freiem Schenkel von α ist C.
5. Verbinde C und B.

8 Beschreibe deinen Konstruktionsschritt wie beim Geometrie-Diktat.
a) b = 5,2 cm; c = 3,8 cm; β = 74°
b) a = 5 cm; c = 8,5 cm; γ = 90°
c) a = 8,5 cm; b = 3 cm; c = 10 cm

9 Konstruiere das gleichschenklige Dreieck mit Basis c und Schenkeln a und b.
a) c = 7 cm; a = 6 cm
b) c = 8 cm; α = 52°
c) a = 7 cm; γ = 110°
d) a = 9 cm; α = 35°

10 In der Geländevermessung werden häufig Dreiecke verwendet, da viele Orte nur schwer zugänglich sind.
Schätze die Höhe der Bergspitze zunächst. Wie könnte man die Höhe aus den gegebenen Maßen genauer bestimmen?

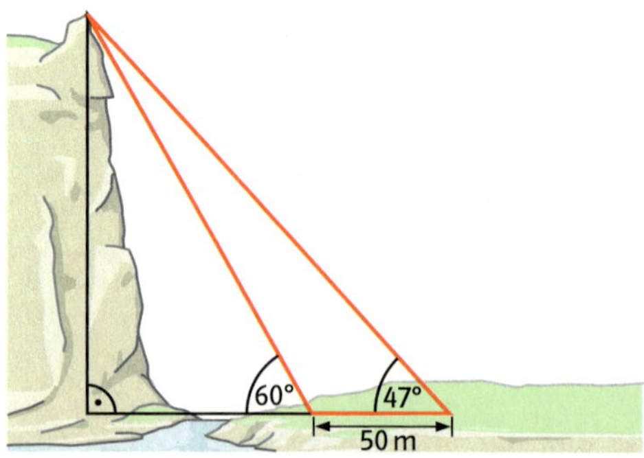

5 Umkreis und Inkreis

Zeichne auf einem Blatt Papier zwei große spitzwinklige Dreiecke, schneide sie aus und benenne die Eckpunkte und die Seiten wie dargestellt.
→ Falte das erste Dreieck so, dass Punkt A auf Punkt B fällt, und klappe es wieder auf. Falte ebenso B auf C und C auf A.
→ Falte das zweite Dreieck so, dass Seite b auf Seite c fällt, und klappe es wieder auf. Falte ebenso c auf a und a auf b.

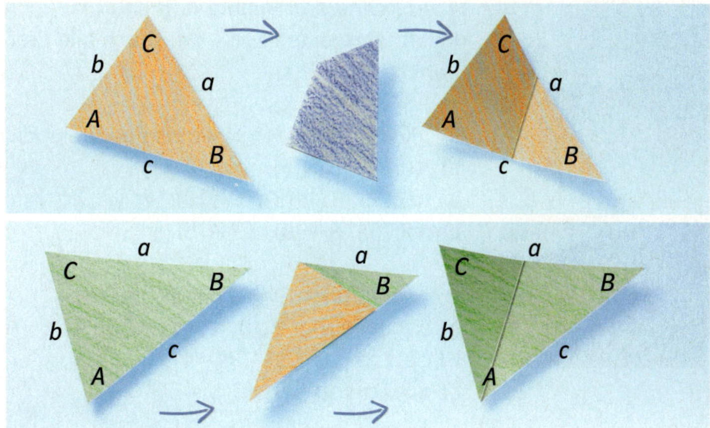

In Dreiecken gibt es Linien und Punkte mit besonderen Eigenschaften.

Die **Mittelsenkrechten m_a, m_b und m_c** eines Dreiecks sind Geraden, die senkrecht durch die Mittelpunkte seiner Seiten verlaufen. Jeder Punkt auf einer Mittelsenkrechten ist vom Anfangs- und Endpunkt der zugehörigen Dreiecksseite gleich weit entfernt. Der Schnittpunkt **M** der Mittelsenkrechten hat deshalb von allen drei Eckpunkten eines Dreiecks die gleiche Entfernung. Er ist der **Mittelpunkt des Umkreises** eines Dreiecks.

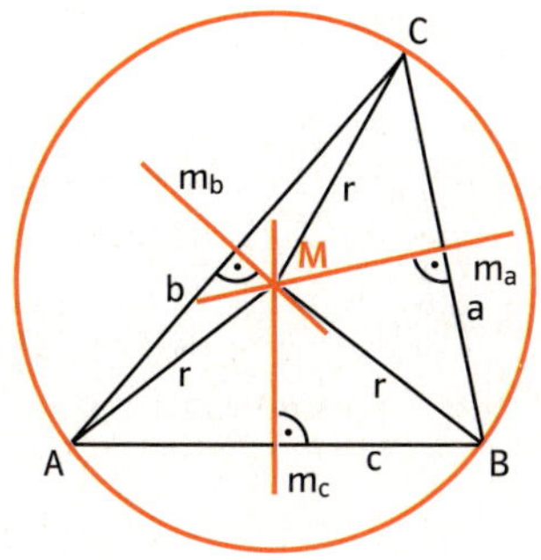

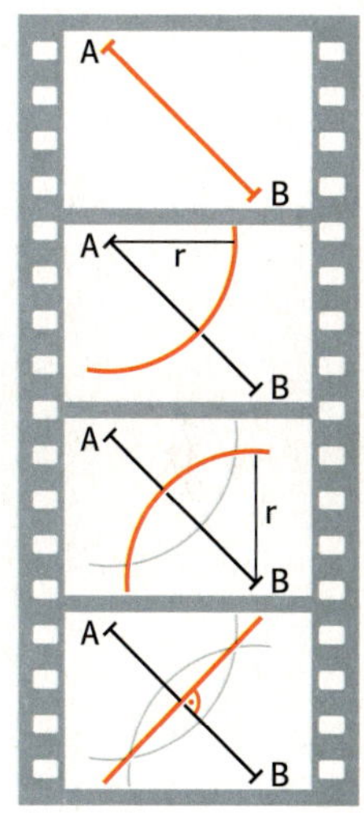

Alle Punkte, die von den Schenkeln eines Winkels den gleichen Abstand haben, liegen auf der **Winkelhalbierenden**. Winkelhalbierende sind Halbgeraden. In jedem Dreieck schneiden sich die Winkelhalbierenden w_α, w_β und w_γ in einem Punkt **W**, dem **Mittelpunkt des Inkreises**. Der Punkt W hat von allen drei Seiten eines Dreiecks den gleichen Abstand.

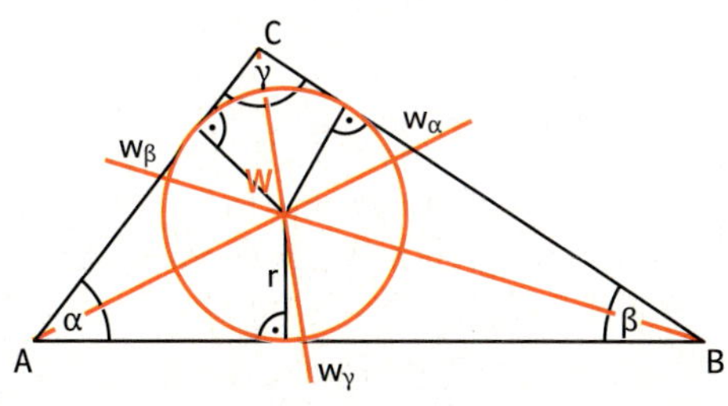

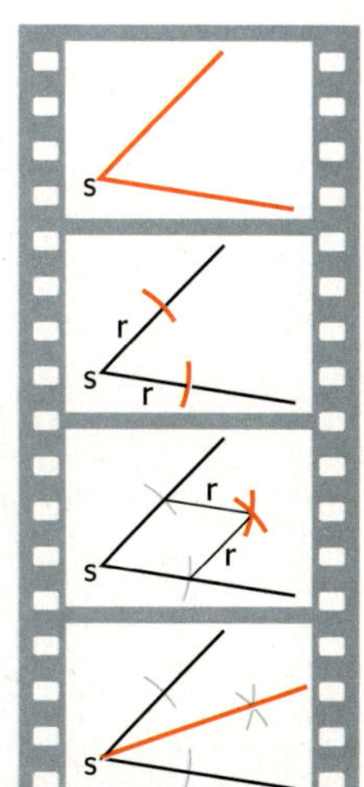

Der Schnittpunkt M der Mittelsenkrechten ist der **Mittelpunkt des Umkreises** eines Dreiecks.
Der Schnittpunkt W der Winkelhalbierenden ist der **Mittelpunkt des Inkreises** eines Dreiecks.

Bemerkung
Auf den Filmstreifen ist die Konstruktion einer Mittelsenkrechten und einer Winkelhalbierenden dargestellt.

Aufgaben

1 Zeichne drei Punkte A, B und C. Konstruiere einen Kreis, der durch alle drei Punkte verläuft.

2 Konstruiere den Umkreis des Dreiecks.
a) A(0|0); B(8|0); C(3|6)
b) A(2|1); B(10|3); C(5|8)
c) A(0|0); B(7|0); C(11|5)

3 Konstruiere Dreieck und Umkreis.
a) a = 8 cm; b = 5 cm; c = 7 cm
b) c = 7 cm; $\alpha = 35°$; $\beta = 115°$
c) a = 7 cm; b = 5 cm; $\gamma = 50°$

4 Während einer Antarktisexpedition soll ein Versorgungslager eingerichtet werden, das von drei Forschungsstationen gleich weit entfernt ist.
Suche den passenden Ort.

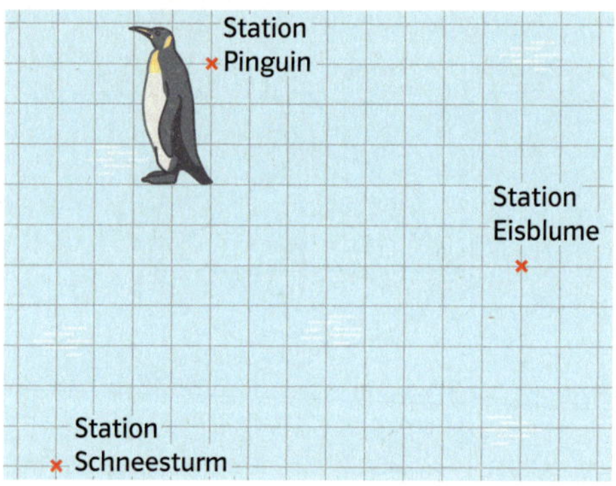

5 Zeichne das Dreieck A(0|0); B(12|0); C(0|9). Setze die Kreiskette fort.
Auch so findest du einen besonderen Kreis.

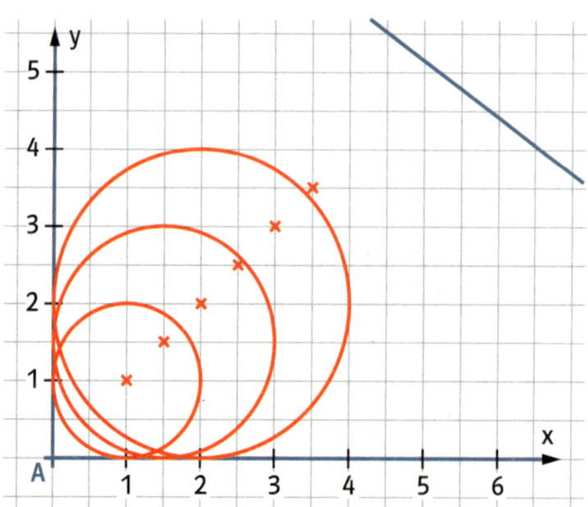

6 Beschreibe die Lage der Rosette im Giebel des Turmdaches links.

7 Konstruiere den Inkreis des Dreiecks.
a) a = 6 cm; b = 8 cm; c = 9 cm
b) b = 7,5 cm; $\alpha = 120°$; $\gamma = 36°$
c) a = 5 cm; c = 11 cm; $\beta = 90°$

8 Konstruiere zwei Dreiecke mit folgenden Stücken.
Dreieck 1: a = b = 5 cm; c = 9,5 cm
Dreieck 2: a = b = c = 12 cm
Welches Dreieck hat den größeren Umkreis, welches den größeren Inkreis? Schätze zuerst.

Arbeiten mit dem Computer

■ Wo befindet sich der Umkreismittelpunkt bei
- spitzwinkligen,
- stumpfwinkligen und
- rechtwinkligen

Dreiecken?
Beschreibe deine Beobachtungen.

■ Und der Inkreismittelpunkt?
Ist es sinnvoll auch seine Lage zu untersuchen?

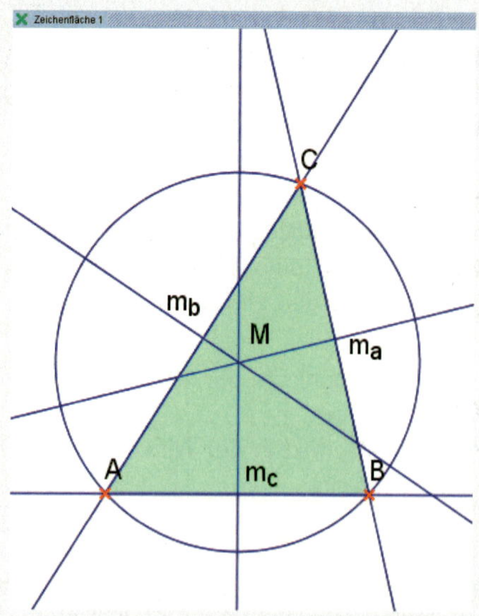

6 Der Satz des Thales

Experimente mit einer Geometriesoftware:
→ Zeichne ein beliebiges Dreieck ABC und einen Kreis um den Mittelpunkt der Strecke $\overline{AB}$ mit $d = \overline{AB}$.
→ Bewege den Punkt C innerhalb des Kreises, auf dem Kreis und außerhalb des Kreises.
→ Was fällt dir auf? Notiere deine Vermutungen.
→ Verändere die Länge der Strecke $\overline{AB}$. Stimmen deine Vermutungen immer noch?

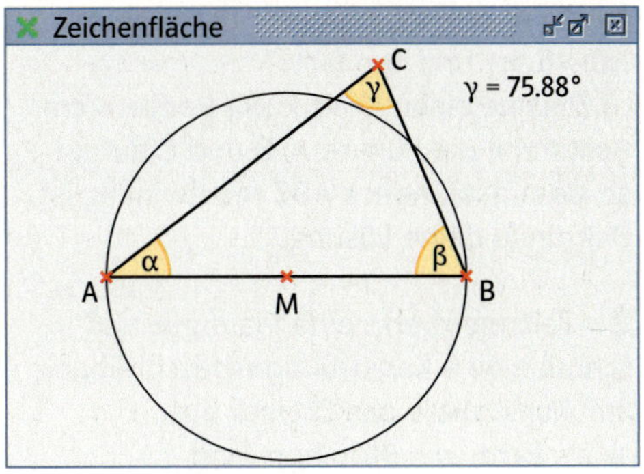

Misst man die Winkel γ_1 bis γ_4 in der Zeichnung, so entsteht die Vermutung, dass alle vier Dreiecke rechtwinklig sind. Diese Vermutung kann man beweisen:

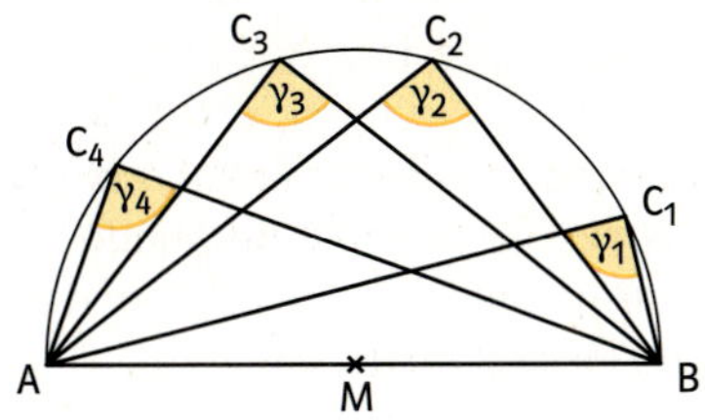

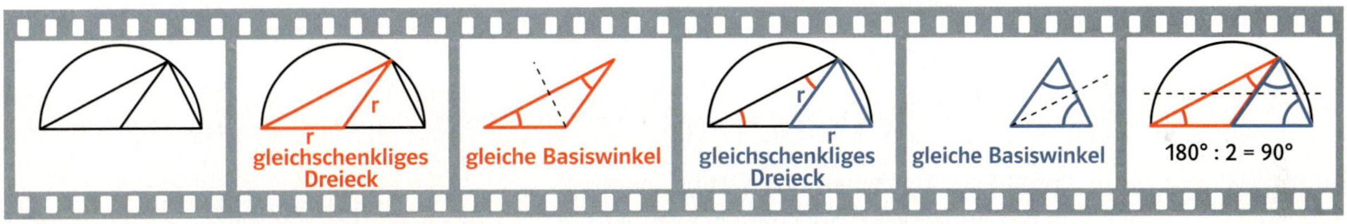

Das Dreieck ABC unterteilt man in zwei gleichschenklige Dreiecke AMC und MBC. Basis von AMC ist b, Basis von MBC ist a. Die Basiswinkel eines gleichschenkligen Dreiecks sind bekanntlich gleich groß. Also ist der Winkel γ, der sich aus je einem Basiswinkel von AMC und MBC zusammensetzt, genauso groß wie α und β zusammen. Die Winkelsumme verteilt sich also zu gleichen Teilen auf γ einerseits und α und β andererseits: $\gamma = 180°:2 = 90°$.

Satz des Thales
Liegt der Eckpunkt C des Dreiecks ABC auf dem Halbkreis über dem Durchmesser $\overline{AB}$, so hat das Dreieck bei C einen rechten Winkel.
Der Halbkreis heißt **Thaleskreis.**

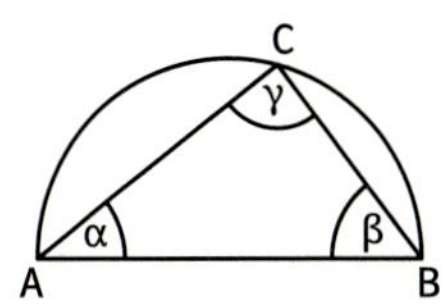

Beispiel

a) Konstruktion eines rechtwinkligen Dreiecks ABC mit $\overline{AB} = 6\,cm$; $\overline{BC} = 5\,cm$; $\gamma = 90°$:
Über $\overline{AB}$ wird der Thaleskreis gezeichnet. Um B wird ein Kreisbogen mit Radius 5 cm gezeichnet, der den Thaleskreis schneidet. Schnittpunkt ist der Eckpunkt C.

b) Konstruktion eines rechtwinkligen gleichschenkligen Dreiecks ABC mit $\overline{AB} = 8\,cm$; $\gamma = 90°$:
Über der Strecke $\overline{AB}$ wird der Thaleskreis gezeichnet.
Die Mittelsenkrechte von $\overline{AB}$ schneidet ihn im Eckpunkt C.

Aufgaben

1 1 a) Zeichne mehrere Dreiecke mit $\overline{AB} = 5\,cm$ und $\gamma = 90°$.
b) Zeichne einen Kreis k mit Radius 4 cm. Bestimme die Punkte A, B und C auf k so, dass das Dreieck ABC rechtwinklig ist. Begründe deine Lösung.

2 Zeichne zuerst eine Planfigur und schreibe eine Konstruktionsbeschreibung auf. Konstruiere das Dreieck aus
a) $c = 6\,cm$; $\gamma = 90°$; $h_c = 2\,cm$
b) $b = 7{,}8\,cm$; $\beta = 90°$; $h_b = 3{,}2\,cm$
c) $a = 5\,cm$; $\alpha = 90°$; $h_c = 1{,}5\,cm$
d) $c = 5{,}4\,cm$; $\beta = 35°$; $\alpha = 55°$

3 Konstruiere nur mit Zirkel und Lineal, ohne Winkel zu messen. Begründe.
a) Ein rechtwinkliges Dreieck, bei dem ein weiterer Winkel 45° misst.
b) Ein rechtwinkliges Dreieck, bei dem ein weiterer Winkel 30° misst.

4 Konstruiere ein Rechteck, das eine 5 cm lange Seite und eine 6 cm Diagonale hat. Versuche verschiedene Lösungswege zu finden.

5 Karin wollte eigentlich drei rechtwinklige Dreiecke mithilfe des Satzes von Thales konstruieren. Kannst du sagen, welcher Fehler ihr unterlaufen ist?

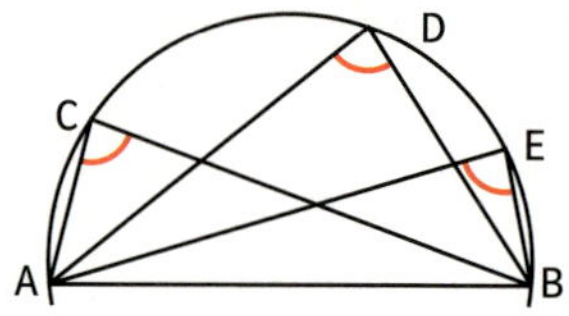

6 a) Konstruiere ein Dreieck ABC mit einem rechten Winkel bei C und der Seite $\overline{AB} = 6\,cm$, das einen Flächeninhalt von $6\,cm^2$ hat.
b) Welches Dreieck mit der Grundseite $\overline{AB} = 6\,cm$ und einem rechten Winkel bei C hat einen möglichst großen Flächeninhalt? Begründe.

Thales von Milet (um 600 v. Chr.) – Wegbereiter der wissenschaftlichen Mathematik

Infolge der dorischen Wanderung mussten in der Antike viele Griechen auswandern. Über die Inseln der Ägäis bevölkerten sie auch die kleinasiatische Küste. Im 7. Jahrhundert v. Chr. entwickelte sich dort die griechische Siedlung Milet zu einem bedeutenden Handelsplatz. Hier war Thales als Kaufmann, Philosoph und Mathematiker tätig.

Zu den großen Verdiensten von Thales gehört, dass er die Vorgänge in der Natur nicht mehr dem Wirken der Götter zuschrieb, sondern die Ursachen in den Dingen selbst und ihren Zusammenhängen suchte. Er erklärte z. B. die jährlichen Überschwemmungen in Ägypten mit der Schneeschmelze in den Bergen und erkannte als Erster, dass die Sonne durch den Mond verfinstert wird. Für den 28. Mai 585 v. Chr. sagte er eine Sonnenfinsternis voraus, deren wirkliches Eintreten ihn selbst sehr erstaunt haben soll. Danach galt er als der größte der sieben Weltweisen.

- Kannst du noch mehr über Thales von Milet herausfinden?
- Wem war dieser Sachverhalt schon vor Thales bekannt?

Verwende bei der Suche das Internet oder ein Lexikon.

Satz des Thales
Jeder Winkel von einem Punkt auf dem Halbkreis einer Strecke zu ihren Endpunkten ist ein rechter Winkel.

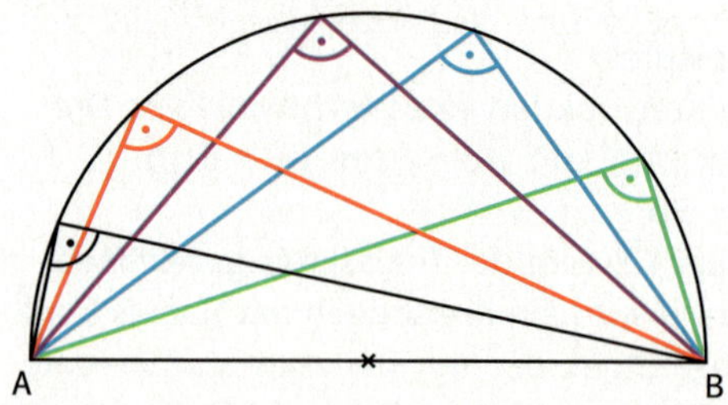

Tangentenkonstruktion

Die Bewegung des Mondes um die Erde verursacht Mond- und Sonnenfinsternisse. Eine Sonnenfinsternis entsteht, wenn der Mond zwischen Erde und Sonne steht. Von einem bestimmten Gebiet der Erde sieht es dann so aus, als ob der Mond die Sonne komplett verdecken würde. Eine so genannte totale Sonnenfinsternis ist auf der Erde nur von einem Gebiet mit höchstens 270 km Durchmesser zu sehen. In der nebenstehenden Skizze ist der Moment der totalen Sonnenfinsternis vereinfacht dargestellt. Die eingezeichneten Linien zeigen den Bereich des Kernschattens an. In der Skizze sind diese Linien gemeinsame Tangenten (Berührlinien) an die beiden „Kreise" Sonne und Mond.

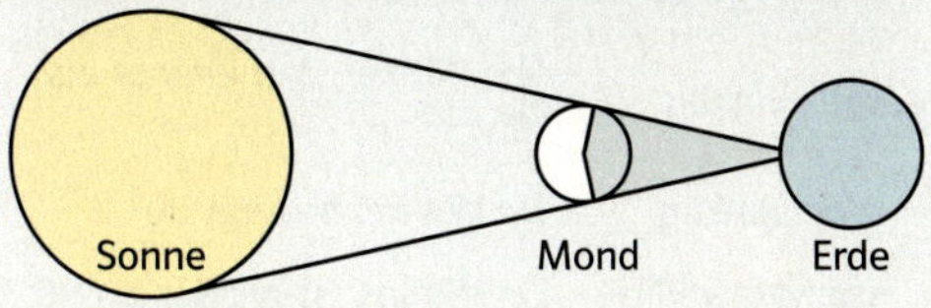

Eine Gerade, die den Kreis in **einem** Punkt berührt, heißt **Tangente**. Sie steht senkrecht auf dem zugehörigen **Berührradius**. Das Wort „Tangente" kommt aus dem Lateinischen und bedeutet „Berührende".

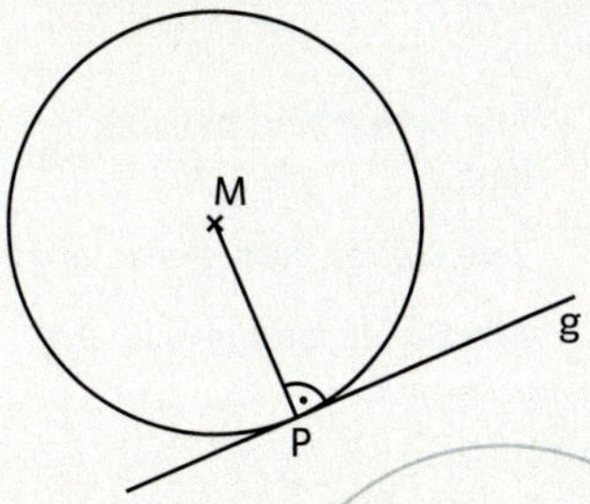

Liegt ein Punkt P außerhalb des Kreises, so gibt es zwei Tangenten durch P. Da in den Berührpunkten P_1 und P_2 zwischen den Tangenten und den Berührradien rechte Winkel auftreten, werden diese Punkte mithilfe des **Thaleskreises** über $\overline{PM}$ konstruiert.

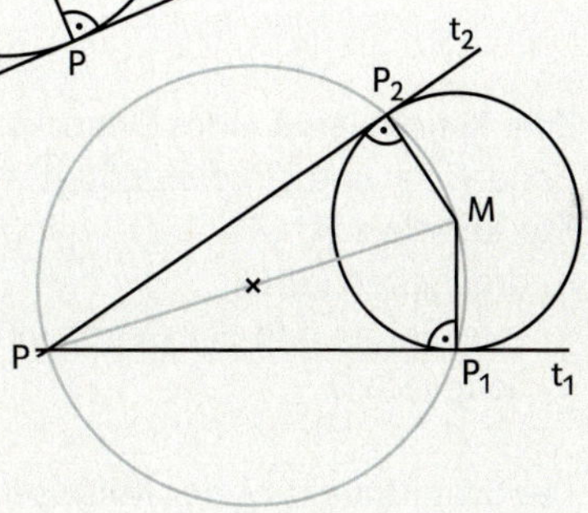

Die Filmstreifen auf dem Rand zeigen die jeweiligen Konstruktionsschritte.

Konstruktionen

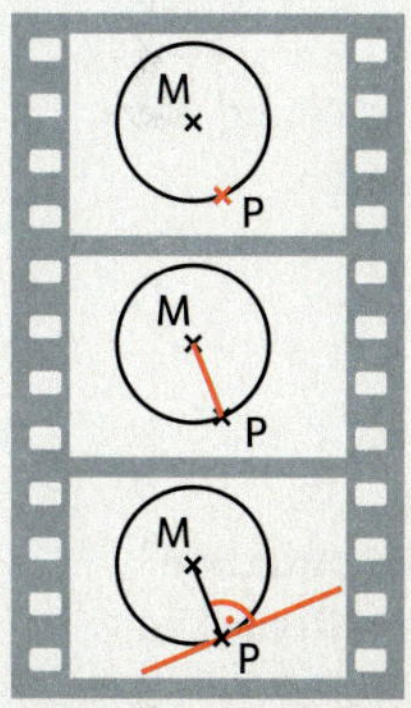

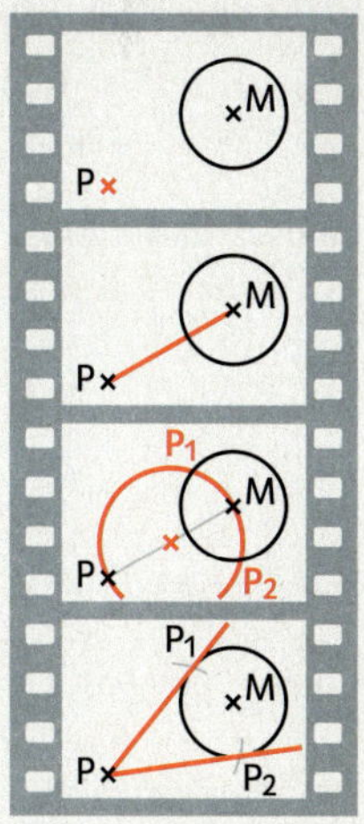

■ Beschreibe.

■ Die Gerade g geht durch die Punkte A und B. An den Kreis um M mit Radius r sollen die Tangenten gelegt werden, die zur Geraden g parallel sind.

a) M(2,5 | 0); r = 2,5 cm; A(0 | 4); B(5 | 5)
b) M(−2,5 | 3); r = 2 cm; A(−1 | −2); B(4 | 1)
c) M(3 | 3); r = 2,5 cm; A(−2 | 1); B(8 | 6)

■ Lege durch den Punkt P die Tangenten an den Kreis um M mit dem Radius r.

a) P(1 | 1); M(8,5 | 4); r = 3 cm
b) P(−4 | 4); M(4 | 2); r = 1,5 cm

■ Lege von P(−3 | 0); Q(0 | 4); R(5 | 0) und S(0 | −6) aus die Tangente an den Kreis um M (0 | 0) mit dem Radius r = 2 cm.

■ Übertrage die Figur ins Heft und lege die Tangente durch den Punkt P.

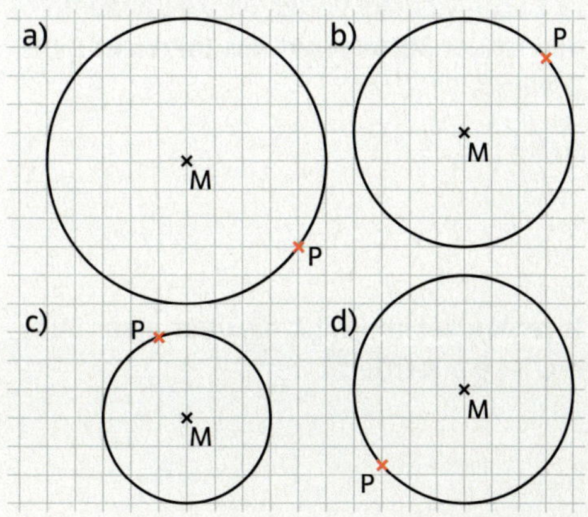

Zusammenfassung

Winkel in Schnittpunkten von Geraden

Scheitelwinkel sind gleich groß.
Nebenwinkel ergänzen sich zu 180°.
Stufenwinkel an geschnittenen Parallelen sind gleich groß.
Wechselwinkel an geschnittenen Parallelen sind gleich groß.

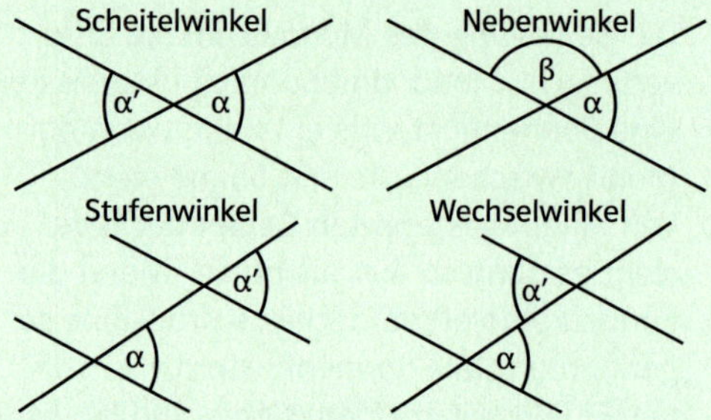

Winkelsumme im Dreieck

Die Summe der Winkel eines Dreiecks beträgt 180°: $\alpha + \beta + \gamma = 180°$.

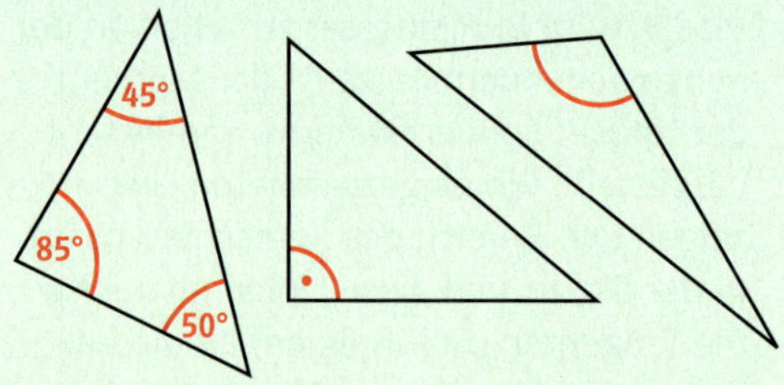

Dreiecksformen

Einteilung nach Winkeln:

spitzwinklig	Alle Winkel sind kleiner als 90°.
rechtwinklig	Ein Winkel beträgt 90°.
stumpfwinklig	Ein Winkel ist größer als 90°.

Einteilung nach Seiten:

allgemein	Alle Seiten sind beliebig lang.
gleichschenklig	Zwei Seiten sind gleich lang.
gleichseitig	Alle Seiten sind gleich lang.

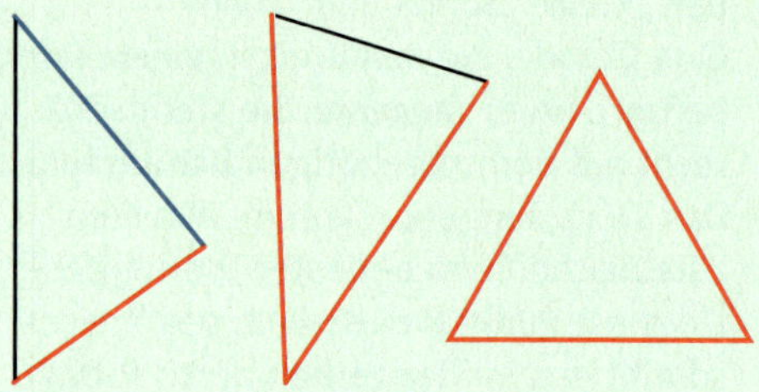

Konstruktion von Dreiecken

Zum **Konstruieren** eines Dreiecks mit Geodreieck und Zirkel benötigt man drei Stücke, wie z. B.:

- drei Seiten (SSS),
- zwei Seiten und der Gegenwinkel einer Seite (SSW).

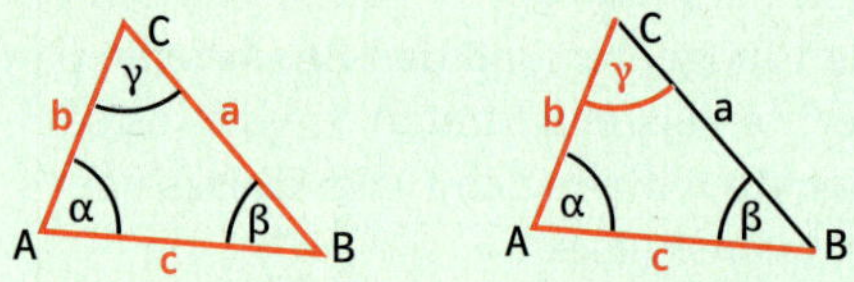

SSS-Konstruktion SSW-Konstruktion

Umkreis und Inkreis

Der Schnittpunkt M der Mittelsenkrechten ist der **Mittelpunkt des Umkreises** eines Dreiecks.
Der Schnittpunkt W der Winkelhalbierenden ist der **Mittelpunkt des Inkreises** eines Dreiecks.

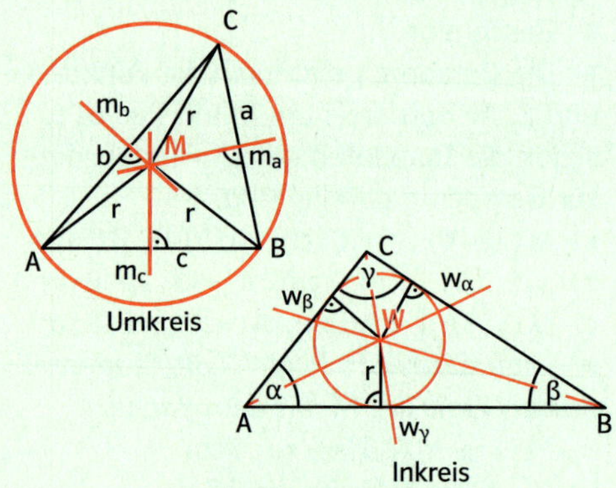

Satz des Thales

Jeder Winkel im Halbkreis über einer Strecke ist ein rechter.

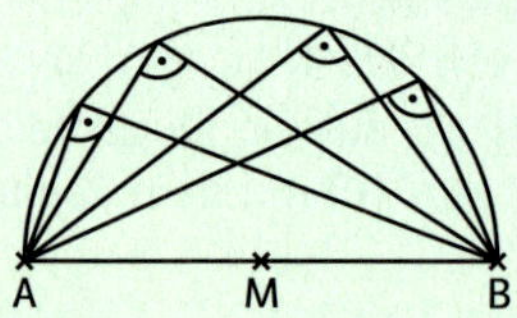

Üben • Anwenden • Nachdenken

1 Ergänze die Winkel des Dreiecks.

	α	β	γ
a)	50°	70°	
b)		120°	15°
c)	45°	90°	

2 Berechne die bezeichneten Winkel.

a)

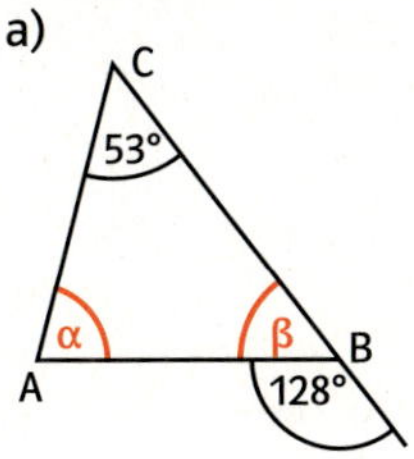

b)

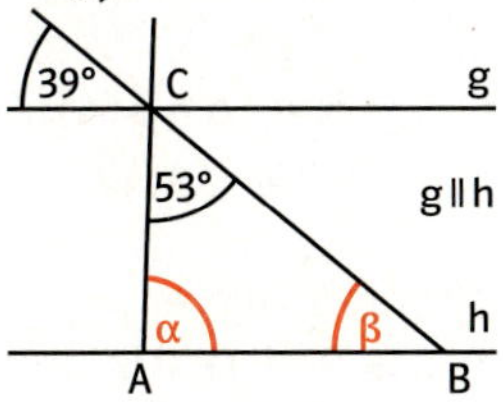

c)

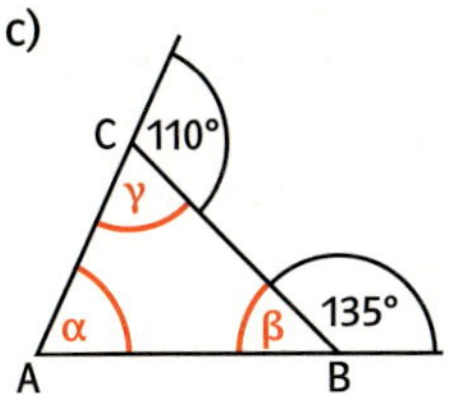

d)

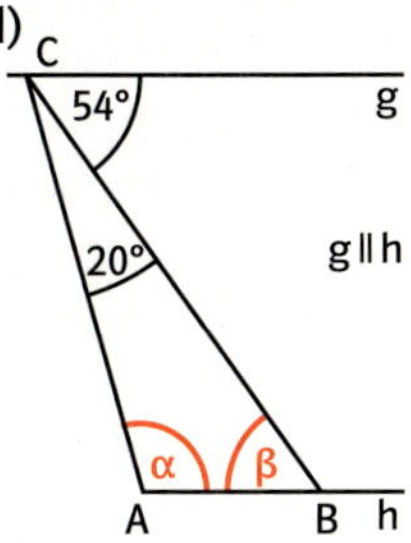

e)

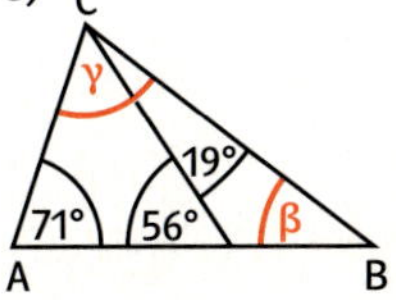

f)

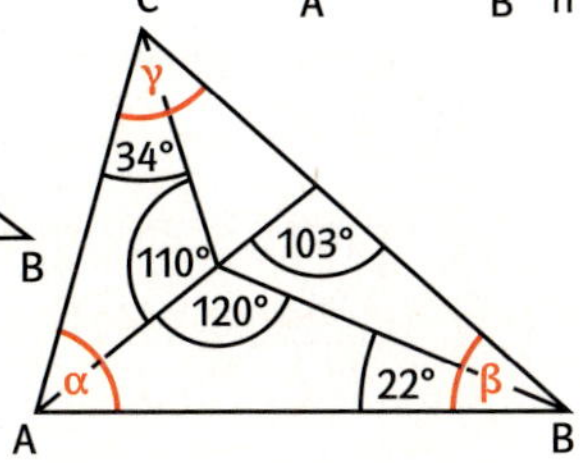

3 Wie viele gleichschenklige Dreiecke entdeckt ihr? Wie viele sind sogar gleichseitig? Erklärt euch gegenseitig.

a)

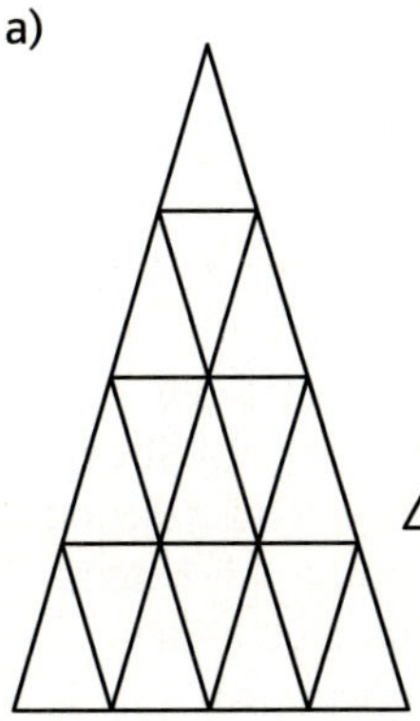

b)

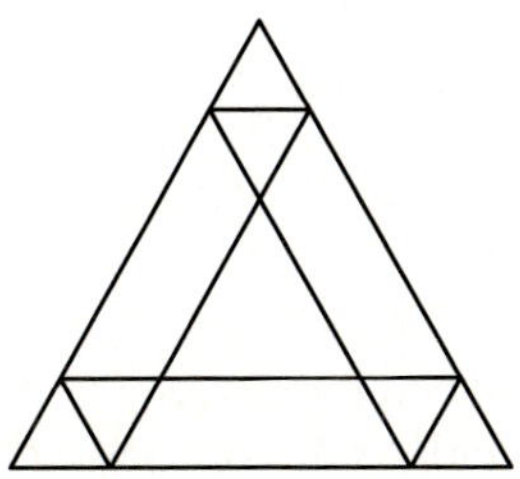

4 Gibt es ein gleichschenkliges Dreieck, bei dem die Basis doppelt so lang wie ein Schenkel ist? Begründe.

5 Zeichne Dreiecke mit verschiedenen Formen. Zerlege die Dreiecke von einem beliebigen Punkt im Inneren aus in je drei kleinere Dreiecke.
Wie viele Teildreiecke sind spitzwinklig, wie viele stumpfwinklig? Kannst du eine Regel finden?

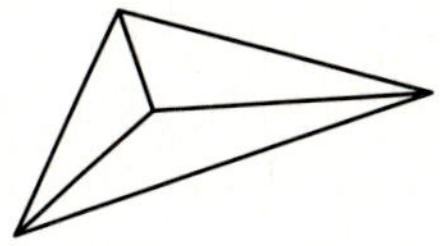

6 Übertrage die Figur in dein Heft, berechne die Winkel und trage die Ergebnisse in die Zeichnung ein.

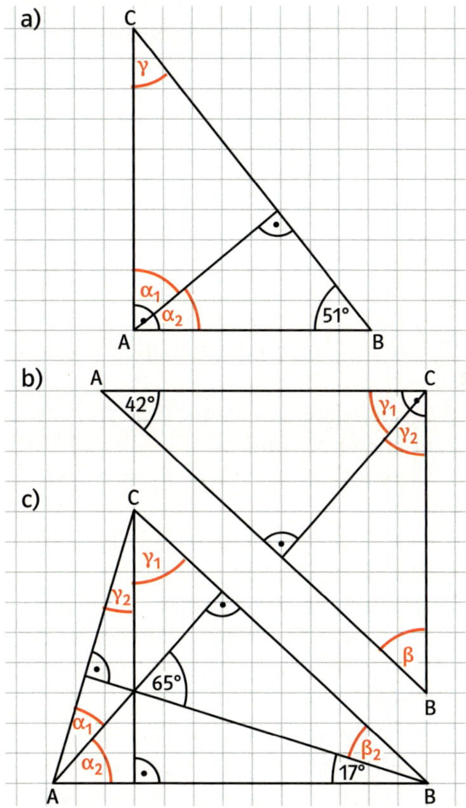

7 a) Was gehört alles zu einem Dreieck?
b) Welche besonderen Dreiecke gibt es?
c) Kann man die Winkel eines Dreiecks beliebig wählen?
d) Kann man für die drei Seiten eines Dreiecks beliebige Längen vorgeben?

? *Wie groß waren die Winkel des zerschnittenen gleichseitigen Dreiecks?*

8 Jedes Dreieck kann nach der Größe seiner Seiten und Winkel eingeteilt werden. Der Eintrag in der Tabelle zeigt, dass es Dreiecke gibt, die spitzwinklig und allgemein sind. Sind alle Kombinationen möglich?

	allgemein	gleich-schenklig	gleich-seitig
spitzwinklig	ja		
rechtwinklig			
stumpfwinklig			

9 Von zwei Peilwagen aus wird ein Sender geortet. Ist der Sender eindeutig zu finden? Begründe.

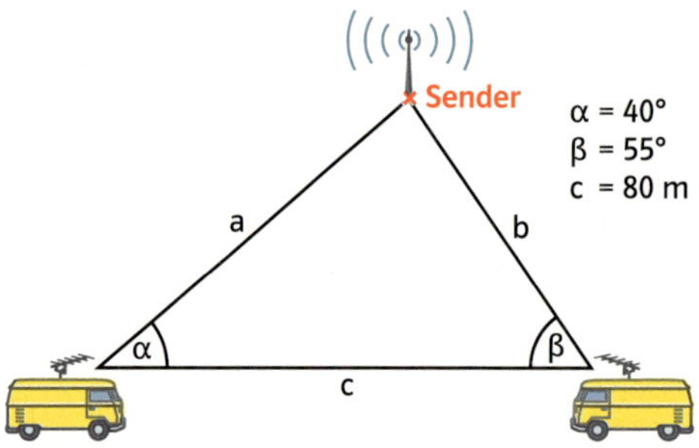

10 Richtig? Sonst gib ein Gegenbeispiel an.

a) Beim Verbinden von drei Punkten entsteht immer ein Dreieck.

b) Alle gleichseitigen Dreiecke sind gleichschenklig.

c) Rechtwinklige Dreiecke können auch gleichseitig sein.

d) Gleichseitige Dreiecke sind kongruent.

e) In einem rechtwinkligen Dreieck ist die Seite gegenüber dem rechten Winkel stets die längste Seite.

f) Der längsten Seite eines Dreiecks liegt stets ein stumpfer Winkel gegenüber.

11 Konstruiere je ein Dreieck nach einer der Grundkonstruktionen. Gib dir selbst je drei entsprechende Größen so vor, dass du kongruente Dreiecke erhältst.

12 Konstruiere die Dreieckskette der Randspalte. Wo musst du beginnen?

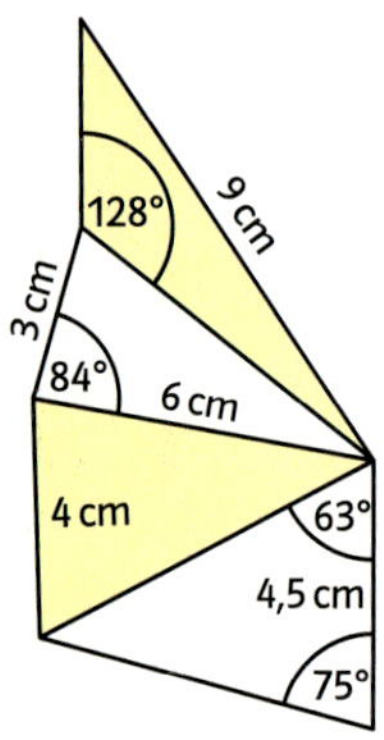

13 Konstruiere die Dreiecke nach folgenden Angaben. Schneide sie anschließend aus und vergleiche sie miteinander.

1) $\alpha = 60°$; $b = 15\,cm$; $c = 8\,cm$

2) $b = 4\,cm$; $\alpha = 70°$; $\gamma = 60°$

3) $\alpha = 60°$; $a = 6\,cm$; $b = 5\,cm$

4) $a = 8\,cm$; $b = 15\,cm$; $c = 13\,cm$

5) $c = 4\,cm$; $\alpha = 60°$; $\gamma = 50°$

6) $b = 6\,cm$; $c = 5\,cm$; $\beta = 60°$

14 Versuche das Unmögliche.

a) $c = 5\,cm$; $\alpha = 68°$; $\beta = 113°$

b) $a = 12\,cm$; $b = 5\,cm$; $c = 7\,cm$

c) $c = 7\,cm$; $b = 5\,cm$; $h_c = 6\,cm$

d) $c = 5\,cm$; $\alpha = 40°$; $s_b = 3\,cm$

15 Konstruiere

- das Dreieck ABC mit $a = 7\,cm$; $b = 4\,cm$ und $c = 6\,cm$;
- über der Seite a nach außen ein gleichseitiges Dreieck;
- ebensolche Dreiecke auch über den Seiten b und c;
- die Umkreise der drei gleichseitigen Dreiecke.

Beschreibe dein Ergebnis.

16 Wie hoch liegt die Bergspitze über dem Tal?

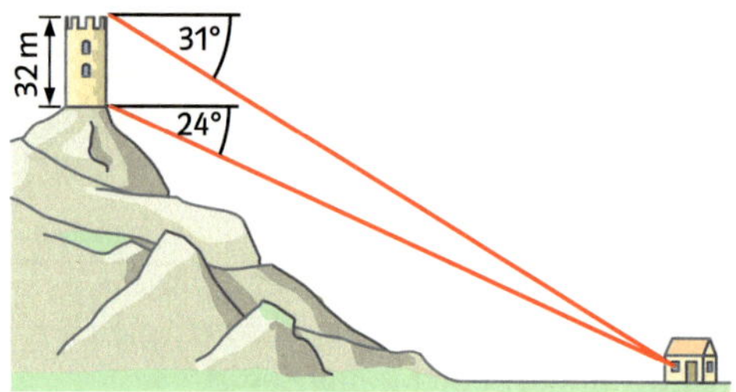

17 Konstruiere den In- und Umkreis.

a) A(0|0); B(8|0,5); C(6,5|6)

b) A(2|0); B(6,5|1,5); C(0|6)

c) A(4|1); B(10|2,5); C(0,5|7)

18 Aus einer dreieckigen Metallplatte mit den Seitenlängen $a = 140\,cm$; $b = 60\,cm$ und $c = 120\,cm$ soll ein Kreis ausgeschnitten werden. Wie groß kann er höchstens werden, wenn sein Abstand vom Rand mindestens 10 cm betragen muss?

Dreiecke in der Technik

Starr …

Das Fachwerk von Gebäuden darf sich nicht verziehen. Deshalb werden massive Balken so eingefügt, dass Dreiecke entstehen.

Beim Bücherregal reicht eine Strebe aus, damit sich seine Form nicht verändern kann.

und beweglich …

Aus Baukastenteilen oder Kartonstreifen lassen sich leicht bewegliche Dreiecke herstellen.

- Wie verändert sich der Winkel α, wenn man die Seitenlänge c ändert?

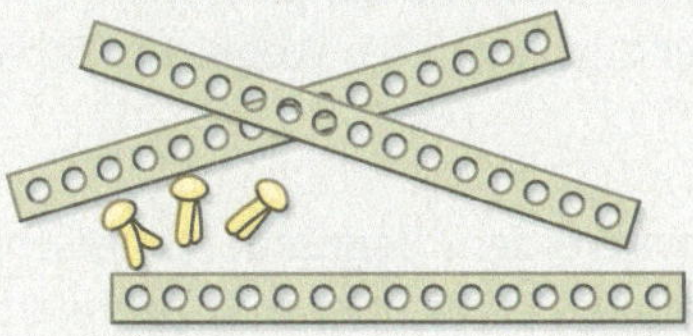

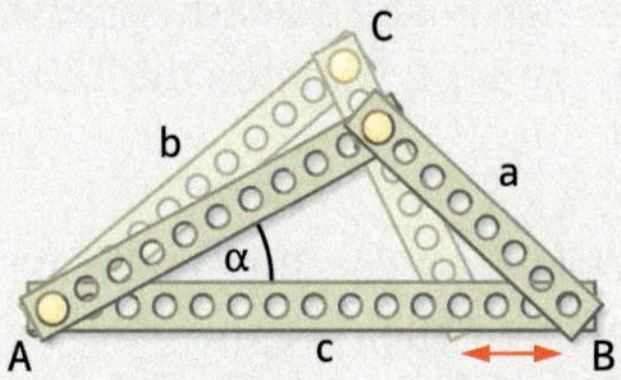

- Nach dem gleichen Prinzip funktionieren der Wagenheber, das Zeichenbrett und der Liegestuhl. Beschreibe ihre Wirkungsweise.

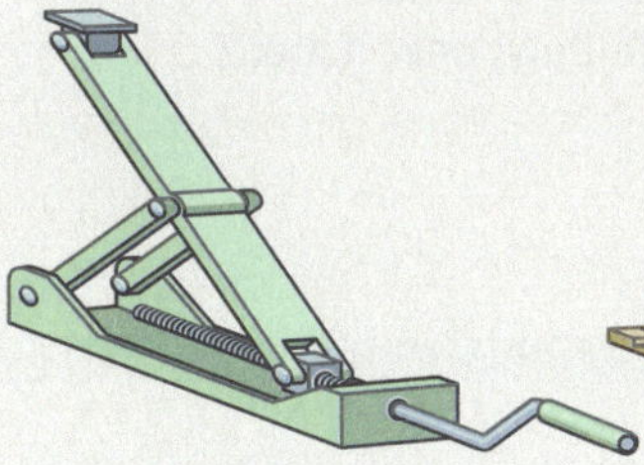

Bei großen Maschinen sind hohe Kräfte erforderlich, um eine Dreiecksseite zu verlängern bzw. zu verkürzen. Dazu werden Hydraulikzylinder verwendet.

- Suche bewegliche Dreiecke und benenne sie. Beschreibe die Funktionsweise.

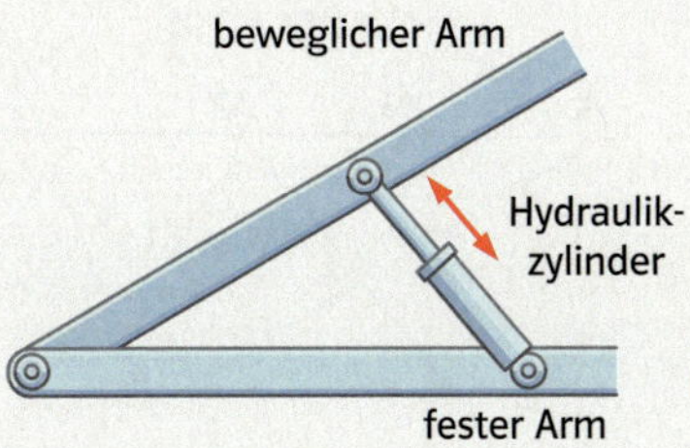

Wohin mit dem Streetballplatz?

Für die Kinder aus drei Hochhäusern wird ein Streetballplatz geplant.

Gespräche mit Anwohnern, Ingenieuren und Vertretern des Stadtrates ergaben verschiedene Anforderungen für die Lage des Streetballplatzes:

- gleiche Entfernung zu allen Hochhäusern;
- maximaler Sicherheitsabstand zu allen Verbindungsstraßen;
- geringe Summen der Längen der anzulegenden Wege zum Streetballplatz;
- ...

Wohin soll der Streetballplatz gebaut werden? Begründet unterschiedliche Standorte mit den oben angeführten Bedingungen. Verwendet zum Zeichnen den Computer. Lassen sich alle Anforderungen erfüllen oder ist ein guter Kompromiss gefragt?

Was ist, wenn

- die Straßen unterschiedlich stark befahren sind?
- die Hochhäuser unterschiedlich viele Bewohner haben?
- ...

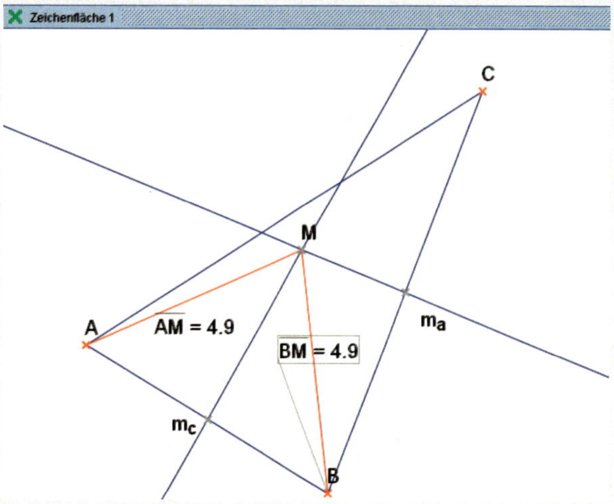

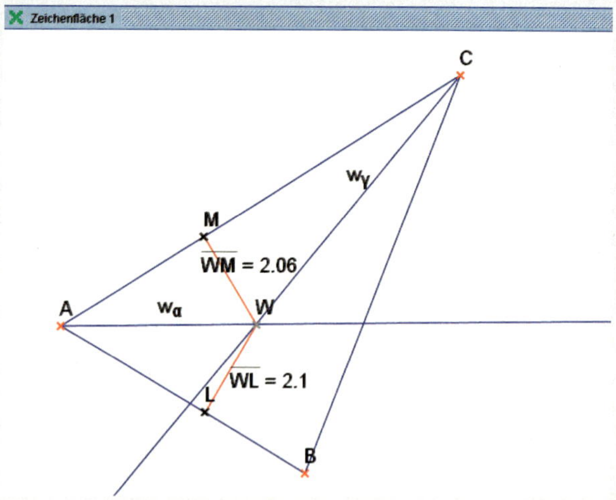

Rückspiegel

Rückspiegel

1 Berechne die fehlenden Winkel im Dreieck.

α	27°		107°	18°	62°
β	52°	79°		108°	117°
γ		62°	16°		

2 Berechne den Winkel γ.

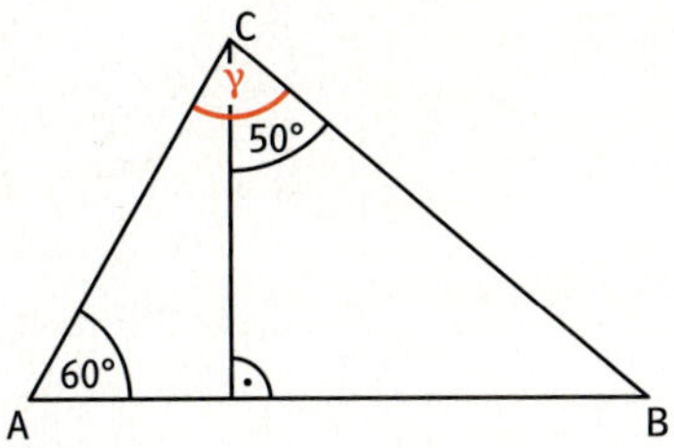

3 Welche Dreiecke sind spitzwinklig, welche stumpfwinklig?

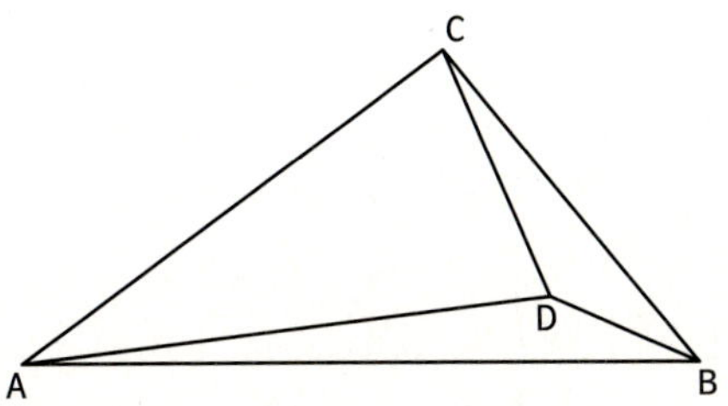

4 Konstruiere das Dreieck ABC.
a) a = 8,5 cm; b = 6 cm; c = 4,5 cm
b) a = 4 cm; c = 6 cm; α = 27°
c) a = 6 cm; c = 5 cm; α = 78°
d) b = 8 cm; c = 5 cm; β = 67°

5 Wie weit sind die Orte voneinander entfernt?
Zeichne in einem geeigneten Maßstab.

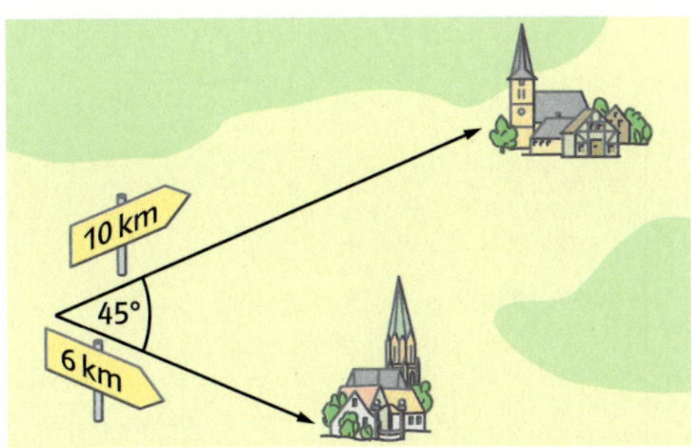

1 Berechne die bezeichneten Winkel.

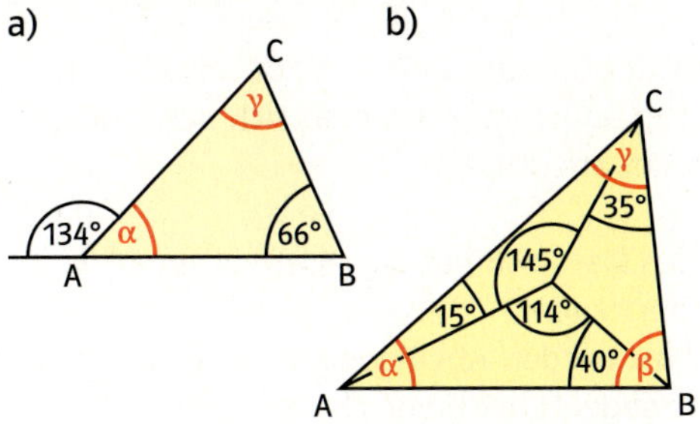

2 Berechne die fehlenden Winkel.
a) Dreieck ABC mit β = 44° und γ = 68°.
b) gleichschenkliges Dreieck ABC mit der Basis c und γ = 72°.
c) gleichschenkliges Dreieck ABC mit der Basis a und β = 28°.

3 Warum gibt es kein Dreieck
a) mit zwei rechten Winkeln?
b) bei dem eine Seite länger als die Summe der beiden anderen ist?

4 Konstruiere die Dreieckskette.
Benenne jeweils die Grundkonstruktion.

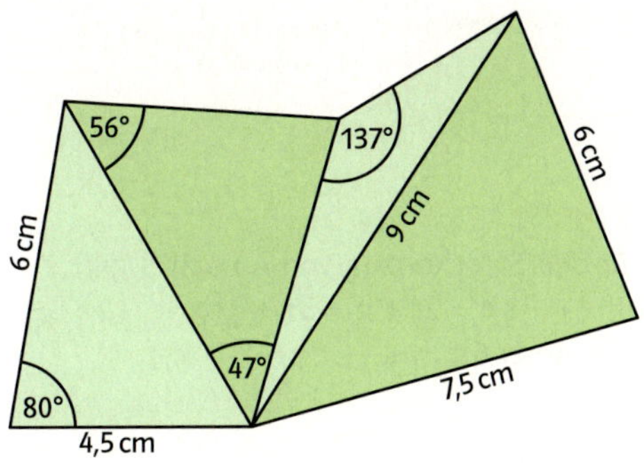

5 Wie hoch schwebt der Ballon über dem Boden?

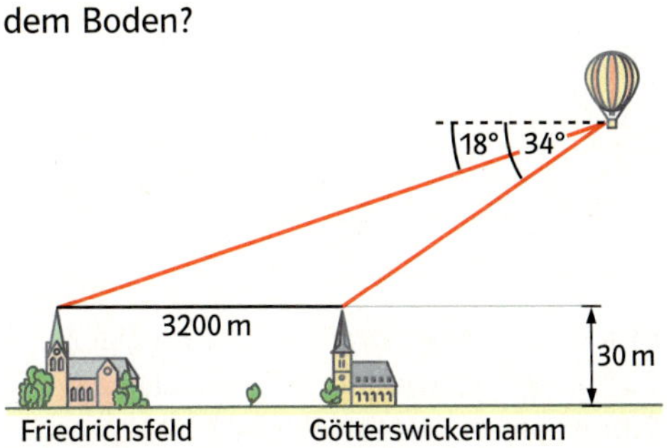

Viele Wege führen …

Ist der Grundriss einer Stadt schachbrettartig angelegt, kann man sich besonders leicht orientieren.

Dies lässt sich gut auf ein Quadratgitter übertragen.
Dazu werden Abkürzungen festgelegt:
2r bedeutet: 2 Einerschritte nach rechts
– 3r bedeutet: 3 Einerschritte nach links
1h bedeutet: einen Einerschritt nach oben
– 4h bedeutet: 4 Einerschritte nach unten

Mannheim

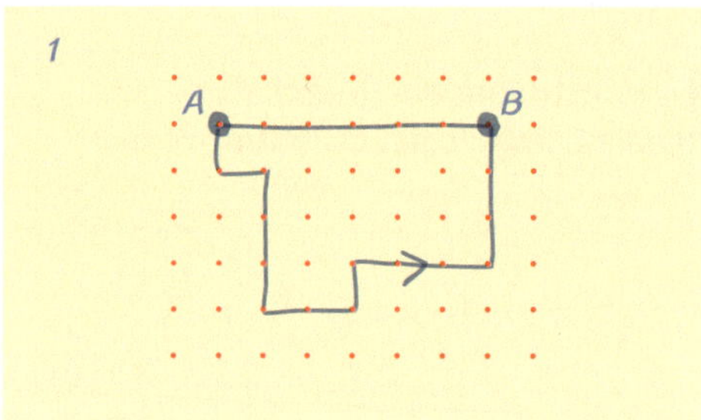

Für den Streckenzug von A nach B gilt:
$-h + r - 3h + 2r + h + 3r + 3h$
oder kurz: $6r$.

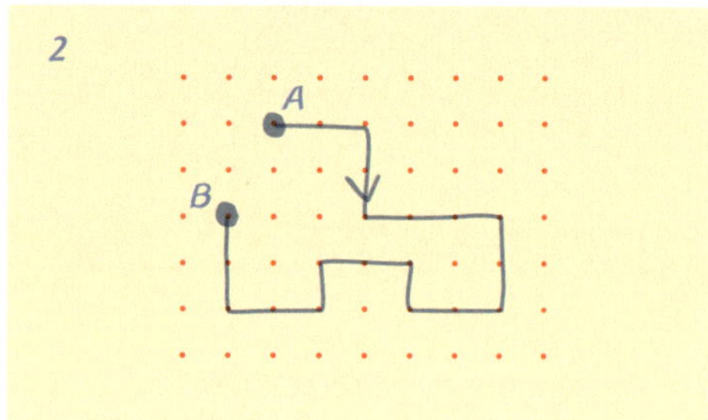

Drücke den Streckenzug von A nach B in einem Term aus.
Kannst du den Weg von A nach B auch kürzer ausdrücken?

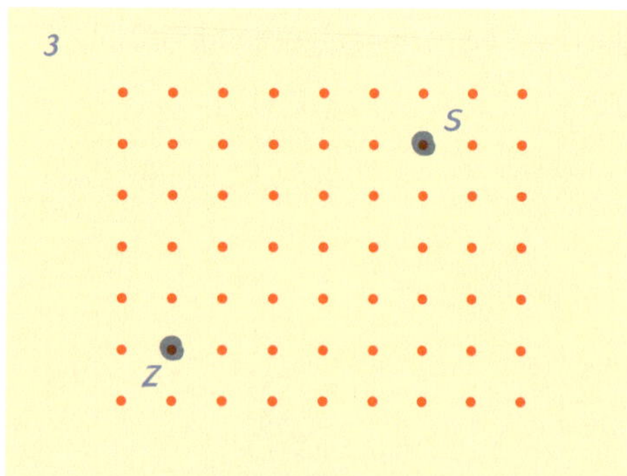

Drücke den Weg vom Start S zum Ziel Z durch zwei verschiedene Terme aus.
Gibt es einen kürzesten Term?

Eine programmierbare Zeichenmaschine zeichnet Figuren von vorgegebener Form. Dabei werden folgende Abkürzungen verwendet:

$a x$ bedeutet: a Einheiten x nach rechts
$-a x$ bedeutet: a Einheiten x nach links
$a y$ bedeutet: a Einheiten y nach oben
$-a y$ bedeutet: a Einheiten y nach unten.

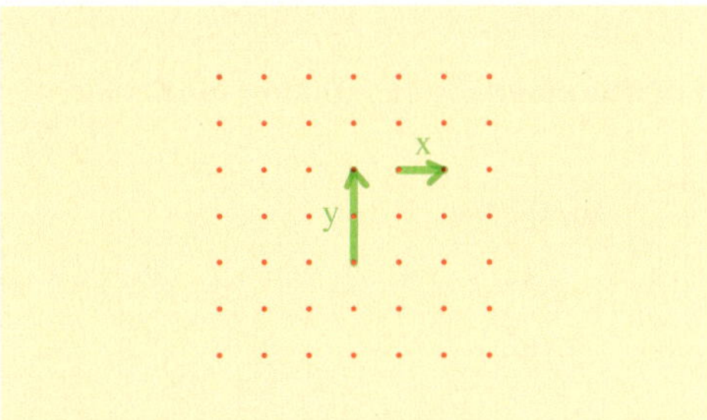

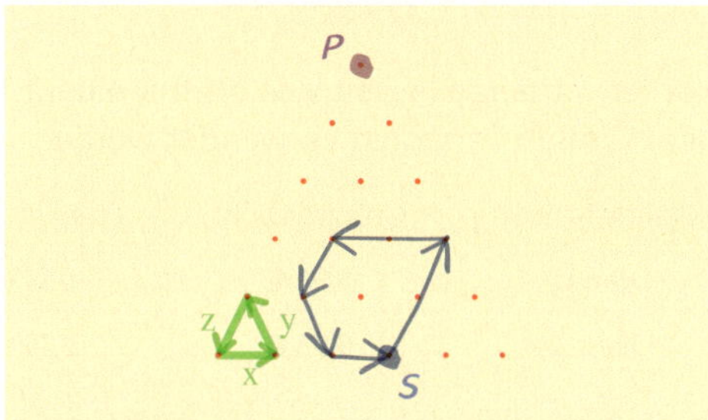

Zeichne die Figur zu dem Term
$4y + 3x - 5y - 2x + y - x$.
Gib weitere Terme für dieselbe Figur an.

Finde ohne Zeichnung heraus, wo die Streckenzüge enden:
$x + y + x + y + x + y + x + y - 4x - 4y$
$2x + 3y - 4x - 5y + 6x - 7y - 4x + 9y$

Eine Zeichenmaschine zeichnet Figuren ins Dreiecksgitter.
Die Zeichenschritte sind mit x, y und z festgelegt. Zeichenschritte in entgegengesetzter Richtung werden mit einem Minuszeichen versehen.
Wie lautet der Streckenzug, der in S beginnt und dort endet?
Finde Terme für Streckenzüge von P nach S und vergleiche sie.

In diesem Kapitel lernst du,

- wie man Terme mit Variablen addiert und subtrahiert,
- wie man Terme multipliziert und dividiert,
- wie man mit Klammern in Termen rechnet,
- wie man Summen in Produkte umwandelt.

1 Terme und Variablen

Familie Schneider plant ihren 15-tägigen Urlaub mit einem gemieteten Wohnmobil. Sie holt verschiedene Angebote ein.

	Tagesmiete	Kilometerpauschale
Firma A	69,– €	0,60 €
Firma B	89,– €	0,30 €
Firma C	105,– €	–

→ Erstelle zum Vergleich eine Kostenübersicht aus Mietpreis und zurückgelegten Kilometern. Was empfiehlst du?

Rechenvorgänge lassen sich oft mit einem Term beschreiben. Dabei können für Zahlen oder Größen Variablen verwendet werden.

Handy-Nutzung	Grundgebühr	Preis je SMS	Anzahl SMS
Januar	9,95 €	0,19 €	85
Februar	9,95 €	0,19 €	62

Bezeichnet man die Anzahl der SMS mit der Variablen x, lautet der Term für die monatlichen SMS-Kosten in €: $9{,}95\,€ + 0{,}19\,€ \cdot x$.
Setzt man für jeden Monat die Anzahl der versandten SMS ein, so lassen sich die Kosten für jeden Monat berechnen:
Januar: $9{,}95\,€ + 0{,}19\,€ \cdot 85 = 26{,}10\,€$ Februar: $9{,}95\,€ + 0{,}19\,€ \cdot 62 = 21{,}73\,€$

Terme sind Rechenausdrücke, in denen Zahlen, Variablen und Rechenzeichen vorkommen können.
Ersetzt man die **Variablen** durch Zahlen, lässt sich der **Wert eines Terms** berechnen.

Beispiele

a) Für $x = 7$ und $y = 3$ kann man den Wert des Terms $5 \cdot x + 4 \cdot y$ berechnen:
$5 \cdot 7 + 4 \cdot 3 = 35 + 12 = 47$

c) Aufstellen eines Terms:
Die Summe aller Kantenlängen des Prismas lässt sich beschreiben mit
Länge der Grundkante: a
Länge der Seitenkante: b
Gesamtkantenlänge: $6 \cdot a + 3 \cdot b$

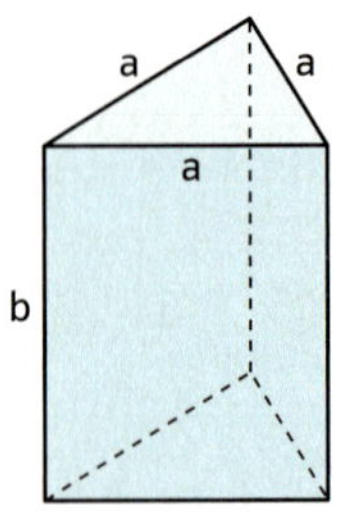

b) Für $x = -4$ und $y = -5$ kann man den Wert des Terms $3 \cdot x - 2 \cdot y - 4$ berechnen:
$3 \cdot (-4) - 2 \cdot (-5) - 4 = -12 + 10 - 4 = -6$

d) Zwei gleichwertige Terme:

	T_1: $6x + 3x - 2x$	T_2: $-3x + 10x$
für $x = 2$	$12 + 6 - 4 = $ **14**	$-6 + 20 = $ **14**
für $x = -3$	$-18 - 9 + 6 = $ **−21**	$+9 - 30 = $ **−21**
für $x = 0{,}5$	$3 + 1{,}5 - 1 = $ **3,5**	$-1{,}5 + 5 = $ **3,5**

Bemerkungen

a) Zwei Terme heißen **äquivalent** (gleichwertig), wenn ihre Werte nach jeder Ersetzung der Variablen durch Zahlen übereinstimmen.

b) Der Malpunkt zwischen einer Zahl und einer Variablen wird oft weggelassen. Ist ein Faktor die Zahl 1, wird dieser meist nicht notiert.

! $2 \cdot x = 2x$
$1 \cdot a = 1a = a$
$(-1) \cdot a = -1a = -a$

Aufgaben

1 Ordne jedem Term einen Satz zu.

$8a + 4$ $x - 3$ $x : 4$ $8 \cdot (x - 4)$ $\frac{x}{2} - 4$ $3 : (x - 1)$ $(x + 3) : 2$

a) das Achtfache der Differenz aus x und 4
b) die Differenz aus der Hälfte von x und 4
c) die Hälfte der Summe von x und 3
d) der Quotient aus x und 4
e) die Summe aus dem 8-Fachen von a und 4
f) der Quotient aus der Zahl 3 und der Differenz von x und 1
g) die Differenz von x und 3

2 Übersetze den Term in Worte.

a) $4 \cdot x + 1$ b) $10 - 3 \cdot x$
c) $z \cdot (5 - x)$ d) $(b + 5) \cdot \frac{1}{2}$
e) $\frac{x}{3} - 10$ f) $5 \cdot x + b \cdot \frac{1}{2}$

3 Setze für die Variable x die Zahlen −3 bis 3 ein und berechne den Wert des Terms.

Beispiel:

x	−3	−2	−1	0	1	2	3
$2 \cdot x + 2$	−4	−2	0	2	4	6	8

a) $2x - 4$ b) $10 - x$ c) $-2x + 1$
d) $-2 - 3x$ e) $x^2 - x$ f) $-4x - 3x$

4 Setze die Zahl 2 für x und die Zahl −3 für y ein und berechne den Wert des Terms.

a) $2x + y$ b) $3x \cdot 2y$ c) $y - 2x$
d) $x \cdot x \cdot y$ e) $x - 5y$ f) $y^2 + 4x$

5 Welche Terme sind äquivalent?

$4a + a$ $a + a - a$ $-a$ $2a$ $-a - a$ $5a$ $-a + 3a$ a $3a - 2a$ $-2a$

6 Wie kann der Term heißen?

a)

x	2	3	4	8
?	5	6	7	11

b)

x	2	3	4	7
?	5	7	9	15

c)

x	2	3	4	9
?	4	7	10	25

7 Ordne den Kantenmodellen die richtigen Terme zu.

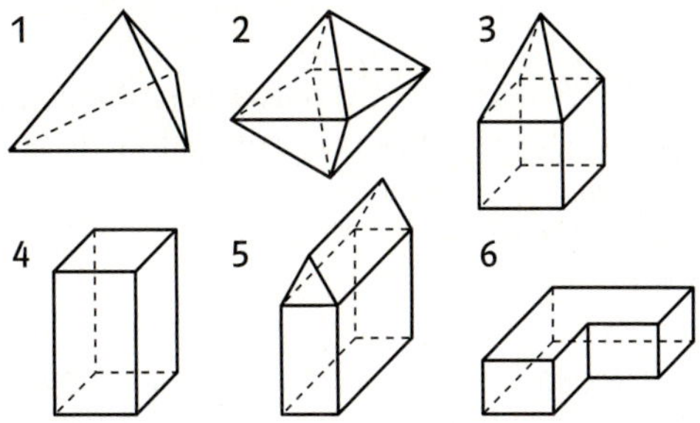

a) $8x + 4y$ b) $12x$ c) $6x + 4y + 4z$
d) $6x$ e) $8x + 8y$ f) $8x + 5y + 4z$
g) $8x$ h) $12x + 4y$ i) $4x + 8y + 6z$

8 Du planst den Getränkeeinkauf für deine Geburtstagsfeier. Du kaufst x Flaschen Apfelsaft zu je 1,45 €, y Flaschen Limonade zu je 0,75 € und z Flaschen Orangensaft zu je 1,98 € ein und gibst w leere Flaschen (Pfand 0,30 €) zurück.
a) Stelle für die Gesamtkosten deines Einkaufs einen Term auf.
b) Berechne die Gesamtkosten für 12 Flaschen Apfelsaft, 15 Flaschen Limonade und 6 Flaschen Orangensaft.
c) Du hast 30 € zur Verfügung und gibst 8 leere Flaschen zurück. Welche Einkaufsmöglichkeiten bieten sich dir?

9 Gib zu dem Term eine mögliche Sachsituation an.
a) $x \cdot 3{,}50 + x \cdot 2{,}75$
b) $0{,}89 \cdot a + 1{,}19 \cdot b + 1{,}39 \cdot c$
c) $x \cdot 1{,}12 + y \cdot 0{,}75 - z \cdot 0{,}25$
d) $15 - 0{,}55 \cdot x - 0{,}45 \cdot y$
e) $2{,}85 \cdot x + 2{,}20 \cdot x + 12 \cdot 7{,}50$

2 Addition und Subtraktion von Termen

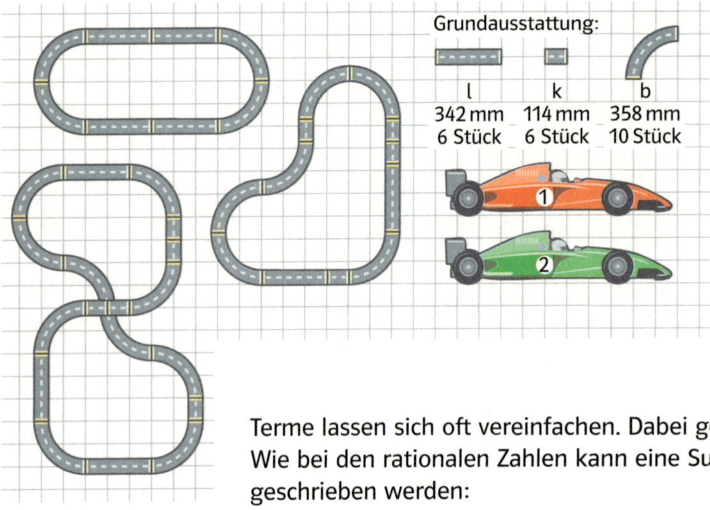

Für den Bausatz der Modellrennbahn gibt es eine Grundausstattung an Fahrbahnstücken.
→ Drücke die Länge jeder Rennstrecke mithilfe eines Terms aus, der die Variablen l, k und b enthält.
Vergleicht eure Terme.
→ Entwirf eigene Rennstrecken und beschreibe ihren Aufbau mit einem Term.

Terme lassen sich oft vereinfachen. Dabei gelten die bisher bekannten Rechengesetze. Wie bei den rationalen Zahlen kann eine Summe mit gleichen Summanden als Produkt geschrieben werden:

$x + x + x + x$
$= 4x$

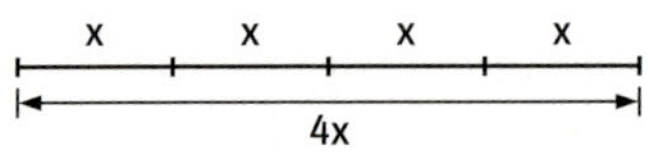

In machen Termen lassen sich die Summanden vor dem Zusammenfassen ordnen. Dazu wendet man das Kommutativgesetz an:

$x + y + x + y + x$
$= x + x + x + y + y = 3x + 2y$

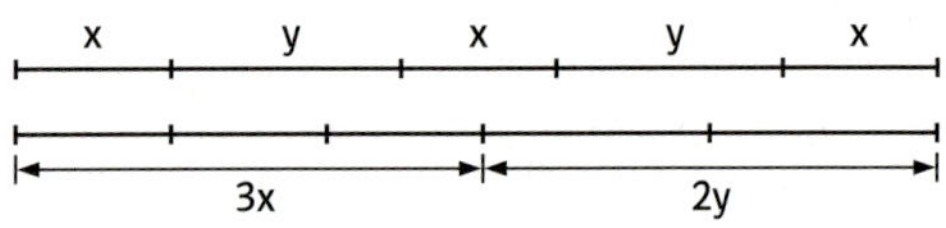

In einem Term wie $5x$ oder $7a$ nennt man 5 bzw. 7 den **Koeffizienten**. Unterscheiden sich Terme wie $3x$, $6x$ oder $-2x$ nur in ihren Koeffizienten, nennt man sie **gleichartig**. Sie lassen sich dann mithilfe des Distributivgesetzes zusammenfassen:
$5x - 3x = (5 - 3) \cdot x = 2x$

! *$3x$ und $5x$ sind gleichartig, $3x$ und $5x^2$ nicht.*

Gleichartige Terme lassen sich durch Addieren und Subtrahieren zusammenfassen, verschiedenartige dagegen nicht.

Bemerkung
Beim Zusammenfassen entstehen äquivalente Terme.

Beispiele
a) Der Term wird vereinfacht.
$a - b + 2a - b$
$= a + 2a - b - b$
$= 3a - 2b$

b) $-x - 2y + 3x - 4y + 5z$
$= -x + 3x - 2y - 4y + 5z$
$= (-1 + 3) \cdot x + (-2 - 4) \cdot y + 5z$
$= 2x - 6y + 5z$

c) Die Terme sind äquivalent.

	T_1: $4x + x - 8x$	T_2: $-3x$
$x = 4$	$16 + 4 - 32 = \mathbf{-12}$	$-3 \cdot 4 = \mathbf{-12}$
$x = -1$	$-4 - 1 + 8 = \mathbf{3}$	$-3 \cdot (-1) = \mathbf{3}$

d) Die Terme sind äquivalent.

	T_1: $3x - 5y - 4x$	T_2: $-x - 5y$
$x = 3{,}5$ und $y = -2$	$10{,}5 + 10 - 14 = 6{,}5$	$-3{,}5 + 10 = 6{,}5$

Aufgaben

1 Schreibe als Produkt.

a) a + a + a + a b) x + x
c) y + y + y d) z + z + z + z + z
e) b + b + b + b + b f) c + c + c + c

2 Addiere.

a) 3a + 4a + 2a b) 5f + 3f + 2f
c) 7m + 3m + 4m d) 10d + 2d + 6d
e) 11n + 12n + 20n f) 8x + 16x + 9x
g) 12r + r + 13r h) 25p + 17p + p

3 Addiere und subtrahiere.

a) 4x − x b) y + 5y
c) −s + 3s d) 9t − t
e) 25r − r − r f) 7g − g
g) −13h + h h) −z − z + y

4 Fasse zusammen.

a) 3p + 5p + 11q b) 12a − 6a + 5b
c) 17r + 10s − 3r d) 19z − 3y − 14z
e) −9p + 8t + 16p f) 26y − 13z + 42z
g) 18x − 12 − 11x h) 29b + 13b − 13

5 Achte auf gleichartige Summanden.

a) 46m + 2m + 46 b) 46m + 2 + 46
c) 46m + m − 46 d) 46m − 46 − m
e) −46m + m + 46 f) −46m + 46m − 2
g) 46 − 2m + 46m h) 46m − 46m − 2m

6 Fülle die leeren Kästen durch Addieren und Subtrahieren.

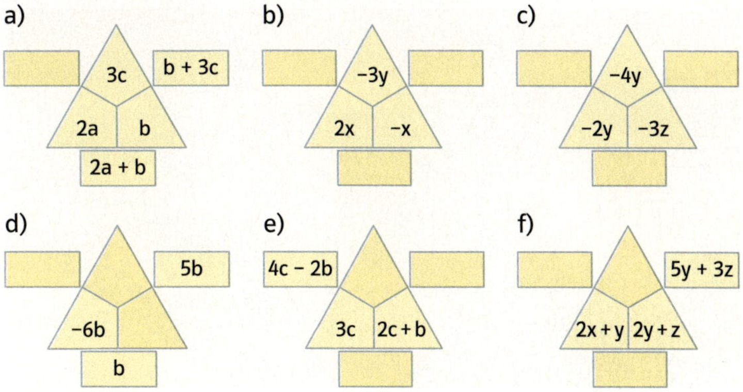

7 Ergänze.

a) 36a + 10a − □ = 20a
b) 41c + □ − 17c = 30c
c) □ + 28g − 17g = 55g
d) 44e − □ + 12e = 19e
e) 46f − 18f − □ = 19f
f) 12b − □ − 15b = −10b

8 Ergänze. Gib zwei Möglichkeiten an.

a) □ + □ − □ = 8a
b) −□ + □ − □ = −5x
c) □ − □ + □ = 2z − y
d) −□ + □ + □ = −6x + 2y
e) −□ − □ + □ = 2a − 3b
f) □ − □ + □ = 12m − 15n

Term-Bausteine

- Nachbarsteine werden addiert.

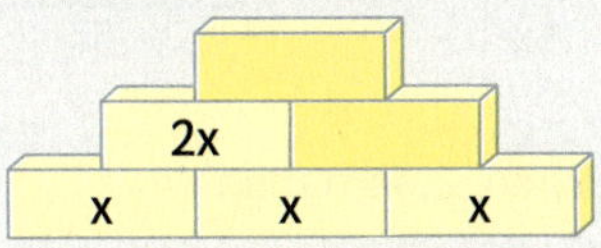

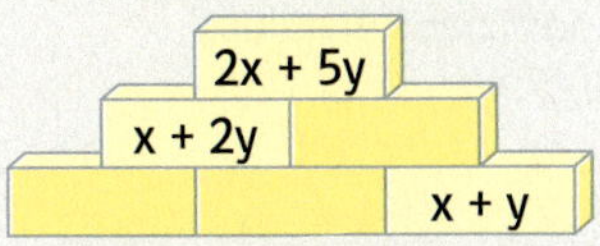

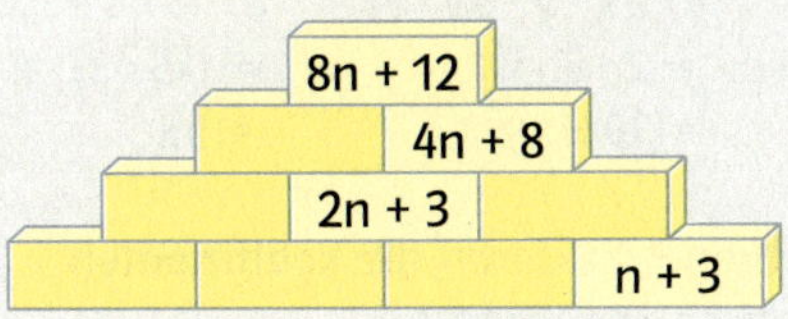

- Erkennst du eine Regel für die Summe im oberen Stein?

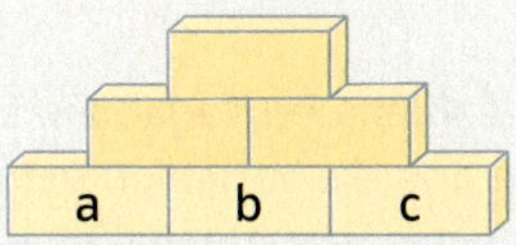

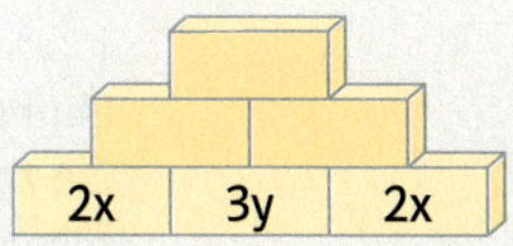

- Erkennst du eine Regel auch für vierstufige Steinmauern?

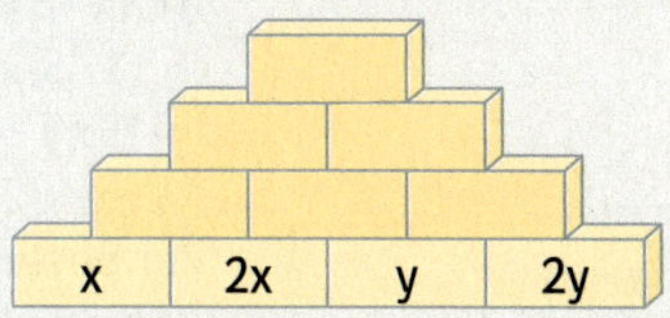

3 Multiplikation und Division von Termen

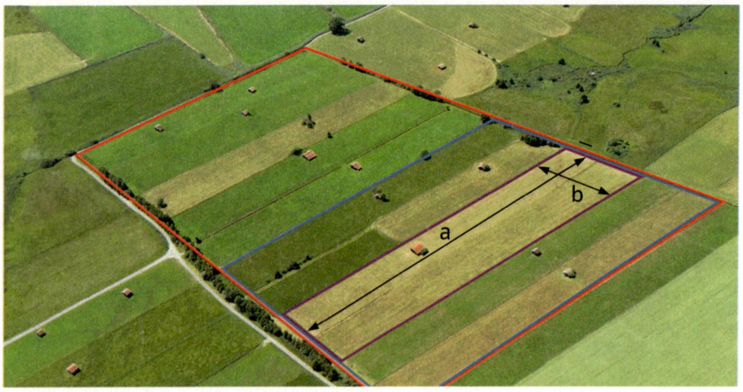

Das Flurbild in vielen Regionen Südwestdeutschlands zeigt, dass es Jahrhunderte lang üblich war, die Ackerflächen in gleichen Teilen zu vererben.
Auf dem Bild siehst du eine aufgeteilte Ackerfläche. Die schmalen Flächenstücke haben die Länge a = 100 m und die Breite b = 40 m.

→ Gib die verschiedenen Teilflächen in m^2 und Ar an.

→ Drücke die einzelnen Flächen mit den Variablen a und b aus.

Ein Term aus einer Variablen und einem Koeffizienten wird mit einer Zahl multipliziert, indem der Koeffizient mit der Zahl multipliziert wird.

$2x \cdot 5$

$= 5 \cdot 2 \cdot x$ Kommutativgesetz

$= (5 \cdot 2) \cdot x = 10x$ Assoziativgesetz

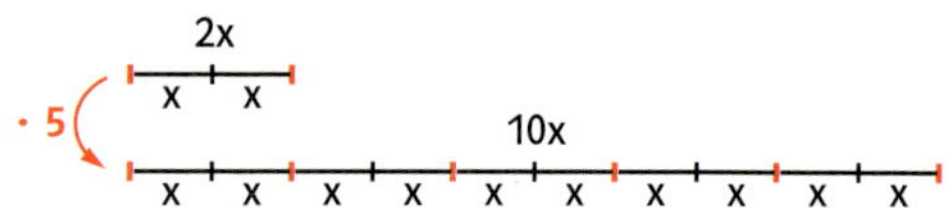

Produkte aus Termen mit Variablen und Koeffizienten werden vereinfacht, indem die Koeffizienten und Variablen jeweils miteinander multipliziert werden.

$2x \cdot 5y$

$= 2 \cdot 5 \cdot x \cdot y$ Kommutativgesetz

$= 10 \cdot x \cdot y$ Assoziativgesetz

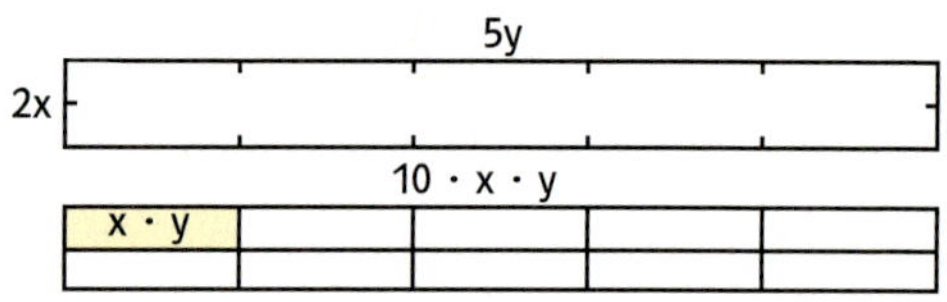

Wird eine Variable mit sich selbst multipliziert, schreibt man sie als Potenz.

$x \cdot x$
$= x^2$

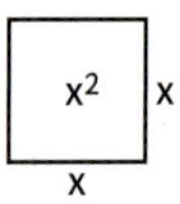

$x \cdot x \cdot x$
$= x^3$

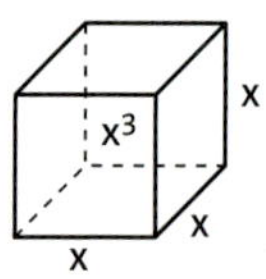

$3x \cdot 5x$
$= 3 \cdot x \cdot 5 \cdot x$
$= (3 \cdot 5) \cdot x \cdot x$
$= 15x^2$

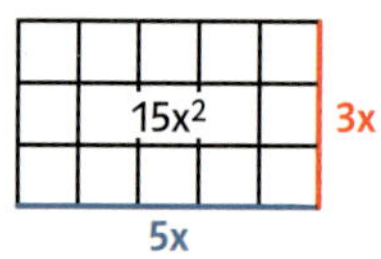

Ein Produkt aus Zahlen und Variablen lässt sich vereinfachen, indem man die Koeffizienten und die Variablen getrennt multipliziert.
Beim Dividieren eines Terms durch eine Zahl wird der Koeffizient dividiert.

Beispiele

a) $3x \cdot 5y$
$= (3 \cdot 5)x \cdot y$
$= 15xy$

b) $7 \cdot x \cdot x \cdot y$
$= 7 \cdot (x \cdot x) \cdot y$
$= 7x^2y$

c) $3m \cdot 6n + 5m \cdot n$
$= (3 \cdot 6) \cdot m \cdot n + 5m \cdot n$
$= 23mn$

d) $2x \cdot y \cdot 5y \cdot w$
$= 2 \cdot 5 \cdot x \cdot y \cdot y \cdot w$
$= 10wxy^2$

e) $15x : 3$
$= (15 : 3) \cdot x$
$= 5x$

! $x \cdot y = xy$
$a \cdot b \cdot c = abc$

Zur besseren Übersicht werden in Produkten mit mehreren Faktoren die Koeffizienten vorangestellt und nachfolgend die Variablen alphabetisch angeordnet.

Aufgaben

1 Multipliziere im Kopf.

a) $3 \cdot 2x$
$4 \cdot 3x$
$1{,}5 \cdot 4x$

b) $6 \cdot 4a$
$3 \cdot 8a$
$4 \cdot 2{,}5a$

c) $7 \cdot 2w$
$8 \cdot 4t$
$10 \cdot 3u$

d) $3c \cdot 8$
$5f \cdot 9$
$4g \cdot 17$

e) $11t \cdot 5$
$12s \cdot 7$
$9r \cdot 13$

f) $15y \cdot 4$
$16m \cdot 8$
$18p \cdot 6$

2 Fasse zusammen.

a) $a \cdot a$
$b \cdot b$
$x \cdot x$

b) $z \cdot z \cdot z$
$n \cdot n \cdot n \cdot n$
$t \cdot t \cdot t \cdot t \cdot t$

c) $a \cdot a \cdot b$
$m \cdot n \cdot n$
$p \cdot p \cdot q$

d) $t \cdot t \cdot t \cdot z$
$a \cdot a \cdot b \cdot b$
$x \cdot y \cdot x \cdot y$

e) $y \cdot a \cdot y \cdot y$
$x \cdot b \cdot b \cdot x$
$d \cdot s \cdot d \cdot s$

f) $g \cdot h \cdot h \cdot g$
$r \cdot s \cdot s \cdot r \cdot r$
$r \cdot t \cdot r \cdot t \cdot r$

3 Ordne vor dem Multiplizieren.

a) $2xy \cdot 5a \cdot 3bx$
b) $6r \cdot 4uv \cdot 6vw$
c) $4x \cdot 8xy \cdot 5yb$
d) $16r \cdot 3uv \cdot 2uv$
e) $4cd \cdot 5ce \cdot 6de$
f) $7ux \cdot 7vx \cdot 7uv$
g) $8rms \cdot 8 \cdot 8sn$
h) $6ac \cdot 7bc \cdot 8ab$

4 Vereinfache und unterscheide.

a) $5 + 5$; $5 \cdot 5$
b) $y + y$; $y \cdot y$
c) $a + a + a$; $a \cdot a \cdot a$
d) $x^2 + x^2$; $x^2 \cdot x^2$
e) $2n + 2n$; $2n \cdot 2n$
f) $2 + 3t$; $2 \cdot 3t$
g) $b + 3b$; $b \cdot 3b$
h) $x + x^2$; $x \cdot x^2$

5 Ergänze die Produktterme.

a)

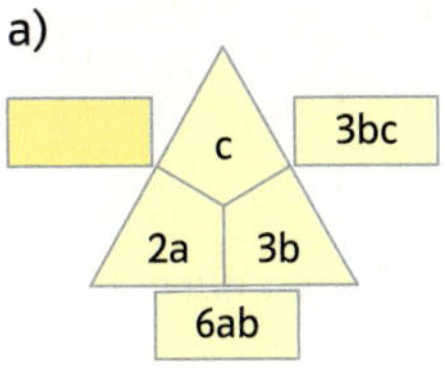

b)

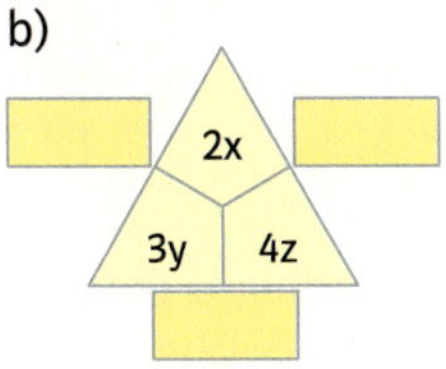

c)

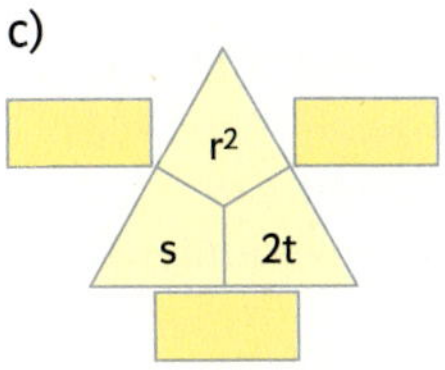

d)

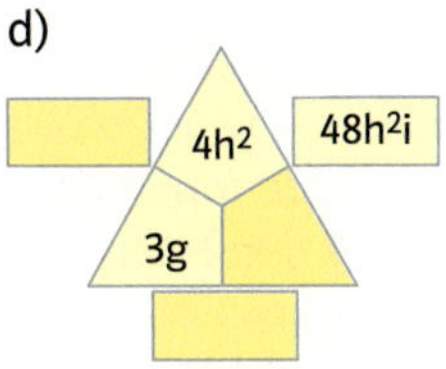

e)

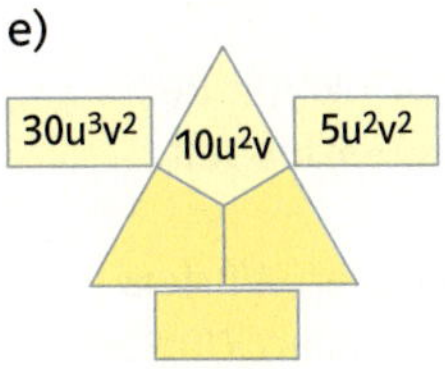

f)

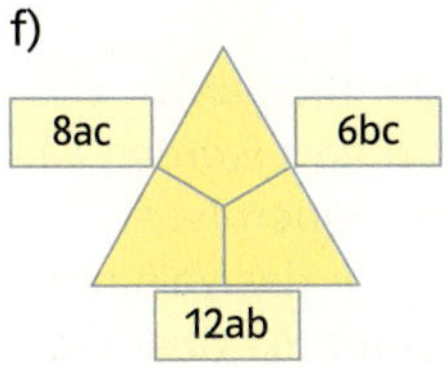

6 Vereinfache so weit wie möglich.

a) $2 \cdot x \cdot 4 \cdot y$
b) $y \cdot 3y \cdot 5$
c) $x^2 \cdot 5x \cdot 3x$
d) $3n \cdot 4p \cdot 5n^2p$
e) $y^2 \cdot 4y \cdot (-3)$
f) $t^2 \cdot 5s \cdot t \cdot 2s$
g) $3a^2 \cdot 2b^3 \cdot ab$
h) $c^2 \cdot d \cdot 3c^2 \cdot (-4)$

7 Ergänze.

a) $\square \cdot 7x = 28xy$
b) $3r \cdot \square = 33rs$
c) $5b \cdot \square = 45bc$
d) $\square \cdot -6g = -54gp$
e) $\square \cdot 16x^2 = 80x^2z$
f) $-8z \cdot \square = -96z^2x$
g) $-13v \cdot \square = 91v^2w$
h) $\square \cdot (-15t^2s) = 75s^2t^2$

8 Es gibt mehrere Möglichkeiten.
Gib mindestens drei davon an.

a) $\square \cdot \square = 18ab$
b) $\square \cdot \square = -22cd$
c) $\square \cdot \square = 32a^2c^2$
d) $\square \cdot \square = 60xy^2z$
e) $\square \cdot \square = -24t^2s^2$
f) $\square \cdot \square = 5{,}6pqr^2$

! *Unterscheide:*

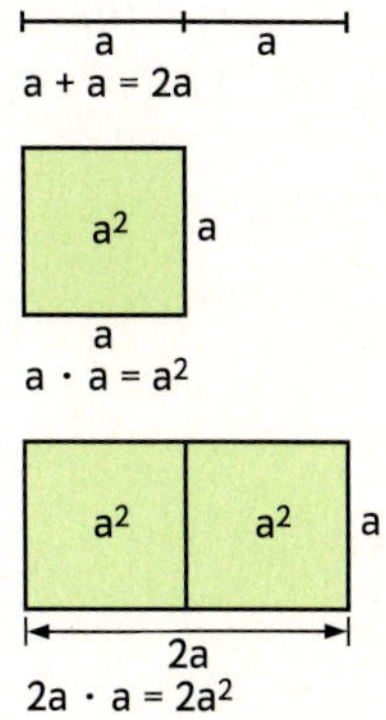

? *$a + a^2 = ?$*
$a \cdot a^2 = ?$

Summe aus Produkten

Der Term xy ist ein Produkt, $x + y$ dagegen eine Summe.
Wie vereinfacht man nun den Term $xy + xy$?
Nach der Rechenregel „Punkt vor Strich" musst du so vorgehen:

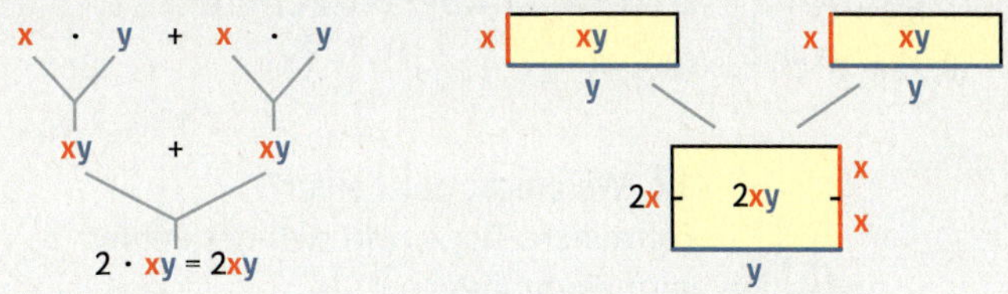

Das Produkt xy wird behandelt wie ein Summand. Achte darauf, dass auch hier nur gleichartige Terme zusammengefasst werden können. Faktoren können auch vertauscht sein:
$2ab^2 + ba^2 + ab^2 = 2ab^2 + ab^2 + a^2b = 3ab^2 + a^2b$

- Schreibe als Produkt.

$cd + cd$ $\quad$ $nt + nt + nt$
$2vw + 2vw$ $\quad$ $31pc + pc + pc$
$12y^2 + 12y^2$ $\quad$ $10de - 3de + de$

- Fasse zusammen.

$5ab + 3mn - ab + 2mn$
$4xy + 9gh + 7xy - 5gh$
$5ft - 3ft + 12ab + 8ab$
$16ab - 4gh - 20ab + 5gh$

- Vereinfache.

$xy - yx$ $\quad$ $abc + bac + cba$
$ot + to$ $\quad$ $otto + toto$
Finde ähnliche Beispiele.

- Hier ist Sorgfalt angesagt!

$xyz + x^2y - xy^2z - xyx$
$snr + sn^2r - ns^2 + ss - sn^2r$
$r^2st + rs^2t + rst + s^2tr - tsr^2$
$gh^2 - hi^2g + ihg - 2g^2h + i^2gh$

9 In der Tabelle sind die Produkte durcheinander geraten.

	$2a$	$3ab$	$0{,}5a^2$	$8a^2b^2$
$4ab$	$\frac{1}{24}a^3$	$\frac{5}{4}a^2bc$	$\frac{1}{4}a^2b$	$\frac{1}{6}a^2$
$12a^2$	$\frac{2}{3}a^3b^2$	$24a^3$	$20a^2b^3c$	$7{,}5ab^2c$
$2{,}5bc$	$6a^4$	$2a^3b$	$32a^3b^3$	$8a^2b$
$\frac{1}{12}a$	$12a^2b^2$	$96a^4b^2$	$5abc$	$36a^3b$

Wie viele Paare gleichartiger Terme gibt es? Addiere sie.

10 Vereinfache.

a) $7ax \cdot 7ab \cdot (-3b)$
b) $18xy \cdot (-4v) \cdot 3vx$
c) $2c^2 \cdot (-2a) \cdot b^2 \cdot a$
d) $25ab \cdot (-40bc) \cdot (-5c)$
e) $3ab \cdot (-4bc) \cdot 5cd \cdot (-6de) \cdot 7ef$
f) $5xyz \cdot (-12xz) \cdot (-6yz) \cdot 5xy \cdot (-4)$

11 Welche Lösung gehört zu welchem Term?

$-x^2yz$
$48a^2b^2c^2$
$0{,}56a^2b^2c^2$
$-1{,}2ab^2c$
$0{,}5x^2yz^3$
$-8{,}4a^2b^2c$
$-0{,}92a^2b^3c^2$

a) $0{,}5a \cdot 3b \cdot (-2c) \cdot 0{,}4b$
b) $1{,}2a^2 \cdot (-4b) \cdot 2c \cdot (-5bc)$
c) $\frac{3}{2}x \cdot \left(-\frac{5}{8}yz\right) \cdot \frac{4}{5}x \cdot \frac{4}{3}$
d) $4{,}2b^2c \cdot 0{,}5a \cdot (-4a)$
e) $b \cdot (-0{,}1a^2) \cdot 0{,}7c^2 \cdot (-8b)$
f) $11{,}5ac \cdot 0{,}4b^2 \cdot (-0{,}2c) \cdot ab$
g) $\frac{5}{8}yx \cdot \frac{4}{3}z \cdot \left(-\frac{2}{5}z^2\right) \cdot \left(-\frac{3}{2}x\right)$

Zauberquadrat

Prüfe die Produkte der Zeilen, Spalten und Diagonalen!

Suche Gruppen von 4 Feldern, die das magische Produkt ergeben.

ab	c	d	ab
ad	b	bc	a
bc	ad	a	b
1	ab	ab	cd

12 Wo steckt der Fehler?
Formuliere Tipps, wie sich der Fehler vermeiden lässt.

a) $a + 2a = 3a^2$
b) $x + x^2 = 2x^3$
c) $2b + 3b^2 = 5b^3$
d) $n^2 \cdot 2n = 3n^2$
e) $2z^2 + 2z^2 = 4z^4$
f) $ef + ef = 2e^2f^2$

13 Dividiere den Term durch die angegebene Zahl.

a) $8de : 2$; $10g^2 : 5$; $9mn : 9$
b) $12x : 4$; $7s^2 : 2$; $15pt : 3$
c) $10rs : (-2)$; $18w : (-6)$; $21xy : (-3)$
d) $6ab : 0{,}2$; $13rst : 0{,}1$; $8p^2q : 0{,}4$
e) $wm : 2$; $t^2v : 3$; $hg : 4$
f) $-2tv : 3$; $3p^2q : 5$; $-6yz^2 : 9$

14 Nachbarsteine werden multipliziert.

a)
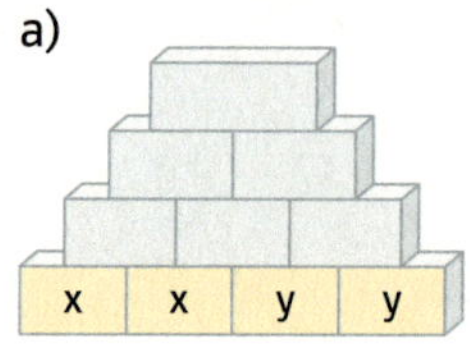

b)
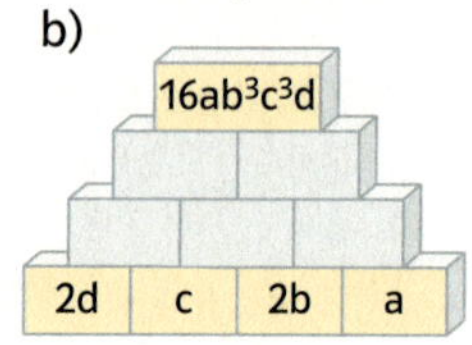

c)
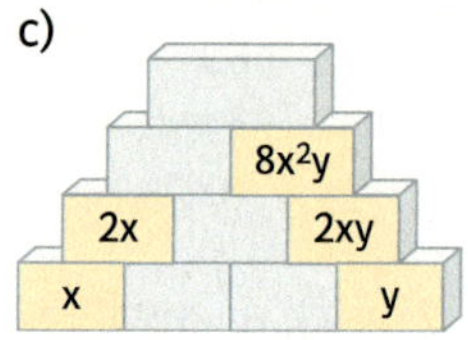

d)
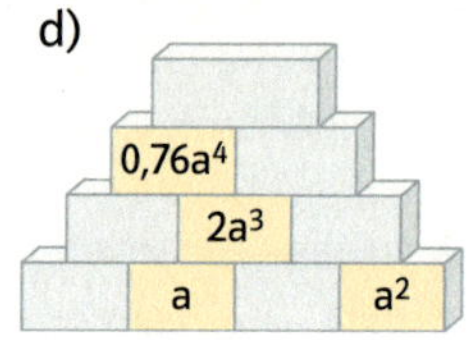

15 Berechne die fehlenden Angaben des Rechtecks.

	Länge	Breite	Umfang	Flächeninhalt
a)	$2a$	a	▢	▢
b)	$3a$	b	▢	▢
c)	$4a$	$1{,}5b$	▢	▢
d)	$5a$	▢	▢	$30ab$
e)	▢	$2b$	$6a + 4b$	▢

16 a) Drücke Oberfläche und Volumen der Türme mithilfe von x aus.

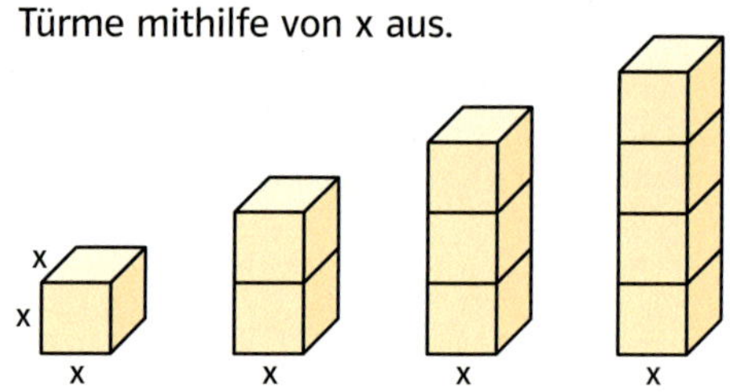

b) Bedeutet doppeltes Volumen auch doppelte Oberfläche? Erkläre.

17 Die Seiten eines Quadrates mit der Länge a werden einmal halbiert und einmal verdoppelt. Gib einen Term an

a) für den Flächeninhalt der veränderten Quadrate.
b) für den Umfang der Quadrate.

18 Die Kanten eines Würfels mit der Länge x werden halbiert/verdoppelt. Gib einen Term an

a) für das Volumen des neuen Würfels.
b) für die Oberfläche des neuen Würfels.

4 Terme mit Klammern

Die Zaunpfosten der Umzäunung einer quadratischen Fläche werden gezählt. Dabei gibt es verschiedene Möglichkeiten. Drei davon sind mithilfe von Termen angegeben: $4 \cdot (x - 1)$
$2x + 2 \cdot (x - 2)$
$4 \cdot (x - 2) + 4$

→ Zu welcher Abzählung gehört welcher Term?

→ Wie viele Pfosten werden für den Zaun benötigt, wenn für eine Seite 100 Stück gebraucht werden?

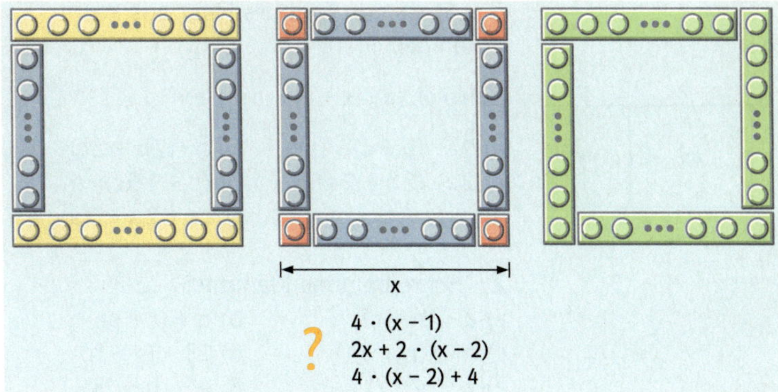

Wird zu einem Term eine Summe oder Differenz addiert, darf die Klammer wegfallen. Rechenzeichen und Vorzeichen ändern sich dabei nicht:

$4a + (2b - 3a)$
$= 4a + 2b - 3a = a + 2b$

Wird eine Summe oder Differenz subtrahiert, darf die Klammer wegfallen, wenn dabei alle Pluszeichen in der Klammer zu Minuszeichen werden und umgekehrt:

$3b - (-2a + 4b)$
$= 3b + 2a - 4b = 2a - b$

Summen und Differenzen werden mit einem Faktor multipliziert, indem jedes Glied der Klammer mit dem Faktor multipliziert wird (**Distributivgesetz**). Entsprechendes gilt für die Division.

$4a \cdot (3b - 2a)$
$= 4a \cdot 3b - 4a \cdot 2a$
$= 12ab - 8a^2$

$(24b - 15c) : 3$
$= 24b : 3 - 15c : 3$
$= 8b - 5c$

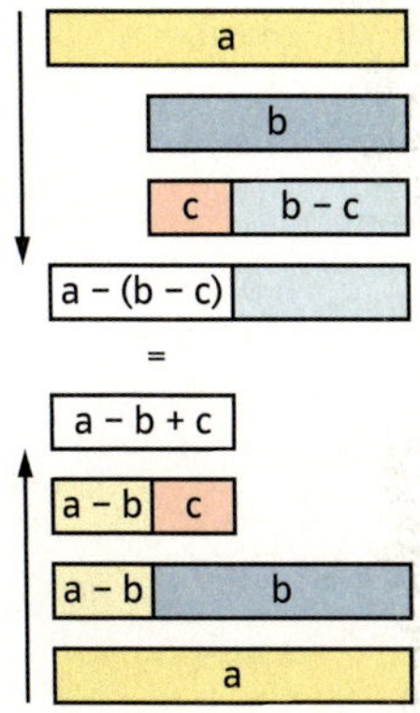

Addition einer Summe:	$a + (b + c) = a + b + c$
Subtraktion einer Summe:	$a - (b + c) = a - b - c$
Subtraktion einer Differenz:	$a - (b - c) = a - b + c$
Multiplikation einer Summe:	$a \cdot (b + c) = ab + ac$
Division einer Summe:	$(a + b) : c = a : c + b : c$

Beispiele

a) $6a + (-5b + 3a)$
$= 6a - 5b + 3a$
$= 9a - 5b$

b) $6a - (-5b + 3a)$
$= 6a + 5b - 3a$
$= 3a + 5b$

c) $6a \cdot (-5b + 3a)$
$= 6a \cdot (-5b) + 6a \cdot (3a)$
$= -30ab + 18a^2$

d) $(6a - 3b) : 3$
$= 6a : 3 - 3b : 3$
$= 2a - b$

! *Achte auf das „unsichtbare" Pluszeichen:*
$4x - (-2x + 3y)$
$= 4x - (+2x - 3y)$
$= 4x - 2x + 3y$
$= 2x + 3y$

Beim Vereinfachen von Termen ist es oft notwendig, Summen in Produkte zu verwandeln. Dies erfolgt durch **Ausklammern** beziehungsweise **Faktorisieren**.

e) $3a + 3b$
$= 3 \cdot (a + b)$

f) $2x + 5xy$
$= x \cdot (2 + 5y)$

g) $6ab + 8ac$
$= 2 \cdot 3 \cdot a \cdot b + 2 \cdot 4 \cdot a \cdot c$
$= 2a \cdot (3b + 4c)$

Bemerkung

Der Malpunkt zwischen Faktor und nachfolgender Klammer kann weggelassen werden:
$7 \cdot (a + b) = 7(a + b)$.

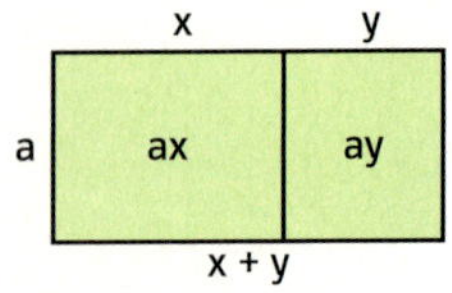

$a + (a + a) = \square$
$a + (a - a) = \square$
$a - (a + a) = \square$
$a - (a - a) = \square$

$a + (-a + a) = \square$
$a + (-a - a) = \square$
$a - (-a + a) = \square$
$a - (-a - a) = \square$

Aufgaben

1 Stelle den Term als Figur aus Rechtecken dar.

Beispiel: $a \cdot (x + y) = ax + ay$

a) $2a \cdot (b + c)$ b) $a \cdot (2b + 2c)$
c) $2a \cdot (2b + 2a)$ d) $(b + 1{,}5c) \cdot a$
e) $c \cdot (a + b + c)$ f) $(a + 2a + 3a) \cdot a$

2 Schreibe ohne Klammer.

a) $a + (b + c)$ b) $q + (r - s)$
c) $m - (n + o)$ d) $23 + (g - h)$
e) $x - (y - z)$ f) $g - (h + 18)$
g) $50 - (k - m)$ h) $32 - (-p + q)$
i) $2u - (2w - 2u)$ j) $-5v + (6v - 12)$

3 Löse die Klammer auf.

a) $-2x - (3y + 4z)$ b) $3y - (-2x + z)$
c) $8w + (-5s + 16)$ d) $11a + (-3c - 4d)$
e) $43g - (-12f + 10h)$ f) $-9e - (4r - e)$
g) $36u - (-2v - 29w)$ h) $15b - (-8n - 7g)$
i) $3{,}5a + (-6{,}1b - 2a)$ j) $3x - (2y - z + x)$
k) $-0{,}4x - (0{,}7v - x)$ l) $-a - (-2a - b - c)$

4 Übertrage die Figur in dein Heft.

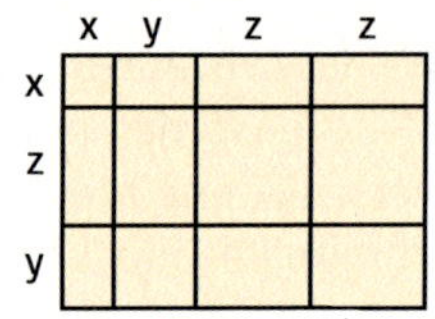

a) Finde zu jedem Term die passende Fläche und umrande sie mit Farbe. Gibt es mehrere Möglichkeiten?

$x \cdot (x + y)$ $y \cdot (y + z)$ $y \cdot z + x \cdot y$
$(z + z) \cdot y$ $(x + y + z) \cdot y$ $y \cdot (z + y)$

b) Forme jeden Term in einen äquivalenten Term um.

c) Denkt euch eigene Aufgaben aus und stellt sie euch gegenseitig.

5 Vereinfache den Term.

a) $(4a + 5b) + (2a + 3b)$
b) $(4a + 5b) + (-2a - 3b)$
c) $(-4a + 5b) - (2a + 3b)$
d) $(4a - 5b) - (-2a + 3b)$
e) $(-4a - 5b) - (-2a - 3b)$
f) $(4a - 5b) + (-2a - 3b)$

Terme benennen

Um mit Termen sicher umzugehen, musst du ihren Aufbau kennen. Nach den Vorrangregeln kannst du die Reihenfolge der Rechenschritte feststellen. Die zuletzt angewandte Rechenart benennt den Term.

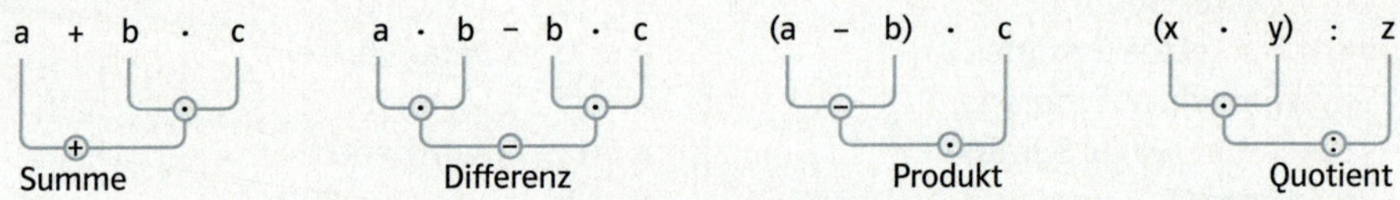

- Benenne sowohl die Terme als auch ihre Einzelglieder.

$8a + (3s - 5t)$ $16 - (-18g - 17h)$
$8a - 3s \cdot 5t$ $3y + (2x - (6a + 5b))$
$(8a - 3s) \cdot 5t$ $(a + 2b) - (4a - b) \cdot 2$
$8a - 3s : 5t$ $-5r \cdot (8s \cdot (-3t))$

- Schreibe einen Term auf, der das Produkt aus zwei Summen ist.
- Notiere einen Term, der die Summe aus zwei Produkten ist.
- Notiere einen Term, der eine Differenz aus Summe und Quotient ist.

Rechenart	Term	Name des Terms	a	b
Addieren	a + b	Summe	1. Summand	2. Summand
Subtrahieren	a − b	Differenz	Minuend	Subtrahend
Multiplizieren	a · b	Produkt	1. Faktor	2. Faktor
Dividieren	a : b	Quotient	Dividend	Divisor

6 Beschreibe den Aufbau des Terms und benenne ihn.

a) (a + b) · c b) a · (b + c)
c) a + b · c d) a · b + c
e) a c + b c f) a + (b + c)
g) a − (b − c) h) a b − c

7 Löse die Klammern auf und fasse zusammen.

a) 10 m − (3 m + 5 n) − (n − 2 m)
b) 6 u − (4 v + 5 u) + (−10 u + 2 v)
c) −5 r − (3 s − 8 r) − (7 s + 4 r)
d) (1,4 d − 0,9 c) − (0,8 c − 2 d) + 0,2 c
e) −(2,1 b − 1,7 c) + (6,1 a − 1,9 b) + 4,3 c

8 Ergänze den fehlenden Term.

a) a + 12 − b = a + (▢)
b) x − 7 + z = x + (▢)
c) 8 c − 2 d − 5 = 8 c + (▢)
d) 5 m − 4 n − 3 = 5 m − (▢)
e) 8 r − 9 s + 10 t = 8 r − (▢)
f) 3 k + 5 b − 6 m = 3 k − (▢)
g) 10 x + 2 y + 5 z = 10 x − (▢)

9 Schreibe ohne Klammer.

a) 4 · (a + 6) b) 12 · (a + 1)
c) 10 · (c − 7) d) 13 · (b − 3)
e) 15 · (−s + 2 t) f) 36 z · (−3 x − y)
g) (2 w + 3) · 10 w h) (9 m − 10 n) · m n
i) (6 m − 12 n − 5) · (−9)
j) $(-10a - 15b - 2a^3) \cdot (-ab)$

10 Erkläre den Fehler.

a) 8 (5 r − s) = 40 r + s
b) 20 z (3 y − 2 z) = 60 y z − 40 z
c) 18 a (2 b − a) = 36 a b + 19 a
d) 15 g (8 h − 6 i) = 120 g h − 9 g i
e) $(10z + 8x) \cdot 0{,}5x = 5zx + 8{,}5x^2$
f) $(6ab - 4b) \cdot 5b = 30ab^2 + 20b^2$

11 Dividiere.

a) (14 x − 21 x) : 7 b) (18 u + 9 w) : 3
c) (24 y − 12) : 6 d) (16 a + 36 b) : 4
e) $(32s^2 + 24t) : 8$ f) (17 p q − 34) : (−17)
g) $(28xy - 70y^2) : 0{,}5$ h) (65 s t − 13 s) : (−1,3)

12 Klammere den gemeinsamen Faktor aus.

a) 6 x + 36 b) 14 a b + 84 c
c) 16 z − 20 x y d) $-8p - 44r^2$
e) 26 x z − 13 x y f) 30 y z − 6 y z

13 Was geschieht mit der Startzahl S?

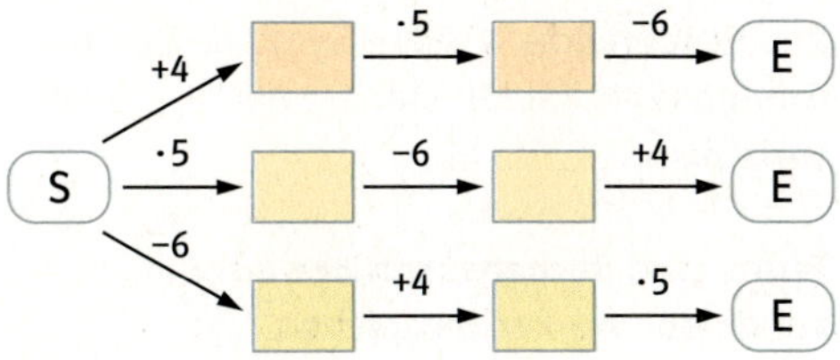

a) Setze Startzahlen ein und vergleiche die Ergebnisse.
b) Nimm als Start die Variable x und beschreibe die Rechenwege in Termen.
c) Welcher Term liefert die höchsten Werte? Begründe.

14 a) Drücke die Summe der Kantenlängen eines jeden Körpers in einem möglichst einfachen Term aus.
b) Gib die Oberflächen der beiden Quader in je einem Term an.
c) Gib die Oberfläche des Quaders mit Aussparung in einem Term an. Was fällt auf?

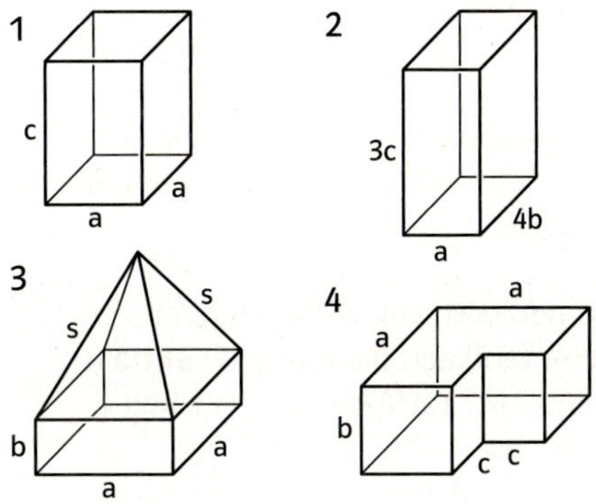

15 Die Darstellung zeigt ein Quadernetz.

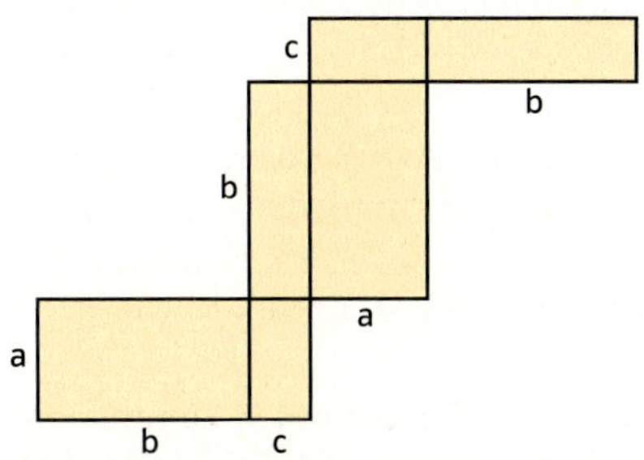

Gib einen Term für die Netzfläche an und vereinfache ihn. Vergleiche dann mit dem Term für die Oberfläche.

Zusammenfassung

Variable

Buchstaben oder andere Symbole, die für Größen oder Zahlen stehen, nennt man **Variablen**.

$5 \cdot$ ✻; $y - 6z$

Term

Terme sind **Rechenausdrücke** aus Zahlen, Variablen und Rechenzeichen.

$-18 - 7$; 3^2; $x : 5$; $3 \cdot y \cdot (y - 6)$

Äquivalente Terme

Zwei **Terme** heißen **äquivalent** (gleichwertig), wenn ihre Werte nach jeder Ersetzung der Variablen durch Zahlen übereinstimmen.

	T_1: $2x - 3x + 4x$	T_2: $3x$
$x = 2$	$4 - 6 + 8 = 6$	$3 \cdot 2 = 6$
$x = -1$	$-2 + 3 - 4 = -3$	$3 \cdot (-1) = -3$
...		

Addieren und Subtrahieren von Termen

Gleichartige Terme lassen sich durch Addieren oder Subtrahieren zusammenfassen, verschiedenartige dagegen nicht.

$2x + 3x + x = 6x$ aber $x + 2 \cdot y = x + 2 \cdot y$

$3 \cdot y + 5 \cdot y = 8 \cdot y$ aber $x^2 + x = x^2 + x$

Verkürzte Schreibweise:

$3 \cdot x = 3x$ $\quad 1 \cdot x = x$

Multiplizieren und Dividieren von Termen

Terme mit Variablen werden **multipliziert**, indem die Koeffizienten und die Variablen getrennt multipliziert werden.

$2x \cdot 6 = 12x$

$3a \cdot 4b \cdot 5c = 60abc$

Produkte mit gleichen Variablen gibt man in Potenzschreibweise an.

$3x \cdot 4x \cdot y = 12x^2y$

$5a^2 \cdot 6b = 30a^2b$

Beim **Dividieren** eines Terms wird der Koeffizient dividiert. Die Variable bleibt unverändert.

$12x : 4 = 3x$

Verkürzte Schreibweise:

$x \cdot y = xy$

Terme mit Klammern

Beim Addieren von Summen oder Differenzen kann die Klammer entfallen. Die Rechen- und Vorzeichen bleiben unverändert.

Plusklammer

$3x + (4y - 5z)$

$= 3x + 4y - 5z$

Beim Subtrahieren von Summen oder Differenzen darf die Klammer wegfallen, wenn dabei alle Pluszeichen in der Klammer zu Minuszeichen werden und umgekehrt.

Minusklammer

$5a - (3a - 2b)$

$= 5a - 3a + 2b$

$= 2a + 2b$

Distributivgesetz

Beim **Ausmultiplizieren** wird der Faktor vor der Klammer mit jedem Summanden in der Klammer multipliziert, anschließend kann addiert oder subtrahiert werden.

$5x \cdot (4x - 3y)$

$= 5x \cdot 4x - 5x \cdot 3y$

$= 20x^2 - 15xy$

Beim **Ausklammern** werden Summanden durch ihren gemeinsamen Faktor dividiert. Dieser wird vor die Klammer gesetzt, in der die neue Summe steht.

$4x + 6y$

$= 2 \cdot 2x + 2 \cdot 3y$

$= 2 \cdot (2x + 3y)$

Üben • Anwenden • Nachdenken

1 Übertrage die Tabelle und setze ein.

x	y	x + y
z	z	z
x · z	y · z	x · z + y · z

a)

12	15	□
3	□	□
□	□	□

b)

14	□	26
□	4	□
□	□	□

2 Setze die Zahlen in die beiden Teme $4x - 3y + 5$ und $x \cdot (1 + x) - y + 1$ ein und berechne deren Werte.

a) Für welche Einsetzungen erhält man den größten bzw. den kleinsten Termwert?
b) Welche Zahlen müssen für x und y eingesetzt werden, damit man bei beiden Termen den Wert 4 erhält?

3 Die Summe der Spalten, Zeilen und Diagonalen beträgt 3x.
Ergänze das magische Quadrat.

x – y		
	x	
x – z		

4 Wähle eine beliebige Zahl und setze diese in den ersten Term ein. Setze den Wert des ersten Terms in den zweiten usw. Wie lautet der Wert des letzten Terms? Verfahre ebenso mit anderen Zahlen.

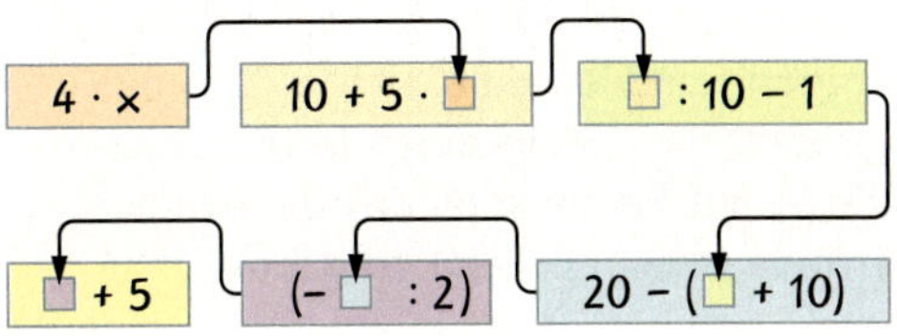

Kombiniere, kombiniere …

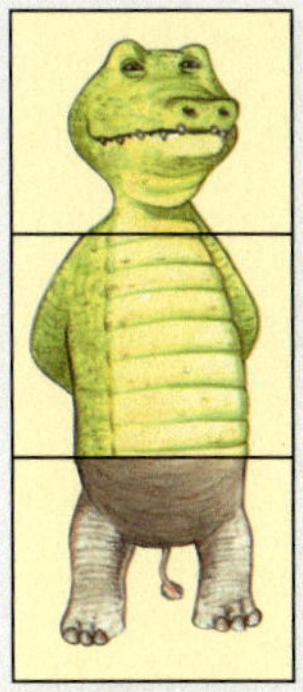

Die Abbildung eines Krokodils und eines Elefanten werden in drei waagrechte Streifen geschnitten. Die so erhaltenen Kopf-, Bauch- und Fußteile lassen sich nun zu Fantasietieren wie „Krokofant", „Eledil" usw. kombinieren.

Die Anzahl aller Kombinationen lässt sich so bestimmen:
Für den Kopf stehen zwei Teile zur Wahl. Für jedes Kopfteil stehen wieder zwei Bauchteile zur Wahl, das sind $2 \cdot 2$, also 4 Möglichkeiten.
Auch für das Fußteil gibt es zwei Teile.
Somit gibt es $2 \cdot 2 \cdot 2 = 2^3 = 8$ Kombinationen.
Bezeichnet man die Anzahl der Wahlmöglichkeiten mit w und die Anzahl der Entscheidungsschritte mit s, so steht der Term w^s für die Gesamtzahl der möglichen Kombinationen.

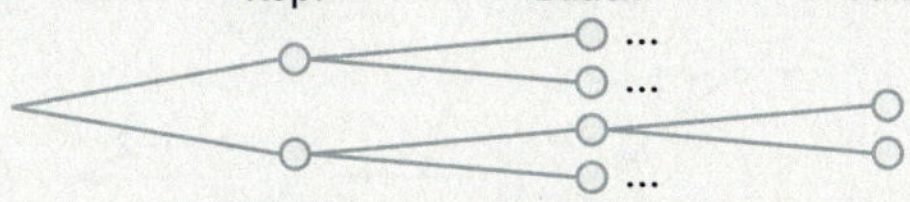

Die Autokennzeichen eines Landkreises verwenden zwei Buchstaben und eine dreiziffrige Zahl. Die Anzahl der möglichen Kennzeichen errechnet sich entsprechend:

Erster Buchstabe:	$b_1 = 26$ Möglichkeiten (A, B, … Z)
Zweiter Buchstabe:	$b_2 = 26$ Möglichkeiten
Erste Ziffer:	$z_1 = 10$ Möglichkeiten (0, 1, … 9)
Zweite Ziffer:	$z_2 = 10$ Möglichkeiten
Dritte Ziffer:	$z_3 = 10$ Möglichkeiten

Anzahl der Kombinationen: $b_1 \cdot b_2 \cdot z_1 \cdot z_2 \cdot z_3 = 676\,000$

■ Bei Zahlenschlössern müssen mit Ziffern versehene Räder in die richtige Einstellung gebracht werden. Erstelle einen Term für die Anzahl der möglichen Einstellungen eines Zahlenschlosses mit n = 3 (n = 4, n = 5) Rädern.
■ Im Fußballtoto wird für eine Auswahl an Spielen das Ergebnis getippt. Man notiert eine 1 für einen Sieg der Heimmannschaft, eine 2 für einen Sieg der Gastmannschaft und eine 0 für ein Unentschieden. Welcher Term beschreibt die Anzahl der Möglichkeiten, einen Tippzettel auszufüllen?
Bestimme die jeweilige Anzahl für 11 (13; 15) Spiele.
■ Bei einem Datumsstempel stellt man mithilfe von vier Drehrädern mit dem 1. Rad (0; 1; 2 oder 3) und mit dem 2. Rad (0–9) den Tag ein, mit dem dritten Rad den Monat und mit dem vierten Rad die Jahreszahl (2005–2014). Auf dem Karton steht: „5000 Einstellungen möglich".
Prüfe nach.

1 3 Mai 2007

5 Ergänze die Summenbausteine.

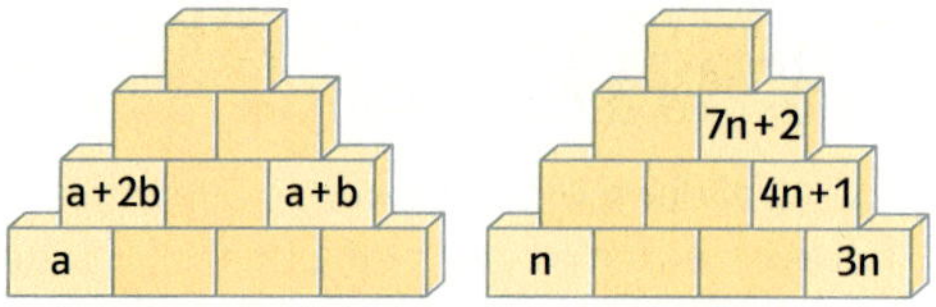

6 a) Starte mit der Variablen x und drücke die Rechenwege als Terme aus. Vergleiche sie.
b) Beginne mit einer Variablen in den Endfeldern und rechne bis zum Feld S.
c) Starte mit der Variablen in einem beliebigen Feld und ergänze die übrigen Felder.

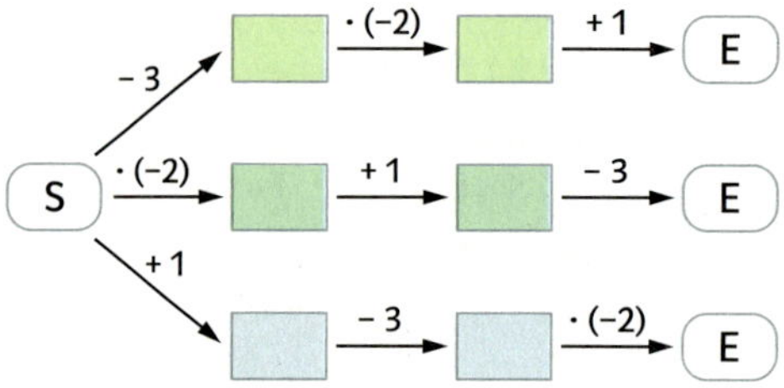

7 Fülle die Lücken aus.
a) $4a(2a + □) = 8a^2 + 12ab$
b) $3x(□ - 7x) = 18xy - 21x^2$
c) $(8pq - □) \cdot 5p = 40p^2q - 25q^2p$
d) $15b(4ab + □) = 60ab^2 - 45ab$
e) $20r(□ - 7rs) = -80rs^2 - 140r^2s$
f) $(□ + 13xy) \cdot 3x = -48x^2 + 39x^2y$

8 a) Addiere die Terme entlang des vorgegebenen Weges.

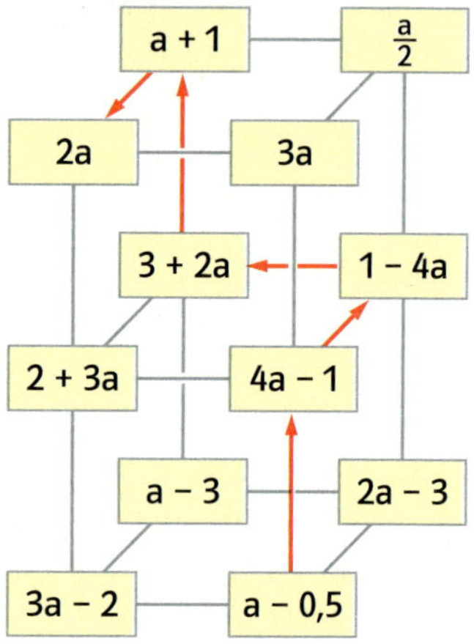

b) Schlage eigene Wege ein.
c) Stellt euch gegenseitig Aufgaben und überprüft die Ergebnisse.
d) Suche Wege mit den Summen $2a - 7$ und $10a - 3$.
e) Baue einen Würfel mit den Ecktermen a; 2a; … ; 8a und bilde entlang der Kanten verschiedene Produktterme.

9 Lange Terme, kurze Ergebnisse.
a) $6(5m + 4n) - 4(2n + m) - 5(5m + 3n)$
b) $9a(5c - 3b) + (7b - 11c) \cdot 4a$
c) $2(22s - 18t^2) - (12t^2 - 15s) \cdot (-3)$
d) $(-12a + 20b) \cdot 15x - 20x(14b - 9a)$
e) $12m(8n + 9m) - (16n + 18m - p) \cdot 6m$

Zahlen erraten

■ Addiere zu einer natürlichen Zahl 5. Multipliziere die Summe mit 18 und subtrahiere von diesem Ergebnis das Dreifache der Ausgangszahl.
Dividiere das Ergebnis durch 15 und subtrahiere zum Schluss deine gedachte Zahl. Welches Ergebnis erhältst du? Rechne mit einer weiteren Zahl. Was fällt dir auf? Stelle den Rechenterm auf und begründe.

■ Ich errate dein Geburtsdatum!
Nimm die Tageszahl deines Geburtsdatums und verdopple sie. Addiere 5 und multipliziere dieses Ergebnis mit 50. Addiere nun die Monatszahl hinzu und subtrahiere zum Schluss 250.
Nenne mir dein Ergebnis und ich weiß, wann du Geburtstag hast.

■ Denke dir eine beliebige natürliche Zahl. Addiere 8 und verdreifache das Ergebnis. Subtrahiere nun deine gedachte Zahl und halbiere dieses Ergebnis. Vermindere diese Zahl um 12. Nenne mir dein Ergebnis und ich weiß, welche Zahl du gewählt hast. Stelle einen Term zu diesem Rätsel auf. Erkennst du das Geheimnis? Erfinde selbst ähnliche Aufgaben.

Rückspiegel

1 Setze für x die Zahl 5 und für y die Zahl 3 ein und berechne den Term.

a) $2 \cdot x + 3 \cdot y$ b) $2 \cdot y + 3 \cdot x$
c) $2 \cdot (2x + y)$ d) $3x - (2y - x)$

2 Berechne die Summe aller Kantenlängen des Körpers zuerst in cm und stelle dann einen Term mit den Variablen x, y oder z zur Berechnung auf.

a)
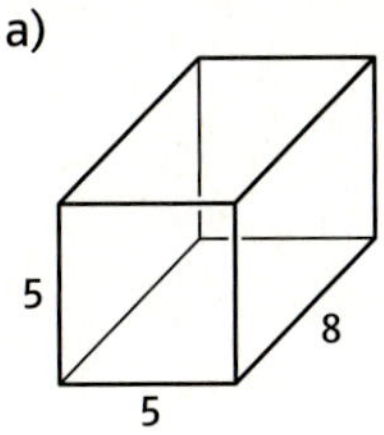

b)
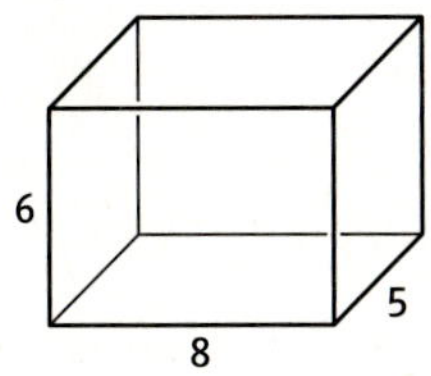

3 Vereinfache.

a) $25a - 17b - 3b + 15a$
b) $14x + 7y - 4x + 13y$
c) $19a - 3c + 28c - 9a$
d) $46x - 24y - 37x - 28y$

4 Ergänze.

a) $2x \cdot □ = 18xy$ b) $6xy \cdot □ = 72x^2y$
c) $□ \cdot 13a = 65abc$ d) $□ \cdot 3ab = 75a^2b^2$
e) $□ \cdot □ = 32x^2y$ f) $□ \cdot □ = 48p^2qr$
g) $15xy : 3 = □$ h) $3p^2q : 5 = □$
i) $-8t^2v : 0{,}5 = □$ j) $-6yz^2 : (-1{,}2) = □$

5 Löse Klammern auf und vereinfache.

a) $4p(3q - p)$ b) $(xy - 3x) \cdot 6y$
c) $7(2x - y) + 4(3y + 4x)$
d) $3x(4 - y) - y(1 - x) + xy$

6 Klammere aus.

a) $6xy + 8$ b) $3ab + 12a$
c) $21cd + 7ce$ d) $48xy - 32x^2$
e) $15r^2s - 60rs^2$ f) $-81st^2 + 9t^2$

7 Schreibe als Term und vereinfache.

a) Subtrahiere vom Produkt x und 5 das Doppelte der Summe x und 3.
b) Multipliziere die Summe 3 und y mit x und subtrahiere anschließend das Produkt aus x und y.
c) Halbiere die Summe aus dem Produkt 10 und b und der Differenz 2a und 6.

1 Setze für x die Zahl −2 und für y die Zahl −0,5 ein und berechne den Term.

a) $3 \cdot x - 2 \cdot y$ b) $-y - 4x$
c) $2 \cdot (3y - 3x)$ d) $-4 \cdot (-6y + x)$

2 Berechne die Summe aller Kantenlängen des Körpers zuerst in cm und stelle dann einen Term mit den Variablen x, y oder z zur Berechnung auf.

a)
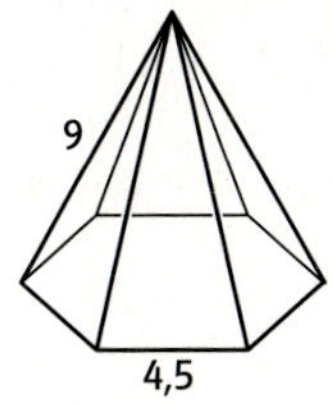

b)
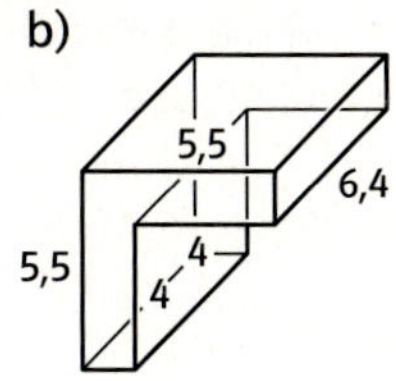

3 Vereinfache.

a) $14a - 8b - 10b + 6a + 18b$
b) $13r - 17s - 28r - 13s$
c) $18{,}5x + 23{,}9y - 10{,}1y - 20{,}5x$
d) $-19{,}8c - 33{,}9d + 17{,}1d - 42{,}8c$

4 Berechne.

a) $3x \cdot (-5xy)$ b) $-4ab \cdot 15a^2c$
c) $-7uv \cdot (-9vw)$ d) $0{,}5a \cdot (-3b) \cdot 0{,}4b$
e) $7{,}5v^2 \cdot (-0{,}4v^2w^2)$ f) $(-0{,}5rs) \cdot (-16rs^2t)$
g) $-19ab^2 : 3$ h) $-54x^2y^2 : (-9)$
i) $t^2v^2 : (-4)$ j) $-4{,}8a^2bc^2 : (-12)$

5 Löse Klammern auf und vereinfache.

a) $(2c + 3d - e) \cdot 4c$
b) $1{,}5g^2(-4h + 6g - 1)$
c) $6x \cdot 2y - (4x - 1) \cdot y - y$
d) $20xy - (5x^2 - 8x(2x - 3y))$

6 Verwandle in ein Produkt.

a) $48m^2 + 16n^2$ b) $rs + rt + ru$
c) $2a^2b + 4ab - 2ab^2$ d) $12x + 5x^2 - 3xy$
e) $8ab - 6a + 10b$
f) $28x^2y - 42xy^2 + 7xy$

7 Überprüfe die Aussage mit Zahlen. Rechne mit Variablen zum Begründen.

a) Die Summe aus einer Zahl und ihrem Doppelten ist immer durch 3 teilbar.
b) Die Summe von drei aufeinander folgenden Zahlen ist immer durch 3 teilbar.

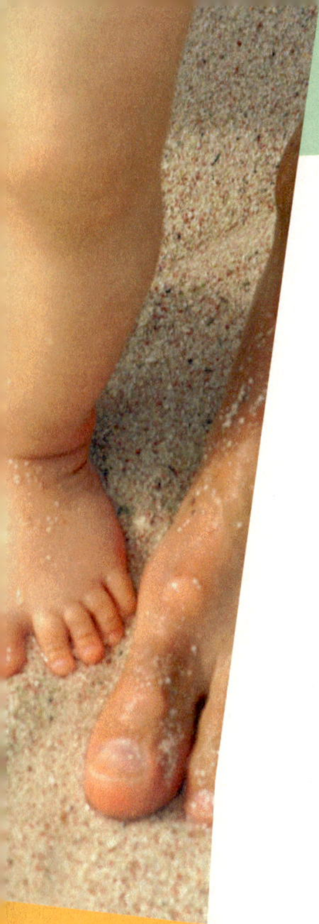

Zahlen lernen laufen

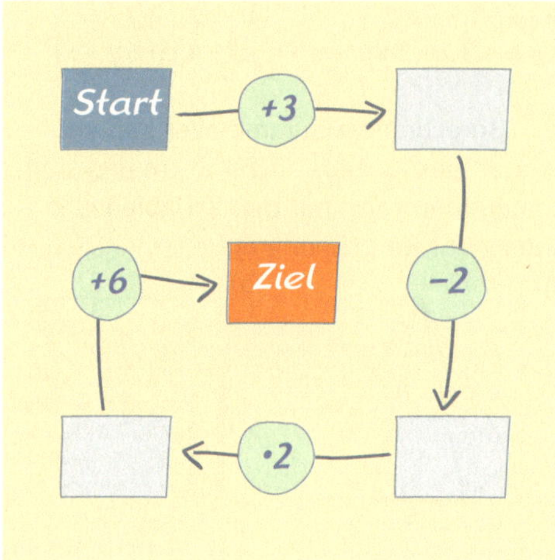

Schickt Zahlen durch die Spirale.

Welche Startzahl verwandelt sich in die Zielzahl 20?

Welche Zahl wird zur 100?

Gibt es eine Zahl, die sich in die 60 verwandelt?

Denkt euch ein Spiel mit dieser Spirale aus.

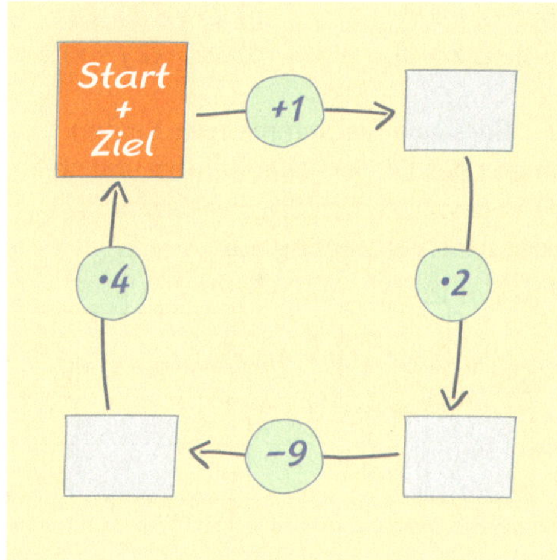

Das rote Feld ist Start und Ziel. Manche Zahlen werden auf einem Rundlauf größer, manche kleiner. Gibt es eine, die sich nicht verändert?

Du kannst auch die Zahlen in der Gegenrichtung auf die Runde schicken.

Entwirf selbst Rechenspiralen und Rundläufe.

Welche Zahl muss am Start antreten, damit im Ziel eine 4 ankommt? Bevor du anfängst, sagt dir der Würfel, wie viele Runden die Zahl drehen muss.

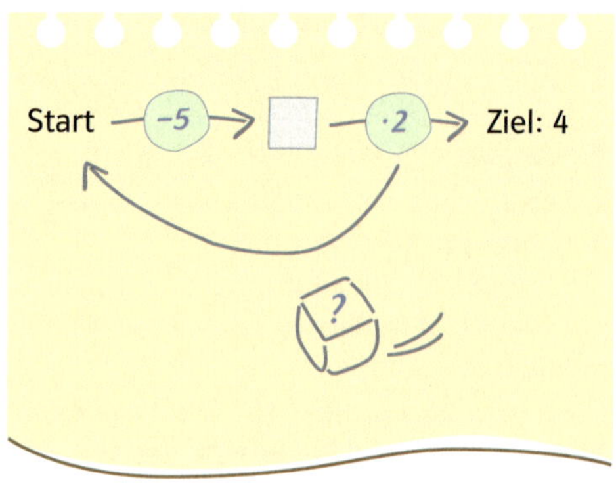

Das Anna-und-Maria-Spiel

Die Klasse vereinbart:
Anna ist heute 14 Jahre und Maria 10 Jahre alt.

Karin bekommt den Ball als Erste und sagt ihren Satz über das Alter von Anna und Maria:
In 16 Jahren wird Anna 3-mal so alt sein wie Maria heute ist.

Sie wirft den Ball Torsten zu und er sagt seinen Satz:
In 10 Jahren wird Anna 8-mal so alt sein wie Maria vor 7 Jahren war.

Torsten bringt Tina an die Reihe:
Zwei Jahre bevor Anna doppelt so alt war wie Maria, war sie 3-mal so alt wie Maria.

Birthe sagt:
In 4 Jahren wird Anna 4 Jahre älter sein als Maria.

Hanna sagt:
Nie war Anna 4-mal so alt wie Maria.

Mika hat sich einen echten Hirnverdreher ausgedacht:
Wenn Maria so alt sein wird wie Anna heute ist, wird Anna 3-mal so alt sein wie Maria, als Anna so alt war, wie Maria heute ist.

Spielt das Spiel in eurer Klasse. Ihr könnt auch absichtlich falsche Sätze sagen. Wer damit durchkommt, erhält Extrapunkte, wer dabei erwischt wird, verliert seine Punkte.

Anna heute ... Anna in ? Jahren ... ... in ? Jahren

In diesem Kapitel lernst du,

- wie man Gleichungen löst,
- wie man mit Klammern in Gleichungen umgeht,
- was man unter Äquivalenzumformungen versteht,
- wie man Textaufgaben liest und löst.

1 Gleichungen

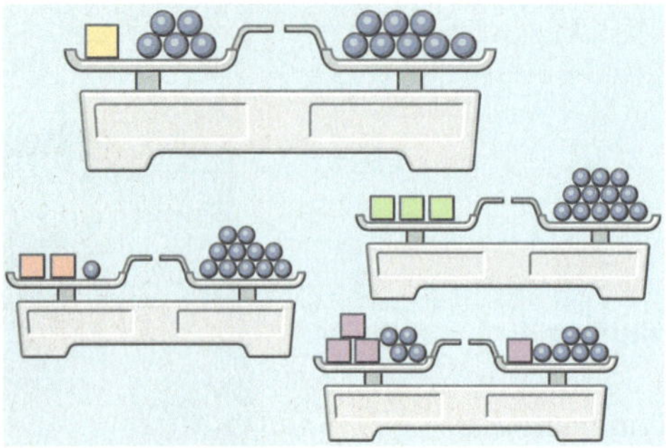

Die Waagen sind im Gleichgewicht.
→ Wie viele Kugeln wiegen genau so viel wie ein Würfel?
→ Formuliere deine Denkschritte.
→ Beschreibe die Gewichtsverteilung an der Waage mit einer Gleichung.
Schreibe w für das Gewicht eines Würfels und k für das Gewicht einer Kugel.

Um eine Gleichung zu lösen, wird sie umgeformt, bis die Variable auf einer Seite alleine steht. Dabei sind die vier Grundrechenarten zur Umformung zugelassen. Die Umformung wird immer **auf beiden Seiten** der Gleichung durchgeführt.

$x - 3 = 1$	$x + 2 = 5$	$\frac{x}{4} = 3$	$6 \cdot x = -30$
addiere 3	**subtrahiere 2**	**multipliziere mit 4**	**dividiere durch 6**
$x - 3 + 3 = 1 + 3$	$x + 2 - 2 = 5 - 2$	$(x : 4) \cdot 4 = 3 \cdot 4$	$(6 \cdot x) : 6 = -30 : 6$
$x = 4$	$x = 3$	$x = 12$	$x = -5$

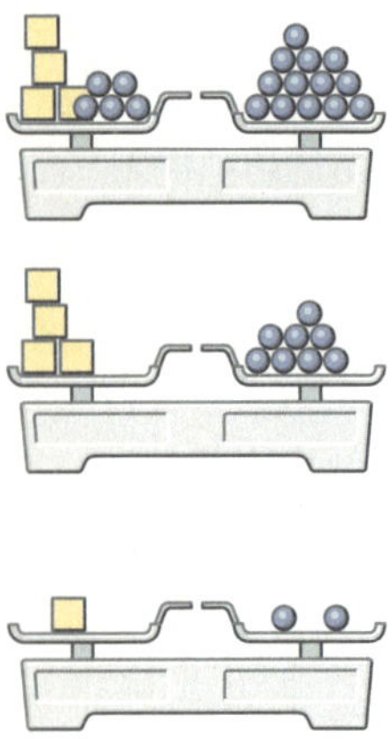

Die Umformungen von Gleichung zu Gleichung lassen die Lösung unverändert. Die Gleichungen $4 \cdot x + 5 = 13$; $4 \cdot x = 8$ und $x = 2$ nennt man daher **äquivalent**. Umformungen, bei denen sich die Lösung der Gleichung nicht verändert, heißen **Äquivalenzumformungen**.

$$4 \cdot x + 5 = 13 \quad | -5$$
$$4 \cdot x + 5 - 5 = 13 - 5$$
$$4 \cdot x = 8 \quad | :4$$
$$(4 \cdot x) : 4 = 8 : 4$$
$$x = 2$$

Zum Lösen einer Gleichung wendet man **Äquivalenzumformungen** an:
- Man darf **auf beiden Seiten** der Gleichung denselben Term addieren oder subtrahieren.
- Man darf **beide Seiten** der Gleichung mit derselben Zahl (außer Null) multiplizieren oder dividieren.

! *Immer auf **beiden** Seiten die **gleiche** Umformung!*

Beispiele

a)
$$6 \cdot x - 11 = 31 \quad | +11$$
$$6 \cdot x = 42 \quad | :6$$
$$x = 7$$

b)
$$18 - 4 \cdot x = 22 \quad | -18$$
$$-4 \cdot x = 4 \quad | :(-4)$$
$$x = -1$$

c)
$$x - 1 = 6 \cdot x - 4 \quad | -x$$
$$-1 = 5 \cdot x - 4 \quad | +4$$
$$3 = 5 \cdot x \quad | :5$$
$$0{,}6 = x$$

Bemerkung

Zur Kontrolle wird die **Probe** mit der Ausgangsgleichung durchgeführt.

linker Term	rechter Term
$6 \cdot 7 - 11$	31
$42 - 11$	31
31	31

linker Term	rechter Term
$18 - 4 \cdot (-1)$	22
$18 + 4$	22
22	22

linker Term	rechter Term
$0{,}6 - 1$	$6 \cdot 0{,}6 - 4$
$-0{,}4$	$3{,}6 - 4$
$-0{,}4$	$-0{,}4$

Aufgaben

1 Drücke das Gewicht eines Würfels durch das Gewicht von Kugeln aus.

a) b) c) d)

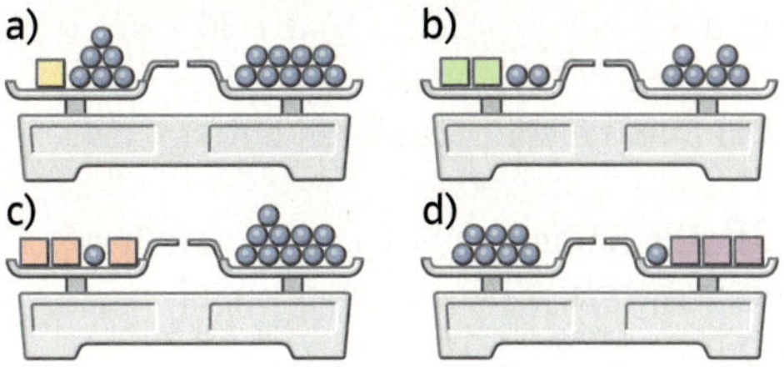

2 Das Mobile ist im Gleichgewicht. Drücke das Gewicht eines quadratischen Plättchens durch das Gewicht eines runden Plättchens aus. Stelle eine Gleichung auf.

a) b) c) d)

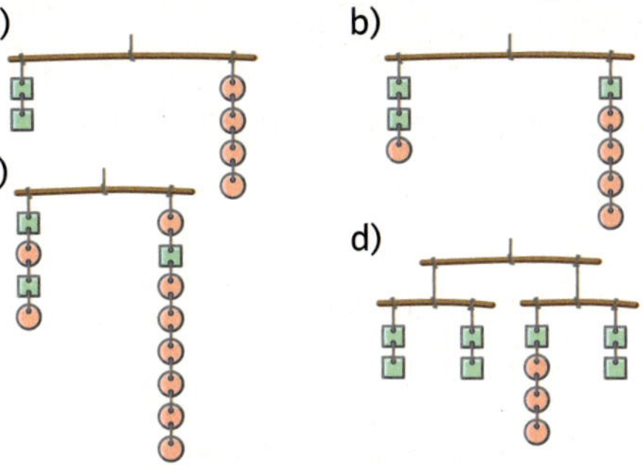

3 Jonas und Laura haben gleich viele Murmeln. In jedem Becher ist die gleiche Anzahl Murmeln. Wie viele Murmeln sind im Becher?

Jonas | Laura

a) b) c)

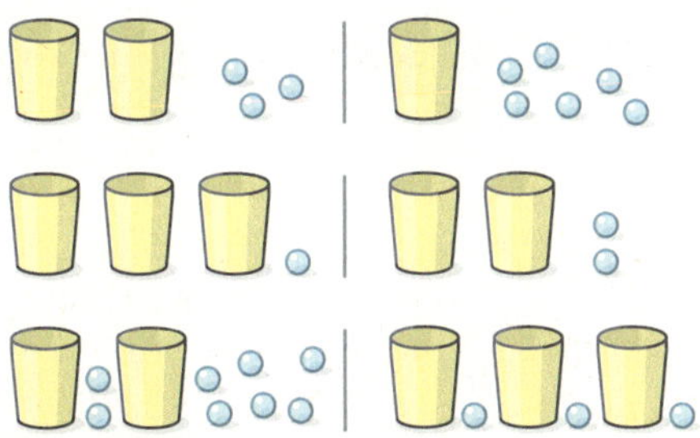

d) Stelle Gleichungen auf.

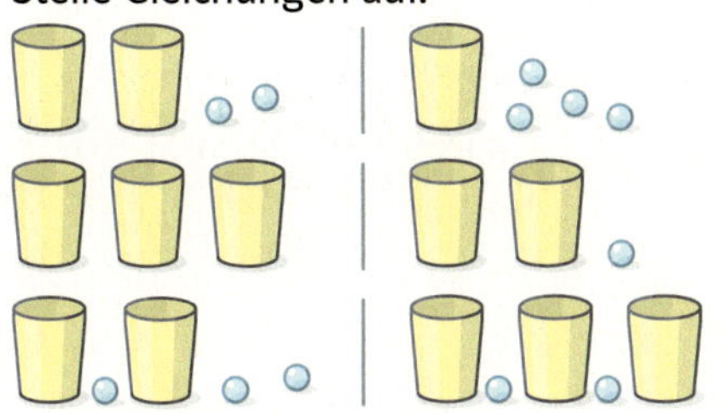

Gleichungen aus- und einpacken

■ Baue selbst Gleichungen in ähnlicher Weise.

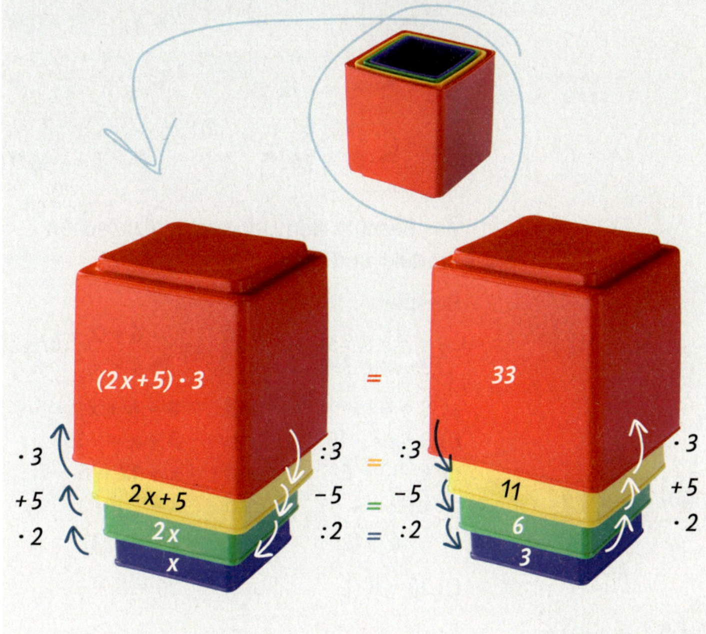

4 Löse und gib die Äquivalenzumformungen wie im Beispiel an.

Beispiel: $x + 4 = 8 \quad | -4$
$x = 4$

a) $x + 6 = 8$
b) $x + 2 = -5$
c) $x + 5 = 0$
d) $x - 4 = -3$
e) $9 \cdot x = 54$
f) $12 \cdot x = -72$
g) $13 + x = 82$
h) $32 + x = 23$
i) $x \cdot 5 = 110$
j) $15 \cdot x = 0$
k) $15 \cdot x = -1$
l) $15 \cdot x = \frac{1}{15}$

5 Notiere die Äquivalenzumformungen.

Beispiel: $\frac{1}{5}x = 6 \quad | \cdot 5$
$\frac{1}{5}x \cdot 5 = 6 \cdot 5$
$x = 30$

a) $\frac{x}{3} = 10$
b) $x : 10 = 5$
c) $\frac{1}{10}x = 2$
d) $\frac{x}{4} = 32$
e) $1 = x : \frac{1}{2}$
f) $x : 7 = -7$
g) $50 = \frac{x}{5}$
h) $x : \left(-\frac{1}{4}\right) = 4$
i) $x : 2\frac{1}{2} = 30$
j) $-\frac{x}{8} = -0{,}5$

6 Ergänze zu äquivalenten Gleichungen.

a) $2x = 6$ ⟶ (□) $2x + 2 = \square$ (□)

b) $3 + x = 8$ ⟶ (□) $10 + x = \square$ (□)

c) $4x = -12$ ⟶ (□) $\square + 4x = -1$ (□)

d) $4x + 1 = 7$ ⟶ (□) $4x - \square = 0$ (□)

e) $6x = -4$ ⟶ (□) $\square = -12$ (□)

f) $7x = -2{,}5$ ⟶ (□) $56x = \square$ (□)

g) $\frac{1}{2}x = 6$ ⟶ (□) $\square = 24$ (□)

h) $\frac{1}{4}x = -2$ ⟶ (□) $\square = -16$ (□)

7 Beachte den Unterschied zwischen Produkt und Summe.

Beispiel:

$:2$ ($2x = 6$ ⟶ $x = 3$) $:2$ und -2 ($6 = 2 + x$ ⟶ $4 = x$) -2

a) $8 = 4 \cdot x$ und $8 = 4 + x$

b) $3 \cdot x = -15$ und $3 + x = -15$

c) $x \cdot 12 = 6$ und $x + 12 = 6$

d) $x \cdot 2 = 4$ und $x + 2 = 4$

e) $\frac{x}{3} \cdot 6 = 12$ und $\frac{x}{3} + 6 = 12$

f) $20 = 8 \cdot \frac{x}{4}$ und $20 = 8 + \frac{x}{4}$

8 Welche Gleichungen haben dieselbe Lösung? Um rasch ans Ziel zu kommen, brauchst du nicht alle Gleichungen umzuformen.

$4x + 8 = 32$

$6x - 8 = 4$

$3x + 6 = 18$

$9x + 1 = 10$

$6x - 14 = 4x - 4$

$15x + 4 = 5x + 24$

$3{,}5x + x = 18$

$-37 + 12x = 35$

$5x - 12 = 13$

$12x - 18 = 8x - 17 + 3x$

9 Hier heißt die Variable nicht immer x.

a) $z + 18 = 38$ b) $y + 25 = 57$

c) $55 + y = 72$ d) $y - 59 = 12$

e) $26 + z = 33$ f) $39 + w = 44$

g) $a - 9 = 0$ h) $a + 86 = 87$

i) $z + 36 = 35$ j) $z - 21 = -22$

Die Summe aller Lösungen beträgt 160.

10 Die Reihenfolge der Umformungen ist beliebig.

a) $4x + 1 = 2x + 17$

b) $5x - 6 = x - 12$

c) $6x - 14 = 4x - 18$

d) $8 + 6x = 32 + 3x$

e) $7x - 5 = 79 - 7x$

f) $7x + 15 - x = x + 8$

g) $12 - 6x = 29 - 1 - 8x$

11 Welche Kärtchen gehören zusammen?

$2x + 3 = x + 2$

$2x = 2$

$3x + 2 = -1$

$3x - 5 = -2$

$3x = -3$

$x + 6 = 5$

$4x + 2 = 6$

12 Erfinde über Äquivalenzumformungen schwierigere Gleichungen.

a) $x = 5$ b) $x = -2$ c) $x = \frac{3}{2}$

Schritt für Schritt

Gleichungen lassen sich übersichtlich lösen, wenn zu jeder Zeile die beabsichtigte Umformung angegeben wird.
Dies geschieht in kurzer Form mit einem **Kommandostrich**, hinter dem der Rechenschritt notiert wird. Für Termumformungen schreibt man ein T.

„Ich fasse auf beiden Seiten so weit wie möglich zusammen."	$6x + 9 - 2x = 13 - x + 6$	$\mid$ T
„Ich addiere auf beiden Seiten x, dann steht die Variable links."	$9 + 4x = 19 - x$	$\mid + x$
„Ich subtrahiere auf beiden Seiten 9, dann stehen einzelne Zahlen nur noch rechts."	$9 + 5x = 19$	$\mid - 9$
„Ich dividiere beide Seiten durch 5, um x freizustellen."	$5x = 10$	$\mid : 5$
	$\mathbf{x = 2}$	

Zur besseren Übersicht notiert man Gleichheitszeichen und gleichartige Terme untereinander.

13 Ergänze so, dass für die Gleichung die unterschiedlichen Lösungen $x = 6$; $x = 1$; $x = 2{,}5$; $x = -5$; $x = 0$ möglich werden.

a) $8x - \square = 5$
b) $2x + \square = 10$
c) $\square \cdot x + 3 = 33$
d) $\square + 4x = 10$
e) $15x - \square = 5x$
f) $6x - \square = 6 + 3x$

14 Löse die Gleichung.

a) $7x + 19 = 12x - 1$
b) $15 - y = 15 + y$
c) $5 - 6z = 6z - 5$
d) $-2 - 3x = 5 + 2x$
e) $3{,}2x + 0{,}8 = 0{,}8x + 1{,}6$
f) $8z - 6 = 11z - 7$
g) $-z + 4{,}5 = -2z + 5{,}1$
h) $17y - 3 = 11y - 3$

15 Der Faktor vor der Variablen kann auch ein Bruch sein:

Beispiel:

$$\frac{2}{3}x + 7 = 15 \quad | -7$$
$$\frac{2}{3}x = 8 \quad | \cdot \frac{3}{2}$$
$$x = 12$$

a) $\frac{1}{9}x - 1 = 2$
b) $-9 + \frac{1}{12}x = -3$
c) $\frac{2}{3}x + 9 = 21$
d) $17 + \frac{3}{5}x = 68$
e) $\frac{5}{6}x - \frac{2}{3} = \frac{8}{3}$
f) $-42 + \frac{5}{6}x = 13$
g) $\frac{3}{10} + \frac{3}{5}x = \frac{7}{10}$
h) $\frac{3}{8}x - 29 = 28$
i) $-\frac{1}{5} + \frac{1}{12}x = \frac{2}{5}$
j) $-\frac{1}{12} + \frac{3}{8}x = \frac{5}{12}$

16 Finde zur Gleichung eine Textaufgabe.

Beispiel: $6x - 8 = 70$

Das Sechsfache meines Alters vermindert um 8 ergibt 70.

a) $3x + 22 = 46$
b) $6 + 4x = 10$
c) $8x = 40 + 3x$
d) $5x - 1 = 7x - 5$
e) $4 + 5x = 6 + 4x$
f) $16{,}5x : 3 = 10 + 1{,}5x$

17 Löse die Gleichung.

a) $5{,}7 - 8x = 83{,}7 + 4x$
b) $5x - 3{,}4 = -0{,}3x - 36{,}77$
c) $6{,}2 - 7{,}6x = -0{,}8x - 73{,}8$
d) $\frac{2}{5} + \frac{4}{3}x = -\frac{1}{3}x - 9\frac{3}{5}$
e) $1 - \frac{3}{2}x = \frac{3}{2}x - 17$

Nicht jede Lösung zählt!

Tanja sagt: Hätte ich dreimal so viele Euro-Münzen und noch einmal zwölf dazu, so hätte ich achtmal so viel wie jetzt.
Cora rechnet und meint: Hast du den Betrag in deiner Geldbörse gemeint?

Gleichungen aus Sachproblemen können rechnerisch zu Lösungen führen, die für das Sachproblem ungeeignet sind. Sind Anzahlen gesucht, eignen sich nur natürliche Zahlen, für Maßzahlen von Größen nur positive rationale Zahlen. Die Zahlenmenge, die in Frage kommt, nennt man **Grundmenge G**.
Die Zahlen aus der Grundmenge, die die Gleichung erfüllen, fasst man in der **Lösungsmenge L** zusammen.

1) Gesucht: die Seitenlänge des Quadrates mit Flächeninhalt $6{,}25\,dm^2$.
$x \cdot x = 6{,}25$
Rechnerisch: $G = \mathbb{Q}$, $L = \{-2{,}5;\ 2{,}5\}$
Zulässig: $G = \mathbb{Q}^+$, $L = \{2{,}5\}$
Die Seitenlänge beträgt 2,5 dm.
2) $2x + 7 = 4$ $G = \mathbb{N}$ oder $\mathbb{Z}$, $L = \{\ \}$
$G = \mathbb{Q}$, $L = \{-1{,}5\}$

- Vera merkt sich eine ungerade Zahl, multipliziert sie mit 6, subtrahiert 15 und bekommt 9.
- Jan denkt sich eine natürliche Zahl und addiert 17. Er verdoppelt diese Summe und erhält 22.
- Ein Dreieck hat einen Umfang von 2,03 m. Eine Seite ist 125 cm, die andere 79 cm lang. Wie lang ist die dritte Seite?

2 Gleichungen mit Klammern

→ Welche Werte errechnest du für die Variablen x und y?
→ Beschreibe, wie du vorgegangen bist.
→ Stelle die Gleichung zur Bestimmung von x bzw. y auf.
→ Finde selbst ähnliche Beispiele und löse sie.

Kommen in einer Gleichung Terme mit Klammern vor, werden diese zuerst mithilfe von Termumformungen vereinfacht.

$5(4x - 5) = 23 - (12x - 16)$	| Klammer ausmultiplizieren	(Termumformung)
$20x - 25 = 23 - (12x - 16)$	| Minusklammer auflösen	(Termumformung)
$20x - 25 = 23 - 12x + 16$	| Zusammenfassen	(Termumformung)
$20x - 25 = 39 - 12x$	| $+ 12x$	(Äquivalenzumformung)
$32x - 25 = 39$	| $+ 25$	(Äquivalenzumformung)
$32x = 64$	| $: 32$	(Äquivalenzumformung)
$x = 2$		

! ***Plusklammer** auflösen:*
$+(a - b) = a - b$
***Minusklammer** auflösen:*
$-(a - b) = -a + b$
*Klammer nach dem **Distributivgesetz** auflösen bzw. ausmultiplizieren:*
$a \cdot (b + c) = a \cdot b + a \cdot c$

Gleichungen mit Klammern werden zuerst durch **Termumformungen** vereinfacht:
- Man löst zuerst die Klammern auf.
- Man vereinfacht Terme falls möglich durch Zusammenfassen.

Dann wird die Variable durch **Äquivalenzumformungen** freigestellt:
- Kommen Brüche vor, multipliziert man zuerst mit dem gemeinsamen Nenner.
- Man ordnet Summanden **mit Variablen** auf einer Gleichungsseite an, Summanden **ohne Variablen** auf der anderen Seite. Falls möglich fasst man zusammen.
- Schließlich dividiert man durch den **Koeffizienten** der Variablen.

Beispiele

a) Addition und Subtraktion von Summen

$4x - (5x - 17) = 7 - x + (x + 6)$
$4x - 5x + 17 = 7 - x + x + 6$
$-x + 17 = 13 \quad | -17$
$-x = -4 \quad | :(-1)$
$x = 4$

b) Multiplikation von Summen

$12(2x + 1) - 15(x + 3) = 30$
$24x + 12 - 15x - 45 = 30$
$9x - 33 = 30 \quad | +33$
$9x = 63 \quad | :9$
$x = 7$

c) Durch Multiplikation mit einem gemeinsamen Nenner kann man Brüche beseitigen.

$3 - \frac{5 + x}{7} = 1 - \frac{9 - x}{14} \quad | \cdot 14$

$42 - (5 + x) \cdot 2 = 14 - (9 - x)$
$42 - 10 - 2x = 14 - 9 + x$
$32 - 2x = 5 + x \quad | -x$
$32 - 3x = 5 \quad | -32$
$-3x = -27 \quad | :(-3)$
$x = 9$

Probe:

linker Term:
$3 - \frac{5 + 9}{7}$
$= 3 - 2$
$= 1$

rechter Term:
$1 - \frac{9 - 9}{14}$
$= 1 - 0$
$= 1$

Aufgaben

1 Löse die Gleichung.

a) $(4 - 5x) + (10 + 6x) = 8$
b) $3x + 14 + (2x - 7) = 7x + (19 - 4x)$
c) $4x + (15 + 3x) + (25 + x) = 88 - 4x$
d) $12 = (25 - x) - (19 - 2x)$
e) $9x + 33 - (45 - 15x) = 15 - 3x$

2 Löse die Gleichung.

a) $6x - (8x - 10) = 87 - (21 + 10x)$
b) $7 - (10 - 8x) = 23 - (4 + 14x)$
c) $(19x - 17) - (3x - 72) = -13 + (13x + 83)$
d) $(42x + 37) - (26 - 34x) = 26x + 211$

3 Gib die Lösung an.

a) $(x + 6) \cdot 8 = 32x$
b) $3(5 + 2x) = -3$
c) $15(24 - 2x) = 15x$
d) $6(3x - 7) = 6x - 6$
e) $2(3y + 9) = 15y - 45$
f) $(3y - 5) \cdot 7 = 7 + 7y$
g) $43y + 4 = 15(5y - 4)$
h) $5y - 4(5y - 6) = 4$

4 Ordne die Lösung richtig zu.

a) $0{,}8(2u - 3) = (2u + 4) \cdot 0{,}6$	3
b) $0{,}3(u + 1) + 6u = 4{,}9 + 4u$	−1
c) $0{,}5(1 - 2u) = 2{,}5 - 0{,}6u$	2
d) $0{,}6 - 3(0{,}5 - 0{,}5w) - w = 0{,}6$	−5
e) $-0{,}4w - (1 + 1{,}2w) \cdot 0{,}1 = 0{,}42$	12

5 Löse die Gleichung.

a) $4(2x + 3) = 3(3x + 2)$
b) $(12 - 3x) \cdot 2 = 9(7x + 18)$
c) $3(9 - y) = 5(y - 9)$
d) $(2 - 3y) \cdot 5 + (8 - y) \cdot (-4) = 0$
e) $22 - 2(4 - y) = (7 - 3y) \cdot (-10)$
f) $4(x + 3) - 15 = 2(x + 7) - 15x$
g) $3(2x - 18) - 4 = 3x - 4(3x - 8)$
h) $11 - 6(6x - 1) + 3(2 + x) = 8 - 3x$
i) $7(4a - 3) - (2a + 1) \cdot 9 = 2(a - 9)$

6 Die Lösungen lauten: 27; −7; 4; 1 und −1.

a) $7m + 2(m - 12) = 2(m - 13) + 3(2m + 1)$
b) $8(m - 1) - 17(3 - m) = 4 - 12(3 - 2m)$
c) $4(m + 6) - 3(2m + 1) = 2(4m + 7) + 17$
d) $7(6n + 3) - 8(3 - 4n) = 12(2n + 3) + 161$
e) $8(2n - 3) - 5(2n + 8) = 38 - 4(1 - 5n)$

Aus Fehlern lernen

Mathe-Test Nr. 2

Sven Müller

1) $4 + 2x = 12$
$6x = 12$
$x = 2$

2) $6x - 3 = 3$
$3x = 3$
$x = 1$

3) $8(x - 1) = 6x + 3$
$8x - 1 = 6x + 3 \quad | -6x$
$2x - 1 = 3 \quad | +1$
$2x = 4 \quad | :2$
$x = 2$

4) $-(x - 6) = 2(2x + 3)$
$-x - 6 = 4x - 6 \quad | -4x$
$-5x = -6 \quad | :(-5)$
$x = \frac{-5}{-6}$
$x = -\frac{5}{6}$

5) $\frac{x}{4} = 14 - \frac{x}{3} \quad | \cdot 12$
$3x = 14 - 4x \quad | +4x$
$7x = 14 \quad | :7$
$x = 2$

6) $2(5 - \frac{1}{3}x) = -1(8 - \frac{x}{3})$
$10 - \frac{2}{3}x = -8 + \frac{x}{3}$
$10 - 0{,}6x = -8 + 0{,}3x \quad | +0{,}6x$
$10 = -8 + 0{,}9x \quad | +8$
$18 = 0{,}9x$
$0{,}9x = 18 \quad | :0{,}9$
$x = 20$

■ Korrigiere den Test und gib Tipps, wie Sven die Fehler in Zukunft vermeiden kann.

Lösen von Gleichungen mit Brüchen

Lars rechnet:

$$\frac{2x}{3} + \frac{5x}{6} + \frac{1}{3} = \frac{x}{6} \quad \Big| \text{ Nenner gleichnamig machen}$$

$$\frac{4x}{6} + \frac{5x}{6} + \frac{2}{6} = \frac{x}{6} \quad \Big| -\frac{x}{6}$$

$$\frac{4x}{6} + \frac{5x}{6} - \frac{x}{6} + \frac{2}{6} = 0 \quad \Big| -\frac{2}{6}$$

$$\frac{4x + 5x - x}{6} = -\frac{2}{6}$$

$$\frac{8x}{6} = -\frac{2}{6} \quad \Big| : \frac{8}{6}$$

$$x = -\frac{2}{6} \cdot \frac{6}{8}$$

$$x = -\frac{1}{4}$$

Lea rechnet:

(gemeinsamer Nenner)

$$\frac{2x}{3} + \frac{5x}{6} + \frac{1}{3} = \frac{x}{6} \quad \Big| \cdot 6$$

$$\frac{2x \cdot 6}{3} + \frac{5x \cdot 6}{6} + \frac{6}{3} = \frac{x \cdot 6}{6} \quad \Big| \text{ Kürzen}$$

$$4x + 5x + 2 = x \quad \Big| -x$$

$$4x + 5x - x + 2 = 0 \quad \Big| -2$$

$$8x = -2 \quad \Big| : 8$$

$$x = -\frac{2}{8}$$

$$x = -\frac{1}{4}$$

Beschreibe die beiden Lösungswege und bewerte sie.

7 Löse die Gleichung mit Brüchen.

a) $\frac{3}{4}y - \frac{4}{5} = \frac{7}{10}$
b) $\frac{2}{5}y - \frac{3}{4} = \frac{17}{20}$
c) $\frac{3}{5}y - \frac{1}{4} = \frac{7}{20}$
d) $\frac{1}{4}y + \frac{1}{6} = \frac{2}{5}$
e) $-\frac{1}{2} + \frac{1}{3}y = \frac{2}{5}$
f) $\frac{3}{8}y + \frac{2}{5} = \frac{1}{2}$
g) $\frac{7x}{4} = \frac{3x}{2} + \frac{5}{2}$
h) $\frac{5x}{4} + \frac{2}{3} - \frac{7x}{6} = \frac{4}{3}$

8 Gib die Lösung an.

a) $\frac{4}{3}x - \frac{2}{3} = 1 - \left(\frac{1}{2} - \frac{1}{8}x\right)$
b) $\frac{1}{4}x - \left(\frac{1}{2} + \frac{1}{4}x\right) = 1 - \left(\frac{1}{2}x - \frac{1}{2}\right)$
c) $\frac{1}{2} - \left(\frac{x}{3} - x\right) = \frac{5}{3} - \frac{1}{2}x$
d) $\frac{4}{5}x - \left(1 - \frac{4}{3}x\right) = \frac{4}{5} + \frac{1}{3}$

9 Löse die Gleichung.

a) $\frac{x}{7} - \frac{9x}{14} - \frac{4}{7} = -\frac{3x}{14}$
b) $\frac{3x}{4} + \frac{2x}{3} = \frac{7x}{6} + 6$
c) $4\left(\frac{1}{2}x - \frac{3}{2}\right) - \left(\frac{3}{5} - x\right) = \frac{4}{5}x$
d) $-\frac{1}{4}(12 + 8y) = \frac{1}{2}(y - 1)$
e) $\frac{4}{3}x - \frac{2}{3} = 1 - \left(\frac{1}{2} - \frac{1}{8}x\right)$
f) $\frac{1}{4}x - \left(\frac{1}{2} + \frac{1}{4}x\right) = 1 - \left(\frac{1}{2}x - \frac{1}{2}\right)$

10 Löse die Gleichung.

a) $(4x - 7) \cdot 5 = (12x - 1) \cdot 3$
b) $2(49 + 7x) = (19 - 9x) \cdot 3$
c) $7(8x + 3) - 8(7x - 3) = 0$
d) $3(x - 5) = \frac{7}{2} + 2x$
e) $\frac{1}{4}(12x + 1) + \frac{1}{3}\left(9x - \frac{1}{4}\right) = \frac{1}{2}\left(4x + \frac{1}{3}\right)$

11 Bestimme die Lösung.

a) $2(4x + 3) = 4(1 - 2x)$
b) $0{,}5(2x + 7) = -(x - 1{,}5) + 2(x + 1)$
c) $1{,}5x - (12 - x) = -3(3 - x)$
d) $(4x + 1) \cdot 4 - 6(2x + 1) = -4(x - 1)$
e) $14 - (3 + 2x) + 7x = 7(x + 2) - (1 + x) \cdot 3$

12 Gib die Lösung an. Du brauchst die Gleichung nicht umzuformen.

a) $x + x = 2x$
b) $x \cdot x = 2x$
c) $x \cdot 0 = x$
d) $x \cdot 0 = 0$
e) $x + 3 = 3(x + 1) - 2x$
f) $2x - 2(x + 3) = -6$
g) $15x = 7x - (11 - 4x)$

13 Löse die Gleichung. Kommentiere dein Ergebnis.

a) $7x - 2 = 4x + 3x$
b) $6x - 7 = 5x - 7$
c) $x - \frac{1}{2}x = \frac{1}{2}x$
d) $3(x + 1) = 3x + 3$
e) $2(x + 2) = 2x + 2$
f) $2x - x + 3x = 0$

14 Hat die Gleichung in der Menge der rationalen Zahlen eine, keine oder unendlich viele Lösungen?

a) $3(x - 1) = 9x - 3(2x + 1)$
b) $x - 35 = 7(2x - 5) - 13x$
c) $16x - (4x + 9) = 6(2x + 5)$
d) $45x + 7(12 - 8x) = 11x + 84$
e) $2x - 1 + 6(2x + 1) = 16x - (2x - 7)$

15 Ersetze das Kästchen in der Gleichung

$2x + \square = 5$

so, dass sie

a) die Lösung $x = 2$; $x = 1$; $x = \frac{1}{2}$; $x = 0{,}8$ hat.
b) als Lösung eine negative Zahl hat.
c) keine Lösung hat.

3 Lesen und Lösen

Heute ist Anna 4-mal so alt wie sie vor 15 Jahren war. Wie alt ist sie heute?

→ Tina zeichnet eine Zeitleiste und liest ab: Wenn Anna heute x Jahre alt ist, war sie vor 15 Jahren (x − 15) Jahre alt. Dieses Alter, mit 4 multipliziert, ist das heutige Alter. Also $4 \cdot (x - 15) = x$.

→ Auch Thea überlegt an einer Zeitleiste: Vom Alter y kommt man zu 4y durch Addition von 3y.
Jetzt kann sie eine Gleichung hinschreiben.

→ Torsten probiert Zahl für Zahl in einer Tabelle aus. Er hat Glück und findet schnell die Lösung.

→ Tobias schaut sich Torstens Tabelle an und sagt: „Das geht schneller. Anna muss heute doch 16; 20; 24; … Jahre alt sein."

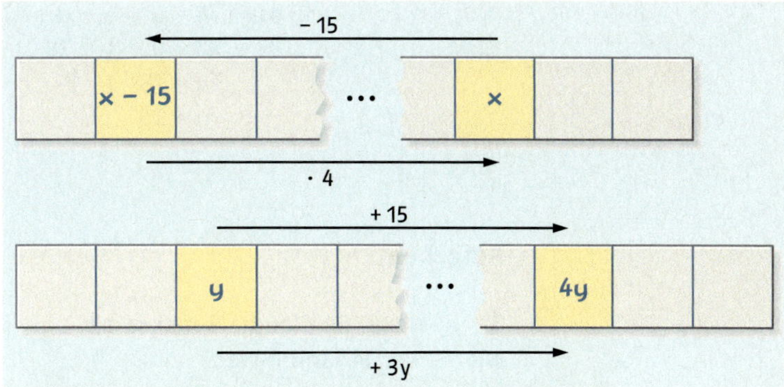

früheres Alter	früheres Alter + 15		4 · früheres Alter
0	15	≠	0
1	16	≠	4
2	17	≠	?
3	?	≠	?
…	…	…	…

Wer Textaufgaben sicher lösen will, muss einige Verfahrensregeln beachten.

Lies die Aufgabe sorgfältig, markiere wichtige Angaben. Versuche, die Aufgabe in eigenen Worten zu formulieren. Folgende Schritte helfen dir zur Lösung:

1. Notiere **gegebene** Daten oder Größen.
2. Benenne und notiere die **gesuchten** Daten oder Größen.
3. Erstelle möglichst eine **Skizze**. Färbe ggf. gegebene und gesuchte Größen ein.
4. Wähle ein **Lösungsverfahren**, z. B. Tabelle, Gleichung, Diagramm usw.
5. **Bestimme** die gesuchten Größen mit dem gewählten Verfahren.
6. Mache die **Probe: Setze** die Lösung in den Text bzw. in die Ausgangsgleichung **ein**. Prüfe ebenso, ob die Lösung in der **Grundmenge** vorkommt.
7. Notiere einen **Antwortsatz**.

Beispiel

Die Seite a des Dreiecks ist 22 cm kürzer als der Umfang, Seite b ist 3-mal so lang wie a; c ist 10 cm lang. Wie groß ist der Umfang?

1. Der Umfang wird mit u bezeichnet.
2. Der Umfang wird als Strecke mit Unterteilungen skizziert.
3. Für u wird eine Gleichung aufgestellt. Da alle Angaben in cm vorliegen, können die Einheiten weggelassen werden.
4. Der Umfang setzt sich aus drei Teilen zusammen:
   $(u - 22) + 3(u - 22) + 10 = u$.

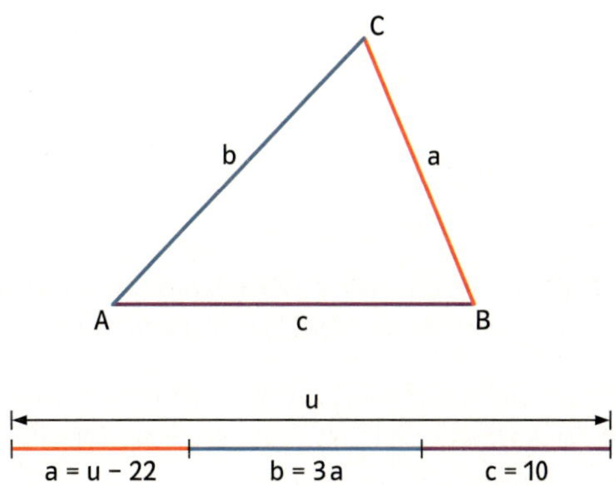

5. $(u - 22) + 3(u - 22) + 10 = u$

$$
\begin{aligned}
u - 22 + 3u - 66 + 10 &= u \\
4u - 78 &= u \quad | -u \\
3u - 78 &= 0 \quad | +78 \\
3u &= 78 \quad | :3 \\
u &= 26
\end{aligned}
$$

6. Probe: $(26 - 22) + 3 \cdot (26 - 22) + 10 = 26$

$4 \quad + \quad 12 \quad + 10 = 26$

7. Das Dreieck hat einen Umfang von 26 cm.

Aufgaben

1 a) Heute ist Claudia 3-mal so alt wie sie vor 14 Jahren war.
b) Frau Clausen ist heute 8-mal so alt wie sie vor 35 Jahren war.
c) Herr Clausen ist heute 9-mal so alt wie er vor 40 Jahren war.

2 Marc und seine Mutter sind heute zusammen 65 Jahre alt. Vor 10 Jahren war die Mutter 4-mal so alt wie Marc.
Wie alt sind die beiden heute?

Bei 2-Personen-Aufgaben hilft die 4-Felder-Tabelle.

	Alter heute	Alter vor 10 Jahren
Mutter	x	x − 10
Marc	65 − x	(65 − x) − 10

(Pfeil von Marc zu Mutter: · 4)

Gleichung: $x - 10 = 4 \cdot ((65 - x) - 10)$

3 Vickys Vater ist heute 3-mal so alt wie seine Tochter. In 4 Jahren wird er 8-mal so alt sein wie Vicky vor 7 Jahren war. Wie alt ist Vicky heute?

4 Iras Tante ist heute 3-mal so alt wie Ira und 4-mal so alt wie Ira vor 5 Jahren war.

5 a) In 5 Jahren wird Benno 4-mal so alt sein wie er vor 7 Jahren war.
b) In 3 Jahren wird Alice 3-mal so alt sein wie sie vor 3 Jahren war.
c) In 3 Jahren wird Chris die Hälfte des Alters haben, das er in 20 Jahren haben wird.
d) In 32 Jahren wird Sonja 6-mal so alt sein wie sie in 4 Jahren sein wird.

6 Alf ist 26 Jahre jünger als seine Mutter, Bernd hat $\frac{1}{3}$ ihres Alters, Claus ist 13 Jahre alt. Die Mutter ist so alt wie ihre drei Söhne zusammen.

7 Formuliere eine passende Altersaufgabe.
a) $x + 25 = 5x$
b) $7y - 35 = 2y$
c) $a - 5 = \frac{11 - a}{2}$

So erfinde ich eine Altersaufgabe

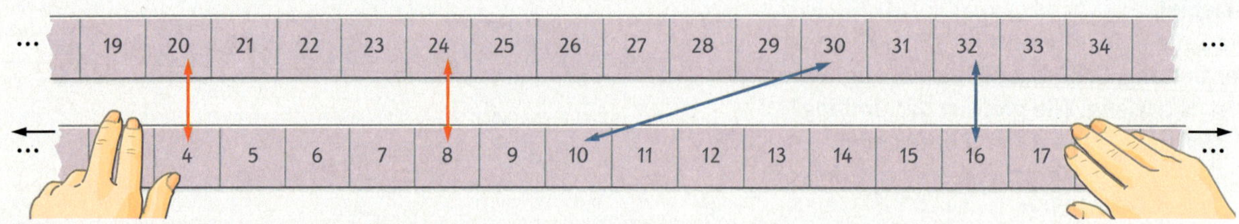

Anna ist heute 3-mal so alt wie Maria. Vor 4 Jahren war sie 5-mal so alt wie Maria damals war. (●)
Anna ist heute doppelt so alt wie Maria. Vor 2 Jahren war sie 3-mal so alt wie Maria vor 6 Jahren war. (●)

- Stellt euch gegenseitig solche Aufgaben. Zieht einfach die untere Zeitleiste nach links oder rechts.
- Wer Aufgaben stellt, muss sie auch lösen können. Eine Tabelle wie in Aufgabe 2 hilft.

Wie groß sind die Strecken und Winkel?

8 Die Seite a eines Dreiecks ist 23 cm kürzer als der Umfang, die Seite b ist 4-mal so lang wie a, und c ist 11 cm lang.
Wie groß ist der Umfang?
Wie lang sind die Seiten?

9 Wie groß sind die Winkel?

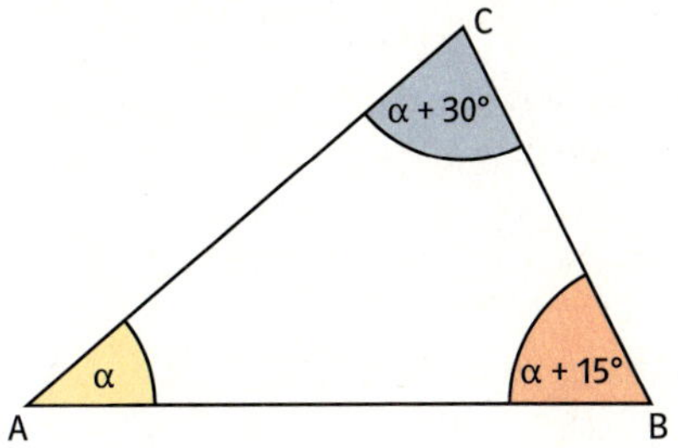

10 a) Die erste Seite eines Dreiecks nimmt $\frac{1}{3}$ des Umfangs ein, die zweite Seite $\frac{5}{12}$, die dritte ist 6 cm lang.
b) Zwei Seiten eines Dreiecks nehmen $\frac{1}{3}$ und $\frac{1}{5}$ des Umfangs ein, die dritte Seite ist 9 cm lang.
c) Die längste Seite eines Dreiecks ist doppelt so lang wie die kürzeste und $1\frac{1}{2}$-mal so lang wie die mittlere.
Der Umfang beträgt 13 cm.

11 a) In einem Dreieck ist Winkel β um 35° größer als α, beide zusammen dagegen 35° kleiner als Winkel γ.
b) In einem gleichschenkligen Dreieck ist das Doppelte des Winkels an der Spitze um 4° kleiner als $\frac{2}{3}$ eines Basiswinkels.

12 Berechne Seiten und Umfang.

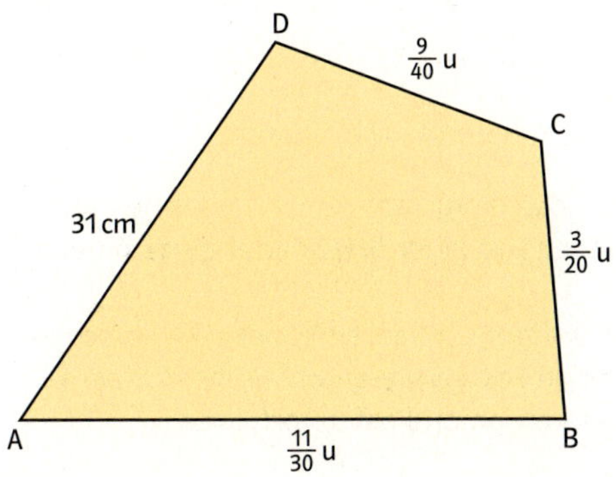

Wie heißt die Zahl?

13 Welche Aufgabe ist am Zahlenband eingetragen? Wie heißt die Zahl x?

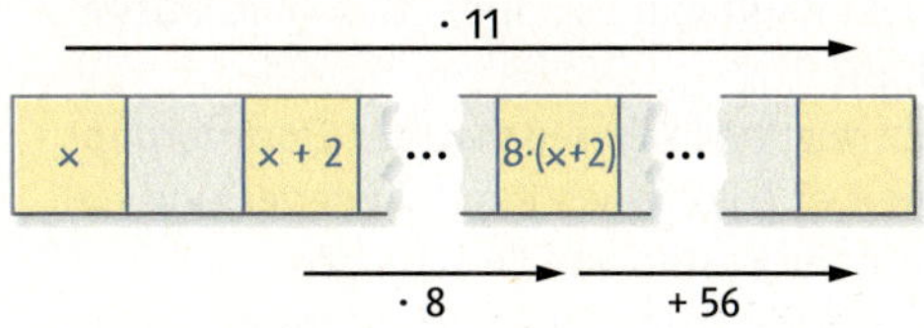

14 a) Das 5-Fache einer um 16 vermehrten Zahl ist das 7-Fache der um 10 vermehrten Zahl.
b) Das 7-Fache einer um 9 vermehrten Zahl ist das 9-Fache der um 7 verminderten Zahl.

15 a) Das Doppelte einer Zahl ist ebenso groß wie die um 2 vermehrte Zahl.
b) Das 3-Fache einer Zahl ist ebenso groß wie die um 3 vermehrte Zahl.
c) Setze die in a) und b) begonnene Aufgabenreihe fort. Erkennst du eine Regel für die Lösung?

16 Addiert man zum 3-Fachen einer Zahl das Doppelte der um 2 vergrößerten Zahl, so erhält man das 4-Fache der um 3 vergrößerten Zahl.

17 Welche Aufgaben sind hier am Zahlenstrahl gestellt?
Trage die gelöste Aufgabe in einen richtig unterteilten Zahlenstrahl ein.

a)

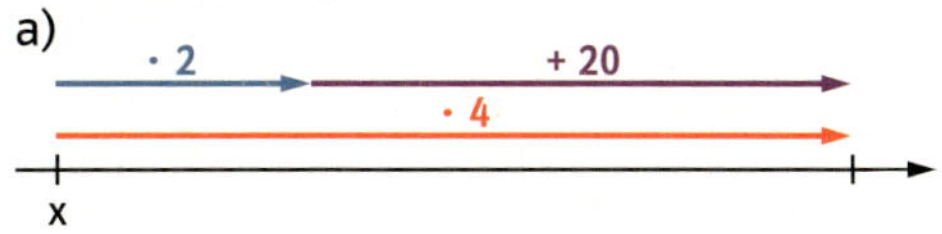

b)

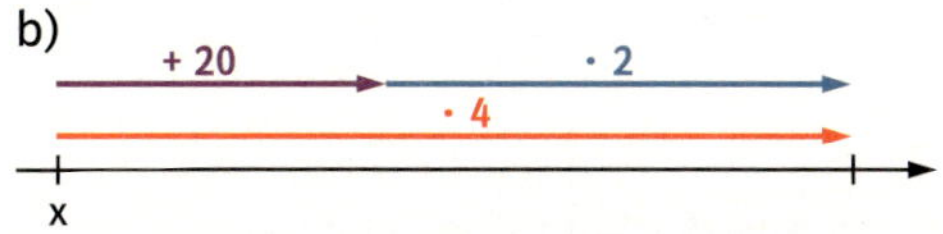

c)

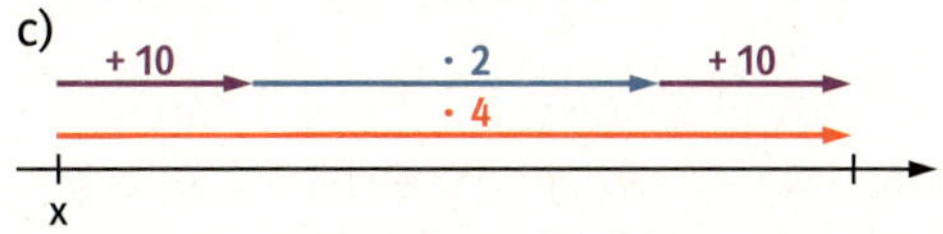

Stelle selber Aufgaben am Zahlenstrahl.

Solche Aufgaben stellte Leonardo di Pisa, Kaufmann und Mathematiker (etwa 1170–1250).

Ein Kaufmann reist von Pisa nach Lucca. Dort verdoppelt er durch gute Geschäfte sein Kapital, muss aber 16 Denare ausgeben.
Er reist nach Florenz weiter. Dort verdoppelt er sein neues Kapital wieder und hat wieder Kosten von 16 Denaren.
Nach Pisa zurückgekehrt erlebt er wieder dasselbe.
Er schaut jetzt in seine Geldkatze und findet darin – nichts.

Skizze

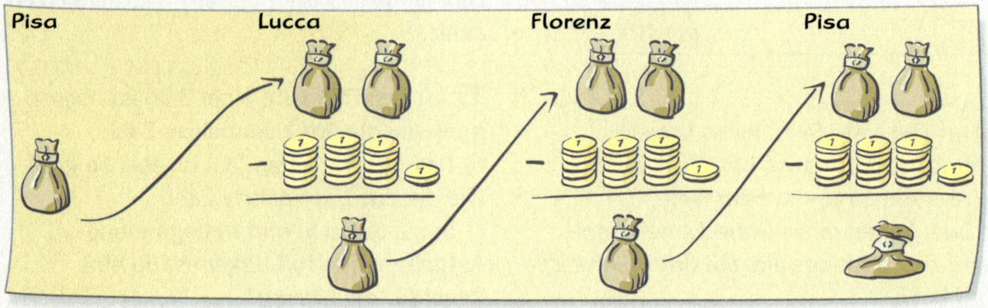

14 | $2 \cdot \square - 16 = 12$ | $2 \cdot \square - 16 = 8$ | $2 \cdot \square - 16 = 0$

| $2 \cdot 14 - 16 = 12$ | $2 \cdot 12 - 16 = 8$ | $2 \cdot 8 - 16 = 0$

Einfach rückwärts rechnen! Der Kaufmann ist mit 14 Denaren aus Pisa abgereist.

Probieren mit System

Pi	Lu	Fl	Pi	???
10	4	-8	-32	zu wenig
20	24	32	48	zu viel
15	14	12	8	zu viel
14	12	8	0	aha!

Von der Tabelle zur Gleichung

	Kapital bei Ankunft	Einnahme	Ausgabe	Kapital bei Abreise
Pi	–	–	–	x
Lu	x	x	16	2x – 16
Fl	2x – 16	2x – 16	16	4x – 48
Pi	4x – 48	4x – 48	16	8x – 112

Gleichung: $8x - 112 = 0$

- Könnte der Kaufmann auch mit 16 Denaren nach Pisa zurückgekehrt sein?

- Wie viel Geld hatte er bei der Abreise, wenn seine Geldkatze erst nach zwei oder sogar drei Rundreisen leer ist?

- Löse einige der Aufgaben der letzten Seiten mit einer Skizze oder einer Tabelle.

- Erfindet selbst Aufgaben. Die verschiedenen Lösungswege könnt ihr in einem gemeinsamen Poster vorführen.

Zusammenfassung

Lösen von Gleichungen durch Äquivalenzumformungen

Um eine Gleichung zu lösen, formt man sie in einfachere Gleichungen um, ohne dass sich dabei die Lösung verändert.
Die Umformungsschritte zur Lösung einer Gleichung nennt man **Äquivalenzumformungen.**

- Man darf auf beiden Seiten der Gleichung denselben Term addieren oder subtrahieren.
- Man darf beide Seiten der Gleichung mit derselben Zahl (außer Null) multiplizieren oder dividieren.

$$\begin{aligned} -9x + 38 &= 15x - 58 \quad &&| -15x \\ -24x + 38 &= -58 &&| -38 \\ -24x &= -96 &&| :(-24) \\ x &= 4 \end{aligned}$$

Gleichungen mit Klammern

Kommen in einer Gleichung Klammern vor, werden diese zuerst aufgelöst.

$$\begin{aligned} 3(2x - 18) - 4 &= 3x - (12x - 32) \quad &&| \text{ T} \\ 6x - 54 - 4 &= 3x - (12x - 32) &&| \text{ T} \\ 6x - 54 - 4 &= 3x - 12x + 32 &&| \text{ T} \\ 6x - 58 &= -9x + 32 &&| +9x \\ 15x - 58 &= +32 &&| +58 \\ 15x &= 90 &&| :15 \\ x &= 6 \end{aligned}$$

Probe

Bei der **Probe** werden die gefundenen Lösungen auf Richtigkeit geprüft, indem sie anstelle der Variablen in die **Ausgangsgleichung** eingesetzt werden.

Probe:

linker Term	rechter Term
$-9 \cdot 4 + 38$	$15 \cdot 4 - 58$
$= -36 + 38$	$= 60 - 58$
$= 2$	$= 2$

Grundmenge und Lösungsmenge

Die **Grundmenge** bezeichnet die Zahlen, die für eine Aufgabenstellung zugelassen sind.
Die **Lösungsmenge** bezeichnet die Zahlen aus der Grundmenge, die die Gleichung erfüllen.

Grundmenge $G = \{-3; -2; -1; 0; 1; 2; 3\}$

Gleichung: $x \cdot x = 4$

Lösungsmenge $L = \{-2; 2\}$

Textaufgaben lösen

Lies die Aufgabe sorgfältig und markiere wichtige Angaben. Beachte folgende Schritte:

1. Notiere gegebene Daten/Größen.
2. Benenne die gesuchte Größe.
3. Erstelle, wenn nötig, eine farbige Skizze.
4. Wähle ein Lösungsverfahren, z.B. Tabelle oder Gleichung.
5. Wende das Verfahren an und bestimme die gesuchten Größen.
6. Führe die Probe durch.
7. Notiere einen Antwortsatz.

Der Umfang eines Rechtecks beträgt 19 m, die Seite b ist 3 m lang.
Wie lang ist die Seite a?

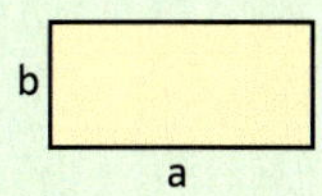

Gegeben: $u = 18\,m$
$b = 3\,m$

Gesucht: a $(G = \mathbb{Q}^+)$

$$\begin{aligned} u &= 2a + 2b \\ 19\,m &= 2a + 2 \cdot 3\,m \quad &&| \text{ T} \\ 19\,m &= 2a + 6\,m &&| -6\,m \\ 13\,m &= 2a &&| :2 \\ a &= 6{,}5\,m &&(6{,}5 \in \mathbb{Q}^+) \end{aligned}$$

Probe: $19\,m = 2 \cdot 6{,}5\,m + 2 \cdot 3\,m = 13\,m + 6\,m$

Antwort: Die Seite a ist 6,5 m lang.

Üben • Anwenden • Nachdenken

1 Löse die Gleichung.

a) $9x + 1 = 10$ b) $9x + 100 = 1000$
c) $5x - 10 = 490$ d) $5x - 1 = 49$
e) $x : 3 = 100$ f) $x \cdot 3 = 111$

2 Sind die Gleichungen äquivalent?

a) $6x + 15 = 33$ und $6x - 6 = 12$
b) $5x = 20$ und $2x + 12 = 20$
c) $y - 13 = 12$ und $2y = 48$
d) $41 - 9y = -31$ und $-5 - 7x = -61$

3 Gib die Lösung an.

a) $\frac{1}{2}x + 4 = 13$ b) $\frac{1}{3}x + 7 = 11$
c) $\frac{3}{5}x + 4 = 25$ d) $\frac{1}{2}x - 3 = -5\frac{1}{2}$
e) $\frac{3}{4}x + 9 = 10\frac{1}{2}$ f) $7 + \frac{5}{4}x = 12$
g) $-9 + \frac{1}{12}x = -3$ h) $\frac{1}{24}x - 25 = -22$
i) $-\frac{1}{12} + \frac{3}{8}x = \frac{5}{12}$ j) $\frac{3}{10} + \frac{3}{5}x = \frac{7}{10}$

4 Fülle die Lücken so aus, dass äquivalente Gleichungen entstehen.

a) $4x =$ □
$x = 2$
$x + 3 =$ □

b) $2x =$ □
$x = 15$
$x - 8 =$ □

c) $7x =$ □
$x = -4$
$x + 5 =$ □

d) $x + 3 =$ □
$x = 9$
$2x + 3 =$ □

e) $x - 8 =$ □
$x = 5$
$3x + 1 =$ □

f) x □ $= 12$
$x = -7$
$3x$ □ $= -30$

5 Erfinde interessante Gleichungen.

Beispiel:
$x = 2$
$\cdot 2$ ↓ ↑ $: 2$
$2x = 4$
$+1$ ↓ ↑ -1
$2x + 1 = 5$

a) $x = 3$ b) $x = 1$ c) $x = -4$
d) $x = -10$ e) $x = 2{,}5$ f) $x = \frac{3}{4}$

6 Verpacke die Zahl in einer Gleichung. Verpacke mindestens dreimal.

a) 3 b) 1 c) −2 d) −22
e) 0 f) 2,5 g) $\frac{1}{2}$ h) $-\frac{1}{3}$

7 Stelle zu jedem Stab auf dem Rand eine Gleichung auf und bestimme die Länge x.

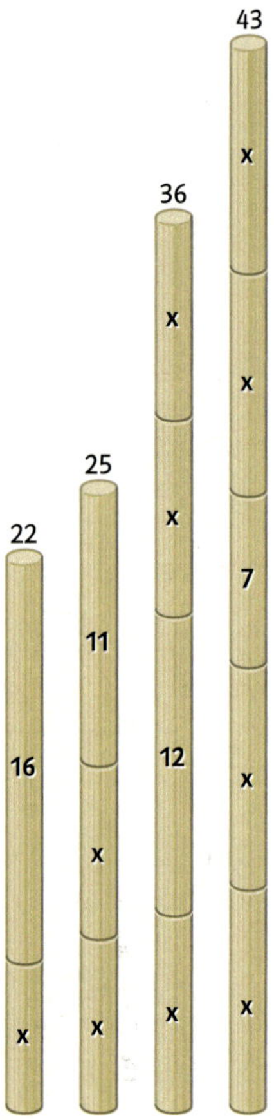

8 Bestimme die Lösung, ohne umzuformen.

a) $1 \cdot x = 1$ b) $1 \cdot x = 0$
c) $0 \cdot x = 1$ d) $0 \cdot x = 0$
e) $2 \cdot x = 0$ f) $2 \cdot x = 2$

9 Löse die Gleichung.

a) $\frac{3}{5} + \frac{1}{2}y = \frac{9}{10}$ b) $\frac{5}{6} - \frac{4}{3}y = \frac{2}{3}$
c) $\frac{3}{4} = \frac{3}{2} - \frac{3}{8}y$ d) $\frac{4}{5} - \frac{3}{20}y = \frac{3}{4}$
e) $-\frac{2}{15}y + \frac{4}{9} = 1\frac{1}{3}$ f) $-1\frac{1}{6} = -\frac{9}{10} - \frac{1}{15}y$

10 Wie heißt die Lösung?

a) $12y = 4y + 4$
b) $10y - 31 = 9y$
c) $13y - 80 = -7y$
d) $6y + 45 = -3y$
e) $4x + 1 = 2x + 17$
f) $15x + 4 = 5x - 66$
g) $4{,}7x - 3{,}2 = 1{,}1x + 7{,}6$
h) $5{,}5x - 9x + 9 = 13{,}5 - 1{,}5x + 23{,}5$
i) $28{,}8x - 16 - 21{,}42 = 21{,}7x - 16{,}12$

11 Ergänze so, dass die Gleichung die angegebene Lösung hat.

a) $4x +$ □ $= x + 10$ $x = 3$
b) $3x +$ □ $= 7 + x$ $x = 2$
c) $2x + 9 =$ □ $+ 4x$ $x = 6$
d) $4x + 7 = 2x -$ □ $x = -5$
e) $5 - x = 3x -$ □ $x = 2$
f) □ $- 2x = 3x - 9$ $x = 3$
g) □ $+ 8x = 6x - 9$ $x = -3$
h) $-2x - 7 =$ □ $- 5x$ $x = -2$

12 Findest du Zahlen, die die Gleichung erfüllen?

a) $3x + 1 = 4x + 2 - x$
b) $8x = 3x + 5x$
c) $9x - 6 = 12x - 3x$
d) $7x - 2 = 5x - 3 + 2x + 1$

13 Was muss in die Gleichung
□ $\cdot x + 5 = 2x + 11$
für □ eingesetzt werden,
damit die Lösung die folgende Zahl ist?

a) 6 b) 3
c) −2 d) $\frac{1}{2}$
e) −1,5 f) −0,5

14 Die Lösungen ergeben ein Lösungwort. Dazu musst du die Zahlen auf das Alphabet übertragen und neu sortieren.
1 bedeutet A, 2 bedeutet B usw.

a) $2x - 7x + 9x = 21 - 8 + 19$
b) $4y - 6y - y = 2 - 19 - 4$
c) $3y - y - 5y = -6 + 8 - 38$
d) $6x + 7 - x = 11 - x + 26$
e) $8z + 21 + 2z = 10z - 15 + 2z$
f) $5{,}7 - 2x - 43{,}1 = 2{,}1 - 5x + 5{,}5$
g) $7y + 15 - 6y + 3 = 5y - 4 - 2y - 6$
h) $3z - 9 + 19z + 5 = 24 + 21z - 7$

15 Beim Umformen sind Fehler passiert.

a) $3x = 24$
$x = 21$

b) $\frac{x}{2} = 8$
$x = 4$

c) $x : 9 = 9$
$x = 1$

d) $11 = -x$
$x - 11 = 0$

e) $-y - 4 = 2y + 4$
$-y = 2y - 4$

f) $\frac{x}{2} - \frac{x}{5} = 3$
$5x - 2x = 13$

g) $10x + 11 = 7x + 22$
$10x = 7x + 33$

h) $\frac{x}{2} = x + 3$
$x = 2x + 3$

16 Die Lösungen stehen auf den Kärtchen.

a) $2(3x - 4) = 5x$
b) $-3(x - 5) = 15$
c) $6x = (5 - 2x) \cdot (-4)$
d) $6(4 - a) + 3a = 4a - 4$
e) $12(a - 1) = 52 - 14(a - 1)$
f) $6(4 + a) + 4(a - 18) = 12(2a + 3)$
g) $z - 2(z - 1) = 3z - (20 - 5z)$
h) $8(z + 3) + 7(z + 2) = 5z + 6(z + 1)$
i) $7z + 2(z - 12) = 2(z - 13) + 3(2z + 1)$
j) $7(4z - 11) - 5(1 + 2z) = 41 + 3(2z + 7)$

17 Welche Lösung gehört zu welcher Gleichung?

a) $\frac{2}{3} - \left(9x - \frac{1}{3}\right) = \frac{5}{3} - 11x$
b) $1 - \left(3x + \frac{2}{5}\right) = x - \left(\frac{9}{10} + 3x\right)$
c) $\frac{1}{8} - \left(4x - \frac{1}{8}\right) = \frac{1}{2} - \left(x + \frac{3}{2}\right)$

$\frac{5}{12}$
$\frac{1}{3}$
$\frac{3}{2}$

18 Stelle die Gleichung auf und löse sie.

a)
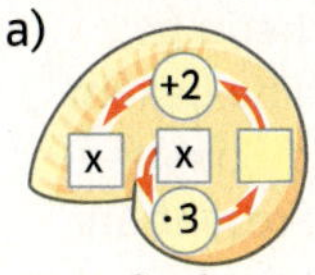

$x \cdot 3 + 2 = x$

b)
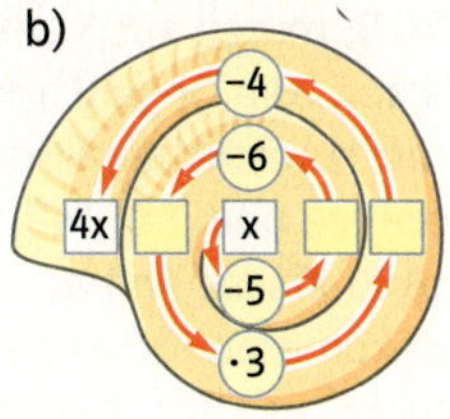

c)
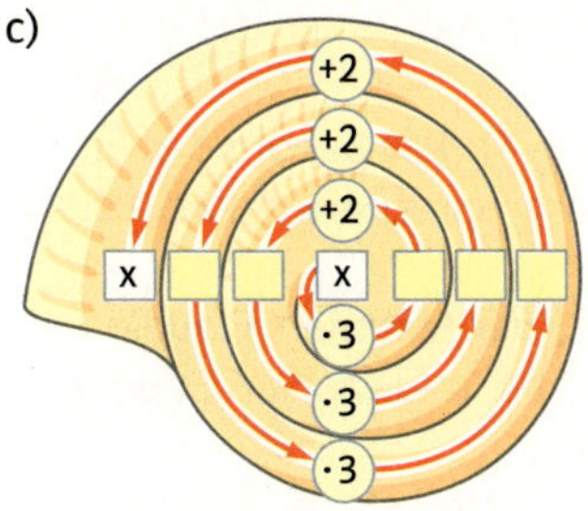

19 Löse die Gleichung.

a) $4(x - 1) = 16$
b) $7(x - 1) = 14$
c) $4(x + 1) = 20$
d) $3(5x - 10) = 0$
e) $5(4x - 15) = 25$
f) $4(7x - 10) = -40$
g) $4(3 - 2x) = -5x$
h) $5(8x - 12) = 25x$

20 Wie heißt die Lösung? Kommentiere dein Ergebnis.

a) $2x - 1 + 6(2x + 1) = 16x - (2x - 7)$
b) $3(x - 1) = 9x - 3(2x + 1)$
c) $10x - \left(\frac{1}{2} + 3x\right) = 2\left(\frac{7}{2}x - \frac{3}{4}\right)$
d) $x + \frac{1}{3} - \frac{3x + 2}{15} = 1$
e) $-\frac{1}{2}(x + 5) + \frac{7x + 35}{14} = 0$
f) $\frac{-2x - 3}{22} - \frac{1}{11} = -\left(\frac{3}{2}x - \frac{31x - 5}{22}\right)$

21 Löse die Gleichung.

a) $-\frac{1}{4}(12 + 8y) = \frac{1}{2}(y - 1)$
b) $3 + \frac{1}{2}(2 + 3y) = -2(-y)$
c) $3\left(\frac{1}{2}y - 1\right) - 2\left(6 - \frac{3}{2}y\right) = 0$
d) $4\left(\frac{1}{2}y - \frac{3}{2}\right) - \left(\frac{3}{5} - y\right) = \frac{4}{5}y$

22 Multipliziere mit einem gemeinsamen Nenner.
Suche den kleinstmöglichen Nenner.

a) $\frac{x - 4}{2} = \frac{x - 1}{3}$
b) $\frac{x - 5}{2} = \frac{x + 5}{3}$
c) $\frac{x + 3}{10} = \frac{x - 6}{7}$
d) $\frac{x - 4}{2} = \frac{4 - x}{3}$
e) $\frac{2x - 1}{3} = \frac{6 - 2x}{2}$
f) $\frac{x - 5}{4} = 2 \cdot \frac{5 - x}{3}$

23 a) In der Klasse 7a wurde Chris mit 14 Stimmen zur Klassensprecherin gewählt. Die Gegenkandidatin Nina bekam die 11 restlichen Stimmen. Gib Stimmenanteile und ihre Differenz in Prozent an.
b) In Klasse 7b hat Caro 34 % der Stimmen bekommen. Doreen bekam 8 Stimmen mehr als Caro. Wie viele Schülerinnen und Schüler hat die Klasse?

24 In der Klasse 7c gibt Sandra das Ergebnis der Klassensprecherwahl als Rätsel bekannt:
Zwetka bekam $\frac{2}{5}$ der Stimmen, Claudio halb so viele wie Zwetka und Mona 6 Stimmen mehr als Claudio.
Auf einem Stimmzettel stand „Pumuckl“.
Christian hat trotzdem schnell herausgefunden, wer gewählt wurde.

25 a) Aus einer solchen Zeitungsmeldung kannst du die Anzahl der abgegebenen Stimmen ermitteln.

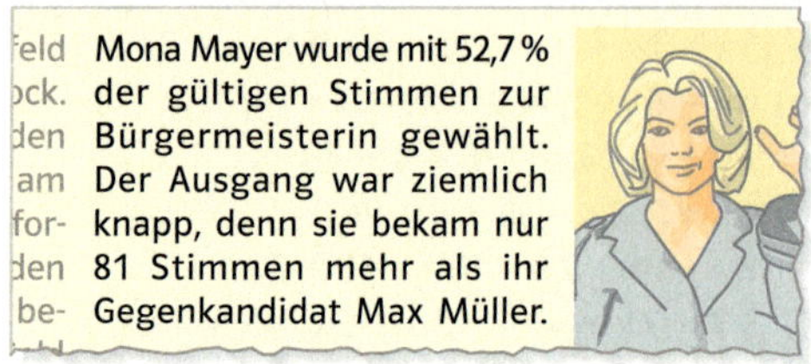
Mona Mayer wurde mit 52,7 % der gültigen Stimmen zur Bürgermeisterin gewählt. Der Ausgang war ziemlich knapp, denn sie bekam nur 81 Stimmen mehr als ihr Gegenkandidat Max Müller.

b) In der Praxis müssen Prozentzahlen oft gerundet werden. Die Prozentzahl 52,7 % wird auch gemeldet, wenn es 52,74 % oder 52,65 % waren. Innerhalb welcher Grenzen liegt die Anzahl der abgegebenen Stimmen?
Es gibt mehr als einen Lösungsweg.
Gib dich nicht mit einem zufrieden.

„Nach Adam Riese …“

… sagt man, wenn man von einem Rechenergebnis felsenfest überzeugt ist. Der berühmte Rechenmeister Adam Ries (so hieß er in Wirklichkeit) schrieb das erste deutsche Rechenbuch im Zehnersystem statt mit den unhandlichen römischen Ziffern.
Es wurde mehr als hundertmal aufgelegt.
Als „Churfürstlich sächsischer Hofarithmeticus“ in Annaberg (Erzgebirge) verfasste er eine „Brotordnung“ über reelle Preise und Gewichte von Brot.
In seinem Buch Coß lehrte Ries das Lösen von Gleichungen. Das Wort „Coß“ kommt vom lateinischen „cosa“ und bedeutet Ding oder Sache. Wir sagen heute Variable und schreiben dafür Buchstaben wie x, y, a, b.

Adam Ries (1492 – 1559)

Hier zwei Aufgaben aus einem Rechenbuch von Adam Ries:

- Einer hat Äpfel gekauft. Er begegnet drei Mädchen. Dem ersten gibt er die Hälfte und zwei Äpfel dazu. Bleiben ihm noch einige. Von denen gibt er dem zweiten Mädchen die Hälfte und noch zwei dazu. Er hat immer noch Äpfel. Von diesen gibt er dem dritten Mädchen wieder die Hälfte und zwei dazu. Bleibt ihm einer, den isst er. Wie viele Äpfel hat er gekauft?
- Einer ist zu Geld gekommen. Ein Drittel davon verspielt er. Für vier Gulden kauft er sich Schuhe. Vom Rest kauft er Waren und verkauft sie wieder. Dabei verliert er ein Viertel. Am Ende bleiben ihm 20 Gulden.

Rückspiegel

1 Löse die Gleichung.

a) $4x + 5 = 21$ b) $6x + 7 = 43$
c) $3x - 12 = 15$ d) $9x - 41 = -5$
e) $-23 + 4x = 7$ f) $-1 = -19 - 6x$

2 Löse.

a) $\frac{2}{5}x - \frac{1}{10} = \frac{7}{10}$ b) $\frac{2}{3}x + \frac{4}{9} = \frac{7}{9}$
c) $-\frac{1}{5} + \frac{1}{10}x = \frac{2}{5}$ d) $\frac{3}{8}x - \frac{1}{4} = \frac{1}{2}$
e) $\frac{3}{4}y - \frac{4}{5} = \frac{7}{10}$ f) $\frac{2}{5}y - \frac{3}{4} = \frac{17}{20}$

3 Wo steckt der Fehler? Erkläre.

a) $x + 28 = 4$
$x = 24$

b) $x + 5 = 20$
$x = 25$

c) $3x = 18$
$x = 54$

d) $22x = 22$
$x = 0$

4 Wie heißt die Lösung?

a) $(4 - 5x) + (10 + 6x) = 8$
b) $12 = (25 - x) - (19 - 2x)$
c) $3x - (19 - 4x) + 14 = 7x - (2x - 7)$
d) $15(24 - 2u) = 15u$
e) $(3u - 5)7 = 7 + 7u$
f) $3(2u - 18) - 4 = 3u - 4(3u - 8)$

5 Die Summe aus einer Zahl und dem um 4 vermehrten Doppelten der Zahl ist ebenso groß wie die um 50 vermehrte Zahl. Wie heißt die Zahl?

6 Heute ist Karen 6-mal so alt wie sie vor 10 Jahren war.

7 Sonja und ihr Vater sind heute zusammen 56 Jahre alt. Vor 8 Jahren war der Vater 3-mal so alt wie Sonja.

8 Berechne den Umfang und die nicht angegebenen Seiten des Dreiecks.

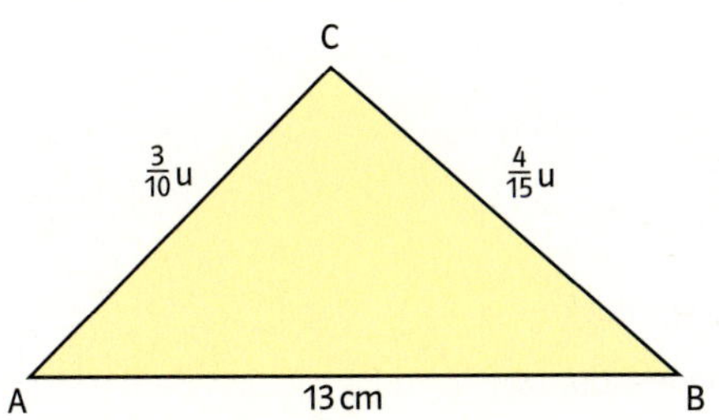

1 Löse die Gleichung.

a) $12x - 49 = -1$ b) $55 - 5x = 40$
c) $81 - 3x = -57$ d) $-83 = -12y - 35$
e) $61 = -26y + 22$ f) $2{,}5 + 14y = -3{,}1$

2 Löse.

a) $\frac{3}{5}x - \frac{1}{4} = \frac{7}{20}$ b) $\frac{1}{4}x + \frac{1}{6} = \frac{2}{5}$
c) $\frac{1}{3}x - \frac{2}{3} = \frac{1}{2} + \frac{1}{8}x$ d) $1\frac{1}{2} - \frac{1}{2}x = \frac{3}{4}x - 1$
e) $\frac{1}{2} + \frac{2}{3}x = \frac{5}{3} - \frac{1}{2}x$ f) $\frac{4}{5}x - 1 = -\frac{4}{3}x + \frac{17}{15}$

3 Wo steckt der Fehler? Erkläre.

a) $10x = 20$
$x = 10$

b) $14x = 7$
$x = 2$

c) $5 + 4x = 27$
$9x = 27$

d) $1\frac{1}{2}x - x = x + 2$
$1\frac{1}{2} = x + 2$

4 Wie heißt die Lösung?

a) $6x - (8x - 10) = 87 - (21 + 10x)$
b) $7 - (10 - 8x) = 23 - (4 + 14x)$
c) $(19x - 17) - (3x - 72) = -13 + (13x + 83)$
d) $3(y + 1) + 60y = 49 + 40y$
e) $11 - 6(6y - 1) + 3(2 + y) = 8 - 3y$
f) $8(2y - 1) - 17(3 - y) = 16(-3y - 2)$

5 Dividiert man eine Zahl durch 6, addiert zum Ergebnis 5 und multipliziert das neue Ergebnis mit 3, so erhält man wieder die ursprüngliche Zahl. Wie heißt die Zahl?

6 In 20 Jahren wird Karen 9-mal so alt sein, wie sie vor 4 Jahren war.

7 Anna ist 3-mal so alt wie Maria. In 10 Jahren wird sie doppelt so alt sein, wie Maria in 8 Jahren sein wird.

8 Berechne die Winkel des Dreiecks.

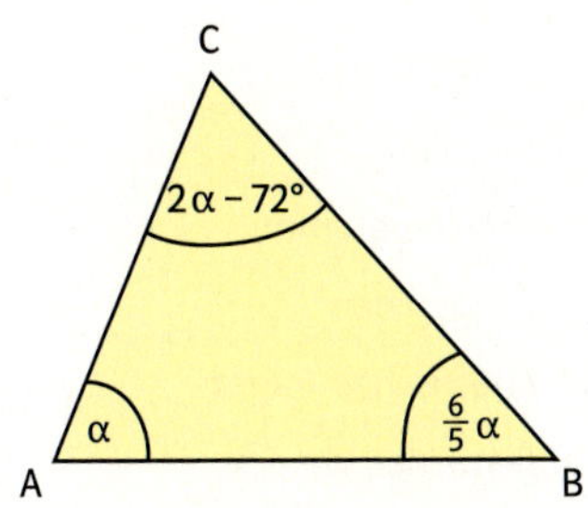

Vierecke legen und bewegen

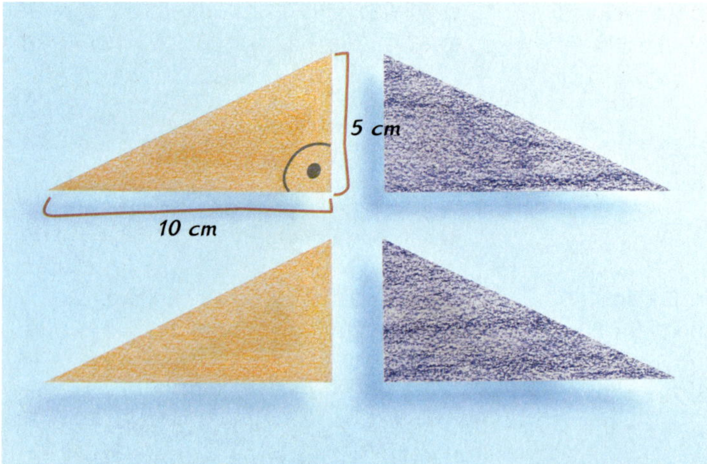

Schneide aus Karton vier gleiche Dreiecke aus. Färbe Vorder- und Rückseite unterschiedlich.

- Aus diesen Dreiecken kannst du verschiedene Arten von Vierecken legen. Du darfst auch Dreiecke wenden.
- Quadrat und Rechteck findest du sicher schnell.
- Um andere Vierecke zu finden, musst du vielleicht länger probieren.
- Am schwierigsten ist ein Viereck zu finden, das nicht achsensymmetrisch ist und auch keine parallelen Seiten hat.
- Wer nicht ausschneiden möchte, kann mit einem Geometrie-System am PC arbeiten.

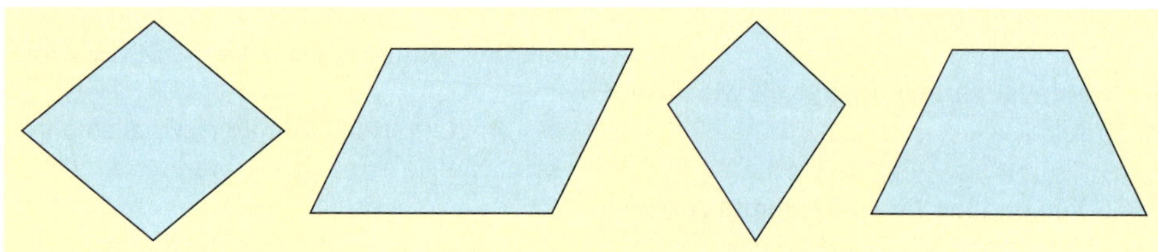

Vierecksart	Besondere Formen der Vierecksart
Quadrat	
Rechteck	Quadrat
Raute	
Parallelogramm	
Drachen	
symmetrisches Trapez	Quadrat, Rechteck
allgemeines Viereck	Quadrat oder findest du mehr?

- Ist die Tabelle vollständig?

Aus Kartonstreifen kannst du bewegliche Vierecke bauen. Untersuche, wie sich die Form der Vierecke durch Bewegungen ändert.
Metallbänder, wie du sie im Technik-Baukasten finden kannst, geben stabilere Gelenkvierecke.

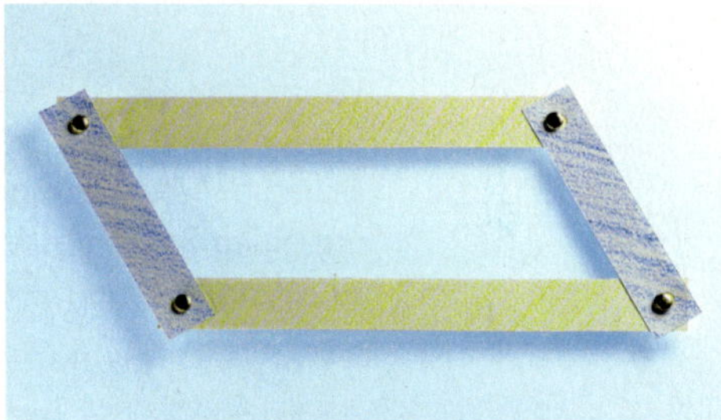

In vielen technischen Gegenständen findest du Gelenkvierecke. Beschreibe sie und versuche zu erklären, warum sie eingebaut sind. Findest du noch mehr Gelenkvierecke?

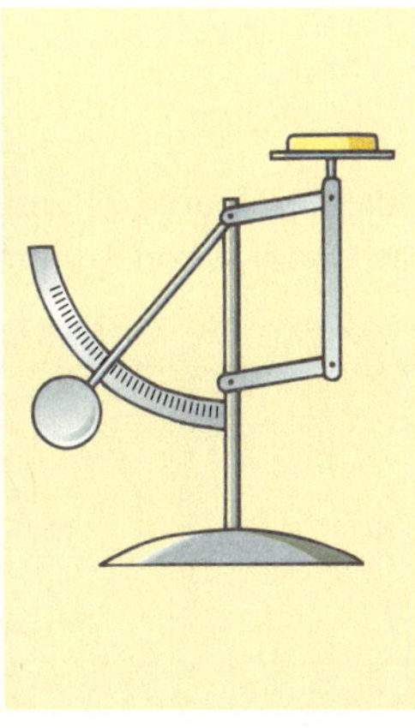

In diesem Kapitel lernst du,

- wie die besonderen Vierecke verwandt sind,
- dass die Winkelsumme in allen Vierecken dieselbe ist,
- wie man Vierecke nach Vorgabe zeichnet,
- wie man regelmäßige Vielecke zeichnet,
- was kongruente Abbildungen sind.

1 Haus der Vierecke

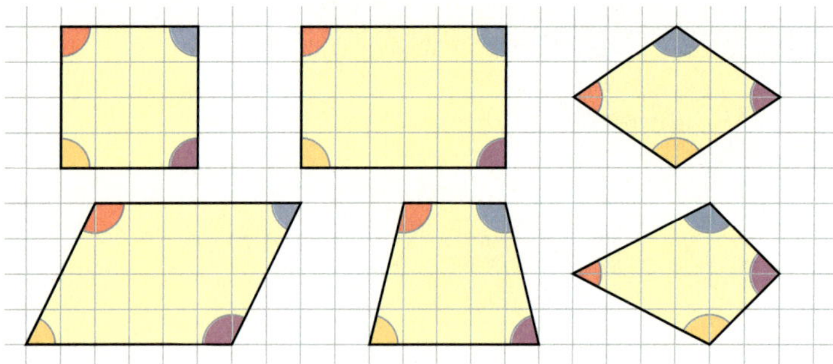

→ Schneide von jedem Viereck genau zwei Stück aus. Färbe die Ecken.
→ Wie viele Möglichkeiten gibt es jeweils, das zweite Viereck genau auf das erste zu legen?
Du darfst das zweite Viereck auch wenden.

Wenn man ein achsensymmetrisches Viereck an einer **Symmetrieachse** spiegelt, deckt das Spiegelbild das ursprüngliche Viereck genau zu.
Manche Vierecke haben auch **Drehpunkte** mit **Symmetriewinkeln**. Dreht man das Viereck um einen Symmetriewinkel, deckt das gedrehte Viereck das ursprüngliche Viereck genau zu. Wenn es einen Drehpunkt gibt, ist dies immer der Schnittpunkt der Diagonalen.

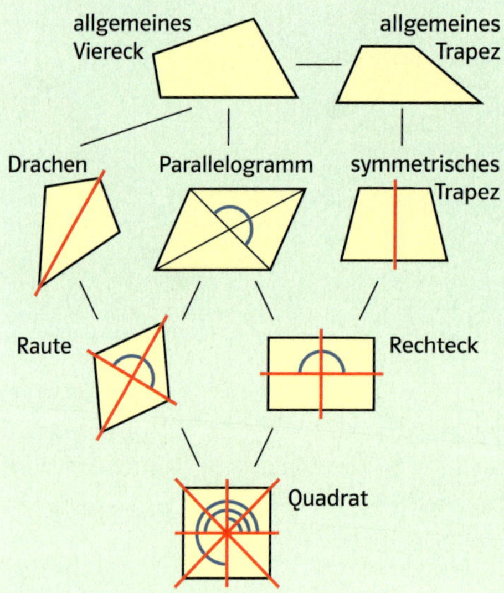

Vierecke mit Symmetrie heißen **besondere Vierecke**. Sie werden in das **Haus der Vierecke** einsortiert. Längs der Striche kommen von oben nach unten immer mehr Symmetrien dazu.

Jedes Viereck hat auch immer die Eigenschaften der über ihm stehenden Vierecke, wenn sie durch einen Strich verbunden sind.

Das allgemeine Trapez muss keine Symmetrien haben, aber zwei parallele Seiten.

Beispiele

a) Der Eckpunkt A und der Mittelpunkt M eines Quadrats sind gegeben. Die Bilderfolge zeigt, wie man daraus das Quadrat konstruieren kann.

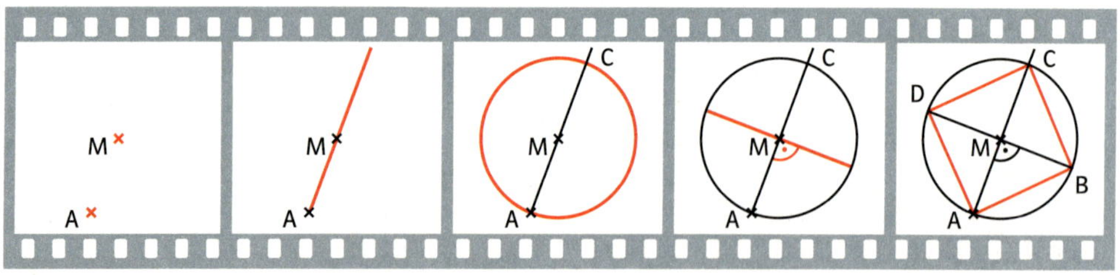

b) Die Diagonalen einer Raute sind 8 cm und 6 cm lang. Da sie aufeinander senkrecht stehen und sich gegenseitig halbieren, lässt sich aus diesen Angaben die Raute konstruieren.

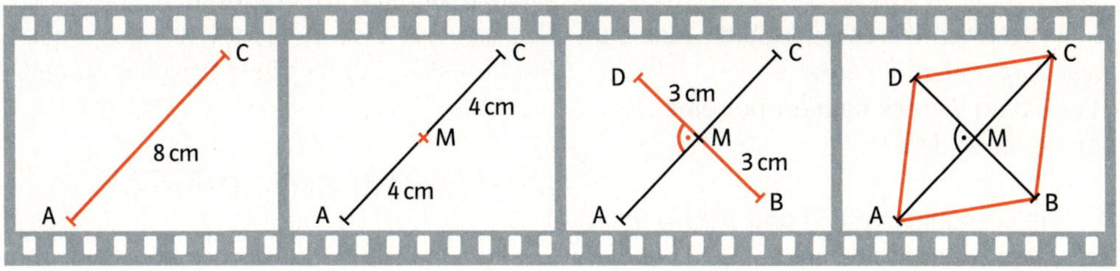

Aufgaben

1 In der Figur ist das Rechteck KMOJ versteckt.
Du musst schon genauer hinsehen, um den Drachen EFND zu entdecken.
Suche möglichst viele besondere Vierecke.

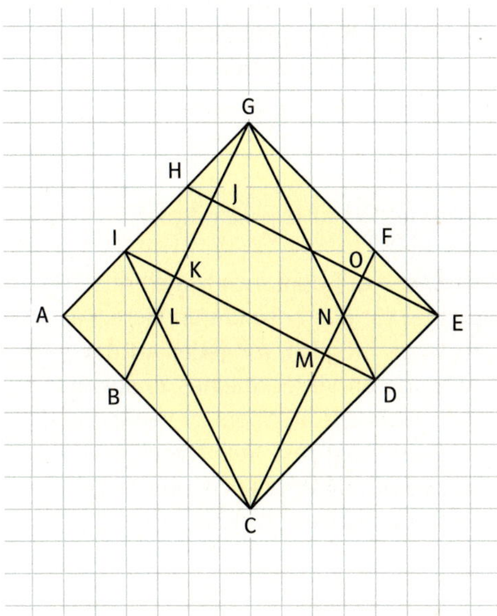

2 Konstruiere das Quadrat ABCD
a) mit dem Eckpunkt A(3|2) und dem Mittelpunkt M(6|5).
b) mit dem Eckpunkt A(4|1) und dem Mittelpunkt M(6|5).
c) mit den Eckpunkten B(8|2) und D(2|6).

3 Zeichne das Parallelogramm ABCD mit den Eckpunkten
a) A(2|4); B(7|1); C(10|3).
b) A(−2|−2); B(7|1); C(8|7).

4 Das Quadrat lässt sich durch einen geraden Schnitt auf verschiedene Arten zerlegen: in zwei
- gleiche Rechtecke
- verschiedene Rechtecke
- gleiche Trapeze
- verschiedene Trapeze.

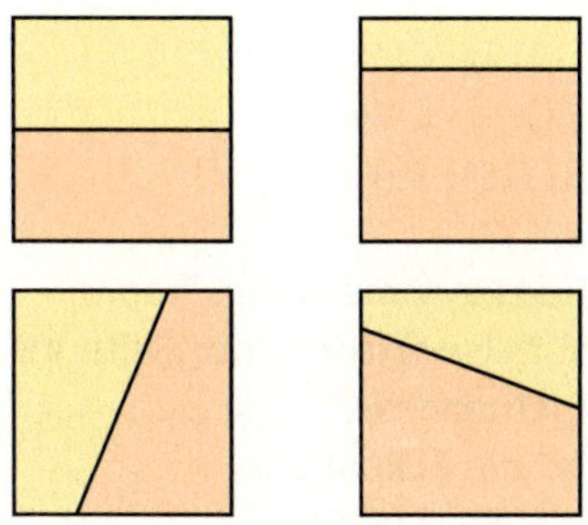

a) Welche Vierecke kannst du bekommen, wenn du ein Rechteck auf diese Weise zerlegst?
b) Untersuche auch die anderen besonderen Vierecke.

5 Der Filmstreifen verrät dir, wie du ein Parallelogramm in zwei gleiche symmetrische Trapeze zerlegen kannst. Probiere dies an verschiedenen Parallelogrammen aus. Gelingt die Zerlegung immer?

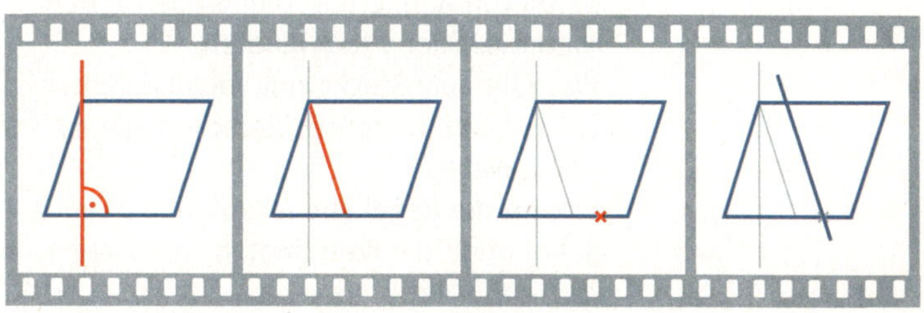

Welche Dreiecke und Vierecke findest du am Gittermast?

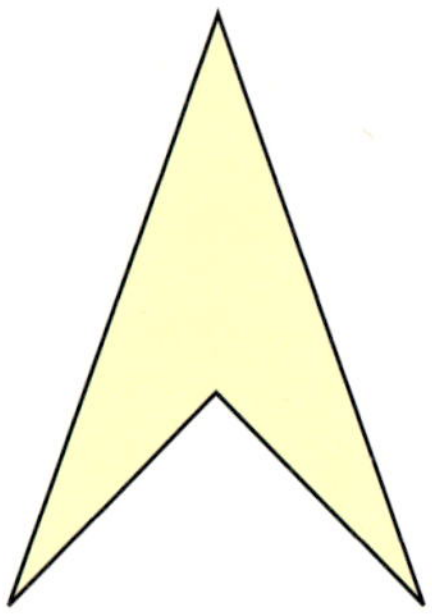

Warum ist auch ein Pfeilviereck ein Drachen?

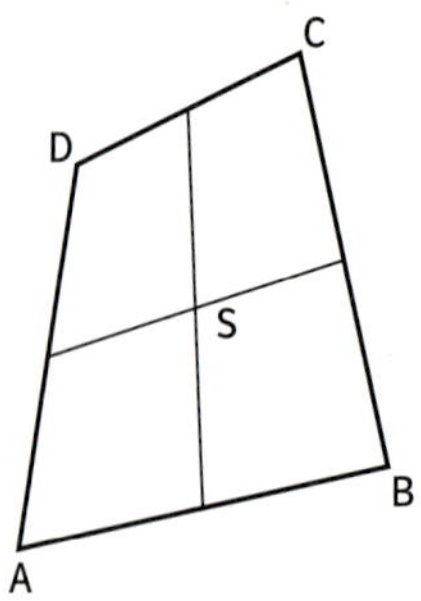

6 Zeichne eine Raute mit einer 10 cm langen und einer 5 cm langen Diagonale.

7 In welchen Vierecken halbiert jede der zwei Diagonalen die andere?
In welchem Viereck halbiert nur eine Diagonale die andere?

8 Die Eckpunkte A(1|3) und B(8|4) und der Diagonalenschnittpunkt S(5|5) des Paralellogramms ABCD sind gegeben.
Zeichne das Parallelogramm und schreibe auf, wie du vorgegangen bist.

9 Die Seite $\overline{AB}$ des Parallelogramms ABCD ist 7 cm lang, die Diagonale $\overline{AC}$ ist 10 cm lang und die Diagonale $\overline{BD}$ ist 6 cm lang. Zeichne das Parallelogramm.

10 Zeichne den Drachen ABCD mit der Symmetrieachse durch A und C und den Eckpunkten
a) A(1|1); B(9|2); C(10|7).
b) A(6|6); B(7|1); C(10|2).
c) A(2|2); B(9|5); C(6|6).

11 Zeichne das symmetrische Trapez ABCD. Die Mittelsenkrechte der Seite $\overline{AB}$ ist die Symmetrieachse.
Gegeben sind die Eckpunkte
a) A(1|1); B(9|5); C(5|8).
b) A(1|4); B(10|1); C(9|3).

12 a) Zeichne zwei allgemeine Vierecke mit den Eckpunkten
- A(−6|−2); B(2|−6); C(0|1); D(−8|3),
- A(−3|−3); B(5|−2); C(3|5); D(−1|3).

Verbinde die Mittelpunkte gegenüberliegender Seiten. Welche Koordinaten hat der Schnittpunkt S der zwei Verbindungsstrecken?
b) Berechne den Mittelwert der x-Koordinaten von A, B, C und D und ebenso den Mittelwert der y-Koordinaten.
Was fällt auf? Steckt eine Regel dahinter?
c) Experimentiere mit Vierecken, die du selbst wählst.
Stimmt die Regel aus Teilaufgabe b) auch dann, wenn die Koordinaten von S keine ganzen Zahlen sind?

13 Die Bilder zeigen die drei Möglichkeiten, drei gegebene Punkte zu einem Parallelogramm zu ergänzen.

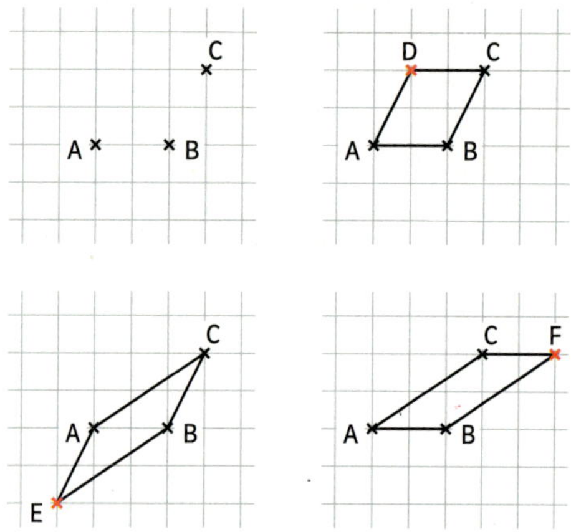

Gegeben sind A(2|3); B(7|2); C(5|5).
Zeichne jedes der drei Parallelogramme einzeln und dann alle drei in einer einzigen Figur.

Symmetrie auf engstem Raum

- Suche auf dem 4 × 4-Nagelbrett Eckpunkte für alle besonderen Vierecke.
- Ist es möglich, von jeder Art der besonderen Vierecke eines zu spannen und dabei alle 16 Nägel zu verwenden?
- Statt möglichst viele Nägel zu verwenden, kannst du auch eine möglichst sparsame Lösung suchen.

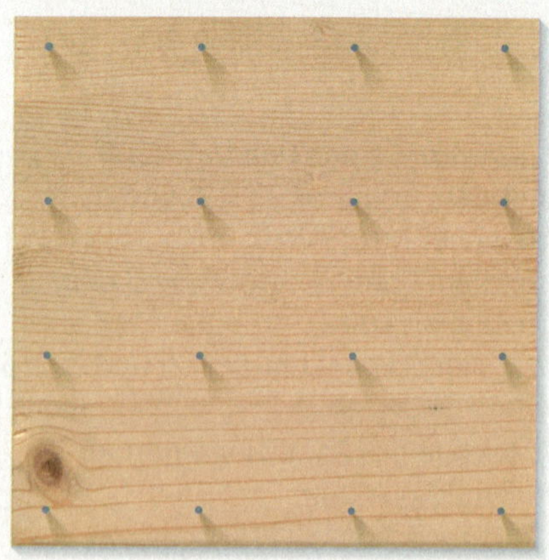

2 Vierecke. Winkelsumme

Es ist nicht schwer, im Quadratgitter gleiche Parallelogramme oder gleiche Trapeze lückenlos aneinander zu fügen.

→ Geht es auch mit Drachen?
Zeichne oder schneide aus und lege.
→ Schneidet gemeinsam gleiche allgemeine Vierecke aus und legt sie lückenlos zusammen. Welche Winkel stoßen immer aneinander? Was erkennst du daraus?

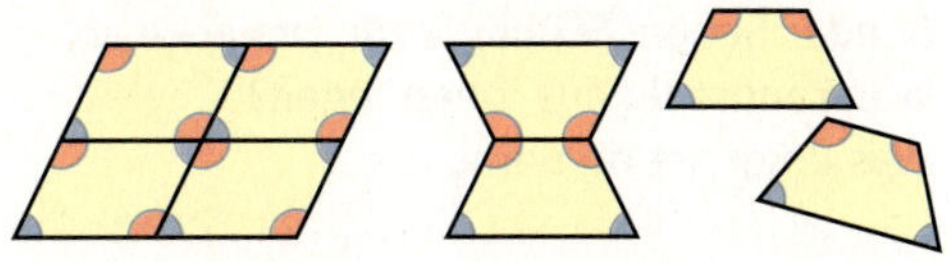

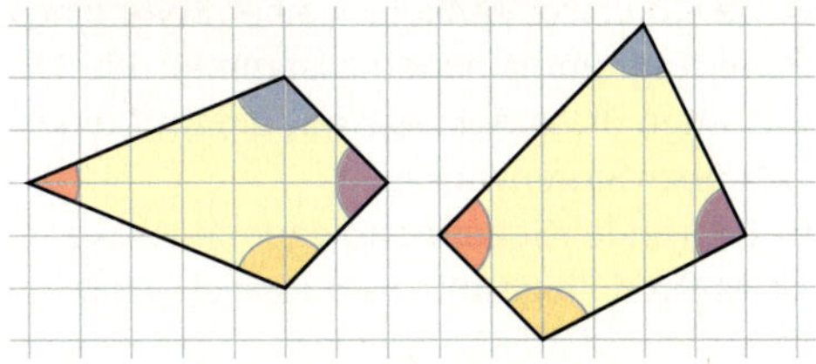

Jedes Viereck, auch ein eingedrücktes, lässt sich durch eine Diagonale in zwei Dreiecke zerlegen.
Seine Winkel sind daher zusammen so groß wie die Winkel dieser Dreiecke.
Die Winkelsumme beträgt also
$2 \cdot 180° = 360°$.

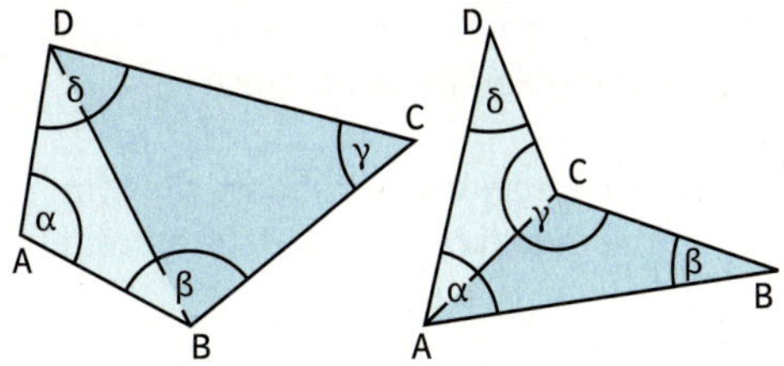

In jedem Viereck beträgt die **Winkelsumme** 360°.
Es gilt also $\alpha + \beta + \gamma + \delta = 360°$.

Beispiel
Ein allgemeines Viereck hat die Winkel
$\alpha = 70°$; $\beta = 50°$; $\gamma = 140°$.
Der vierte Winkel lässt sich berechnen:
$\alpha + \beta + \gamma + \delta = 360°$
$70° + 50° + 140° + \delta = 360°$
$260° + \delta = 360°$
$\delta = 100°$

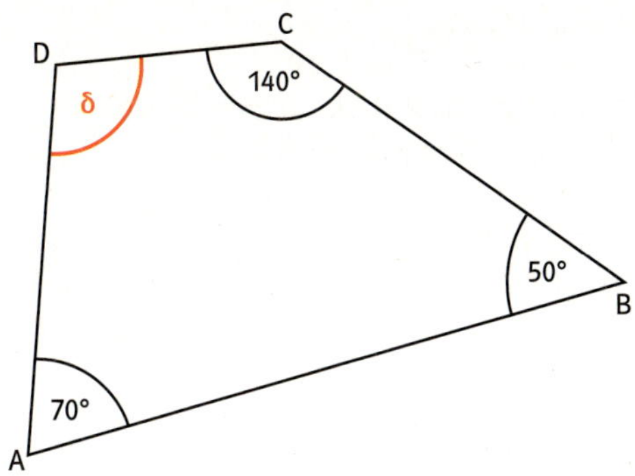

Aufgaben

1 Von einem Viereck sind drei Winkel gegeben. Wie groß ist der vierte Winkel?

	α	β	γ	δ
a)	100°	80°	50°	
b)	82°	45°	112°	
c)		92°	48°	90°

2 Zeichne das Viereck ins Heft und miss die Winkel.
Stimmt die Winkelsumme?
a) A(1|1); B(10|1); C(9|9); D(2|5)
b) A(−5|1); B(3|0); C(2|6); D(−5|8)
c) A(2|3); B(10|1); C(10|10); D(0|8)
d) A(−3|0); B(8|−1); C(2|2); D(4|8)
e) A(−6|−1); B(0|0); C(4|7); D(−2|6)

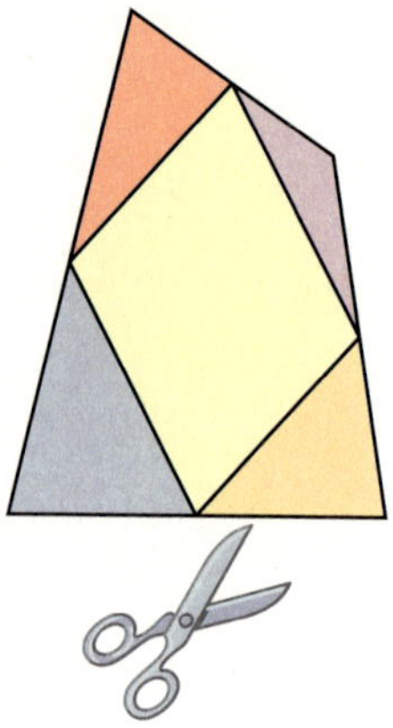

3 Zeichne ein allgemeines Viereck. Verbinde die Mittelpunkte aneinander stoßender Seiten. Schneide die Dreiecke ab. Was kannst du aus ihnen legen? Was erkennst du daraus?

4 a) Die zwei Winkel an einer Seite eines Parallelogramms haben zusammen 180°. Bestätige diese Aussage mit einem Merksatz über Stufenwinkel.
b) Begründe: Gegenüberliegende Winkel eines Paralellogramms sind gleich groß.

5 a) Formuliere Aussagen über die Winkel im symmetrischen Trapez.
b) Begründe die Aussagen aus a).

6 Begründe an der Figur, dass die Winkelsumme in jedem Viereck 360° beträgt.

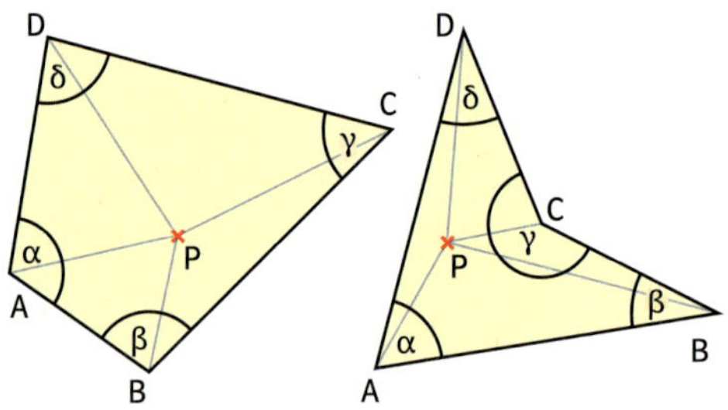

7 Wie groß sind die rot markierten Winkel der besonderen Vierecke?

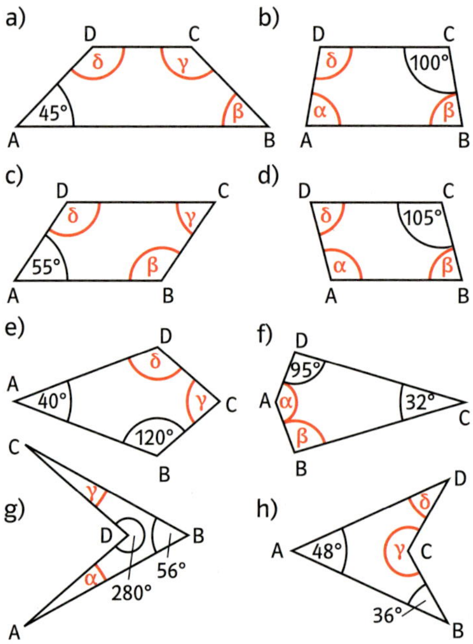

8 Berechne die rot markierten Winkel.

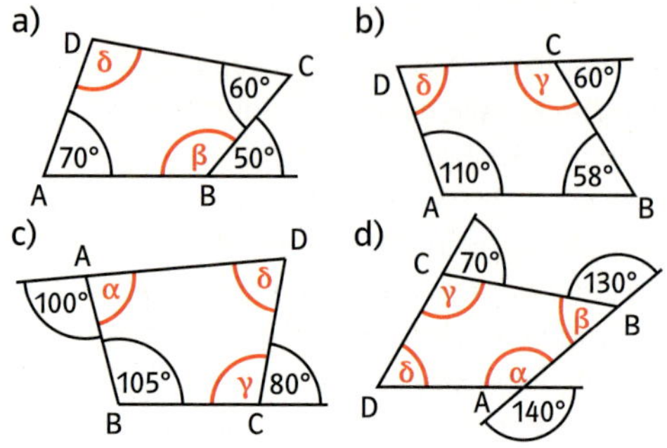

9 Berechne die Viereckswinkel.
a) Winkel β ist doppelt so groß wie α, Winkel γ ist dreimal so groß wie α, Winkel δ ist viermal so groß wie α.
b) Winkel β ist doppelt so groß wie α, Winkel γ ist doppelt so groß wie β, Winkel δ ist doppelt so groß wie γ.
c) Winkel β ist um 20° größer als α, Winkel γ ist um 20° größer als β, Winkel δ ist um 20° größer als γ.
d) Winkel β ist halb so groß wie α, Winkel γ ist halb so groß wie β, Winkel δ ist halb so groß wie γ.
e) Stelle selbst solche Aufgaben.

Weißt du wie viel Rauten ...

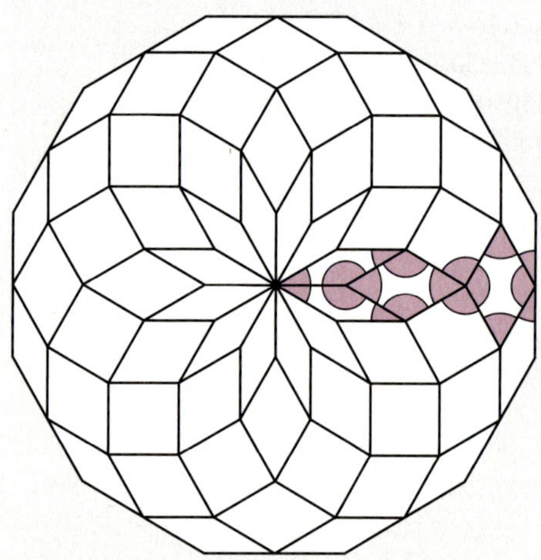

Wie groß sind die Winkel? Arbeite dich von innen nach außen durch. Der dritte Ring von innen besteht aus Quadraten.

3 Vierecke konstruieren

Du hast zwei 15-cm-Streifen und vier 10-cm-Streifen.

→ Wie viele Möglichkeiten gibt es, aus vier der sechs Streifen besondere Vierecke herzustellen?

→ Wie viele Möglichkeiten gibt es für allgemeine Vierecke?

Zwei kurze Streifen sind schon fest miteinander verbunden und lassen sich nicht mehr gegeneinander drehen.

→ Wie viele Möglichkeiten gibt es noch, aus dem abgewinkelten Teil und zwei der übrigen Streifen besondere und allgemeine Vierecke herzustellen?

Während ein Dreieck durch drei Seiten festgelegt ist, genügen vier Seiten nicht, um ein Viereck festzulegen.
Man braucht fünf Stücke, davon mindestens einen Winkel und mindestens zwei Seiten.

Seiten und Winkel heißen zusammen auch „Stücke".

Zur Konstruktion eines Vierecks gehören
- die Planfigur,
- die Konstruktionszeichnung,
- die Konstruktionsbeschreibung.

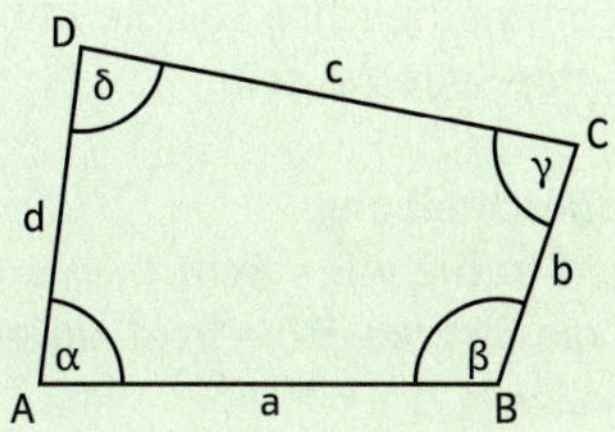

Beispiele

a) Zu konstruieren ist ein Viereck ABCD mit den Seitenlängen
$a = 8\,cm$; $b = 6\,cm$; $c = 11\,cm$
und den Winkeln
$\beta = 100°$; $\gamma = 70°$.
Zeichne zunächst die Planfigur und fertige danach die Konstruktionsbeschreibung und Konstruktionszeichnung an. Ist das Viereck eindeutig?

Gegeben: a, b, c, β, γ

Planfigur

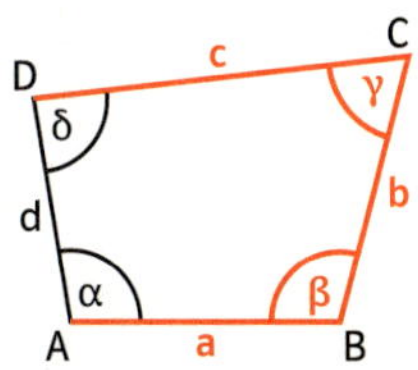

Konstruktionsbeschreibung
1. Zeichne die Strecke $\overline{AB} = 8\,cm$.
2. Trage in B die Strecke $\overline{BC} = 6\,cm$ unter einem Winkel von $\beta = 100°$ ab.
3. Trage in C die Strecke $\overline{CD} = 11\,cm$ unter einem Winkel von $r = 70°$ ab.
4. Zeichne die Strecke $\overline{AD}$.

Es gibt nur ein solches Viereck.

Konstruktionszeichnung

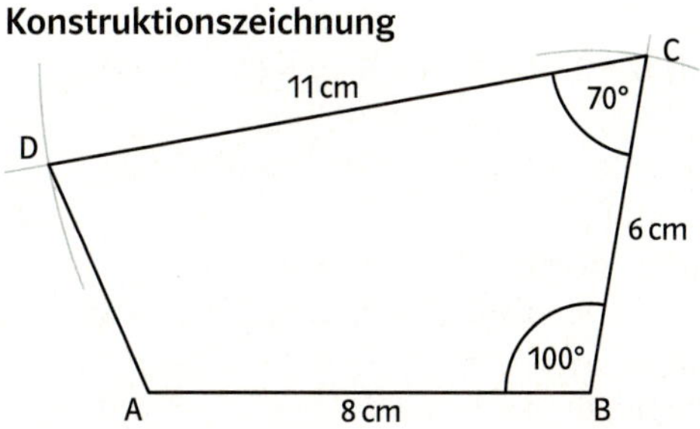

b) Zu konstruieren ist ein Viereck ABCD mit den Seitenlängen
$a = 9\,cm$; $b = 5\,cm$; $c = 6\,cm$
und den Winkeln
$\alpha = 80°$; $\beta = 60°$.

Gegeben: a, b, c, α, β

Planfigur

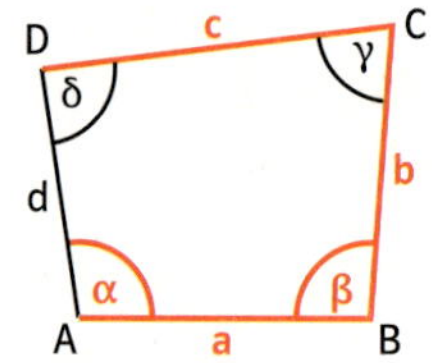

Konstruktionsbeschreibung

1. Zeichne die Strecke $\overline{AB} = 9\,cm$.
2. Trage in A den Winkel $\alpha = 80°$ ab.
3. Trage in B die Strecke $\overline{BC} = 5\,cm$ unter einem Winkel von $\beta = 60°$ ab.
4. Zeichne einen Kreis um C mit dem Radius $r = 6\,cm$.
5. Benenne die Schnittpunkte des Kreises mit dem freien Schenkel des Winkels α mit D_1 und D_2.

Es gibt zwei solche Vierecke, nämlich $ABCD_1$ und $ABCD_2$.

Konstruktionszeichnung

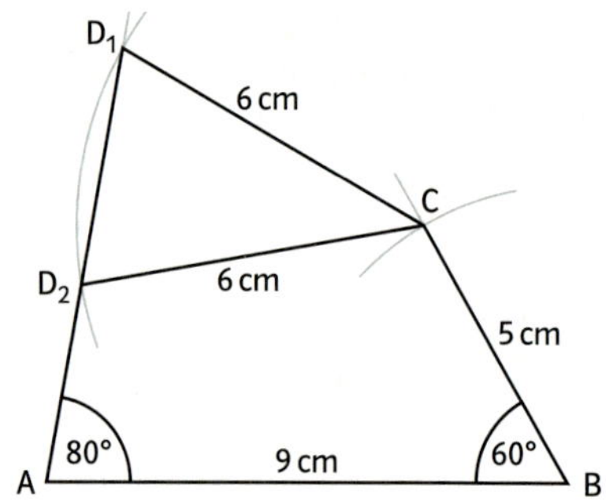

c) Zu konstruieren ist ein symmetrisches Trapez ABCD mit $a = 8\,cm$; $b = 5\,cm$ und $\beta = 60°$. Die Symmetrieachse soll die Mittelsenkrechte der Seite $\overline{AB}$ sein.

Gegeben: a, b, β

Planfigur

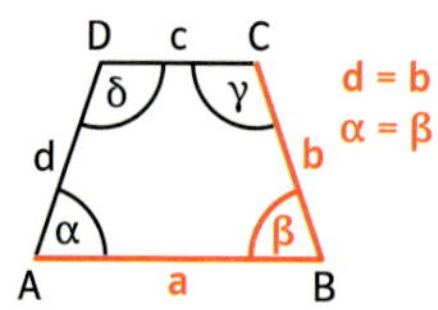

Konstruktionsbeschreibung

1. Zeichne die Strecke $\overline{AB} = 8\,cm$.
2. Trage in B die Strecke $\overline{BC} = 5\,cm$ unter einen Winkel von $\beta = 60°$ ab.
3. Trage in A die Strecke $\overline{AD} = 5\,cm$ unter dem Winkel $\alpha = 60°$ ab.
4. Zeichne die Strecke $\overline{CD}$.

Es gibt nur ein solches Viereck.

Konstruktionszeichnung

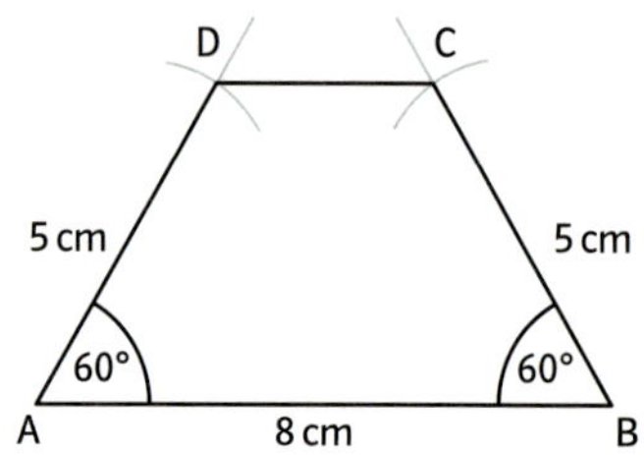

Aufgaben

Lösungsidee zu den Aufgaben 3 und 4:

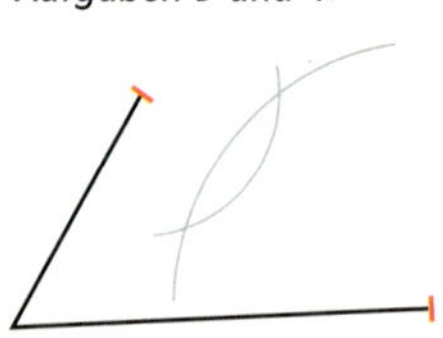

1 Konstruiere das Viereck wie in Beispiel a). Alle Seiten sind in cm angegeben.
a) $a = 6$; $b = 7$; $c = 8$; $\beta = 80°$; $\gamma = 70°$
b) $a = 8$; $b = 6$; $c = 9$; $\beta = 120°$; $\gamma = 75°$
c) $a = 9$; $b = 6$; $c = 6$; $\beta = 90°$; $\gamma = 110°$
d) $b = 8$; $c = 5$; $d = 6$; $\gamma = 60°$; $\delta = 150°$

2 Konstruiere das Viereck wie in Beispiel b).
Alle Seiten sind in cm angegeben.
a) $a = 9$; $b = 6$; $c = 5$; $\alpha = 75°$; $\beta = 60°$
b) $a = 7$; $b = 5$; $c = 9$; $\alpha = 110°$; $\beta = 85°$
c) $a = 6$; $b = 6$; $c = 6$; $\alpha = 70°$; $\beta = 110°$

3 Konstruiere das Viereck (Einheit: cm).
a) $a = 8$; $b = 6$; $c = 4$; $d = 7$; $\alpha = 75°$
b) $a = 6$; $b = 6$; $c = 8$; $d = 7$; $\alpha = 120°$

4 Gibt es ein Viereck mit $a = 6\,cm$; $b = 5\,cm$; $c = 4\,cm$; $d = 3\,cm$; $\alpha = 100°$?

5 Konstruiere das symmetrische Trapez ABCD. Die Symmetrieachse soll die Mittelsenkrechte der Seite $\overline{AB}$ sein.
a) $a = 7\,cm$; $b = 6\,cm$; $\beta = 65°$
b) $a = 9\,cm$; $d = 5\,cm$; $\beta = 45°$
c) $a = 9\,cm$; $b = 6\,cm$; $\gamma = 120°$

6 Konstruiere die Raute ABCD.
a) a = 6 cm; α = 70°
b) a = 7 cm; β = 100°
c) a = 5 cm; $\overline{AC}$ = 8 cm
d) a = 5 cm; $\overline{AC}$ = 4 cm

7 Konstruiere den Drachen ABCD mit der Symmetrieachse e durch A und C.
a) a = 7 cm; b = 5 cm; β = 110°
b) a = 4 cm; b = 7 cm; α = 60°
c) a = 7 cm; b = 4 cm; α = 60°
d) a = 7 cm; b = 4 cm; e = 9 cm
e) a = 5 cm; e = 9 cm; α = 80°
f) a = 8 cm; α = 70°; β = 100°

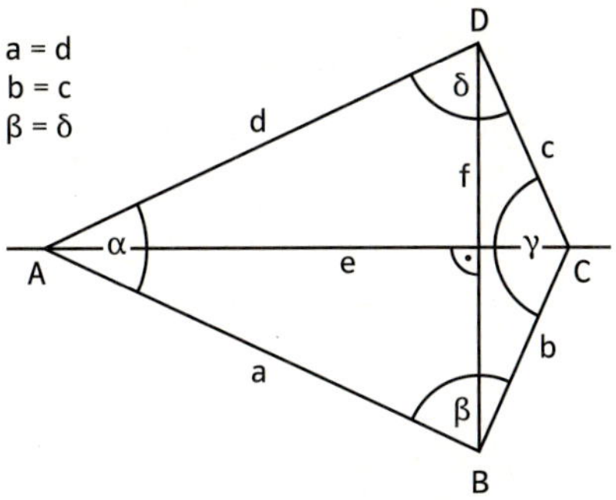

8 Zur Konstruktion eines Quadrats genügt eine einzige Seitenlänge. Zur Konstruktion einer Raute ist auch ein Winkel nötig. Schreibe in einer Tabelle auf, wie viele Seiten und Winkel nötig sind, um die besonderen Vierecke zu konstruieren.

9 Schreibe Steckbriefe für die anderen besonderen Vierecke.

Steckbrief

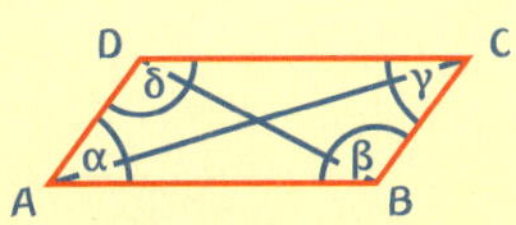

Name: *Parallelogramm*
Seiten: a = c, b = d
a ∥ c, b ∥ d
Winkel: $\alpha = \gamma$, $\beta = \delta$
Diagonalen: $\overline{AC}$ halbiert $\overline{BD}$
$\overline{BD}$ halbiert $\overline{AC}$
besondere Parallelogramme: Quadrat, Rechteck, Raute

W-Vierecke

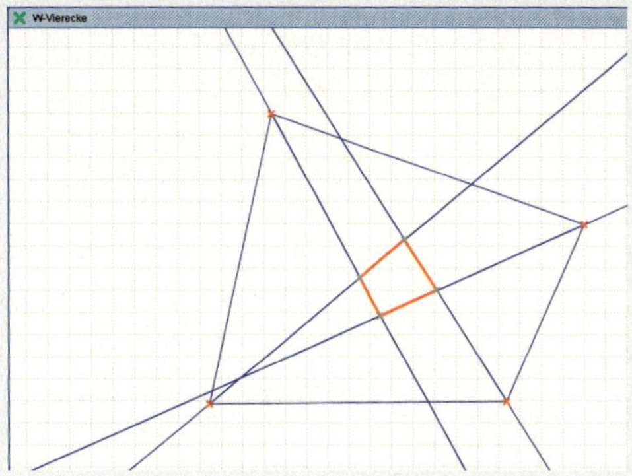

Die Punkte, in denen sich die Winkelhalbierenden benachbarter Ecken eines Vierecks schneiden, bilden das Winkelhalbierenden-Viereck, kurz W-Viereck.

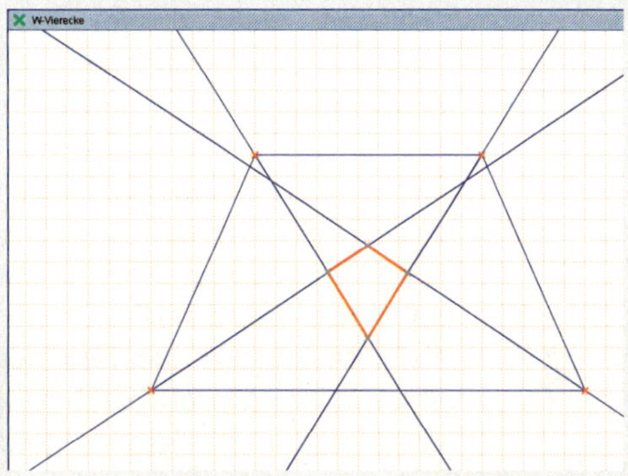

■ Untersuche am PC die W-Vierecke aller besonderen Vierecke.

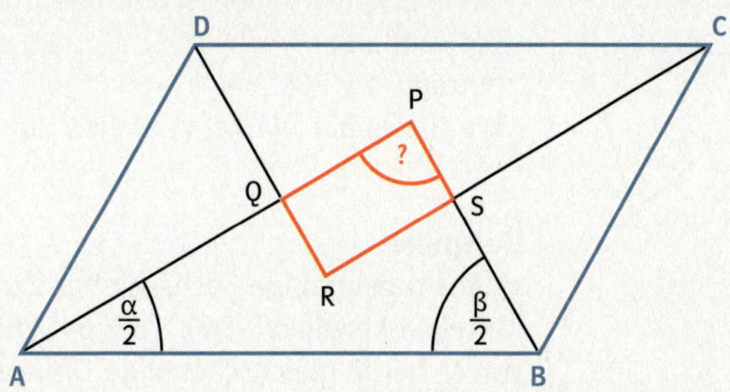

■ Begründe, dass das W-Viereck des Parallelogramms ein Rechteck ist.
Tipp: Wie groß ist die Summe $\frac{\alpha}{2} + \frac{\beta}{2}$?

Übrigens:
Es geht auch ohne PC. Papier und Bleistift sind auch nicht schlecht.

4 Regelmäßige Vielecke

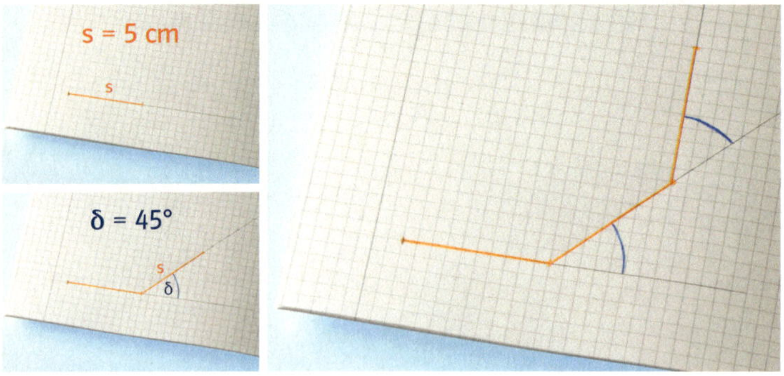

→ Zeichne einen Streckenzug wie in der Bilderfolge und setze ihn fort.
→ Probiere auch andere Streckenlängen und Abknickwinkel aus.
→ Manche Streckenzüge laufen in sich zurück. Erkennst du eine Regel?

Mit einem dynamischen Geometrie-System kannst du viel genauer zeichnen.

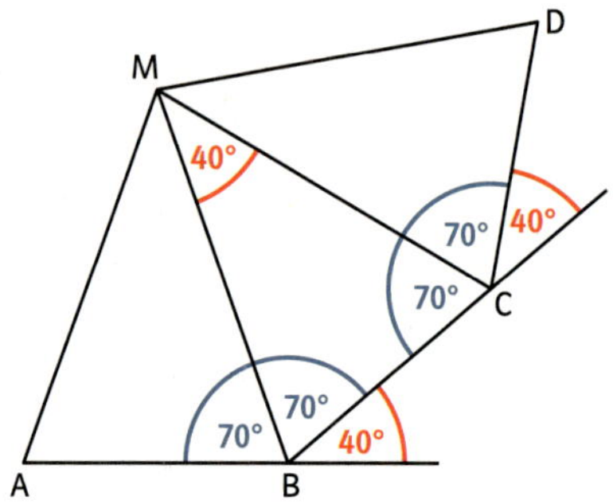

Warum schließt sich der Streckenzug bei einem 40°-Abknickwinkel?
Bei B und C liegen Nebenwinkel von $180° - 40° = 140°$. Halbiert man sie, entsteht das gleichschenklige Dreieck BCM. Sein Winkel bei M ist $180° - 2 \cdot 70° = 40°$. Wegen $360° : 40° = 9$ kommen in M neun solche Dreiecke zusammen. Der Streckenzug schließt sich nach neun Schritten und bildet ein Neuneck. Die Eckpunkte liegen auf einem Kreis um M.
Genauso überlegt man für einen beliebigen Abknickwinkel δ: Zwischen je zwei Strecken entsteht der Winkel $180° - \delta$. Im Mittelpunkt M kommen lauter Winkel der Größe δ zusammen. Wenn sich der Streckenzug nach n Schritten schließt, gilt $n \cdot \delta = 360°$.

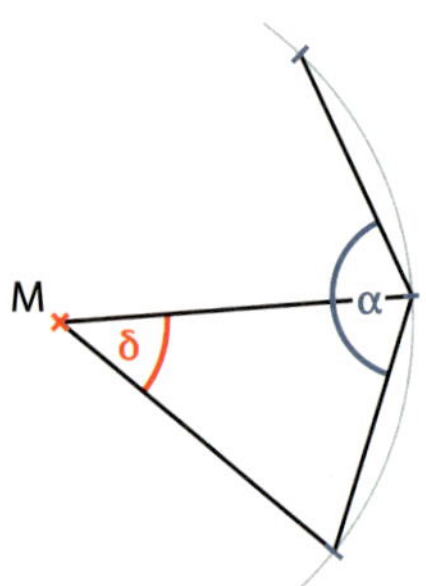

Ein **regelmäßiges Vieleck** hat gleich lange Seiten und gleich große Winkel.
Seine Eckpunkte liegen auf einem Kreis.
Die Größe der **Mittelpunktswinkel** eines regelmäßigen Vielecks mit n Eckpunkten beträgt $\delta = 360° : n$.
Die Größe der **Winkel zwischen den Seiten** beträgt $\alpha = 180° - \delta$.

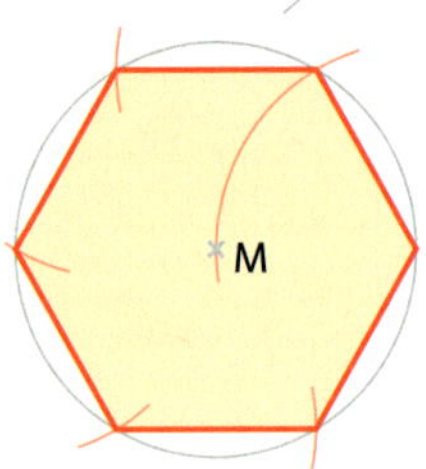

Beispiele

a) Das regelmäßige Sechseck hat den Mittelpunktswinkel $360° : 6 = 60°$. Es wird von M her in gleichschenklige Dreiecke mit 60°-Winkel zerlegt. Die Dreiecke sind also sogar gleichseitig.
Daher kann man das regelmäßige Sechseck durch Zirkelschläge auf der Kreislinie konstruieren.

b) Das regelmäßige Zwölfeck lässt sich auf verschiedene Arten konstruieren. Die Figur zeigt die Konstruktion aus zwei überkreuzten regelmäßigen Sechsecken.

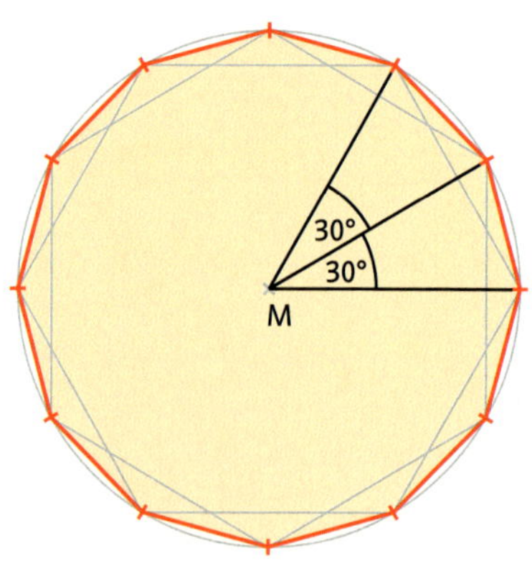

Aufgaben

1 Regelmäßige Vielecke – sieh dich um!

2 Konstruiere mit der Seitenlänge 5 cm ein regelmäßiges Vieleck
a) mit 6 Ecken. b) mit 8 Ecken.
c) mit 5 Ecken. d) mit 9 Ecken.

3 Konstruiere in einem Kreis mit Radius 5 cm ein regelmäßiges Vieleck
a) mit 8 Ecken. b) mit 9 Ecken.
c) mit 5 Ecken. d) mit 10 Ecken.

4 a) Konstruiere ein regelmäßiges Achteck in einem Kreis mit $r = 6\,\text{cm}$. Verbinde die Eckpunkte nach dem Muster, das du im Bild siehst.

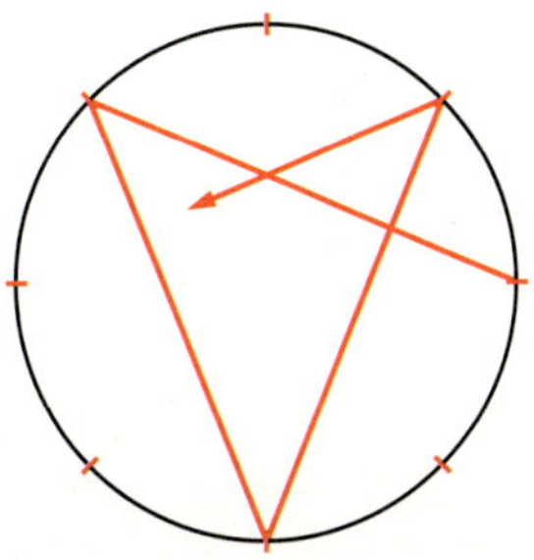

b) Zeichne auch Vieleckssterne mit dem regelmäßigen Neuneck und dem Zehneck. Du kannst selbst herausfinden, welche Überspring-Regeln schöne Sterne geben.
c) Überlege am regelmäßigen Zwölfeck, welche Überspring-Regeln geschlossene Sterne geben und welche nicht.

5 a) Konstruiere ein regelmäßiges Fünfeck mit Diagonalen in einem Kreis mit $r = 5\,\text{cm}$.
b) Das innere Fünfeck ist ebenfalls regelmäßig. Berechne aus seinen Winkeln die drei rot markierten Winkel.

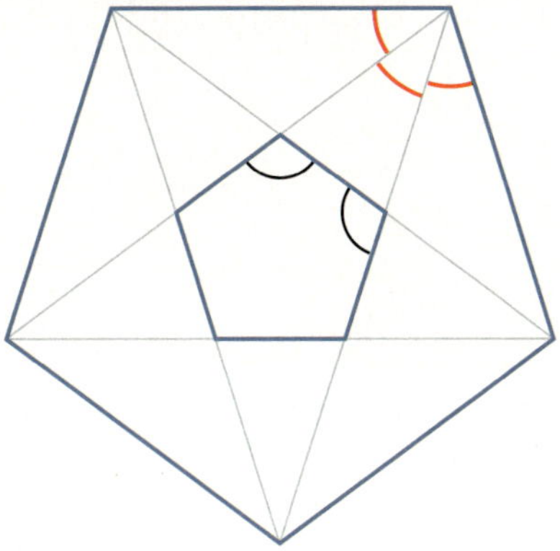

6 Die Figur zeigt eine geschickte Konstruktion des regelmäßigen Zehnecks. Sie ist leider schwer zu erklären.

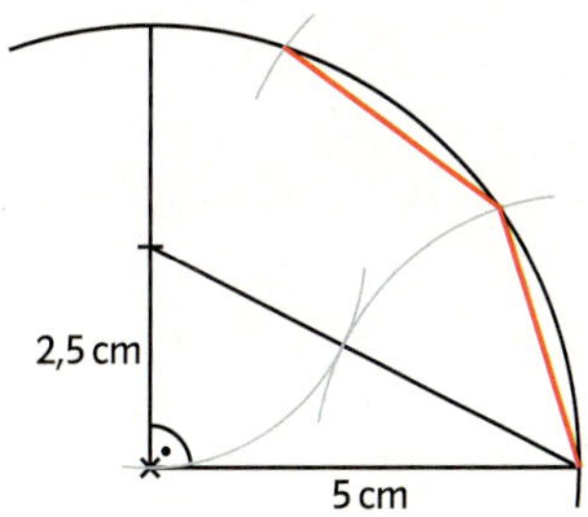

Vielecksknoten

Zusammenknoten – glatt streichen – fertig ist das regelmäßige Vieleck!

5 Achsenspiegelung

„Die Sonne bewegt sich nicht."

Leonardo da Vinci verfasste viele seiner Schriften in Spiegelschrift. Man nimmt an, dass er so als Linkshänder schneller schreiben konnte.
Auch bei Kindern im Vor- und Grundschulalter ist dies zu beobachten. Ihr Gehirn muss sich erst noch auf rechtsseitiges Lesen und Schreiben einstellen.

→ Kannst du die nebenstehende Notiz von da Vinci lesen?

→ Wie kannst du Spiegelschriften schnell lesen?

→ Verfasse selbst Texte in Spiegelschrift und lasse sie von anderen entziffern.

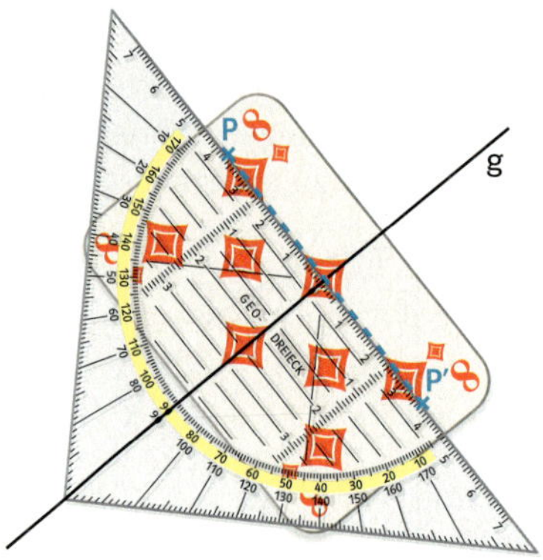

An der Spielkarte kann man das Prinzip der **Achsenspiegelung** gut erkennen.
Die eingezeichnete Achse g teilt die Karte in zwei gleiche Teile. Dabei entspricht jedem Punkt P der einen Hälfte ein Punkt P' der anderen Hälfte.
Zu jedem Punkt P gibt es einen **Bildpunkt** P'.
Die Strecke $\overline{PP'}$ (gestrichelte Linie) wird durch die Achse halbiert und ist senkrecht zu ihr.

Für eine Spiegelung braucht man eine Gerade g, die **Spiegelachse**. Für den Bildpunkt P' von P gilt als **Abbildungsvorschrift** der Achsenspiegelung:

1. PP' ist senkrecht zur Spiegelachse g.
2. P' hat von g denselben Abstand wie P.

Punkte auf der Spiegelachse werden auf sich selbst abgebildet. Solche Punkte heißen **Fixpunkte**.

Beispiel

Spiegelt man mehrere Punkte einer Geraden, so liegen die Bildpunkte wiederum alle auf einer Geraden. Um eine Gerade zu spiegeln, genügt es also, zwei Punkte zu wählen und deren Partner zu bestimmen: Zeichne eine Senkrechte zu g durch den Punkt A. Übertrage den Abstand des Punktes A von g auf die andere Seite. Verfahre ebenso für den zweiten Punkt.

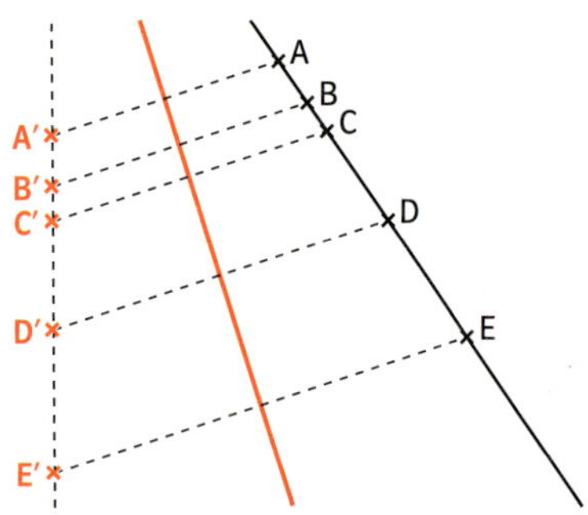

Aufgaben

1 a) Übertrage die Figuren in dein Heft und spiegele sie an der Geraden g.
b) Entwirf ähnliche Figuren und spiegele sie an verschiedenen Achsen.

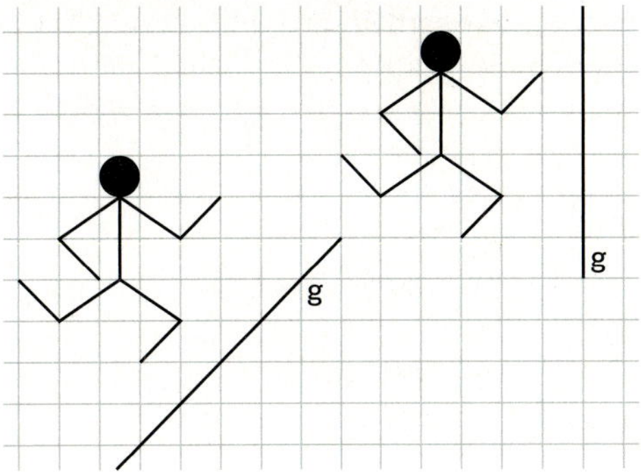

2 Spiegele die Figur.

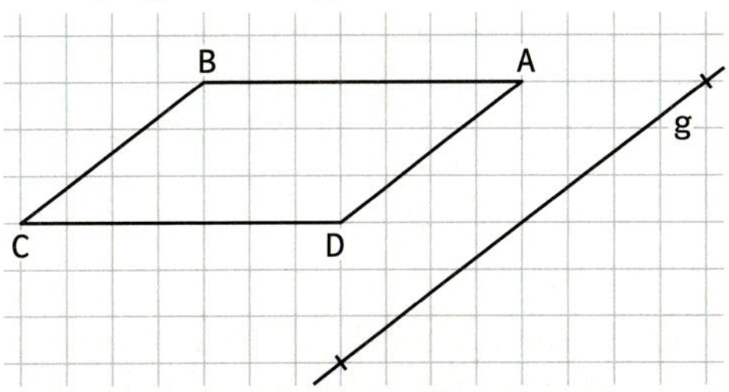

3 Übertrage die Figur in dein Heft und zeichne die Spiegelachsen ein.

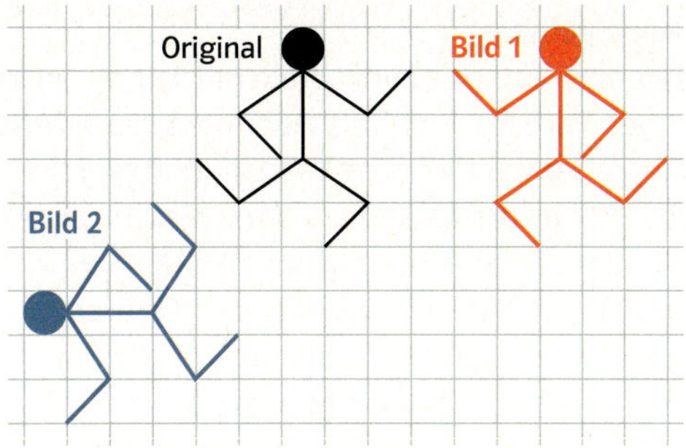

4 Spiegele die Geraden a, b und c an g. Beschreibe die Lage der Bildgeraden.

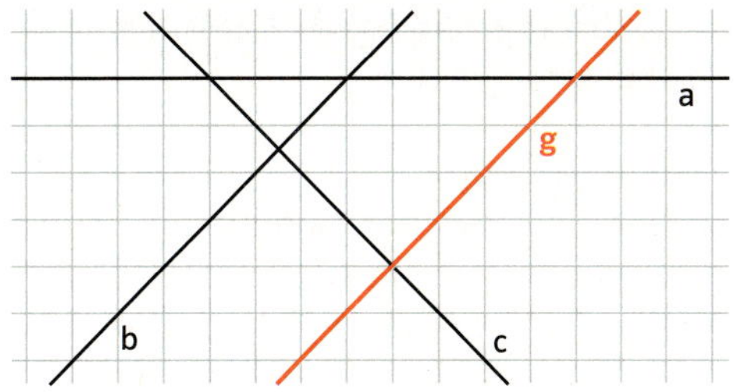

5 Spiegele das Dreieck mit den Eckpunkten A(2|2), B(11|3) und C(4|10) so, dass A in den Punkt A′(4|6) übergeht.

Eigenschaften der Achsenspiegelung

Bei der Achsenspiegelung ist das Bild einer Geraden wieder eine Gerade, eine Strecke ist so lang wie ihre Bildstrecke und ein Winkel so groß wie sein Bildwinkel. Die Achsenspiegelung ist **geradentreu**, **längentreu** und **winkeltreu**. Daher ist sie auch kreistreu (das Bild eines Kreises ist wieder ein Kreis), **parallelentreu** (parallele Geraden bleiben parallel) und flächeninhaltstreu (eine Figur und ihre Bildfigur haben denselben Flächeninhalt).
Wenn im Dreieck ABC die Punkte entgegen dem Uhrzeigersinn folgen, so folgen sie im Bilddreieck A′B′C′ im Uhrzeigersinn. Die Achsenspiegelung **kehrt den Umlaufsinn um.**

■ Spiegele das Rechteck in einer einzigen Zeichnung an den drei Achsen. Wenn du die Längentreue und die Winkeltreue beachtest, sind die drei Spiegelbilder schnell konstruiert.

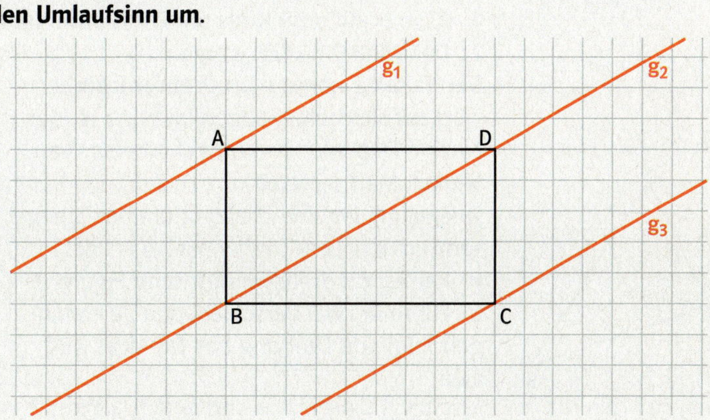

■ Mit einem Geometrieprogramm kann man sowohl Achsenspiegelungen als auch die Überprüfung ihrer Eigenschaften leicht durchführen.
a) Spiegele ein beliebiges Viereck an einer Spiegelachse.
b) Überprüfe Längen- und Winkeltreue.

Verschiebung

Konstruktion eines Bildpunktes: Zeichne eine Parallele zum Verschiebungspfeil durch P. Der Kreis um P mit dem Radius „Länge des Pfeiles" schneidet die Gerade in P'.

Für eine Verschiebung braucht man einen **Verschiebungspfeil** $\vec{a}$. Für den Bildpunkt P' eines Punktes P gilt als **Abbildungsvorschrift der Verschiebung**:

1. $\overline{P'P}$ ist parallel zum Verschiebungspfeil.
2. $\overline{P'P}$ hat die Länge des Verschiebungspfeils.

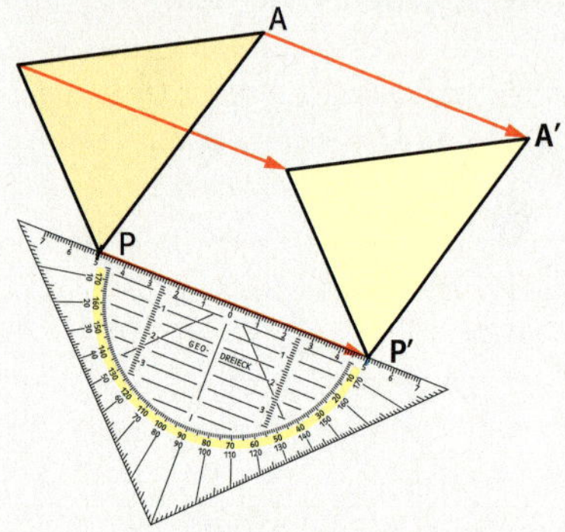

Bei der Verschiebung gibt es keine Fixpunkte. Daher sind die einzigen Figuren, die auf sich selbst abgebildet werden, Parallelen zum Verschiebungspfeil.
Alle Pfeile zwischen Original und Bildpunkt sind gleich lang und parallel und haben dieselbe Richtung.

■ Verschiebe ein beliebiges Dreieck zuerst selbst und anschließend mit einem Geometrieprogramm.

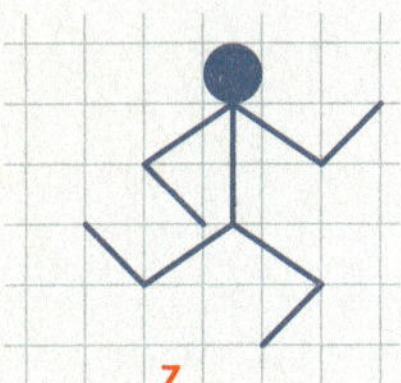

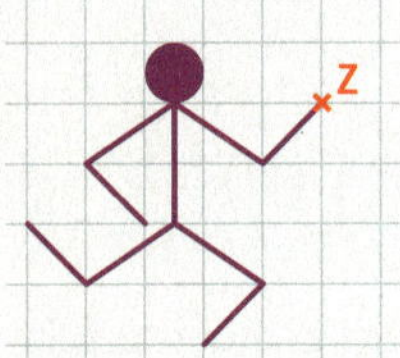

Punktspiegelung

Alle Strecken zwischen Original- und Bildpunkt gehen durch einen Punkt. Er ist Mittelpunkt dieser Strecken. Eine solche Abbildung nennt man Punktspiegelung.
Für eine Punktspiegelung braucht man einen Punkt Z. Für den Bildpunkt P' eines Punktes P gilt als **Abbildungsvorschrift der Punktspiegelung**:

1. P' liegt auf der Geraden $\overline{PZ}$.
2. P' und P sind von Z gleich weit entfernt.

Den Punkt Z nennt man **Spiegelzentrum**; er wird auf sich selbst abgebildet und ist der einzige Fixpunkt. Figuren, die durch eine Punktspiegelung auf sich selbst abgebildet werden, nennt man **punktsymmetrisch**.

■ Übertrage die Figur in dein Heft und spiegele sie jeweils am Punkt Z.

■ Entwirf ähnliche Figuren und spiegele sie an verschiedenen Punkten.

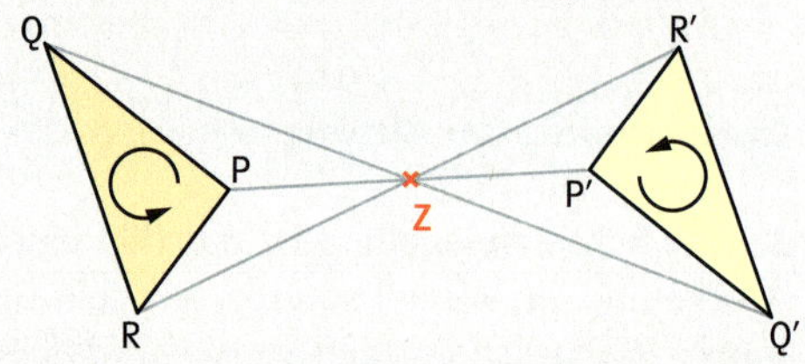

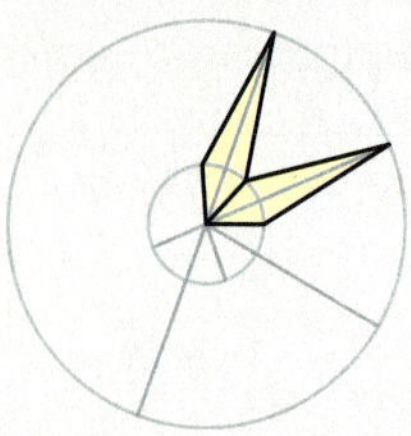

Drehung

Für eine Drehung braucht man einen Punkt Z und einen Winkel δ. Für den Bildpunkt P' eines Punktes P gilt als **Abbildungsvorschrift der Drehung**

1. P' liegt auf dem Kreis um Z mit dem Radius $\overline{ZP}$.
2. Der Winkel ∢ P'ZP ist gleich δ.

Den Punkt Z nennt man **Drehzentrum**; er wird auf sich selbst abgebildet und ist der einzige Fixpunkt. Der Winkel δ heißt **Drehwinkel**. Man schreibt kurz D (Z; δ). Die Punktspiegelung ist eine Drehung um das Spiegelzentrum mit dem Drehwinkel δ = 180°.

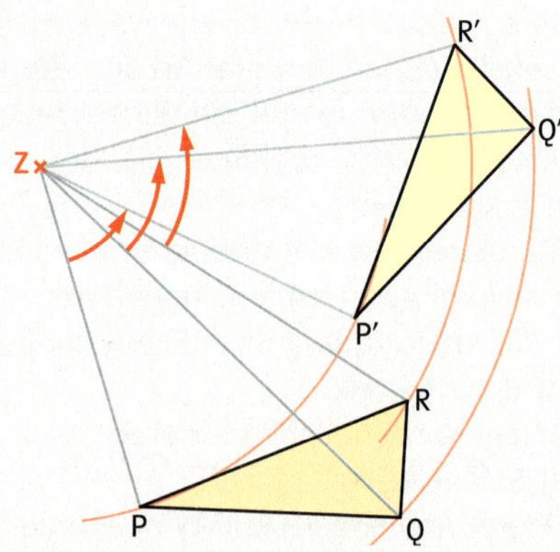

■ Kennst du drehsymmetrische Figuren?

■ Führe in zwei verschiedenen Zeichnungen folgende Drehung des Dreiecks ABC aus:

a) D(D; δ = 30°) b) D(E; δ = 135°)

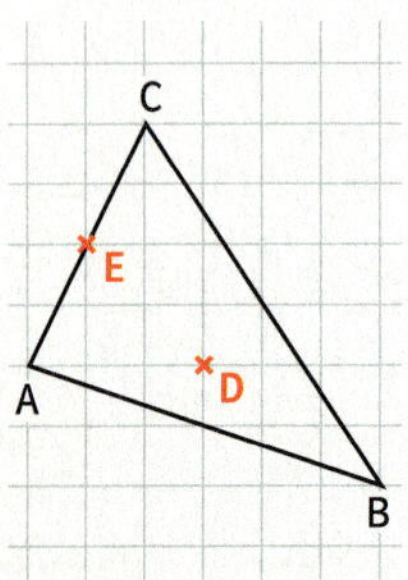

6 Kongruenzabbildungen

→ Findest du heraus, welche zwei der fünf Teile zum Puzzle gehören?

Die Gleichheit von Mustern und Figuren spielt nicht nur bei Puzzeln oder in der Kunst eine große Rolle, sondern auch in der Geometrie. Zwei Figuren sind gleich, wenn man sie ausgeschnitten so übereinander legen kann, dass es keine Überstände gibt. Man sagt dann, die Figuren sind **kongruent**.

nicht zueinander kongruent

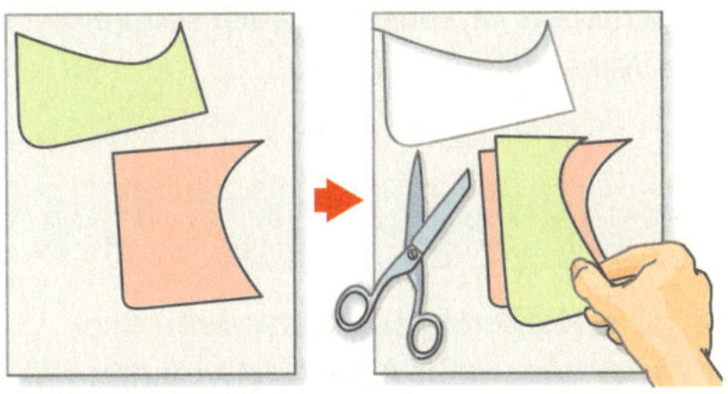

zueinander kongruent

Zwei Figuren sind zueinander **kongruent**, wenn sie in Form und Größe übereinstimmen.
Achsenspiegelung, Punktspiegelung, Drehung und Verschiebung sind **Kongruenzabbildungen**, das heißt Original und Bildfigur sind zueinander kongruent.

Bemerkung

Zur Überprüfung kann man Transparentfolie benutzen.
Bei Vielecken kann man auch entsprechende Seiten und Winkel miteinander vergleichen.

Beispiel

Es gibt zwei Möglichkeiten, die beiden Vierecke auf Kongruenz zu prüfen.
1. Man überträgt die Umrisse der Figur auf Transparenzfolie und vergleicht.
2. Man misst alle Winkel und Seiten der beiden Figuren und vergleicht.

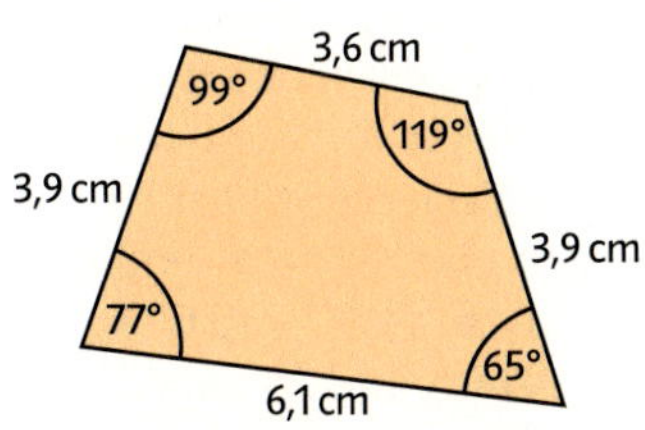

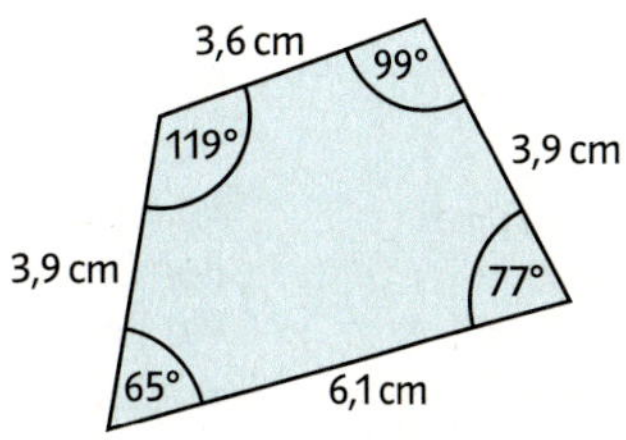

Aufgaben

1 a) Erkennst du kongruente Figuren in den Bildern? Beschreibe.
b) Finde weitere Beispiele.

? Probiere selbst, solche Figuren herzustellen.

2 a) Wo überall kann der vierte Punkt H liegen, damit ein zum Viereck ABCD kongruentes Viereck entsteht?

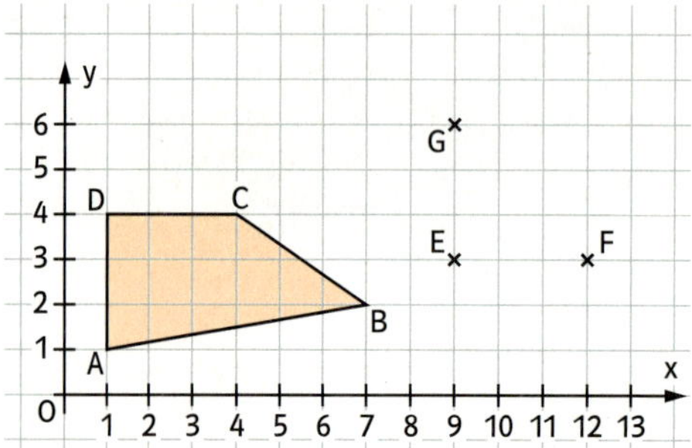

b) Gegeben sind die Punkte A(1 | 1), B(7 | 1), C(5 | 4), D(2 | 3) und E(8 | 3). Gib die Koordinaten von Punkt F_1, F_2, F_3 und F_4 an, sodass die Dreiecke DEF_1, DEF_2 usw. kongruent sind zum Dreieck ABC.

3 Wir spielen das „Abbildungsspiel". Zeichne ein beliebiges Vieleck, falte das Blatt und schneide aus, sodass du zwei kongruente Vielecke erhältst.
Klebe die beiden Figuren beliebig auf ein Blatt. Du darfst eine der Figuren auch wenden, damit sie unterschiedlichen Umlaufsinn haben. Benenne die Eckpunkte mit A, B, C, ... und die entsprechenden Punkte der zweiten Figur mit A', B', C', ...
Versuche jetzt, mit mehreren Kongruenzabbildungen, die du nacheinander ausführst, das eine Vieleck auf das andere abzubilden. Weil diese Aufgabe nicht leicht ist, noch ein paar Tipps: Mit einer Drehung kannst du erreichen, dass entsprechende Seiten parallel sind. Wenn der Umlaufsinn verschieden ist, musst du auch spiegeln. Die Reihenfolge ist egal.

Verkettung von Abbildungen

Wenn man ein Dreieck abbildet, dann kann man anschließend das entstandene Bilddreieck erneut abbilden. Werden in dieser Form zwei oder mehr Abbildungen hintereinander ausgeführt, spricht man von einer **Verkettung von Abbildungen**.

Beispiel
Bei der Abbildung wird das Dreieck ABC zunächst an der Geraden g gespiegelt. Das gespiegelte Dreieck A'B'C' wird anschließend gedreht, dann verschoben, es entsteht das Dreieck A'''B'''C'''.

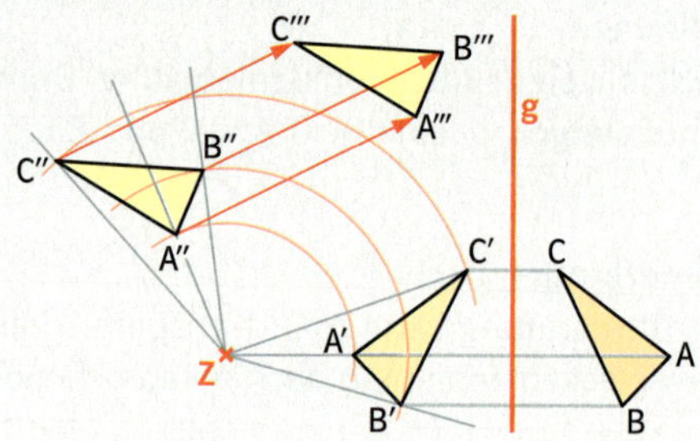

- Zeichne in ein Koordinatensystem das Dreieck ABC mit A(1 | 1), B(4 | 1) und C(1 | 3). Verschiebe dieses Dreieck so, dass A'(7 | 3) Bildpunkt von A ist. Spiegele das Dreieck anschließend an C', sodass das Dreieck A''B''C'' entsteht. Spiegele dieses Dreieck schließlich an der Geraden durch die Punkte A'' und C''. Wo liegen die Punkte A''', B''' und C'''?
- Übertrage die Zeichnung in dein Heft und spiegele das Dreieck ABC zuerst an g und dann das Bild an h. Kennst du eine andere Kongruenzabbildung, die dasselbe Bild liefert? Begründe.

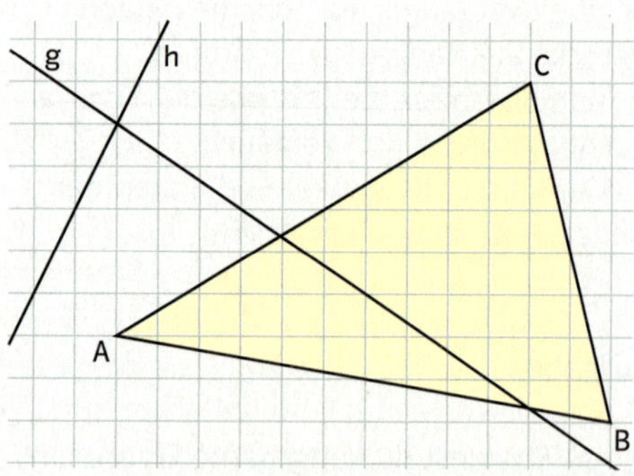

- Eine Verschiebung ersetzt die zweifache Spiegelung an parallelen Geraden. Zeige dies an einem Beispiel.

*Für die Angabe von Abbildungen benutzt man **Abkürzungen**:*
S(g)
Achsenspiegelung an der Geraden g
S(Z)
Punktspiegelung am Punkt Z
D(Z; δ)
Drehung um Z um den Winkel δ
V($\vec{a}$)
Verschiebung um $\vec{a}$
S(h) ○ S(g)
Achsenspiegelung an g, das Bild nochmals spiegeln an der Geraden h. Das Zeichen „○" wird gelesen als „verkettet mit".
V($\vec{a}$) ○ D(Z; δ)
Drehung um Z um den Winkel δ verkettet mit einer Verschiebung um den Pfeil $\vec{a}$.

Zusammenfassung

Symmetrie im Haus der Vierecke

Die besonderen Vierecke haben **Symmetrieachsen** oder **Symmetriewinkel**.

Die besonderen Vierecke werden im **Haus der Vierecke** geordnet.
Nach unten hin kommen immer mehr Symmetrien dazu.

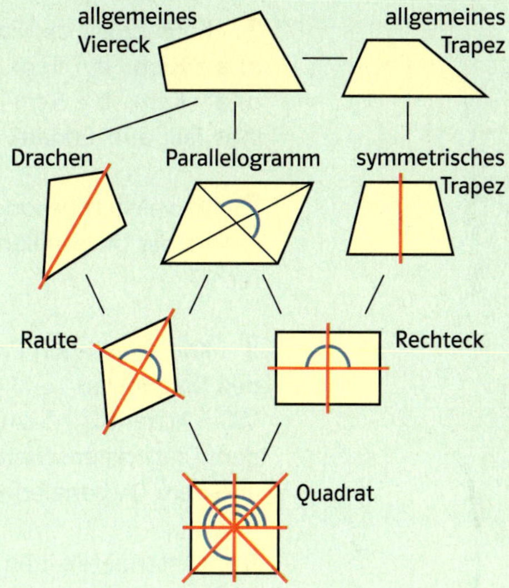

Winkelsumme und Viereckskonstruktion

In jedem Viereck beträgt die **Winkelsumme** 360°.
Ein Viereck ist durch fünf geeignete Stücke festgelegt.

Zur **Konstruktion eines Vierecks** gehören
- die Planfigur,
- die Konstruktionszeichnung,
- die Konstruktionsbeschreibung.

$\alpha + \beta + \gamma + \delta = 360°$

Gegeben:
a, b, c, β, γ

Planfigur

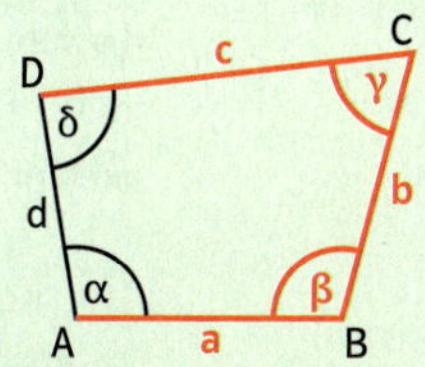

Konstruktionszeichnung
Ich konstruiere
1. die Seite a,
…

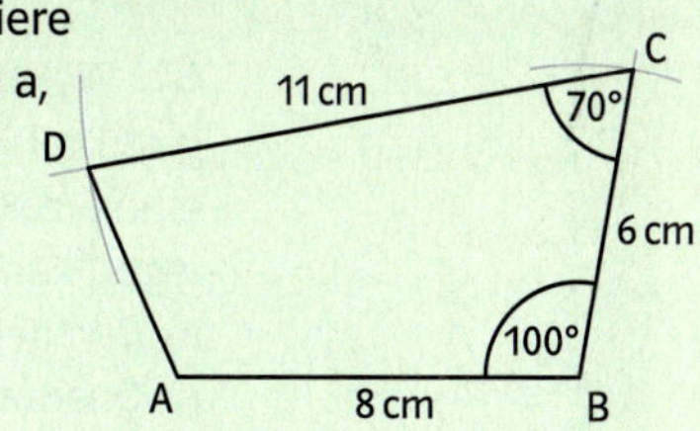

Kongruenz

Zwei Figuren sind zueinander **kongruent**, wenn sie in Form und Größe übereinstimmen. Achsenspiegelung, Punktspiegelung, Drehung und Verschiebung sind Kongruenzabbildungen.

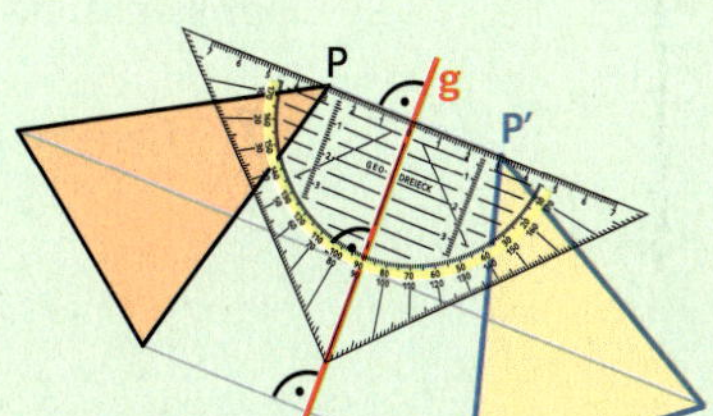

Abbildungen

Abbildungsvorschrift der **Achsenspiegelung:**
1. PP′ ist senkrecht zur Spiegelachse g.
2. P′ hat von g denselben Abstand wie P.

Abbildungsvorschrift der **Verschiebung:**
1. $\overline{P'P}$ ist parallel zum Verschiebungspfeil.
2. $\overline{PP'}$ hat die Länge des Verschiebungspfeils.

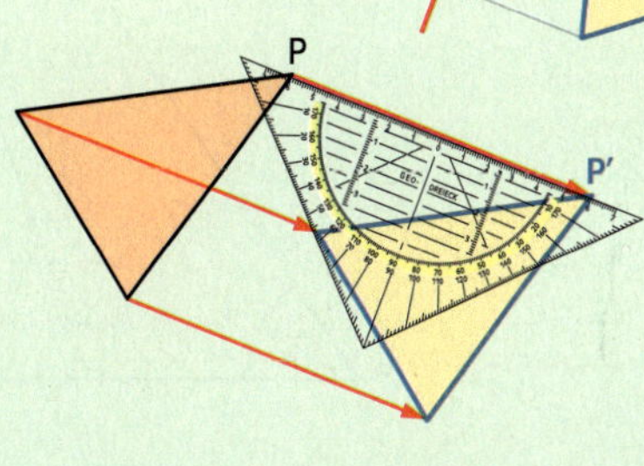

Üben • Anwenden • Nachdenken

1 Konstruiere ein Parallelogramm mit
a) $a = 8\,cm$; $b = 5\,cm$ und $\alpha = 70°$.
b) $a = 8\,cm$; $b = 5\,cm$ und $\alpha = 110°$.
Was fällt auf? Erkläre.

2 In welchen besonderen Vierecken stehen die Diagonalen aufeinander senkrecht?

3 Konstruiere ein Parallelogramm mit den Diagonalen
$\overline{AC} = 9\,cm$; $\overline{BD} = 5\,cm$,
dem Diagonalenschnittpunkt S
und dem Diagonalenwinkel $\measuredangle ASB = 100°$.

4 Konstruiere einen Drachen mit
a) $a = d = 7\,cm$; $b = c = 5\,cm$ und $\alpha = 60°$.
b) $a = d = 7\,cm$; $b = c = 5\,cm$ und $\gamma = 60°$.
c) $a = b = 7\,cm$; $c = d = 5\,cm$ und $\beta = 60°$.
In welchem Fall gibt es zwei unterschiedliche Drachen mit den vorgeschriebenen Maßen?

5 Konstruiere den Drachen mit den Diagonalen $\overline{AC} = 10\,cm$; $\overline{BD} = 6\,cm$ und dem Winkel $\alpha = 80°$.

6 Welche Eigenschaften müssen zwei gleiche Dreiecke haben, damit man sie zu einem der folgenden Vierecke zusammenlegen kann?
a) Parallelogramm b) Rechteck
c) Quadrat d) Raute
e) symm. Trapez f) Drachen

7 Berechne den Winkel ε.

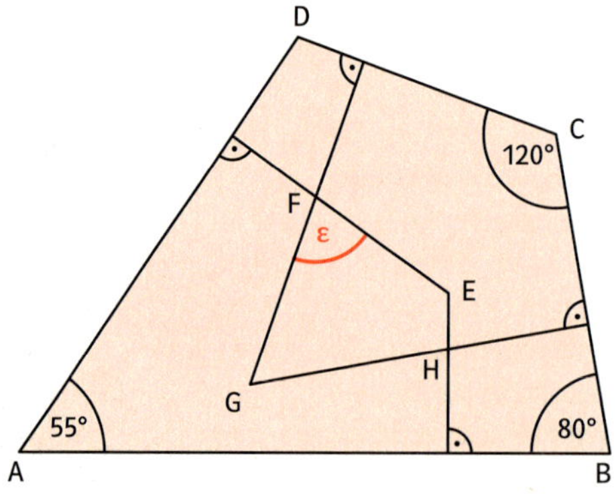

8 Konstruiere das Viereck. Die Seiten sind in cm angegeben.
a) $a = 6$; $b = 5$; $c = 8$; $\beta = 70°$; $\gamma = 130°$
b) $a = 6$; $b = 5$; $c = 8$; $\alpha = 130°$; $\beta = 70°$

9 a) ABCD ist eine Raute, ABED ein Drachen.
Berechne den Winkel ε.

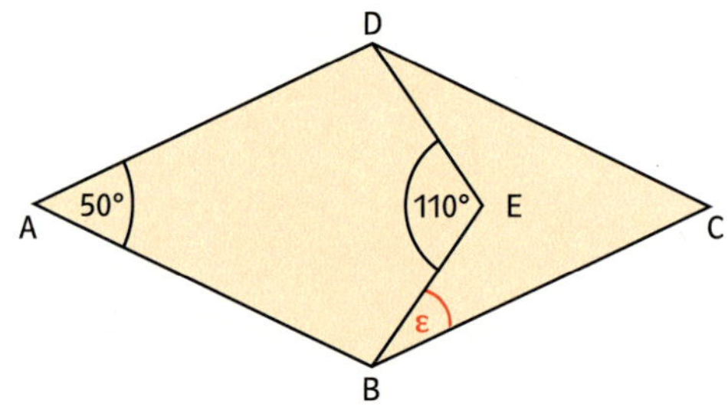

b) ABCD ist eine Raute, DCEF und ADGH sind symmetrische Trapeze.
Berechne den Winkel ε.

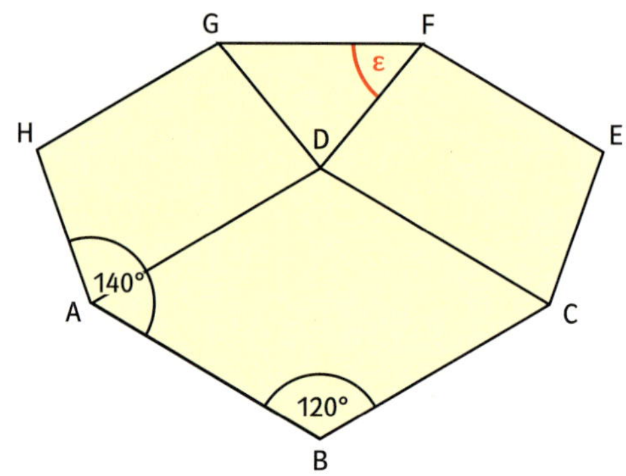

10 a) Konstruiere das symmetrische Trapez ABCD mit $a = 10\,cm$; $d = 7\,cm$ und $\alpha = 60°$. Die Seiten $\overline{AB}$ und $\overline{CD}$ sollen parallel sein.
b) Konstruiere die Winkelhalbierenden in allen vier Eckpunkten.
Was stellst du fest?
c) Konstruiere den Inkreis des symmetrischen Trapezes.

11 a) Konstruiere den Drachen ABCD mit $a = 9\,cm$; $b = 6\,cm$ und $\beta = 110°$. Die Symmetrieachse soll durch A und C gehen.
b) Konstruiere den Inkreis des Drachens.

12 Ein Drachen lässt sich konstruieren aus
- den Seiten a, b und dem Winkel β,
- den Seiten a, b und der gesamten Länge e + f der Diagonalen $\overline{AC}$,
- den Diagonalenabschnitten e, f und der Seite a.

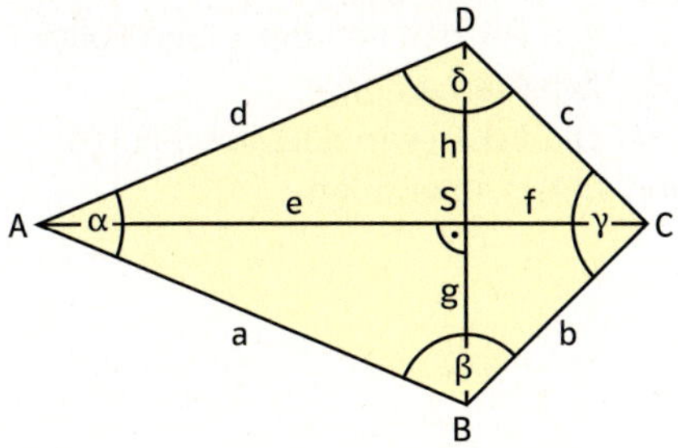

a) Gib dir für diese drei Konstruktionsmöglichkeiten selbst Werte vor und konstruiere den Drachen.
b) Suche weitere Konstruktionsmöglichkeiten.

13 a) Das Parallelogramm ABCD hat die Eckpunkte A(3|−2) und B(5|3). Die Diagonalen schneiden sich im Punkt S(0|0).
Gib die Koordinaten von C und D an.
b) Konstruiere einige Parallelogramme mit Diagonalenschnittpunkt S(0|0).
Welche Regel gilt für die Koordinaten der Eckpunkte?

14 Konstruiere das Parallelogramm ABCD mit A(−4|−3); B(5|−2); C(6|5).
a) Welche Koordinaten hat der Punkt D?
b) Berechne den
- Mittelwert p aller vier x-Koordinaten,
- Mittelwert q aller vier y-Koordinaten.

Trage den Punkt P(p|q) ein.
Welchen Punkt des Parallelogramms erhältst du auf diese Weise?

15 a) Zeichne das Viereck ABCD mit A(−4|4); B(9|2); C(5|6); D(−2|4).
Trage die Diagonalen und ihre Mittelpunkte P und Q ein.
Welche Koordinaten hat der Mittelpunkt M der Strecke $\overline{PQ}$?
b) Die Koordinaten von M sind Mittelwerte. Hast du eine Idee, welche?
c) Prüfe deine Idee an anderen Vierecken.

16 Außer der Spiegelung gibt es viele andere Abbildungen. Worin unterscheiden sich der Schattenwurf und die Abbildung durch eine Linse von der Achsenspiegelung?

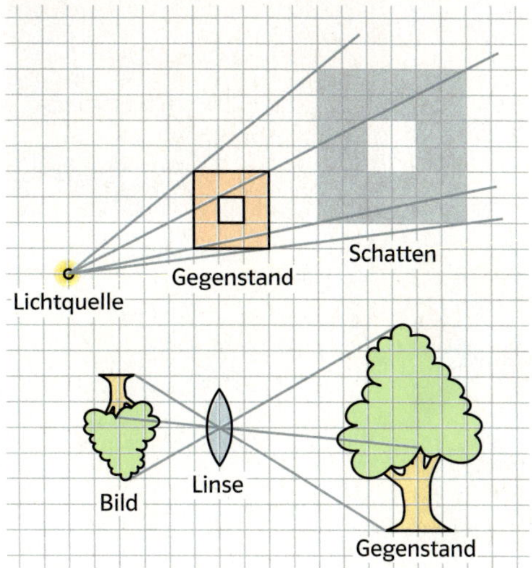

Rätselhafte Winkel

ABCD ist ein Quadrat. △ABE ist gleichseitig.
- Wie groß ist der Winkel γ?

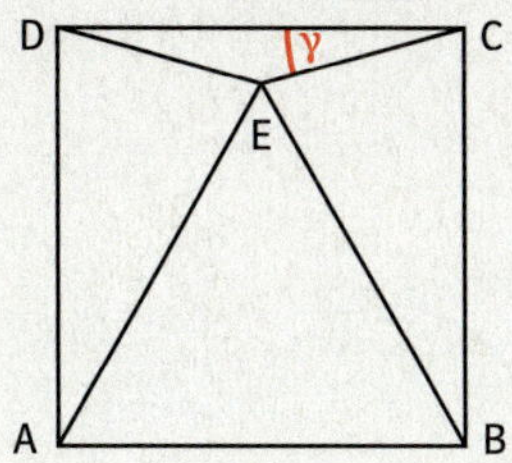

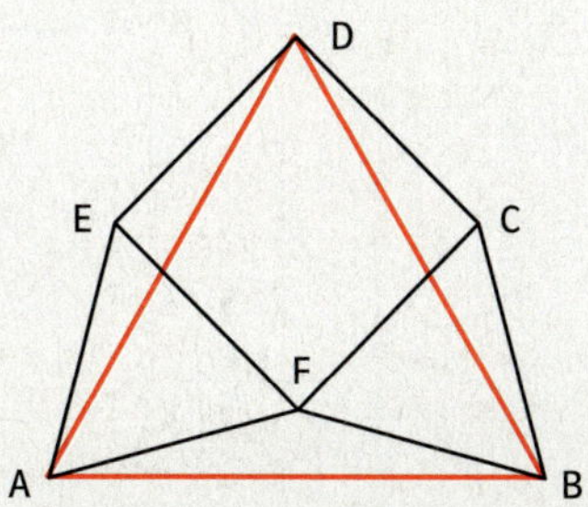

- EFCD ist ein Quadrat. △AFE und △BCF sind gleichseitig.
Ist △ABD gleichseitig?

Parkette

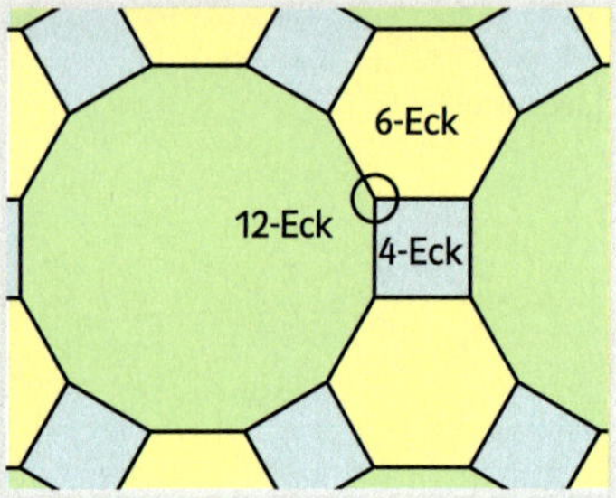

Mit geeigneten regelmäßigen Vielecken kann man die ganze Ebene lückenlos zudecken. Solche Muster heißen **Parkette**.
In einem **regelmäßigen** Parkett
- sind alle Flächen von derselben Folge von Vielecken umringt,
- sind alle Ecken von derselben Folge von Vielecken umringt.

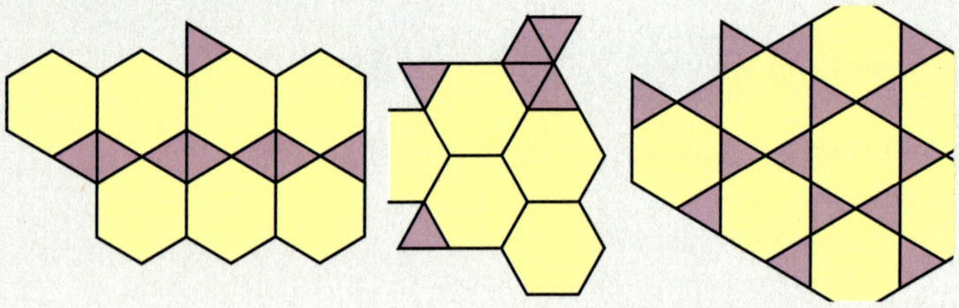

■ Silya legt Sechsecke und Dreiecke auf verschiedene Arten aneinander. Manche ihrer Parkette sind regelmäßig, andere nicht. Probiere selbst.

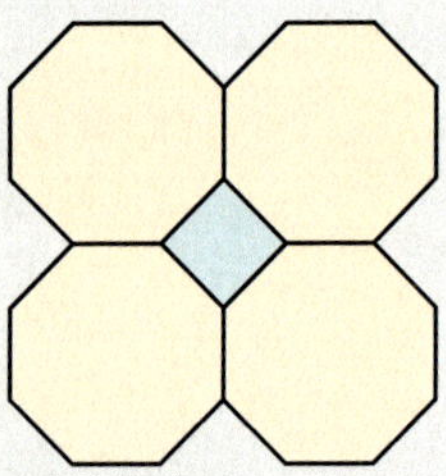
4-8-8-Parkett

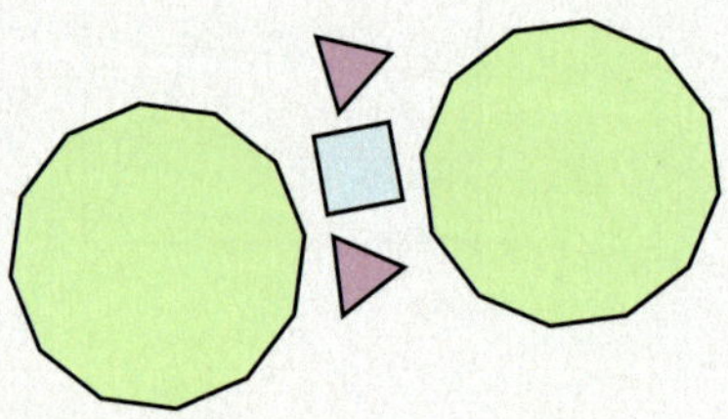

■ Kai kennt das 4-8-8-Parkett aus dem Badezimmer und legt es nach.
Dann probiert er, was man mit Zwölfecken anfangen kann.

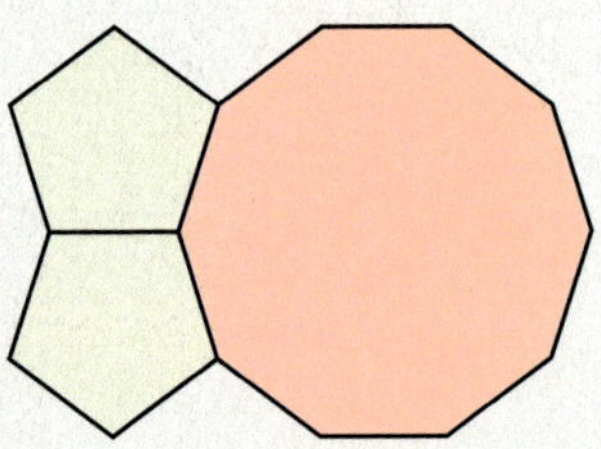

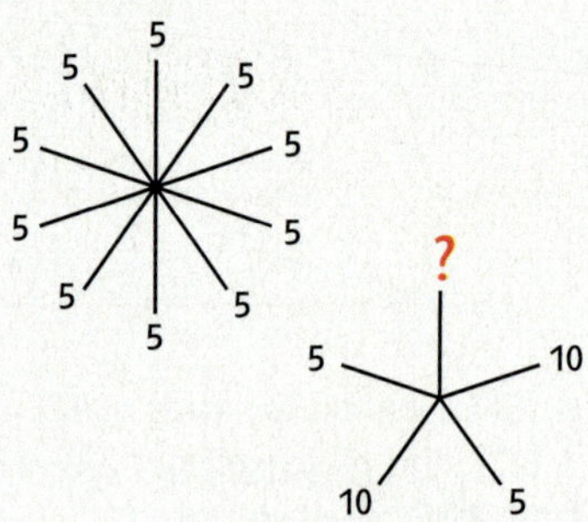

■ Janine hat herausgefunden, dass zwei Fünfecke und ein Zehneck den **Winkeltest** bestehen: Die Winkelsumme in einer Ecke beträgt 360°.
Wenn Janine mit einem Zehneck anfängt, kann sie einen Ring von Vielecken herumlegen. Fängt sie mit einem Fünfeck an, geht das nicht. Sie macht zwei Skizzen und schreibt auf, warum kein Parkett herauskommt.

- Anna bringt System in den Winkeltest. Sie legt eine Tabelle der Vieleckswinkel an.

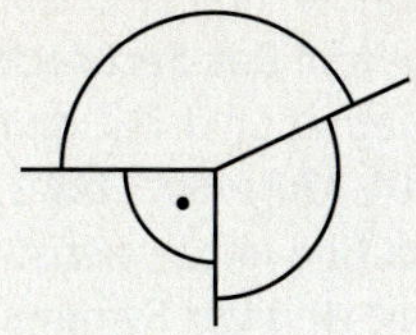

Eckenzahl	3	4	5	6	8	9	10	12	15	16	18	20	24
Winkel α	60°	90°				140°							165°

Anna überlegt: Wenn ich als erstes Vieleck ein Quadrat lege, ist an jeder Ecke noch ein Winkel von $360° - 90° = 270°$ frei.
Ich suche zwei Vieleckswinkel, die zusammen 270° ergeben.
Vielleicht kann ich auch einen Vieleckswinkel doppelt nehmen.

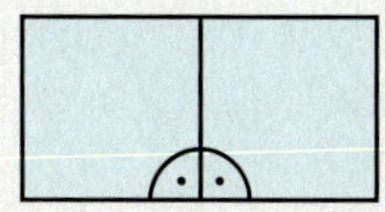

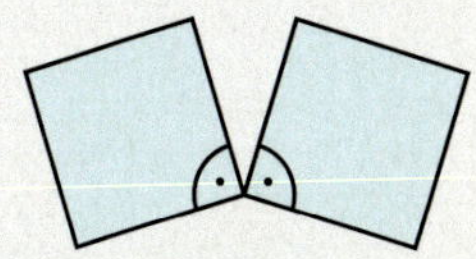

- Mona sagt: Ich lege zuerst zwei Quadrate. Ein Winkel von 180° bleibt frei. Diesen kann ich auf mehrere Arten in Vieleckswinkel aufteilen.

- Torben experimentiert mit verschiedenen regelmäßigen Vielecken. Manche Kombinationen bestehen den Winkeltest, andere fallen durch.

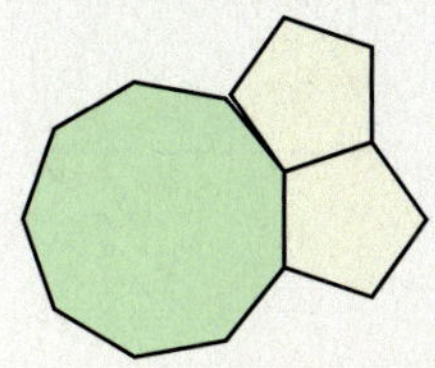

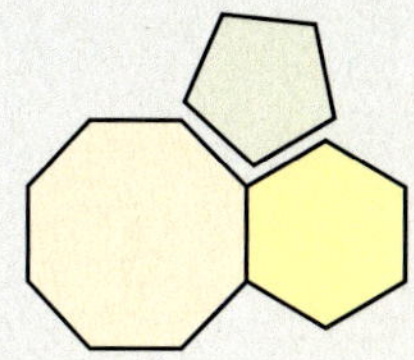

- Tobias meint: Aus vier oder mehr verschiedenen Vielecks-Sorten kann man kein Parkett herstellen.
Er rechnet: $1 \cdot 60° + 1 \cdot 90° + \dots$

- Leonie findet die regelmäßigen Parkette allmählich langweilig und experimentiert mit Farben. Sie färbt das 6-6-6-Parkett und behauptet: Alle drei Farben kommen in gleich vielen Sechsecken vor.
Auch für das 3-3-3-3-3-3-Parkett findet sie schöne Färbungen.

- Marius hat entdeckt, dass man Parkettsteine auch verändern kann. Was an einer Vielecksseite abgeschnitten wird, wird an einer anderen wieder angehängt.

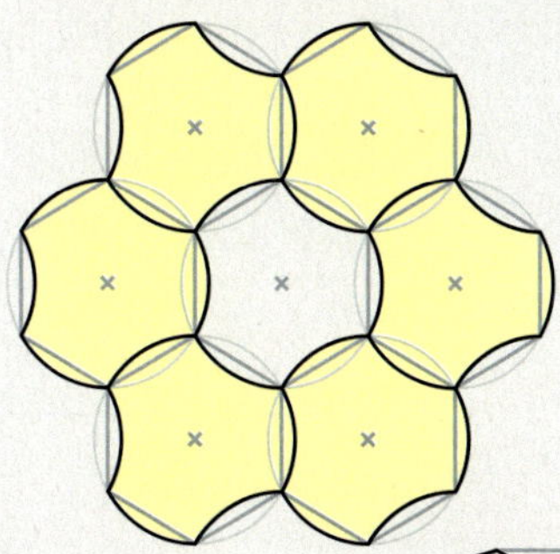

- In Wohnungen, Treppenfluren, Baumärkten, auf Straßen und Plätzen findet ihr noch viele Parkette. Versucht herauszufinden, welchen Sinn die oft merkwürdigen Formen haben.
Wie wäre es mit einer Fotoausstellung? Vergesst dabei eure eigenen Parkette nicht.

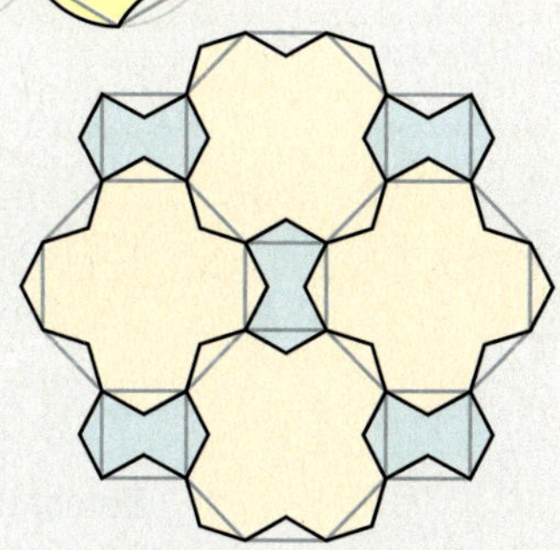

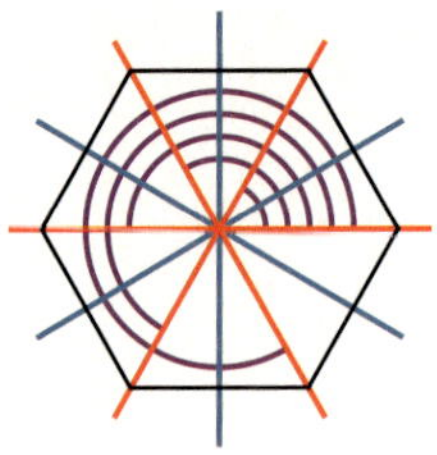

17 Das regelmäßige Sechseck hat sechs Symmetrieachsen. Drei gehen durch Eckpunkte, drei sind Mittelsenkrechte der Seiten. Das Sechseck hat auch einen Symmetriepunkt mit den Symmetriewinkeln 60°; 120°; 180°; 240°; 300°.
Im Bild unten siehst du sieben Sechsecke mit weniger Symmetrien. Die Sechsecke 1 bis 6 entstehen aus einem gleichseitigen Dreieck. Das Sechseck 7 ist anders aufgebaut.

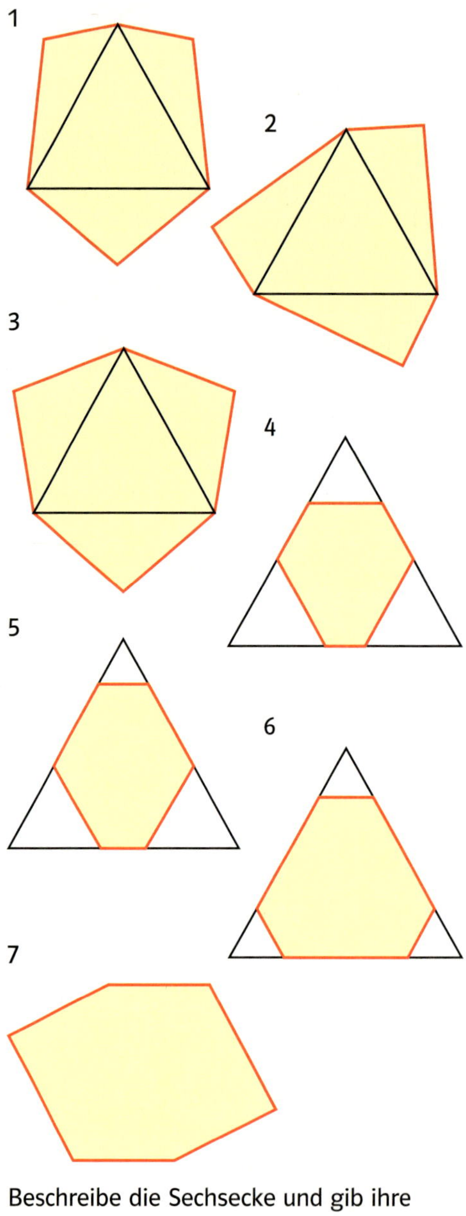

Beschreibe die Sechsecke und gib ihre Symmetrien an.

18 a) Setze auf die Seiten eines Quadrats gleich große gleichschenklige Dreiecke auf. Welche Symmetrien hat das entstehende Achteck?

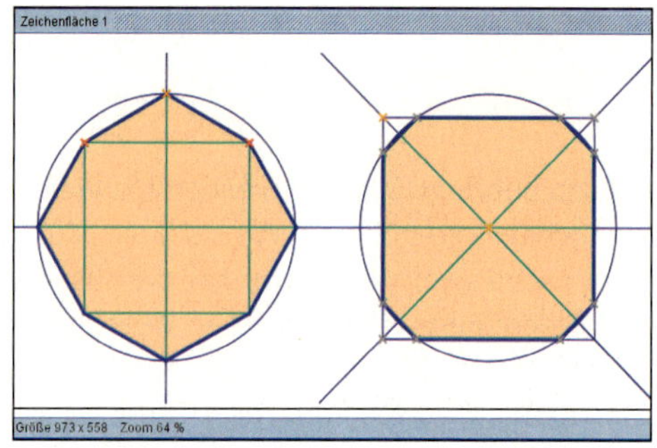

b) Du kannst auch an jeder Quadratecke ein gleichschenkliges Dreieck abschneiden. Welche Symmetrien erkennst du jetzt?
c) Wenn du mit einem DGS wie im Bild konstruierst, bekommst du leicht verschiedene Achtecksformen.
d) Probiere aus, durch welche Kongruenzabbildungen die Figuren auf sich selbst abgebildet werden.

Aus zwei mach eins

■ Aus zwei gleich großen regelmäßigen Sechsecken kannst du ein einziges machen.

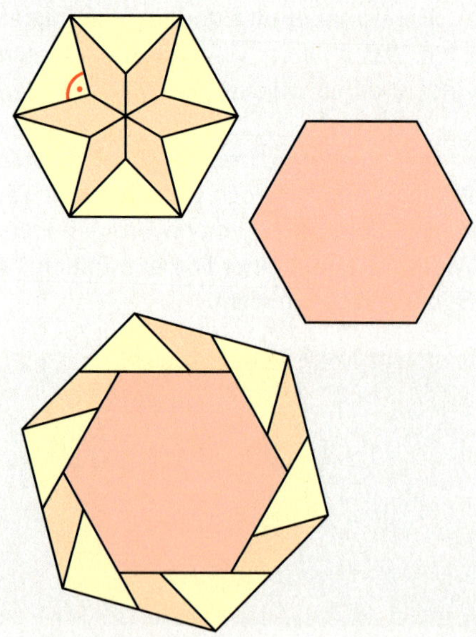

Rückspiegel

1 a) Ein Parallelogramm hat die Eckpunkte A(2|1); B(7|3); C(8|7). Welche Koordinaten hat der Eckpunkt D?
b) Ein symmetrisches Trapez hat die Eckpunkte A(−3|2); B(5|2); C(3|6).
Seine Symmetrieachse ist die Mittelsenkrechte der Seite $\overline{AB}$. Welche Koordinaten hat der Eckpunkt D?

2 Konstruiere eine Raute mit
a) Diagonalen der Längen 8 cm und 5 cm.
b) der Seitenlänge 5 cm und dem Winkel $\alpha = 60°$.

3 Berechne die Winkel β, γ und δ des Parallelogramms ABCD.

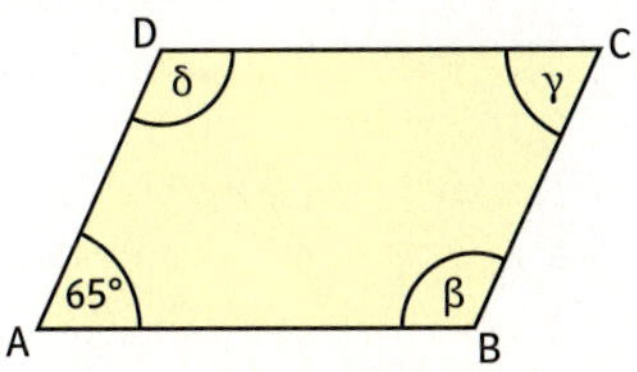

4 Berechne den Winkel β des symmetrischen Trapezes.

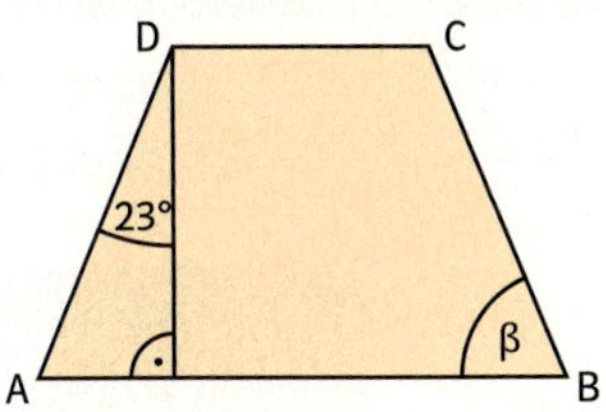

5 In einem Viereck ist
- β um 30° größer als α,
- γ dreimal so groß wie α,
- δ um 60° größer als α.

Berechne die Winkel.

6 Konstruiere ein Viereck ABCD mit den Maßen $a = 9\,cm$; $b = 6\,cm$; $c = 7\,cm$; $\beta = 120°$; $\gamma = 80°$.

7 Spiegele an Z.
a) A(8|2), B(4|8), C(3|9), Z(9|6)
b) A(−2|6), B(5|1), C(3|9), Z(2|6)
c) A(7|−3), B(11|3), C(8|7), D(2|−2), Z(5|1)

1 a) Ein Paralellogramm hat die Eckpunkte A(4|2); B(9|7) und den Diagonalenschnittpunkt S(5|5). Welche Koordinaten haben die Eckpunkte C und D?
b) Ein symmetrisches Trapez hat die Eckpunkte A(−3|−1); B(5|3); C(0|8).
Seine Symmetrieachse ist die Mittelsenkrechte der Seite $\overline{AB}$. Welche Koordinaten hat der Eckpunkt D?

2 Konstruiere einen Drachen mit der Symmetrieachse durch A und C und
a) $a = 6\,cm$; $\overline{AC} = 8\,cm$; $\alpha = 70°$.
b) $\overline{AC} = 9\,cm$; $\overline{BD} = 8\,cm$; $\alpha = 60°$.

3 Berechne die Winkel α und β des Parallelogramms ABCD.

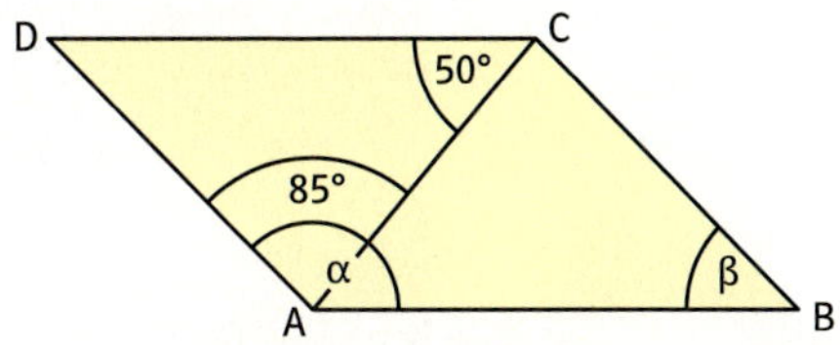

4 Berechne den Winkel α des symmetrischen Trapezes.

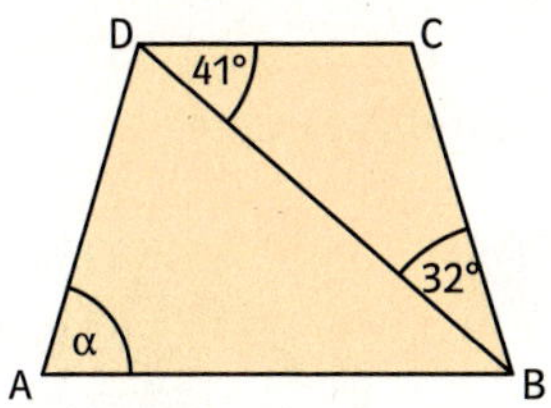

5 In einem Viereck ist
- β um 30° größer als das Doppelte von α,
- γ doppelt so groß wie α,
- δ um 70° kleiner als das Dreifache von α.

Berechne die Winkel.

6 Konstruiere ein Viereck ABCD mit den Maßen $a = 6\,cm$; $b = 4\,cm$; $c = 10\,cm$; $\alpha = 110°$; $\beta = 130°$.

7 Zeichne ein beliebiges Dreieck ABC.
a) Spiegele an der Winkelhalbierenden w_α.
b) Spiegele am Eckpunkt C.
c) Verschiebe, sodass B das Bild von C ist.

Was zu was?

Wie würdest du die Bilder einander zuordnen?

Koblenz | NEW YORK | PARIS | Köln

Hier ist etwas schiefgegangen.

Pilze ?

Gemüse ?

Obst ?

Strauchfrüchte ?

Gibt es mehrere Zuordnungsmöglichkeiten? Versuche alle möglichen Zuordnungen in einem Diagramm darzustellen.

Welche Informationen kannst du an den Schaubildern ablesen?

Cola klein	*0,50 €*
Cola mittel	*1,00 €*
Cola groß	*1,50 €*

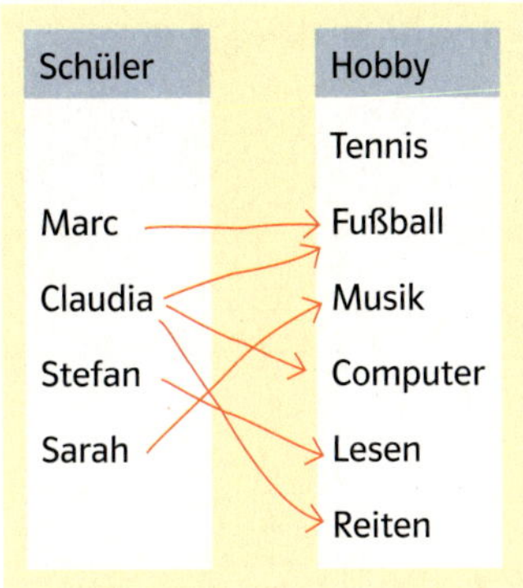

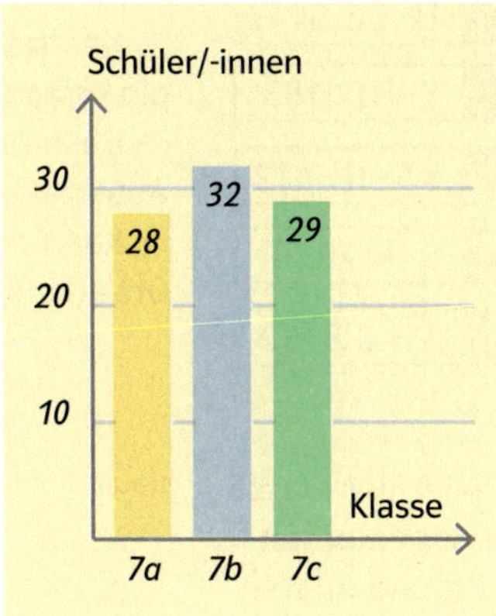

Klasse	7a	7b	7c
Schüler/-innen	28	32	29

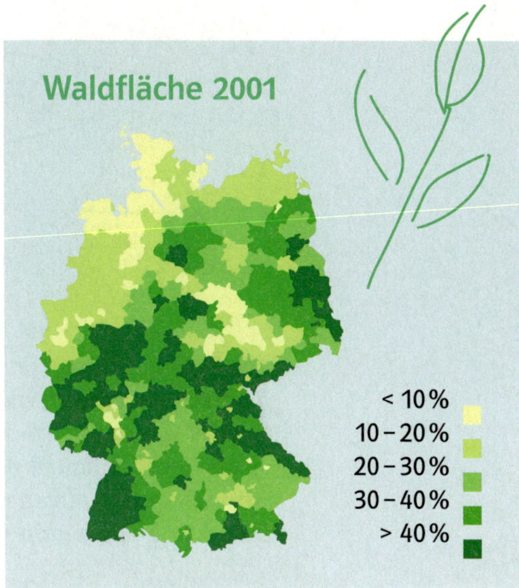

Stellt euch gegenseitig Fragen, wie z.B.
- Welche Klasse hat die meisten Schüler und Schülerinnen?
- Ist eine große Cola doppelt so teuer wie eine kleine?
- Wo gibt es die größten Waldflächen?
- Kann man die Schüler nach ihren Hobbies sortieren?

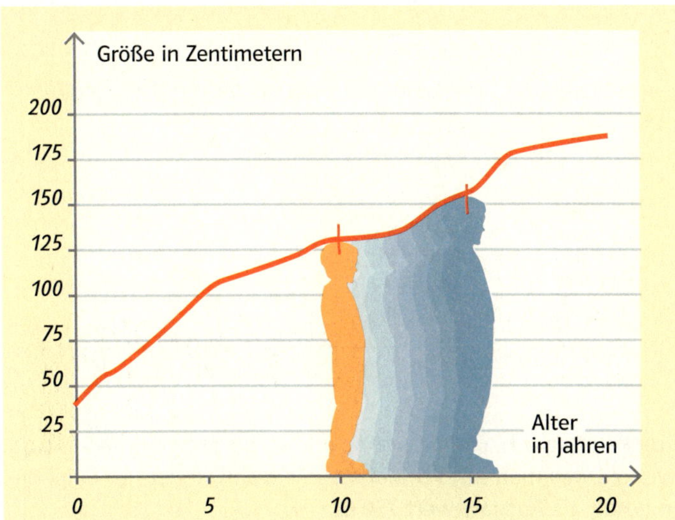

Kannst du dir etwas unter dem Titel „Was zu was?" vorstellen? Finde einige Beispiele, die dazu passen, und schreibe sie in dein Heft.

In diesem Kapitel lernst du,

- was man unter Zuordungen versteht und wie man sie beschreibt,
- was Schaubilder aussagen,
- was proportionale Zuordnungen sind und wie man sie darstellt,
- wie man Werte von proportionalen Zuordnungen einfach berechnen kann,
- was antiproportionale Zuordnungen sind und wie man sie darstellt,
- wie man Werte von antiproportionalen Zuordnungen einfach berechnen kann.

1 Zuordnungen und Schaubilder

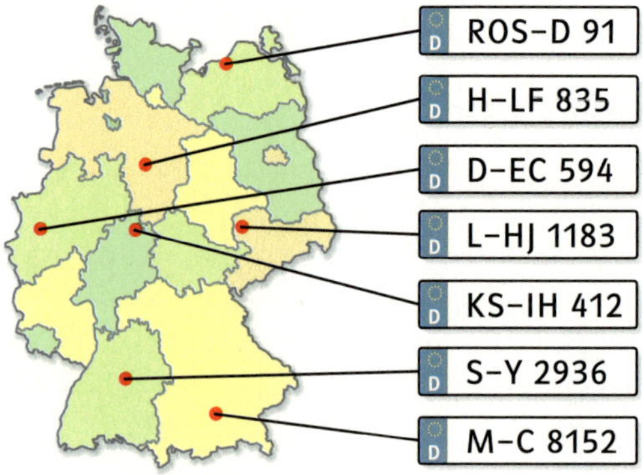

Zu allen Orten Deutschlands gehören Autokennzeichen.
- → Skizziere die nebenstehende Karte in dein Heft.
- → Kennzeichne Mainz in der Karte und gib ein mögliches Autokennzeichen an.
- → Bestimme mithilfe der angegebenen Autokennzeichen die markierten Städte.
- → Kann man am Kennzeichen auch den Ort erkennen? Begründe deine Antwort.

Die 24 Schülerinnen und Schüler der Klasse 7b haben überprüft, wie die Augenfarben in ihrer Klasse verteilt sind. Braune Augen haben zwölf Schülerinnen, blaue Augen acht und grüne Augen die übrigen.
Zuordnung *Augenfarbe* → *Anzahl der Schüler*.

Augenfarbe	braun	blau	grün
Anzahl der Schüler	12	8	4

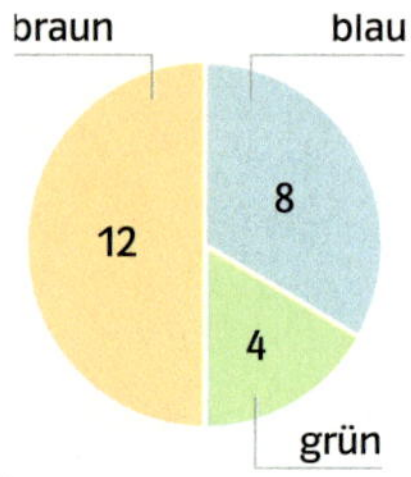

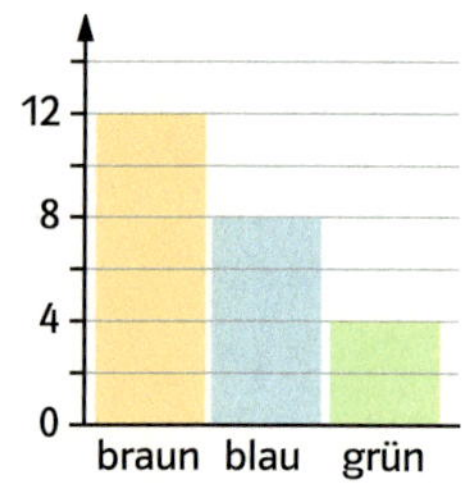

Zuordnungen findet man in vielen Alltagssituationen. Sie werden häufig durch Tabellen, Schaubilder, Pfeile oder Texte dargestellt. Bei einer **Zuordnung** werden zwei Bereiche zueinander in Beziehung gesetzt. Jeder **Eingabegröße** wird eine **Ausgabegröße** zugeordnet.

Beispiel

Familie Merker fährt in den Urlaub. Für die Fahrtkosten rechnet sie 180,00 €, für jeden Urlaubstag 120,00 €.

Tabelle

Anzahl der Urlaubstage	Urlaubskosten
1	300,00 €
2	420,00 €
3	540,00 €
4	660,00 €
5	780,00 €

Schaubild

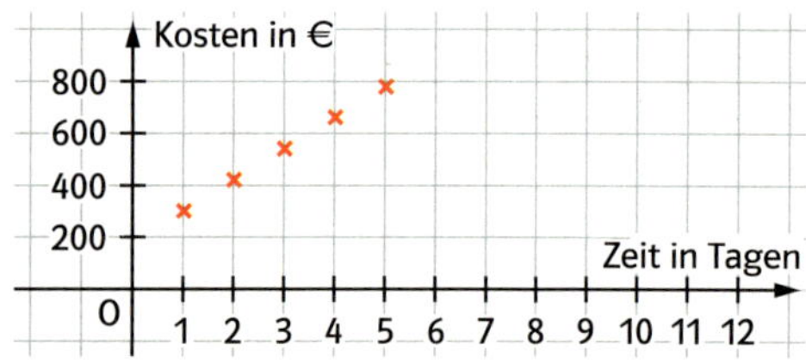

Beachte: Zuordnungen sind umkehrbar, d. h. Eingabegröße und Ausgabegröße lassen sich vertauschen: Will man z. B. wissen, was man für 5 Urlaubstage bezahlt, so ist der Eingabewert 5 Urlaubstage und man erhält als Ausgabewert 780 €.
Man betrachtet also die Zuordnung: *Anzahl der Urlaubstage* → *Urlaubskosten*.
Will man aber wissen, wie lange man für 660 € im Urlaub bleiben kann, so ist der Eingabewert 660 € und man erhält als Ausgabegröße 4 Urlaubstage.
Man betrachtet also die Zuordnung: *Urlaubskosten* → *Anzahl der Urlaubstage*.

Aufgaben

1 Miss die Länge der Finger einer deiner Hände und lege eine Tabelle für die Zuordnung *Finger → Länge* an.

2 Stellt auf einem großen Plakat für eure Klasse die Zuordnung *Schüler/-in → Lieblingsessen* mit Pfeilen dar.

3 Stelle in zwei verschiedenen Darstellungen die Zuordnung *Alter → Anzahl der Schüler/-innen deiner Klasse* dar.

4 Ein Wasserbecken wird gefüllt
- mithilfe eines Feuerwehrschlauchs.
- mithilfe eines Gartenschlauchs.
- mithilfe eines Wassereimers.

a) Skizziere in einem Schaubild, wie die Wasserstandshöhe im Becken in den drei Fällen steigt.
b) Trage in das Schaubild von Aufgabe a) den Fall ein, dass der Feuerwehrschlauch und der Gartenschlauch gleichzeitig das Becken füllen.
c) Trage in einem Schaubild den Fall ein, dass das Becken gleichzeitig mit Gartenschlauch und 10-Liter-Eimer gefüllt wird.
d) Wie sieht das Schaubild aus, wenn erst mit dem Gartenschlauch Wasser eingefüllt wird und nach einiger Zeit der Feuerwehrschlauch hinzugenommen wird?

5 Ein Kubikmeter Wasser kostet 1,50 €. Außerdem ist eine Grundgebühr von 84,00 € pro Jahr zu bezahlen.
a) Familie Aretz verbrauchte in einem Jahr 120 m³ Wasser. Stelle eine Rechenvorschrift auf.
b) Familie Simon verbrauchte 60 m³, Familie Stein 96 m³.
c) Für das Abwasser ist Kanalgebühr zu zahlen. Die Grundgebühr beträgt 72,00 € pro Jahr. Pro m³ Abwasser müssen 4,00 € gezahlt werden. Dabei wird mit der gleichen Menge wie beim Frischwasser gerechnet.
d) Für das kommende Jahr wird eine monatliche Abschlagszahlung für Frischwasser und Abwasser berechnet. Wie hoch fällt sie für die drei Familien aus?

6 Das Schaubild zeigt, wie sich die Wasserstandshöhe verändert, wenn der Becher gleichmäßig gefüllt wird.

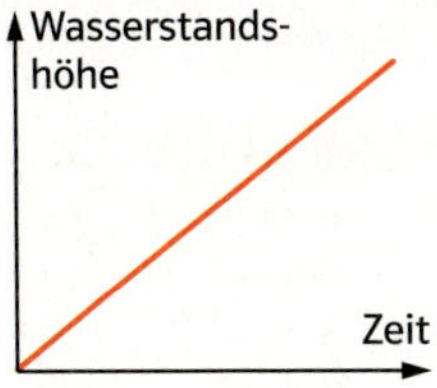

Zeichne das Schaubild für das abgebildete Gefäß.

a)

b)

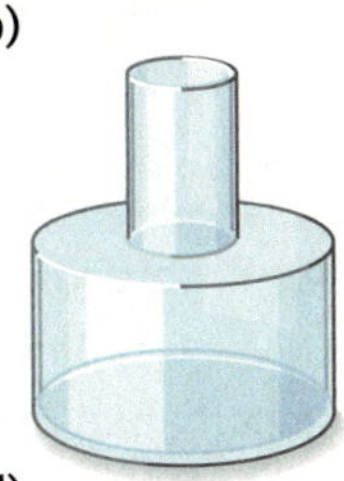

c)

d)

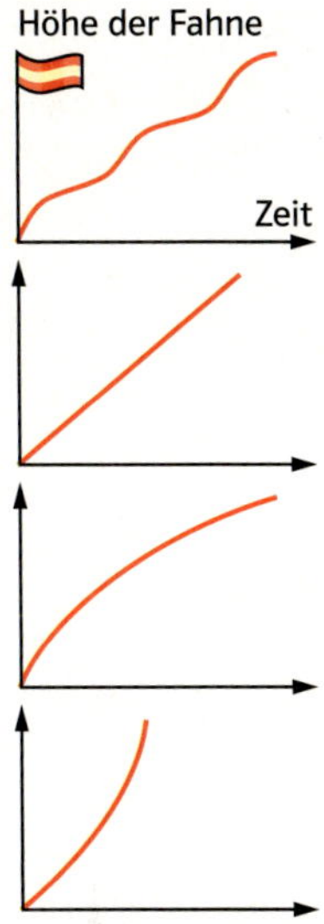

Erkläre, wie das Hochziehen der Fahnen durchgeführt wurde. Welches Schaubild entspricht am ehesten der Realität?

7 Je schneller ein Auto fährt, umso mehr Benzin verbraucht es auf 100 km.
Die folgende Tabelle gibt Beispielwerte an.

Geschwindigk. in $\frac{km}{h}$	40	80	120	160
Verbrauch in $\frac{l}{100\,km}$	6,8	8,0	10,9	13,5

Übertrage die Werte in ein Schaubild und verbinde die Punkte. Lies die Verbrauchswerte für 60 $\frac{km}{h}$; 100 $\frac{km}{h}$ und 140 $\frac{km}{h}$ ab.

8 a) Stelle das Abbrennen der Kerze in einem Zeit-Längen-Schaubild dar.
b) Lies im Schaubild ab, wie lang die Kerze nach 2; 5; 6; 8 Stunden ist.
c) Übertrage die Wertetabelle in dein Heft und fülle sie aus.
Was musst du beachten?

Zeit in Stunden	0	2	4	…
Länge in cm	15	12	…	…

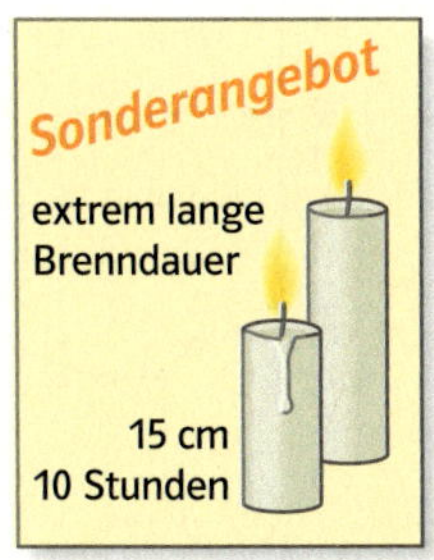

2 Graphen von Zuordnungen

Paketservice

Unsere Tarife für den Paketversand innerhalb Deutschlands

Gewicht	Gebühren
bis 5 kg	18,75 €
über 5 kg bis 6 kg	19,00 €
über 6 kg bis 7 kg	19,50 €
über 7 kg bis 8 kg	20,00 €
über 8 kg bis 9 kg	20,50 €
über 9 kg bis 10 kg	21,00 €
über 10 kg bis 12 kg	22,50 €

Aus der Tabelle kannst du die Paketgebühren eines Paketdienstes innerhalb von Deutschland ablesen.
Die Werte der Zuordnung werden häufig in einer Tabelle oder einem Koordinatensystem veranschaulicht.

→ Finde Zuordnungen, bei denen es deiner Meinung nach sinnvoller ist, diese als Tabelle darzustellen.

→ Finde Zuordnungen, bei denen es deiner Meinung nach sinnvoller ist, diese durch Schaubilder darzustellen.

Hat man für eine Zuordnung viele Daten zur Verfügung, können Tabellen sehr unübersichtlich werden. Durch Graphen lassen sich Zuordnungen oft übersichtlicher darstellen.

Eigenschaften der Zuordnungen lassen sich gut ablesen, wenn man sie in einem Koordinatensystem durch einen **Graphen** darstellt.
Man erkennt zum Beispiel auf einen Blick, wo zugeordnete Werte
- positiv oder negativ sind,
- am größten oder kleinsten sind,
- ansteigen oder abfallen.

Beispiele

a) Die folgende Tabelle gibt die Temperaturen an, die an einem Ort gemessen wurden.

Uhrzeit	0	1	2	3	4	5	6	7	8	9	10	11	12
Temperaturen	−2,1	−2,8	−3,2	−3,7	−3,8	−3,6	−3,2	−2,7	−1,4	1,0	3,1	5,0	6,4

Uhrzeit	13	14	15	16	17	18	19	20	21	22	23	24
Temperaturen	6,9	6,9	6,5	5,8	4,8	3,5	2,2	1,2	0,6	0,0	−0,7	−1,1

Wertepaare als Punkte im Koordinatensystem:
;... (6|−3,2); (7|−2,7); (8|−1,4); (9|1,0); (10|3,1); (11|5,0); (12|6,4); (13|6,9); ...

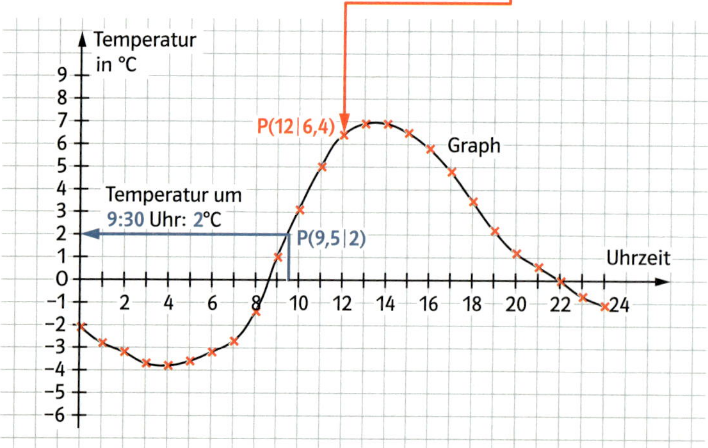

Die Zuordnung *Uhrzeit → Temperatur* kann in einem Koordinatensystem veranschaulicht werden.
Man zeichnet ein Koordinatensystem und beschriftet die Achsen sinnvoll. Zu jedem Eintrag in der Tabelle zeichnet man einen Punkt in das Koordinatensystem.
Die Gesamtheit aller so entstandenen Punkte nennt man **Graph** der Zuordnung.
Da man bei der Zuordnung zu jeder Uhrzeit die Temperatur messen könnte, kann man die Punkte durch eine passende Linie verbinden. Man erhält so als Graph eine Kurve.
Umgekehrt lassen sich auch aus einem Graphen die Werte der Tabelle ablesen:
Zur Uhrzeit 9.30 Uhr gehört die Temperatur 2 °C.

b) Bei einem Fluss werden an einem Messpunkt stündlich die Wasserstände gemessen. Diese geben an, um wie viel die Wasserhöhe von der durchschnittlichen Höhe abweicht.

Uhrzeit	6	7	8	9	10	11	12	13	14	15	16	17	18	19	20	21	22
Wasserstand in cm	−8	−10	−3	8	19	27	29	27	22	12	8	5	5	5	2	−2	−6

Anhand des Graphen kann man beispielsweise Folgendes leicht ablesen:
Um 13.30 Uhr war der Wasserstand bei etwa 25 cm.
Der höchste Wasserstand war etwa um 12.00 Uhr, der niedrigste um 7.00 Uhr.
Der Wasserstand ist etwa zwischen 10.30 Uhr und 14.00 Uhr höher als 20 cm.
Der Wasserstand ist zwischen 7.00 Uhr und 12.00 Uhr gestiegen und zwischen 6.00 Uhr und 7.00 Uhr sowie zwischen 12.00 Uhr und 22.00 Uhr gefallen.

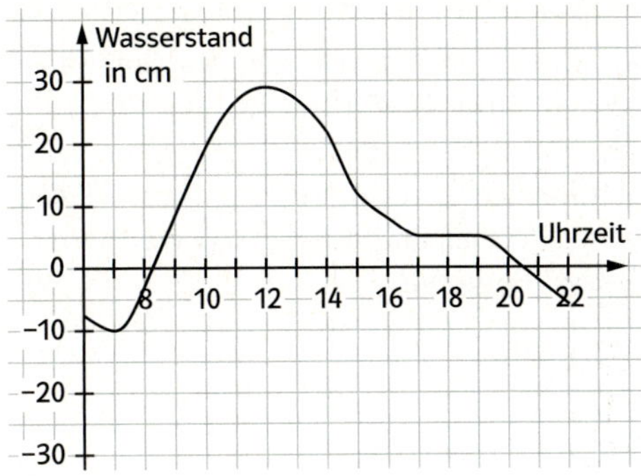

Aufgaben

1 Auf einem Berg wurden zu verschiedenen Zeiten die Schneehöhen gemessen und in eine Tabelle eingetragen.

Uhrzeit	9	10	11	12	13	14	15	16	17
Schneehöhe in cm	7	7	7	12	17	25	28	27	22

a) Zeichne einen Graphen der Zuordnung *Zeit* → *Schneehöhe* in ein Koordinatensystem.
b) Wie hoch wird der Schnee um 12.30 Uhr vermutlich gelegen haben?
c) Wann hat es vermutlich geschneit?
d) Wann hat es aufgehört zu schneien?
e) Wann stieg die Temperatur über 0 °C?

2 Die Tabellen geben die Temperaturen von heißem Wasser an, das in zwei unterschiedlichen Gefäßen abkühlt.

Zeit in min	0	5	10	15	20	25
Temperatur, Gefäß 1 in °C	50,0	34,2	26,7	23,2	21,5	20,7
Temperatur, Gefäß 2 in °C	50,0	40,1	33,5	29,5	26,1	24,1

Zeit in min	30	35	40	45	50	55	60
Temperatur, Gefäß 1 in °C	20,3	20,2	20,1	20,0	20,0	20,0	20,0
Temperatur, Gefäß 2 in °C	22,7	21,8	21,2	20,8	20,5	20,4	20,2

a) Zeichne die Graphen der Zuordnungen *Zeit* → *Temperatur* für die beiden Gefäße in dasselbe Koordinatensystem.
b) Welche Temperatur hat das Wasser in den Gefäßen etwa nach 22 Minuten?
c) Gib mögliche Ursachen für den unterschiedlichen Verlauf der Graphen an. Wie hoch ist die Umgebungstemperatur vermutlich?

3 Stelle ein zylinderförmiges Gefäß unter einen gleichmäßig fließenden Wasserhahn und miss die Füllhöhe in geeigneten Zeitabständen. Zeichne den Graphen der Zuordnung *Zeit → Füllhöhe* in ein Koordinatensystem.

4 Die unten abgebildeten vier Gefäße werden unter einem gleichmäßig fließenden Wasserhahn gefüllt. Die Graphen veranschaulichen die Zuordnung *Zeit → Füllhöhe*. Welcher Graph gehört zu welchem Gefäß? Begründe.

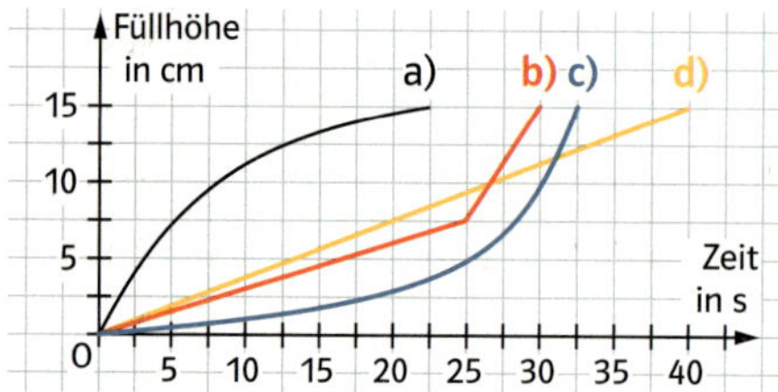

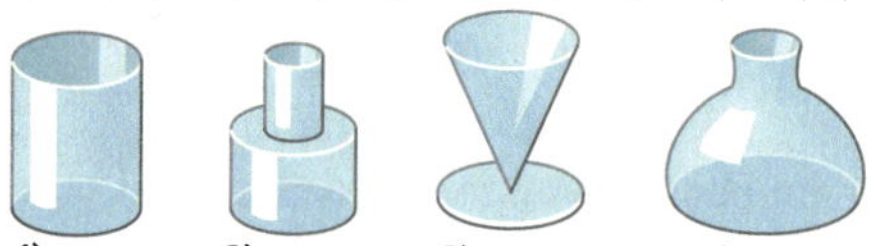

1) 2) 3) 4)

5 Eine Kugel rollt auf der abgebildeten Bahn hinunter. Welche der drei abgebildeten Graphen gehört zu der Zuordnung *Zeit t → Geschwindigkeit v*? Begründe deine Entscheidung.

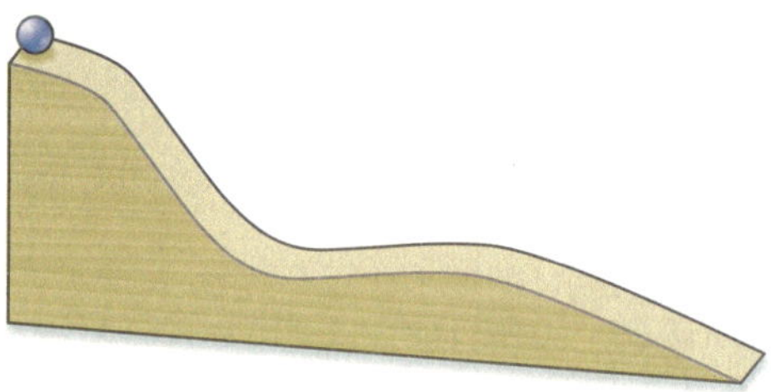

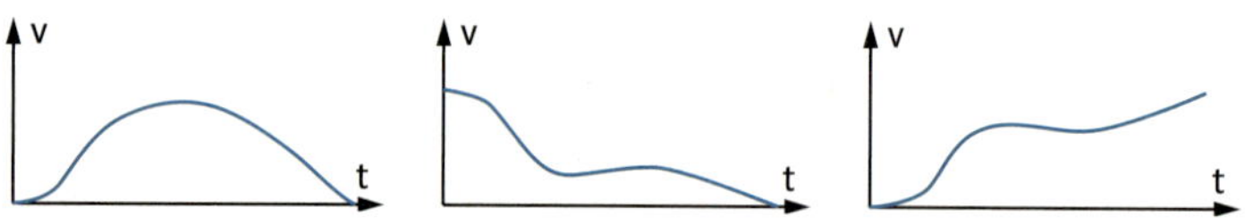

6 Gib verschiedene Zuordnungen an, die zu den drei in Aufgabe 5 dargestellten Graphen gehören können. Vergleiche deine Ergebnisse mit deinem Nachbarn.

7 Will man von Stadt A zu Stadt E fahren, so gibt es drei Wege (rot, blau und gelb).
a) Beschreibe für die drei Wege, wie sich die Geschwindigkeiten während einer möglichen Fahrt verändern.
b) Skizziere für die drei Wege je einen möglichen Graphen der Zuordnung *zurückgelegte Wegstrecke → Geschwindigkeit*.

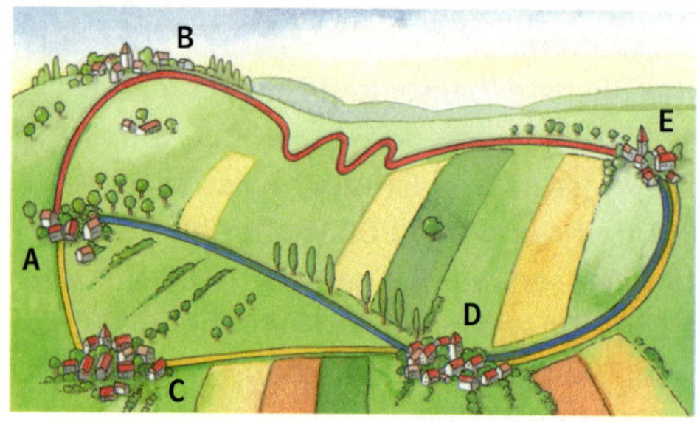

8 Skizziere einen Graphen für die Zuordnung *zurückgelegte Wegstrecke → Geschwindigkeit* für eine Autofahrt und beschreibe in einer kurzen Geschichte den Verlauf der Fahrt (z. B.: Welche Straßen wurden benutzt? Wann wurden Pausen eingelegt? Gab es Besonderheiten während der Fahrt?). Besprich die Geschichte mit deinem Nachbarn.

9 Unten siehst du den Wasserverbrauch einer Gemeinde am Abend eines Fußballendspieles grafisch dargestellt.
a) Wie hoch war der Wasserverbrauch um 21.00 Uhr (19.15 Uhr)?
b) Wann begann das Spiel? Wann war die Halbzeit? Gab es eine Verlängerung?
c) Wie könnte der Graph aussehen, wenn ein Eishockeyspiel (Tennisfinale) übertragen würde?

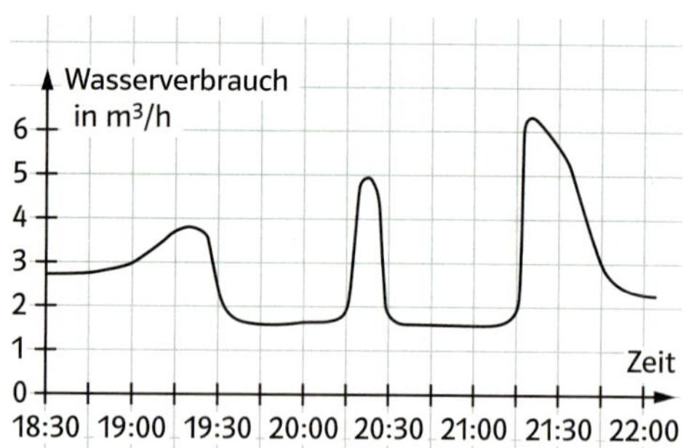

Schaubilder erzählen Geschichten

Kurze Geschichten

Laura ist älter als Tim.
Tim ist leichter als Laura.

- Finde weitere solche Sätze.

- Schreibe zu den beiden Schaubildern unten vergleichende Sätze auf.

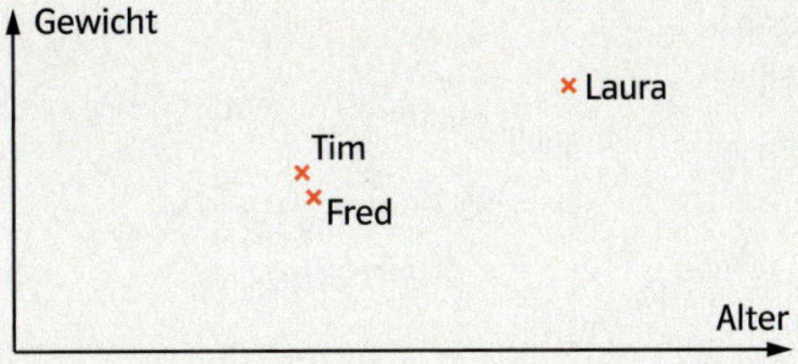

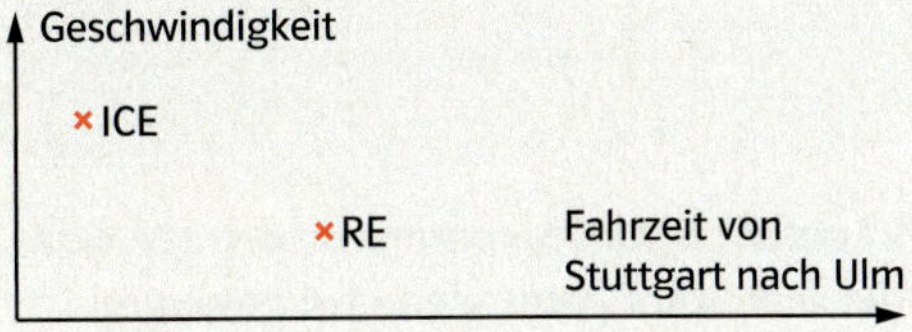

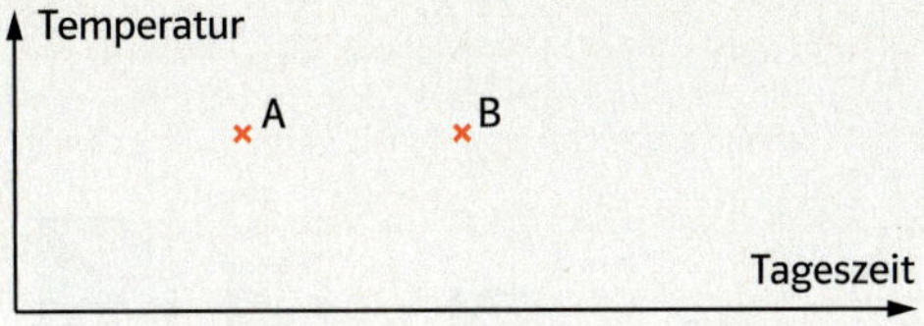

Geschichten mit mehr Mitspielern

- Gib für jeden Punkt an, welches Fahrzeug er darstellt.

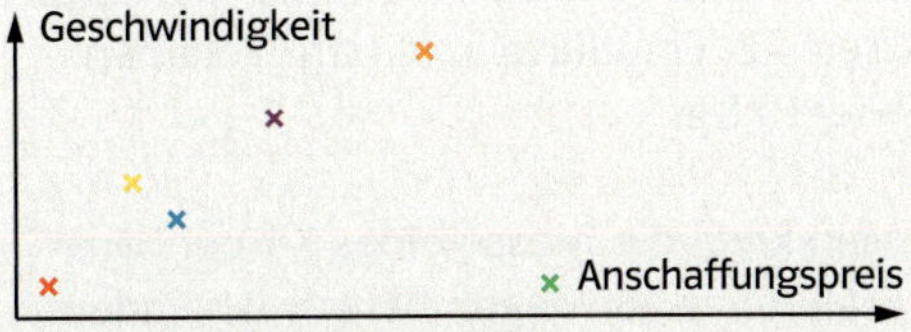

Verzwicktere Geschichten

Peter badet.

- Erzähle eine „Badewannengeschichte“, die zum Schaubild passt.

Überlege, wodurch sich die Wasserstandshöhe verändert.

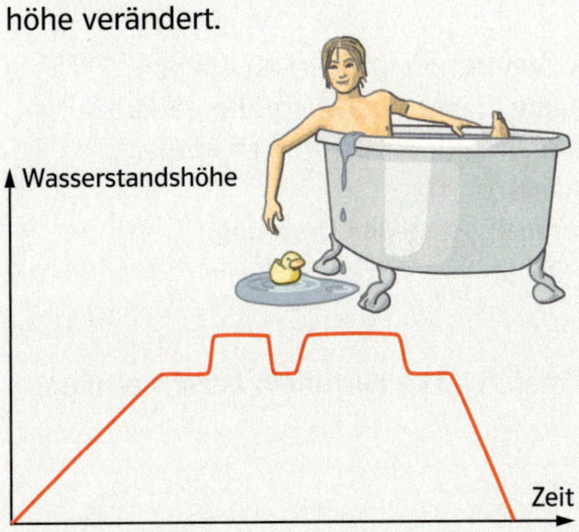

Das Schaubild zeigt die Leistungsfähigkeit eines Menschen in Abhängigkeit von der Tageszeit.

- Erkläre das Schaubild und beantworte die Fragen.
  - Zu welcher Tageszeit bist du besonders leistungsfähig?
  - Wann sollte eine Klassenarbeit geschrieben werden?
  - Wann solltest du die Hausaufgaben machen?
  - Was kannst du sonst noch aus dem Schaubild ablesen?

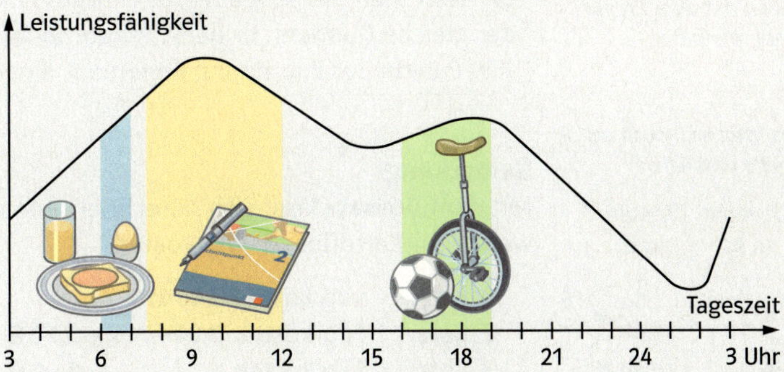

3 Proportionale Zuordnungen

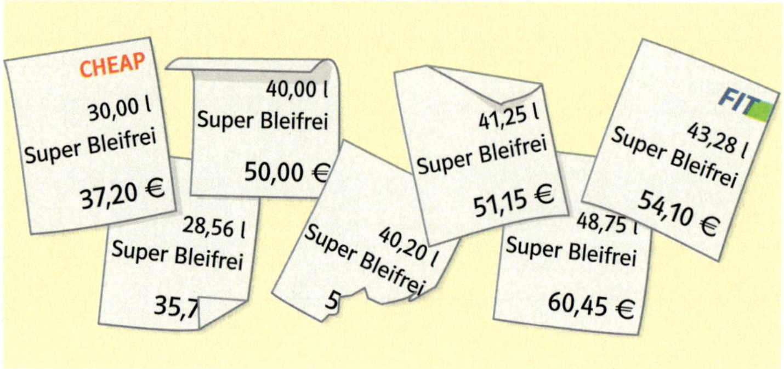

Die sieben Fahrzeuge einer Firma wurden alle am selben Tag betankt, einige bei FIT!, die anderen bei CHEAP.

→ Welche Tankquittungen kommen von derselben Tankstelle?

→ Hätte es sich gelohnt, alle Fahrzeuge zur günstigeren Tankstelle zu fahren?

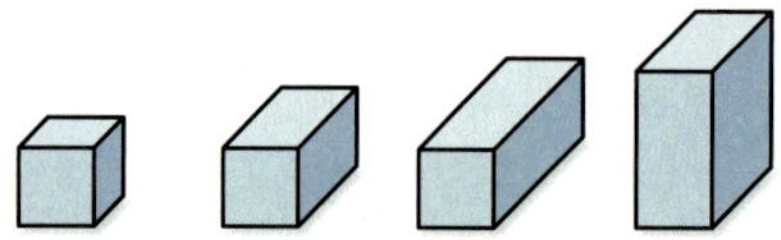

Kantenlängen in cm	2 × 2 × 2	2 × 2 × 4	2 × 2 × 6	2 × 4 × 4
Volumen in cm³	8	16	24	32
Masse in g	62,4	124,8	187,2	249,6
Masse : Volumen in g/cm³	7,8	7,8	7,8	7,8

In einem Schülerexperiment werden Quader aus Stahl gemessen und gewogen. Hat ein Quader das doppelte, dreifache oder halbe Volumen eines anderen Quaders, so hat er auch die doppelte, dreifache oder halbe Masse.
Der Quotient aus den Maßzahlen von Masse und Volumen hat immer denselben Wert 7,8. Ein Würfel mit $1\,cm^3$ Volumen wiegt 7,8 g.

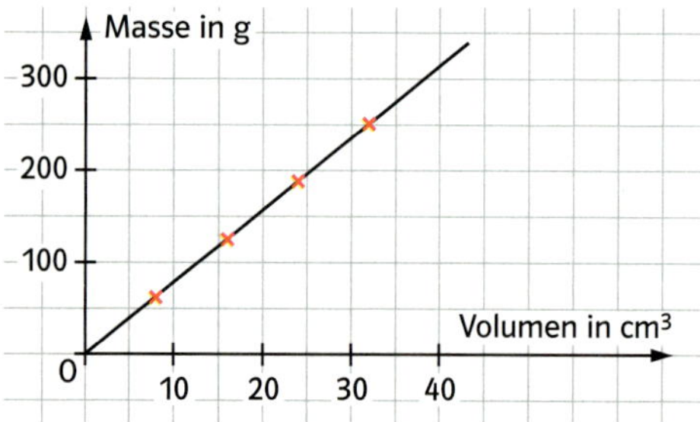

Man kann die Masse eines Körpers aus Stahl ohne zu wiegen berechnen, indem man das Volumen dieses Körpers mit dem Faktor $7{,}8\,g/cm^3$ multipliziert.

Zu jedem Wertepaar aus Eingabegröße und Ausgabegröße gehört ein Punkt im Koordinatensystem. Diese Punkte liegen auf einer Geraden durch den Punkt O.

Die Ausgabegrößen erhält man durch Multiplizieren der Eingabegrößen mit dem Proportionalitätsfaktor.

Eine Zuordnung heißt **proportional**, wenn zum Zweifachen, Dreifachen, Halben, … der Eingabegröße das Zweifache, Dreifache, Halbe, … der Ausgabegröße gehört.
Dividiert man die Ausgabegrößen durch die Eingabegrößen, ergibt sich immer der gleiche Quotient. Er heißt **Proportionalitätsfaktor**.
Alle Punkte der Zuordnung liegen auf einer **Geraden durch den Ursprung**.

Dies lässt sich auch als Tabelle darstellen:

	Gewicht in kg	Kosten in €	
:5	5	3	:5
·3	1	0,60	·3
	3	1,80	

Bemerkung

Mit dem **Dreisatz** lässt sich berechnen, wie viel man für 3 kg Kartoffeln bezahlen muss, wenn 5 kg Kartoffeln 3,00 € kosten.

1. Satz: 5 kg kosten 3,00 €
2. Satz: 1 kg kostet 3,00 € : 5 = 0,60 €
3. Satz: 3 kg kosten 0,60 € · 3 = 1,80 €

Beispiele

a) Da in beiden Spalten von Zeile zu Zeile dieselben Rechenoperationen ausgeführt werden, handelt es sich hier um eine proportionale Zuordnung.

b) Die Kosten für Heizöl sind proportional zur Menge. Der Quotient ist der Preis. Durch Multiplikation mit dem Preis kann man die Kosten für beliebige Mengen Heizöl ausrechnen.

	Anzahl Gurken	Preis in €	
	8	4,40	
: 8	1	0,55	: 8
· 3	3	1,65	· 3

Menge Heizöl in l	1	500	1250	1680
Kosten in €	0,59	295,00	737,50	991,20
Preis in €/l	0,59	0,59	0,59	0,59

Aufgaben

1 An die 370 Schüler der Realschule am Berg werden an Schultagen 240 Portionen Essen ausgegeben. Auch an drei anderen Schulen mit 450; 390 und 515 Schülern soll Essen angeboten werden. Daher übernehmen sie die Zahlen der Realschule am Berg als Planungsgrundlage. Welche Zahlen sind zu erwarten?

2 Gib die fehlenden Ausgabewerte der proportionalen Zuordnung an. Wähle zusätzlich drei Eingabewerte und berechne dazu die Ausgabewerte.

a)

Anzahl Pferde	1	5	18
tägl. Trinkwassermenge in l		300	

b)

Anzahl Arbeitsstunden	50	150	200
Lohnkosten in €			3200

c)

Wandfläche in m²	20	70	110
Wandfarbe in l	3,5		

3 Ein Ausgabewert der proportionalen Zuordnung ist falsch. Korrigiere ihn.

a)

Gewicht in g	12	18	30	42
Kosten in €	0,50	0,75	1,20	1,75

b)

Zeit in h	3	5	6	7,5
Weg in km	240	420	480	600

4 Was sagst du hierzu?

a) Um ein weich gekochtes Ei zu bekommen, muss man es 4,5 Minuten kochen. Peter kocht vier Eier 18 Minuten lang.

b) Lea läuft 100 m in 14 Sekunden. Sie rechnet aus, dass sie dann 1000 m in 2 Minuten und 20 Sekunden laufen kann.

c) Das Gemälde „Mona Lisa" wurde für 39,9 Mio. € verkauft. Wie viel kosten zwei solche Gemälde?

5 Das leichteste Holz ist das Balsaholz, das schwerste ist das Pockholz. Die einheimischen Holzarten liegen dazwischen.

- Lies an den Schaubildern ab, wie schwer Würfel von 1 dm³ Volumen aus jeder der fünf Holzarten sind.
- Lies selbstständig weitere Werte ab.
- Welches Volumen haben 1 kg schwere Würfel aus den fünf Holzarten?

Pockholz

Eiche

Buche

Fichte

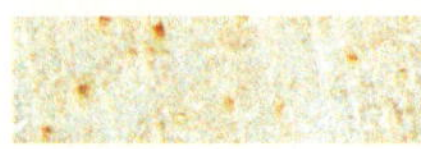
Balsaholz

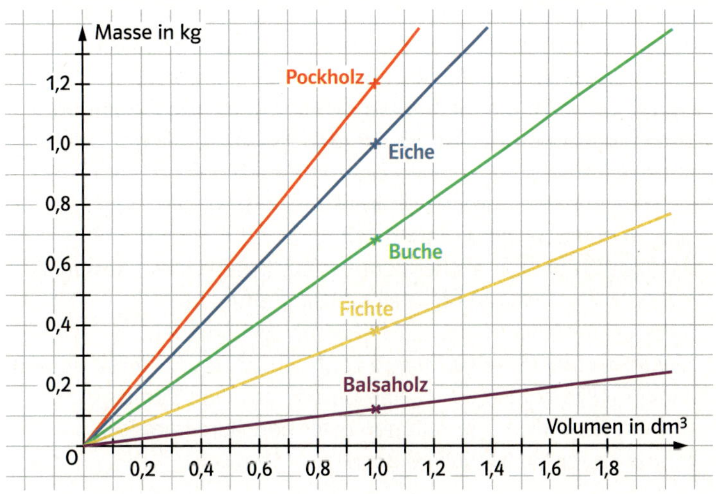

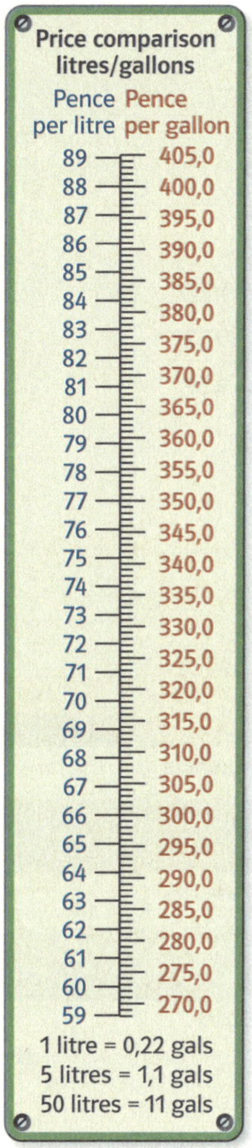

6 An manchen Tankstellen in Großbritannien sind auf den Tanksäulen Tabellen aufgeklebt. Sie sollen helfen, den Preis „Pence per litre" in den Preis „Pence per gallon" umzurechnen und umgekehrt.

a) Wie viel Pence per gallon sind 68,0; 75,0; 87,0 Pence per litre?

b) Wie viel Pence per litre sind 370,0; 300,0; 347,0 Pence per gallon?

c) Suche sechs besonders gut zusammenpassende Paare Eingabegröße/Ausgabegröße heraus. Notiere sie in einer Tabelle und zeichne ein Schaubild. Ist diese Zuordnung eine Proportionalität?

d) Gib den Proportionalitätsfaktor an.

7 Welche Zuordnung ist proportional, welche nicht? Begründe deine Antworten.

Eingabegröße	Ausgabegröße
Alter eines Kindes	Körpergröße
Anzahl der Arbeitsstunden	Lohn
Anzahl der Waffeln	Backzeit
Fahrtstrecke	Fahrtdauer
Anzahl der Maschinen	Zeit, um 10 000 Nägel herzustellen
Dauer des Spiels	Anzahl der Tore
gefahrene Strecke	Fahrzeit
Anzahl der Äpfel	Gewicht

8 Faserstifte bekommt man einzeln für 0,49 € oder in einer 16er-Box für 4,49 €.

a) Zeichne im selben Koordinatensystem Schaubilder für Einzelkauf und den Kauf in Boxen. Nimm als Eingangsgröße auf der x-Achse die Anzahl der Stifte.

b) Wie viel kosten 1; 2; 3; …; 32 Stifte bei günstigstem Einkauf? Stelle diese Kosten in einem Schaubild dar. Was sagst du zum Ergebnis?

9 Zugvögel können in erstaunlich kurzer Zeit sehr weit fliegen.

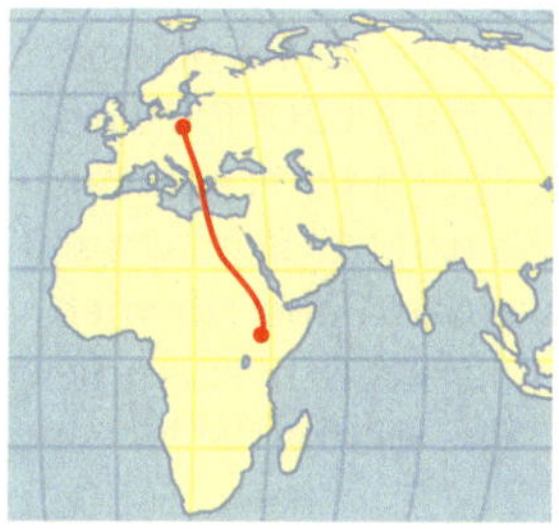

Kranich

Rauchschwalbe	120 h	5000 km
Star	96 h	7000 km
Kranich	60 h	3250 km
Regenpfeifer	66 h	6000 km

Zeichne ein Schaubild und lies ab:

- die Flugstrecken in 24 h
- die Zeiten für 1000 km
- die Durchschnittsgeschwindigkeiten.

Rasten Zugvögel eigentlich?

Proportionale Zuordnung: Kraftstoffmenge zu Fahrtstrecke

Herr Anders trägt die Fahrten, die er für seine Firma unternimmt, immer am Ende der Woche in ein Fahrtenbuch ein.
Für die Übersicht benutzt er ein Tabellenkalkulationsprogramm.

- Was vermutest du: Ist die Zuordnung *Streckenlänge → Benzinverbrauch* eine proportionale Zuordnung oder nicht?
- Berechne den Durchschnittsverbrauch für die vier Wochen einzeln und über die gesamte Zeit.
- Was fällt dir auf? Woher könnten die Unterschiede kommen?
- Stelle die Auswertung in einem Diagramm dar.

Günstig ist es, die Spalte C als Eingabe und Spalte D als Ausgabe zu wählen und einzelne Punkte zeichnen zu lassen. Verbinde den Punkt (1487 | 123,35) durch eine Gerade mit dem Punkt O.

- Informiere dich, wie Autohersteller den Durchschnittsverbrauch für ein Modell berechnen.

	A	B	C	D	E
1	Datum	Fahrtage	Strecke in km	Benzin in l	Durchschnittsverbrauch in l auf 100 km
2	07.04.	5	377	32,24	=D2/(C2/100)
3	14.04.	3	339	27,71	=D3/(C3/100)
4	21.04.	2	230	20,85	=D4/(C4/100)
5	28.04.	4	541	42,55	=D5/(C5/100)
6	April	14	1487	123,35	=D6/(C6/100)
7					
8					
9					
10					
11					
12					
13					
14					
15					
16					

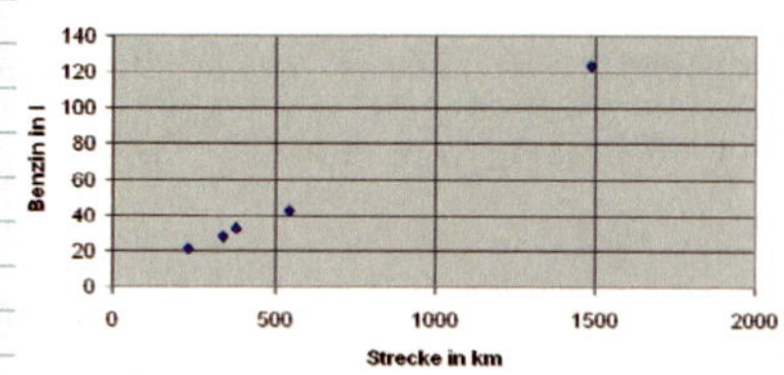

4 Antiproportionale Zuordnungen

In der Schulaula wird ein Musical aufgeführt. 180 Stühle sollen gestellt werden.
→ Auf welche Arten kann man die Stühle in gleich lange Reihen stellen?
Welche Arten sind zweckmäßig, welche nicht?
→ Messt die Aula eurer Schule aus und überlegt euch eine gute Möglichkeit.
→ Erkundigt euch, wie die Stühle in der Regel gestellt werden.

Die Inhaberin eines Obstbaubetriebes möchte ein Erdbeerfeld abernten lassen. Im Vorjahr haben das 5 Helfer in 3 Stunden geschafft. Diesmal kann sie aber nur 2 Helfer einstellen. Die benötigte Zeit lässt sich in drei Schritten berechnen:

1. Satz:	5 Helfer brauchen	3 h
2. Satz:	1 Helfer braucht	5 · 3 h = 15 h
3. Satz:	2 Helfer brauchen	= 15 h : 2 = 7,5 h

Dies lässt sich wie folgt in Tabellenform schreiben:

Anzahl der Helfer	Zeit in Stunden	Gesamtzeit in Stunden
:5 5	3 ·5	5 · 3 = 15
·2 1	15 :2	1 · 15 = 15
2	7,5	2 · 7,5 = 15
10	1,5	10 · 1,5 = 15

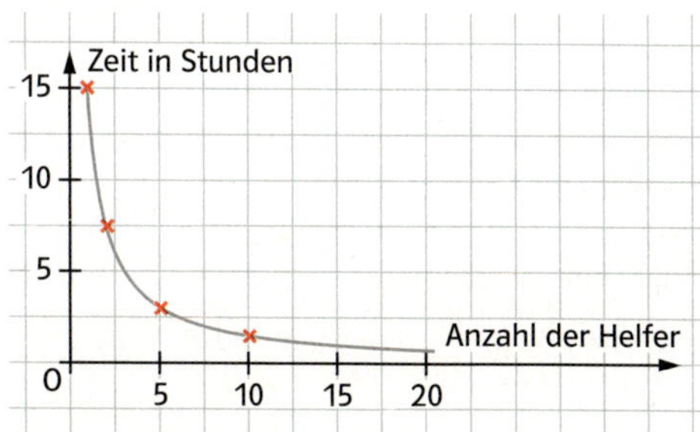

Das Produkt aus Anzahl der Helfer und Anzahl der Stunden ist immer dasselbe, nämlich 15 Helferstunden. Zu jedem Wertepaar aus Eingabe- und Ausgabegröße gehört ein Punkt im Koordinatensystem. Diese Punkte liegen alle auf einer Hyperbel. Sie dürfen nicht geradlinig verbunden werden.
Reduziert sich die Anzahl der Helfer auf ein Fünftel, so verfünffacht sich die benötigte Erntezeit, helfen doppelt so viele, so verringert sich die Erntezeit auf die Hälfte.

Eine Zuordnung heißt **antiproportional**, wenn zu der Hälfte, einem Drittel, … der einen Größe das Doppelte, das Dreifache, … der anderen Größe gehört.
Alle Punkte der Zuordnung liegen auf einer Kurve. Sie heißt **Hyperbel**.

Beispiel

Drei Pumpen mit gleicher Leistungsfähigkeit brauchen zum Entleeren eines Wasserbeckens 15 Stunden.
Eine solche Pumpe braucht 45 Stunden, dann brauchen fünf solche Pumpen neun Stunden.

Anzahl der Pumpen	Zeit in h
:3 3	15 ·3
·5 1	45 :5
5	9

Aufgaben

1 a) Der Futtervorrat für 16 Tiere reicht neun Tage. Es sind nur 12 Tiere im Stall.
b) Aus einem Eichenstamm werden 24 Bretter von 5 cm Dicke gesägt. Ein gleich starker zweiter Stamm wird zu 30 Brettern zersägt.
c) Normalerweise fährt Kajo mit dem Rad $20\,\frac{km}{h}$ und braucht für den Heimweg vom Sportplatz 10 Minuten. Heute fährt er aber $25\,\frac{km}{h}$.
d) Ein Gewinn soll an acht Personen verteilt werden. Jeder bekommt 70 €.
Eine Person verzichtet nachträglich.
e) Paul und Tim laden zu einer Party 30 Gäste ein. Die Kosten von 100 € teilen sie sich. Aishe beteiligt sich auch und lädt noch 6 Leute ein.

2 Übertrage die Tabelle ins Heft und gib die fehlenden Werte der antiproportionalen Zuordnung an.

a)

	Anzahl der Personen	Gewinn pro Person in €	
	4	300	
:2	2	□	·2
:□	6	□	:□
:6	1	□	·□
·□	□	150	:□

b)

	Schrittlänge in cm	Anzahl der Schritte	
	80	120	
:2	40	□	·2
:□	10	□	·□
·□	□	96	:□
:□	50	□	:□

Antiproportionale Zuordnung: Länge zu Anzahl von Leisten

Leisten von 3,00 m Länge werden in gleich lange Teile geschnitten. Je nach Länge der Teile erhält man unterschiedliche Anzahlen. Ein Tabellenkalkulationsprogramm hilft beim Rechnen.

	A	B	C	D	E	F	G	H	I	J
1	Stücklänge in cm	10	15	20	25	30	35	40	45	
2	300 cm : Stücklänge in cm	30,00	20,00	15,00	12,00	10,00	8,57	7,50	6,67	
3	Anzahl der Teilstücke	30	20	15	12					
4										
5										
6										
7										
8										
9										
10										
11										
12										
13										
14										
15										
16										
17										
18										
19										

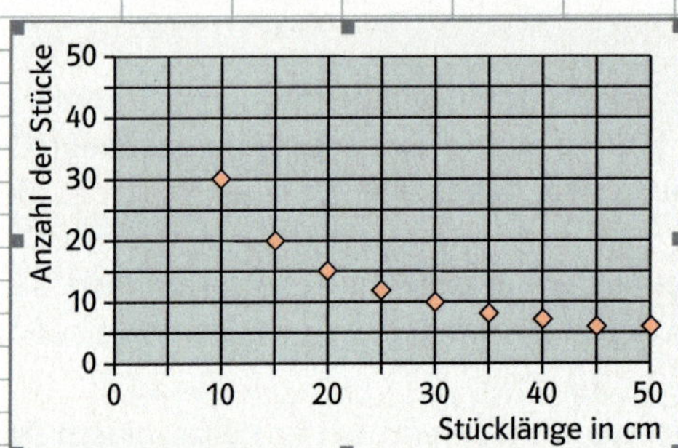

- Ergänze die Einträge in der dritten Zeile.
Warum kannst du Dezimalzahlen hier nicht wie gewohnt runden?
- Erstelle dieses Rechenblatt selbst. Stelle die Zuordnung der Länge zu den Divisionsergebnissen in der zweiten Zeile in einem geeigneten Diagramm dar.
- Was kannst du aus dem Diagramm ablesen?
- Bei jedem Schnitt werden 2 mm Material verbraucht.
Wie ändert sich dadurch die Anzahl der Teilstücke?
- Erstelle Tabellen und Diagramme für andere Leistenlängen.

3 Beim Schulfest verkauft die Klasse 7c Pizza vom Blech.
Lisa und Jan überlegen:
Wir können 16 Stücke pro Blech schneiden und 1,50 € nehmen.
Wir könnten auch 20 Stücke schneiden, verlangen dann aber entsprechend weniger.

4 Ein Wanderverein mietet einen Bus für 50 Personen. Die Kosten von 630 € sollen gleichmäßig verteilt werden. Die Vereinsvorsitzende erwartet Absagen und überlegt, wie hoch der Kostenbeitrag ist, wenn nur 45; 40; 35; 30 Personen mitfahren.

5 Ein Sportverein beschließt, dass seine 141 Mitglieder einen Kostenbeitrag für den Bau eines Hartplatzes leisten müssen.
Auf jedes Mitglied entfallen 75 €.
Durch einen Aufruf in der Zeitung werden 47 neue Mitglieder geworben, die alle bereit sind, sich an den Kosten zu beteiligen.

6 Sechs Schülerinnen und Schüler geben eine Zeitungsanzeige auf.
Alle beteiligen sich mit 1,45 € an den Kosten. Jetzt entschließen sich noch drei andere Schülerinnen mitzumachen.

7 Ein Flugzeug fliegt in einer Stunde 950 km. Von Düsseldorf nach Chicago braucht es neun Stunden. Auf dieser Strecke bläst oft Gegenwind. Die Geschwindigkeit des Flugzeugs verringert sich dann um die Windgeschwindigkeit.
a) Wie lange dauert der Flug bei einem Gegenwind mit der Geschwindigkeit $25\,\frac{km}{h}$; $50\,\frac{km}{h}$; $75\,\frac{km}{h}$; $100\,\frac{km}{h}$; $125\,\frac{km}{h}$?
b) Stelle die Flugdauer bei den verschiedenen Fluggeschwindigkeiten in einem Schaubild dar.
c) Stelle die Verlängerung der Flugdauer bei den verschiedenen Windgeschwindigkeiten in einem Schaubild dar. Ist diese Zuordnung proportional, ist sie umgekehrt proportional?

Runde auf Minuten!

Punkte einmal anders

Die Schriftgröße wird in der Einheit „Punkt", abgekürzt pt, gemessen. Schreibt man das Wort „Regenbogen" in 8-pt-Schrift mehrfach ohne Abstände hintereinander, passen in eine 16 cm lange Zeile 114 Buchstaben. In 12-pt-Schrift sind es 76 Buchstaben. Diese zwei Zeilen sind im Bild unten in Rot bzw. Orange ausgedruckt.

- Zähle in den folgenden vier Zeilen aus, wie viele Buchstaben in den Schriftgrößen 16 pt; 20 pt; 24 pt und 28 pt in eine Zeile passen.
- Ist die Zuordung „Schriftgröße" zu „Buchstabenzahl" umgekehrt proportional?
- Experimentiere mit anderen Schriftgrößen, anderen Buchstaben, anderen Schriftarten.

RegenbogenRegenbogenRegenbogenRegenbogenRegenbogenRegenbogenRegenbogenRegenbogenRegenbogenRegenbogenRegenbogenRege
RegenbogenRegenbogenRegenbogenRegenbogenRegenbogenRegenbogenRegenbogenRegenb
RegenbogenRegenbogenRegenbogenRegenbogenRegenbogenRegenbo
RegenbogenRegenbogenRegenbogenRegenbogenRegen
RegenbogenRegenbogenRegenbogenRegenbog
RegenbogenRegenbogenRegenbogenRe

Zusammenfassung

Zuordnung

Bei einer **Zuordnung** werden zwei Größen zueinander in Beziehung gesetzt. Jeder **Eingabegröße** wird eine **Ausgabegröße** zugeordnet.

Jedem Alter eines Menschen wird eine Körpergröße in Zentimeter zugeordnet.

Proportionale Zuordnung

Eine Zuordnung heißt **proportional**, wenn zu einem Vielfachen oder Teil der Eingabegröße dasselbe Vielfache oder derselbe Teil der Ausgabegröße gehört.
Dividiert man die Ausgabegrößen durch die Eingabegrößen, ergibt sich immer derselbe Wert.

Alle Punkte der Zuordnung liegen auf einer **Geraden** durch den Ursprung.

Ölmenge in l	Preis in €	$\frac{\text{Preis in €}}{\text{Ölmenge in l}}$
500	250	0,5
600	400	0,5
1500	750	0,5
1700	850	0,5

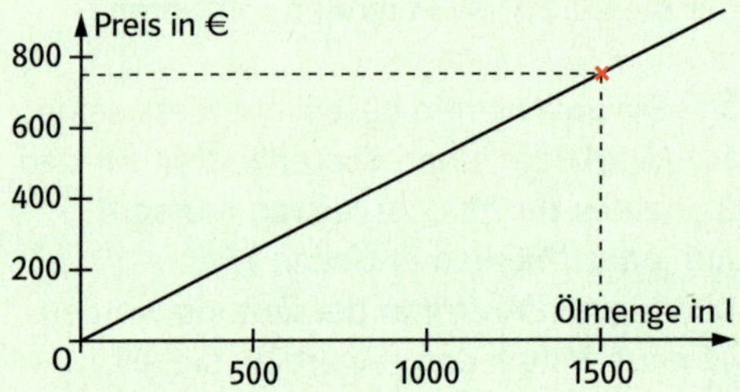

Dreisatz

Gesuchte Werte der Ausgabegröße einer proportionalen Zuordnung kann man in drei Schritten berechnen. Man schließt zuerst durch Division auf die Einheit und dann durch Multiplikation auf das Vielfache.

1200 l Heizöl kosten 600 €.
Wie viel kosten 1700 l?

		Ölmenge in l	Preis in €	
1. Schritt		1200	600	
2. Schritt	:1200	1	0,5	:1200
3. Schritt	·1700	1700	850	·1700

1700 l Heizöl kosten 850 €.

Antiproportionale Zuordnung

Eine Zuordnung heißt **antiproportional**, wenn zum n-Fachen der Eingabegröße der n-te Teil der Ausgabegröße und zum n-ten Teil der Eingabegröße das n-Fache der Ausgabegröße gehört.
Das Produkt aus zusammengehörigen Eingabe- und Ausgabegrößen hat immer denselben Wert.
Alle Punkte der Zuordnung liegen auf einer Kurve. Sie heißt **Hyperbel**.

Anzahl der Tage	3	4	5	6	7	8
Tagesstrecke in km	140	105	84	70	60	52,5

140 · 3 = 420; 105 · 4 = 420; usw.

Umgekehrter Dreisatz

Gesuchte Werte der Ausgabegröße einer umgekehrt proportionalen Zuordnung kann man ebenfalls in drei Schritten berechnen. Der Division der Eingabegröße entspricht die Multiplikation der Ausgabegröße und umgekehrt.

Eine Radtour ist anfangs mit sieben Etappen zu je 60 km geplant. Die Radfahrgruppe hat aber nur fünf Tage Zeit.

		Anzahl der Tage	Strecke in km	
1. Schritt		7	60	
2. Schritt	:7	1	420	·7
3. Schritt	·5	5	84	:5

Die Tagesstrecke muss 84 km betragen.

Üben • Anwenden • Nachdenken

1 Handelt es sich um eine proportionale oder umgekehrt proportionale Zuordnung?

a)

Länge in m	8	12	24	32	36
Kosten in €	32	48	96	128	144

b)

Anzahl Maschinen	2	3	4	6	8
Zeit in h	48	32	24	16	12

c)

Stückzahl	56	64	88	136	168
Gewicht in kg	7	8	11	17	21

2 Ergänze die Tabelle zu einer

a) proportionalen Zuordnung.

Kosten in €	1	3	5		14
Nägel in g		1200		5200	

b) umgekehrt proportionalen Zuordnung.

Zeit in h		18		6
Anzahl der Arbeiter	1	2	3	6

3 Entscheide am Schaubild, ob die Zuordnung proportional oder umgekehrt proportional ist. Fülle die Tabelle weiter aus.

a)

Eingabegröße	…	3	4	5	…
Ausgabegröße	…	6	7	8	

b)

Eingabegröße	…	3	4	5	…
Ausgabegröße	…	8	6	4,8	

4 Welche Zuordnungen sind dargestellt?

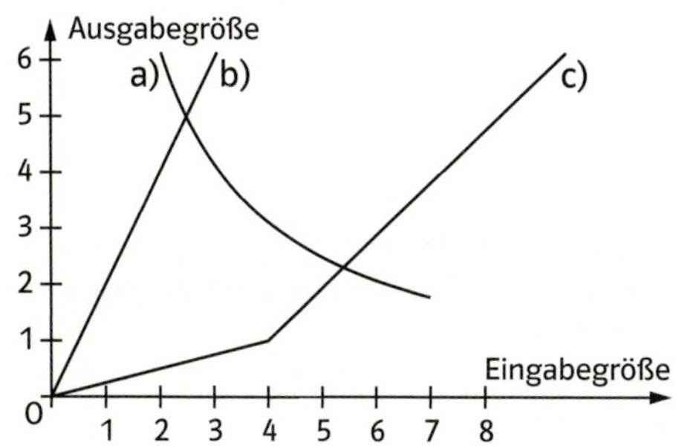

5 Um den Müll einer Stadt abzufahren, benötigen sechs Müllwagen fünf Tage. Wegen eines Feiertags stehen nur vier Tage zur Verfügung.

6 Um die Fenster der Schule zu reinigen, benötigen drei Reinigungskräfte acht Stunden. In welcher Zeit hätten 6; 12; 24; 60; 120; 240 Reinigungskräfte die Fenster geputzt?

7 Das Wertepaar (1|4) gehört zu einer proportionalen und zu einer umgekehrt proportionalen Zuordnung.

a) Suche für beide Zuordnungen weitere Wertepaare und fertige für jede Zuordnung eine Tabelle an.

b) Zeichne die beiden Schaubilder.

8 Lucia hat zwei Katzen. Eine Katze braucht in drei Tagen zwei Dosen Katzenfutter.

a) Lucia kauft einen Monatsvorrat.

b) Lucia überprüft ihren Vorrat an Katzenfutter und stellt fest, dass sie noch zwölf Dosen hat.

9 Wie groß ist die ganze Statue?

10 a) Trage 10 Paare natürlicher Zahlen mit dem Quotient 34 in eine Tabelle ein.

b) Trage 10 Paare natürlicher Zahlen mit dem Quotient 1,5 in eine Tabelle ein.

11 Trage alle Paare natürlicher Zahlen in eine Tabelle ein, die denselben Produktwert haben wie

a) 6 und 8. b) 7 und 12.

Je mehr ... desto mehr?

Herr Anders trägt die Fahrten, die er für seine Firma unternimmt, in ein Fahrtenbuch ein. Dafür benutzt er ein Tabellenkalkulationsprogramm.

	A	B	C	D
1				
2	Woche	Fahrtage	Strecke	Benzin
3			in km	in Liter
4	31.03.-05.04.	3	178	14,56
5	07.04.-12.04.	4	330	27,25
6	14.04.-19.04.	2	139	11,54
7	21.04.-26.04.	3	277	20,85
8	28.04.-02.05.	5	541	42,55

- Übertrage die Werte in ein Tabellenkalkulationsprogramm und markiere die Bereiche C4:C8 und D4:D8. Sortiere nach der Anzahl der gefahrenen Kilometer.
- Stelle sie dann in einem Diagramm dar. Wähle dazu den Diagrammtyp „Punkt (XY)“.
- Erkläre die Aussage, dass eine **annähernd proportionale Zuordnung** vorliegt.
- Kennst du Gründe für die Abweichung von einer „echten“ proportionalen Zuordnung?

Einheits-Größen	Deutsche Größen	
	Damen	Herren
S	34–36	44
M	38–40	46–48
L	42–44	50–52
XL	46–48	54

Small
Medium
Large
Extra Large

12 Kleidungsgrößen werden in den USA anders angegeben als in Deutschland. In der Tabelle siehst du die Zuordnung der USA-Größen zu den deutschen Größen.
a) Welche USA-Größe entspricht der deutschen Herrengröße 48 und welche der Damengröße 36?
b) Welche deutsche Damengröße entspricht der USA-Größe L?
c) Was bedeutet wohl die Größe XXL?

13 Im Wasser legt der Schall pro Sekunde eine Strecke von 1500 m zurück.
a) Das Klopfzeichen eines Tauchers erreicht das Boot nach 0,03 s.
b) Erstelle eine Tabelle für die Zuordnung der Tauchtiefe in Meter zur Laufzeit des Schalls in Zehntelsekunden. Fertige ein Schaubild an.
c) Erkundige dich nach der Schallgeschwindigkeit in Luft.
Erstelle eine Tabelle für die Zuordnung der Entfernung in Meter zur Laufzeit des Schalls in Sekunden. Welche Bedeutung hat deine Tabelle für den Zusammenhang zwischen Blitz und Donner?

14 Ein Taxiunternehmen verlangt für jede Fahrt eine Grundgebühr von 1,50 € und für jeden gefahrenen Kilometer 50 ct.
a) Herr Koenen fährt 15 km mit dem Taxi, Frau Zimmermann fährt doppelt so weit.
b) Frau Teobald muss 18,00 € bezahlen, Herr Schramm nur die Hälfte.

15 In dem Schaubild ist der Zeit ein zurückgelegter Weg zugeordnet.

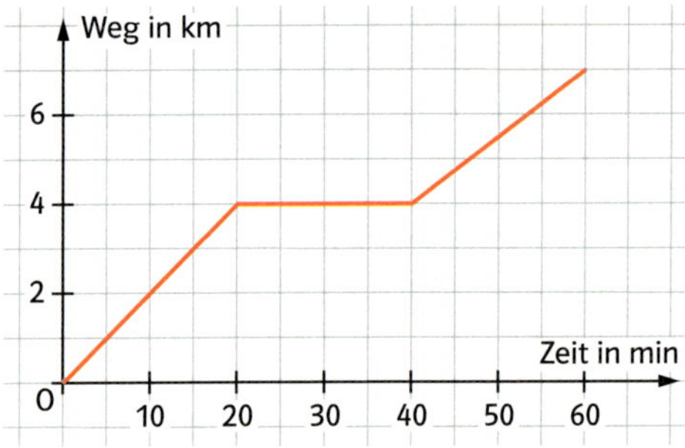

a) Gibt es Abschnitte in dem Schaubild, in dem der zurückgelegte Weg proportional zur Zeit ist?
b) Erfinde eine Geschichte, die zu diesem Schaubild passt.

Geschwindigkeit

Um die durchschnittliche Geschwindigkeit eines Fahrzeugs zu ermitteln, muss der zurückgelegte Weg durch die benötigte Zeit geteilt werden.
Hat ein Auto in drei Stunden 150 km zurückgelegt, so beträgt die durchschnittliche Geschwindigkeit
$\frac{150\,km}{3\,h} = 50\,\frac{km}{h}$ (lies: 50 km pro Stunde).

Bei einer fest vorgegebenen Zeit ist die durchschnittliche Geschwindigkeit proportional zum Weg:
Je größer der zurückgelegte Weg in einer bestimmten Zeit ist, desto größer die Geschwindigkeit.

Bei fest vorgegebener Zeit

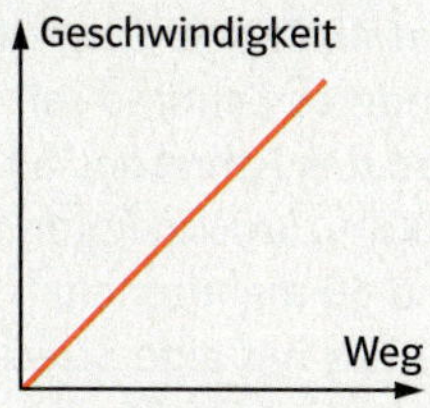

Bei einer fest vorgegebenen Strecke ist die durchschnittliche Geschwindigkeit umgekehrt proportional zur Zeit:
Je mehr Zeit für einen bestimmten Weg benötigt wird, desto kleiner ist die durchschnittliche Geschwindigkeit.

Bei fest vorgegebener Strecke

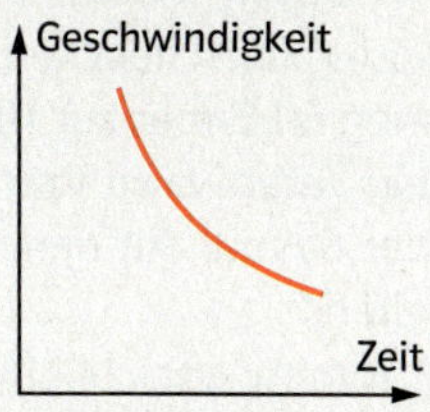

- In 5 h legt ein Fahrrad 75 km, ein Moped 125 km und ein Auto 200 km zurück. Zeichne ein Schaubild.
Lies weitere Wertepaare ab und erkläre was sie bedeuten.
- Ein Pkw, ein Motorrad und ein Lkw fahren 180 km weit. Der Pkw benötigt 2 h, das Motorrad 1,5 h und der Lkw 3 h.
Zeichne ein Schaubild.
Lies weitere Wertepaare ab.

16 Drei Familien aus derselben Stadt sind an denselben Urlaubsort gefahren.
Familie Schmid hat bei einer durchschnittlichen Geschwindigkeit von $90\,\frac{km}{h}$ ohne Pausen sechs Stunden gebraucht.
Familie Meyer fuhr im Schnitt $100\,\frac{km}{h}$, Familie Bobic $120\,\frac{km}{h}$.
a) Berechne die Fahrzeiten für Familie Meyer und Familie Bobic.
b) Zeichne ein Schaubild für die drei angegebenen Geschwindigkeiten. Trage dazu auf der Rechtsachse die Zeit und auf der Hochachse den Weg ein. Achte auf eine sinnvolle Achseneinteilung.
c) Lies im Schaubild ab, welchen Vorsprung Familie Bobic nach drei Stunden vor Familie Schmid und Familie Meyer hat.

17 In einem Tapezierratgeber steht eine Tabelle für die Anzahl der Tapetenrollen bei normaler Raumhöhe und einem vorgegebenen Umfang des Fußbodens.

Umfang in m	Anzahl der Rollen
6	4
10	7
12	8
15	10
18	12
20	14

a) Welche Art von Zuordnung liegt der Berechnung zugrunde?
b) Warum steht in der Tabelle bei 10 m Umfang für die Anzahl der Rollen 7?
c) Ergänze die Tabelle durch die Zwischenwerte für den Umfang des Zimmers.

18 Eine 3,60 m lange und 2,40 m hohe Wand soll gekachelt werden.
Es stehen die Kachel-Formate 15 cm × 15 cm; 15 cm × 20 cm und 20 cm × 20 cm zur Auswahl.
Die Fugen bleiben unberücksichtigt.

19 Eine Abfüllanlage für Fruchtsaft füllt mit fünf Maschinen in zwölf Stunden 66 000 Flaschen.
Formuliere eine Aufgabe und löse sie.

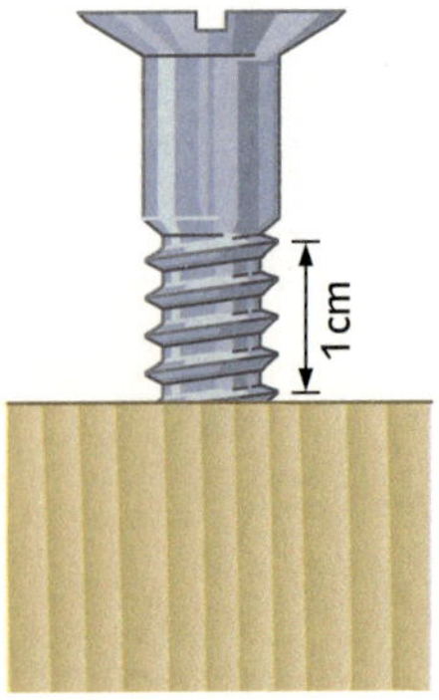

20 Eine Schraube dringt bei vier Umdrehungen 1 cm in das Holz ein.
a) Wie viele Umdrehungen sind für 6 cm nötig?
b) Die Schraube ist 7,5 cm lang.
Wie oft muss mindestens gedreht werden, bis die Schraube ganz im Holz ist?
c) Wie tief ist die Schraube nach drei Umdrehungen eingedrungen?
d) Wie viele Umdrehungen sind für 1,5 cm nötig?

? *Zum Streckenmessen auf Landkarten gibt es auch Messrädchen. Wie kann man die verschiedenen Maßstäbe erklären?*

21 Landkarten werden mit unterschiedlichen Maßstäben angeboten.
Dieses Schaubild kann helfen, vom abgelesenen Kartenmaß auf das wirklichen Maß zu schließen und umgekehrt.

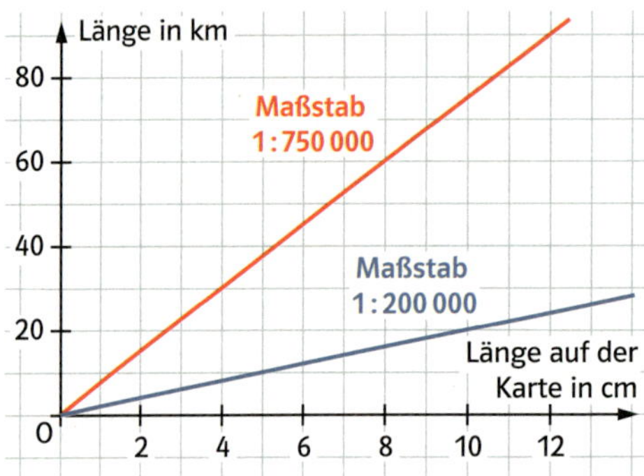

a) Übertrage das Schaubild in dein Heft und ergänze die Maßstäbe 1 : 500 000 und 1 : 1 000 000 andersfarbig.
b) Welcher wirklichen Entfernung entsprechen 6 cm auf der Karte in den vier verschiedenen Maßstäben?
c) Wie lang sind in den vier Maßstäben 20 km auf der Karte?
d) Stelle deiner Nachbarin oder deinem Nachbarn Fragen zum Maßstab, die er oder sie mithilfe des Schaubildes beantworten kann.

22 Beim nächsten Schulfest sollen Hefeteilchen gebacken und an die Besucherinnen und Besucher verkauft werden.
Das Grundrezept sieht folgende Zutaten für 16 Gebäckstücke vor:
500 g Weizenmehl Type 1050; 40 g Hefe; 150 g lauwarme Milch; 90 g weiche Butter; 70 g Honig und 3 Eigelb.

23 Erstelle zur Unterstützung eines Markthändlers Tabellen für die Zuordnung der Kosten zum Gewicht der Ware (in Schritten zu 100 g bis 2,5 kg) und zeichne für die verschiedenen Obstsorten Geraden in ein Schaubild.
Lege die Einheiten der Achsen sinnvoll fest und beschrifte gut.

24 Das Zahnrad am Pedal eines Fahrrades hat 48 Zähne. Über die Kette treibt es ein anderes Zahnrad mit 18 Zähnen am Hinterrad des Fahrrades an. Um eine Strecke von 100 m zurückzulegen muss sich das Hinterrad 50-mal drehen.
a) Lea hat eine Strecke von 4000 m zurückgelegt.
Wie viele Pedalumdrehungen waren dafür notwendig?
b) Luis begleitet Lea auf ihrer 4000 m langen Strecke mit einem Fahrrad, dessen hinterer Zahnkranz 15 Zähne hat.

25 Tommy möchte ein aufblasbares Kinderplanschbecken füllen. Er nimmt einen 5-l-Eimer zur Hilfe.
Sein Vater warnt ihn: „Du musst dann aber 60-mal mit dem Eimer zum Becken gehen."
a) Tommy entschließt sich, das Becken mithilfe eines 10-l-Eimers zu füllen.
b) Tommy und seine kleinere Schwester füllen das Becken gemeinsam.
Dabei trägt er einen 10-l-Eimer, seine Schwester einen 5-l-Eimer.
c) Tommys Vater behauptet, er müsse nur 15-mal zum Becken laufen, bis es voll ist.
d) Durch einen Gartenschlauch fließen in einer Minute 10 l Wasser.
In welcher Zeit ist das Becken mithilfe des Schlauchs gefüllt?

Rückspiegel

1 Sind die Zuordnungen proportional, umgekehrt proportional oder keines von beiden?

a)

Gewicht	Kosten
3 kg	10,50 €
7 kg	24,50 €
15 kg	52,50 €

b)

Anzahl	Kosten
12	30 €
20	48 €
30	69 €

c)

Zeit	Anzahl
12 h	9
4 h	27
6 h	18

d)

Höhe	Volumen
15 cm	12,0 l
17 cm	13,6 l
19 cm	15,2 l

2 Zeichne den Graph der proportionalen Zuordnung. (x-Achse: 1 cm für 1 m; y-Achse: 1 cm für 200 g)

Rohrlänge in m	1	2	3	4	…
Gewicht in g	250	500	750	…	…

3 Zeichne den Graph der antiproportionalen Zuordnung. (Einheit $\frac{1}{2}$ cm)

Länge in cm	5	8	10	16	20
Breite in cm	16	10	8	5	4

4 Lies aus dem Schaubild ab, wie viel
a) Minuten man für 25 km braucht.
b) Kilometer nach 35 min geschafft sind.

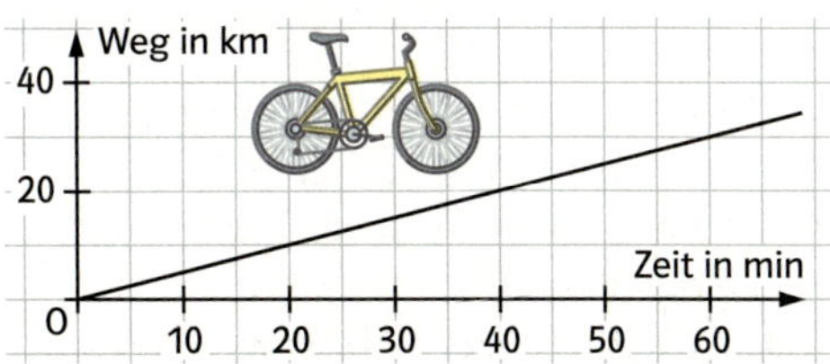

5 Rechne beim Einkauf immer nach.
a) Zwei Kilogramm Orangen kosten 3,60 €. Was kosten drei Kilogramm?
b) Für 350 g Aufschnitt zahlt Kai 3,15 €. Was kosten 250 g?
c) Ist eine 850-g-Dose für 1,59 € günstiger oder eine 560-g-Dose zu 0,99 €?

Rückspiegel

1 Ergänze a) und b) zur proportionalen und c) und d) zur antiproportionalen Zuordnung.

a)

Zeit	Kosten
15 h	540 €
	180 €
25 h	

b)

Anzahl	Kosten
2	
	45,00 €
9	22,50 €

c)

Arbeiter	Zeit
	5 h
20	10 h
8	

d)

Anzahl	Kosten
36	25 €
	45 €
24	

2 Zeichne die Graphen der proportionalen Zuordnungen Gewicht zu Kosten in ein Koordinatensystem, wenn 100 g Obst 0,19 €; 0,29 €; 0,39 €; … ; 0,99 € kosten.

3 Ein Rechteck hat 18 cm² Flächeninhalt. Zeichne den Graphen der Zuordnung „Länge zur Breite". Lies am Graphen noch vier weitere Breiten und Längen ab, die für Rechtecke mit 18 cm² Flächeninhalt möglich sind.

4 Erstelle Wertetabellen für beide Zuordnungen. Was sind das für Zuordnungen?

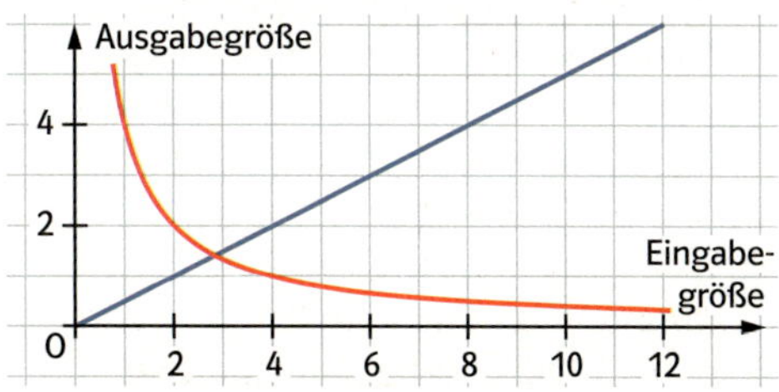

5 Kontrolliere die Preise beim Einkauf.
a) Für 450 g Salami zahlst du 5,85 €. Was kosten 250 g?
b) $3\frac{1}{2}$ kg Äpfel kosten 4,99 €. Was kosten $2\frac{1}{2}$ kg?
c) Sind 3 kg Waschmittel für 7,65 € günstiger oder 4,5 kg zu 11,75 €?
d) Ist eine Tüte mit 650 g für 1,99 € günstiger oder 650 g lose bei 0,29 € je 100 g?

Wenn wir 100 wären ...

Beim Rechnen mit Prozenten dreht sich alles um die Zahl 100.

In die Klasse 7a der Schloss-Realschule gehen 11 Jungen und 14 Mädchen. Sechs Schülerinnen und Schüler sind 12 Jahre, zwölf sind 13 Jahre und sieben sind 14 Jahre alt.
Elf kommen mit dem Fahrrad, sechs zu Fuß und acht mit öffentlichen Verkehrsmitteln zu Schule.

- Wie sähen die entsprechenden Zahlen in einer Klasse mit 100 Schülerinnen und Schülern aus?
- Berechne oder schätze die entsprechenden Anteile in deiner Klasse.
- Du findest bestimmt noch ein paar weitere Unterscheidungsmerkmale in deiner Klasse.

In ein 10 × 10-Quadrat könnt ihr die verschiedenen Anteile einzeichnen.

- Stellt die unterschiedlichen Aufteilungen jeweils in einem 10 × 10-Quadrat dar. Dabei könnt ihr für die Anteile unterschiedliche Farben verwenden.
- Verwendet auch andere bekannte Diagramm-Arten zur Darstellung und vergleicht mit dem 10 × 10-Quadrat.

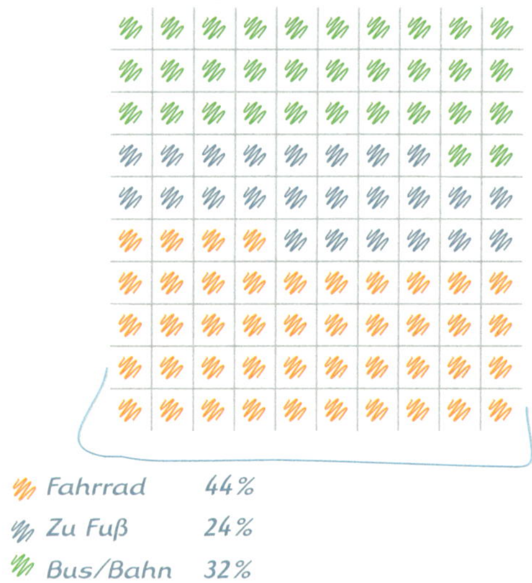

Umfrage

60 Schülerinnen und Schüler werden gefragt, welche Sportart sie betreiben.

Ergebnis:
Leichtathletik 20, Fußball 30, Volleyball 22, Schwimmen 14, Tischtennis 6

Warum kannst du Ergebnisse von Umfragen, bei denen Mehrfachnennungen möglich sind, auf diese Art nicht grafisch darstellen?
Suche andere Darstellungsmöglichkeiten.

10 × 10-Quadrate

Zeichne in dein Heft einige Quadrate.

- Färbe jedes vierte Kästchen ein. Stelle den Anteil zusammenhängend dar. Welcher Bruchteil des gesamten Quadrats ist jetzt gefärbt?
- Wie sieht dein Ergebnis aus, wenn du jedes zweite Kästchen einfärbst? Du kannst die Frage bestimmt auch beantworten, ohne die Flächen zu färben.
- Wie ist es bei jedem fünften Kästchen, wie bei jedem zehnten?
- Welche Probleme treten auf, wenn du jedes dritte oder jedes achte Kästchen ausmalst?

Kennst du schon Prozentangaben, die du für die Beschreibung der bemalten Anteile verwenden könntest?

Welchen Bruchteil kann man geschickt mithilfe eines Kreises darstellen?

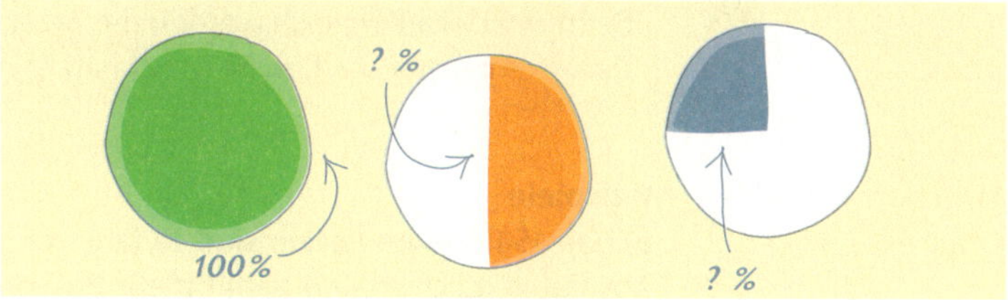

In diesem Kapitel lernst du,

- wie man Anteile mithilfe von Brüchen und Prozenten vergleichen kann,
- wie man Prozente in Diagrammen darstellen kann,
- wie man mit Prozenten rechnen kann.

1 Absoluter und relativer Vergleich

In der Handball-Bundesliga wird eine Statistik über die abgewehrten Siebenmeter geführt.

Torhüter Ramota hat von 30 geworfenen Siebenmetern 8 gehalten, Fritz von 24 Versuchen 6, Holpert von 28 Versuchen 7.

→ Wer ist der beste Torhüter?
→ Wie begründest du deine Antwort?

In zwei aufeinander folgenden Jahren wurden in einer Schule Sicherheitsüberprüfungen an Fahrrädern durchgeführt.

Absolut gesehen wurden im zweiten Jahr mehr Mängel festgestellt, es waren aber auch mehr Fahrräder.
Um die Anteile besser vergleichen zu können, werden beide Ergebnisse durch Erweitern als Brüche mit demselben Nenner geschrieben.
Dann sieht man, dass im ersten Jahr **relativ** gesehen mehr Mängel vorhanden waren.

	1. Jahr	2. Jahr
Anzahl der Mängel	40	50
Anzahl der Fahrräder	120	180
Bruchteile	$\frac{40}{120} = \frac{120}{360}$	$\frac{50}{180} = \frac{100}{360}$
Absoluter Vergleich	40 <	50
Relativer Vergleich	$\frac{120}{360}$ >	$\frac{100}{360}$

Beim **absoluten Vergleich** werden die **Anteile** direkt miteinander verglichen.
Beim **relativen Vergleich** werden die **Bruchteile** miteinander verglichen.
Dafür kann man die Brüche gleichnamig machen.

Beispiele

a) Von 150 Boskop-Äpfeln sind 18 faul, von 50 Äpfeln der Sorte Jonathan sind 8 faul.
Absolut verglichen sind damit mehr Boskop-Äpfel faul.
Für den relativen Vergleich müssen die Brüche $\frac{8}{50}$ und $\frac{18}{150}$ miteinander verglichen werden.
Es gilt $\frac{8}{50} = \frac{24}{150}$. Da $\frac{24}{150} > \frac{18}{150}$ ist, sind relativ gesehen mehr Äpfel der Sorte Jonathan faul.

b) Biowaschmittel wird in zwei Packungsgrößen angeboten:
Die 5-kg-Packung ist absolut gesehen billiger, weil sie 9,75 € kostet.
Relativ gesehen ist aber die 10-kg-Packung für 19,25 € günstiger, weil zwei 5-kg-Packungen 19,50 € kosten.

Aufgaben

1 Welcher Bruchteil ist kleiner?
a) $\frac{3}{4}$ oder $\frac{7}{10}$; $\frac{2}{3}$ oder $\frac{4}{5}$; $\frac{3}{5}$ oder $\frac{5}{8}$
b) $\frac{1}{3}$ oder $\frac{4}{9}$; $\frac{9}{10}$ oder $\frac{13}{15}$; $\frac{7}{12}$ oder $\frac{11}{18}$

2 Welcher Bruchteil ist größer?
a) $\frac{4}{5}$ oder $\frac{7}{10}$; $\frac{9}{15}$ oder $\frac{24}{45}$; $\frac{7}{8}$ oder $\frac{15}{16}$
b) $\frac{7}{12}$ oder $\frac{11}{15}$; $\frac{18}{25}$ oder $\frac{23}{40}$; $\frac{19}{18}$ oder $\frac{21}{20}$

3 Ordne die Bruchteile nach der Größe.

a) $\frac{1}{2}$; $\frac{2}{3}$; $\frac{1}{6}$; $\frac{1}{3}$; $\frac{5}{6}$ b) $\frac{15}{20}$; $\frac{7}{10}$; $\frac{11}{15}$; $\frac{17}{30}$

c) $\frac{19}{80}$; $\frac{61}{240}$; $\frac{39}{160}$; $\frac{27}{120}$ d) $\frac{17}{12}$; $\frac{23}{18}$; $\frac{50}{36}$; $\frac{31}{24}$

4 Manchmal ist es beim Vergleichen von Anteilen sinnvoll, Brüche in Dezimalbrüche umzuwandeln.
Entscheide selbst , wie viele Nachkommaziffern du berechnen musst.

a) $\frac{4}{7}$; $\frac{5}{8}$; $\frac{7}{10}$; $\frac{11}{15}$ b) $\frac{11}{50}$; $\frac{17}{70}$; $\frac{19}{80}$; $\frac{21}{90}$

5 Ordne nach der Größe.

$\frac{3}{7}$; 0,55; $\frac{2}{5}$; 0,33; $\frac{1}{3}$; 0,5; $\frac{3}{10}$

Erkläre, wie du beim Ordnen der Zahlen vorgegangen bist.

6 Beim Basketball traf Jens bei 15 Freiwürfen 7-mal in den Korb, Manuel traf 9-mal bei 20 Freiwürfen.
Bewerte die Leistungen der beiden Spieler.

7 Die beiden siebten Klassen der Hermann-Hesse-Realschule haben Batterien gesammelt.
Die 7a brachte es auf 23 kg, die 7b auf insgesamt 27 kg. In der 7a sind 25 Schülerinnen und Schüler, in der Parallelklasse dagegen 30. Die 7a behauptet, sie hätte die fleißigeren Sammler.

8 In der Tabelle sind die Schülerzahlen der Elly-Heuss-Knapp-Realschule für die einzelnen Klassenstufen nach Jungen und Mädchen getrennt aufgelistet.

	Jungen	Mädchen
5	32	38
6	42	38
7	35	40
8	39	31
9	42	41
10	37	43

a) Was kannst du aus diesen Daten entnehmen?
b) Veranschauliche deine unterschiedlichen Aussagen in verschiedenen Schaubildern.

9 Frau Schwan hat bei einer Lotterie Lose für 200 € gekauft. Sie hat einen Preis in Höhe von 12 000 € gewonnen. Herr Gans hat mit einem einzigen Los für 10 € dagegen 1000 € gewonnen.
a) Welche Person möchtest du sein?
b) Wer hat – relativ gesehen – mehr gewonnen? Ist dies interessant?
c) Wie viel Euro hätte Frau Schwan gewinnen müssen, um relativ gesehen denselben Gewinn wie Herr Gans zu haben?

10 Eine Arzneimittelfirma testet zwei Hustenmittel an zwei Patientengruppen. Mittel A bewirkt bei 38 von 74 erkrankten Personen eine Besserung.
Bei Mittel B war eine Besserung bei 118 von 236 Patienten festzustellen.
Für welches Mittel würdest du dich entscheiden und warum?
Kannst du schnell entscheiden, ohne ganz genau zu rechnen?

Aus der Zeitung

Wie unvernünftig sind doch die Leute!
7 von 10 Personen waren bereit, 20 Minuten mit dem Auto zu fahren, um für einen Taschenrechner 15 € statt 25 € zu bezahlen. Nur 3 von 10 wollten diesen Weg auf sich nehmen, wenn sie für einen DVD-Player 115 € statt 125 € zahlen sollten.

■ Was meinst du dazu?

Bei einer Umfrage unter den weiblichen Einwohnern von Herrenstadt zur Einkaufssituation im Zentrum war jede zehnte Frau unzufrieden und forderte Verbesserungen. Von den männlichen Einwohnern war es nur jeder achte der Befragten.
Der Vorsitzende der Kommission „Kundenfreundliche Innenstadt“ will nun ein Diskussionsforum für Frauen anbieten.

■ Kannst du die Aussagen in diesem Zeitungsartikel erklären?

? *Jenny hat einen Freiwurf erhalten und verwandelt. Mandy hat 6 von 10 Freiwürfen verwandelt. Wer trifft sicherer?*

2 Prozente

Eine Umfrage unter 80 Personen nach dem beliebtesten Radiosender ergab folgendes Ergebnis:

BIG FM	24 Stimmen
Antenne 1	16 Stimmen
SWR 3	30 Stimmen
Andere Sender	10 Stimmen

→ Ordne die Prozentangaben 12,5 %; 20 %; 30 %; 37,5 % richtig zu.

→ Was wäre bei einer Umfrage unter 1000 Personen als Ergebnis zu erwarten?

Im Alltag findet man häufig Prozentangaben wie auf der Abbildung. Dabei ist 15 % nur eine andere Schreibweise für $\frac{15}{100}$. Die Angabe „15 % billiger" in der Werbung für die Stiefmütterchen bedeutet: Man spart vom normalen Preis.

Prozente sind Brüche mit dem Nenner 100.

15 % ist eine andere Schreibweise für $\frac{15}{100}$: $15\,\% = \frac{15}{100}$

p % ist eine andere Schreibweise für $\frac{p}{100}$: $p\,\% = \frac{p}{100}$

Präge dir diese Prozentsätze als Brüche und Dezimalbrüche ein:

$\frac{1}{100} = 0{,}01 = 1\,\%$

$\frac{5}{100} = 0{,}05 = 5\,\%$

$\frac{1}{10} = 0{,}1 = 10\,\%$

$\frac{1}{5} = 0{,}2 = 20\,\%$

$\frac{1}{4} = 0{,}25 = 25\,\%$

$\frac{1}{3} = 0{,}\overline{3} = 33\frac{1}{3}\,\%$

$\frac{1}{2} = 0{,}5 = 50\,\%$

$\frac{3}{4} = 0{,}75 = 75\,\%$

$\frac{1}{1} = 1 = 100\,\%$

$\frac{2}{1} = 2 = 200\,\%$

Beispiele

a) Prozentangaben sind vorteilhaft, wenn man Anteile vergleicht, weil dann Brüche mit dem gleichen Nenner 100 verglichen werden. Man sieht z. B. sofort, dass 7% mehr sind als 5%, aber nicht, welcher der Brüche $\frac{3}{20}$ und $\frac{4}{25}$ größer ist. Diese Brüche können mithilfe von Prozentangaben verglichen werden, indem man sie auf den Nenner 100 bringt:

$\frac{3}{20} = \frac{15}{100} = 15\,\%$ und $\frac{4}{25} = \frac{16}{100} = 16\,\%$.

Also ist der Bruch $\frac{3}{20}$ größer als $\frac{4}{25}$, denn 16 % sind mehr als 15 %.

b) Anja und Tim üben Elfmeterschießen. Anja trifft bei 20 Schüssen 14-mal, Tim bei 25 Schüssen 17-mal.
Gib die Trefferquote in Prozent an und vergleiche.
Anjas Trefferquote ist $\frac{14}{20} = \frac{70}{100} = 70\,\%$, Tims Trefferquote ist $\frac{17}{25} = \frac{68}{100} = 68\,\%$.
Anja hat die höhere Trefferquote.

Aufgaben

1 Erkläre die Aussage. Finde weitere.
a) Jeder zehnte Autofahrer fuhr an der Radarfalle zu schnell vorbei.
b) Sieben von zehn Haushalten haben einen Mikrowellenherd.
c) Fabian sagt: Ich bin mir zu 100 % sicher.
d) Mehr als ein Drittel aller Schülerinnen und Schüler kommt von auswärts.

2 Verwandle in einen Bruch mit dem Nenner 100 oder in einen Dezimalbruch und gib an, wie viel Prozent das sind.
a) $\frac{3}{10}$; $\frac{9}{10}$; $\frac{7}{20}$; $\frac{13}{25}$; $\frac{19}{50}$; $\frac{3}{4}$; $\frac{1}{5}$; $\frac{3}{5}$
b) $\frac{34}{200}$; $\frac{33}{300}$; $\frac{288}{400}$; $\frac{75}{500}$; $\frac{14}{40}$; $\frac{15}{50}$; $\frac{12}{15}$

3 Verwandle die Prozentangabe in einen Bruch und kürze.
a) 30 %; 60 %; 55 %; 45 %; 5 %
b) 14 %; 28 %; 48 %; 64 %; 96 %
c) 25 %; 12,5 %; 62,5 %; 2 %; 4 %

4 Schreibe als Dezimalbruch.
a) 12 %; 27 %; 39 %; 88 %; 99 %
b) 3 %; 5 %; 9 %; 20 %; 90 %; 10 %; 150 %
c) 4,5 %; 6,8 %; 34,5 %; 0,7 %; 0,12 %

5 Gleiche Anteile – unterschiedliche Bruchteile.

a)
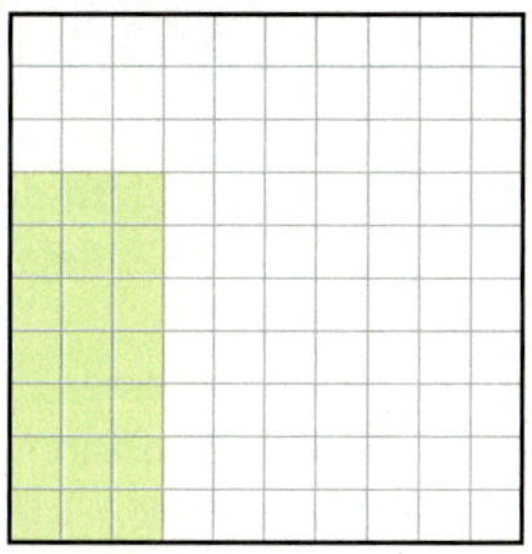

b)
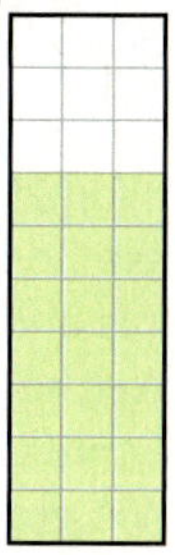

c)
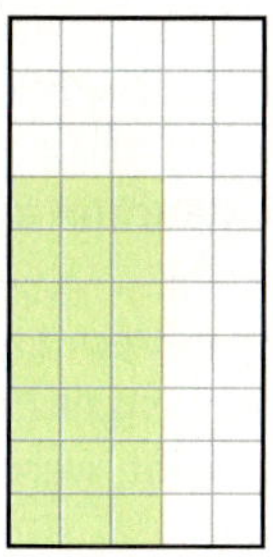

d)
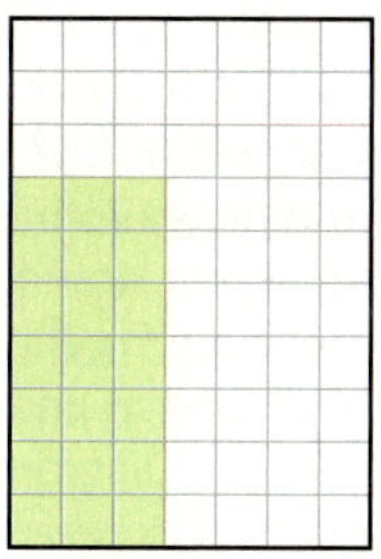

6 Setze <, > oder = ein.

a) 0,2 ☐ 2 %
$\frac{3}{5}$ ☐ 60 %
0,7 ☐ 75 %
0,91 ☐ 90 %

b) 5,5 % ☐ 0,55
70 % ☐ $\frac{3}{4}$
0,8 ☐ 0,08
11 % ☐ $\frac{1}{11}$

7 a) Was sagst du dazu?
Jeder dritte Schüler kommt mit dem Fahrrad in die Schule. Petra sagt: „Das sind genau 30 %."
b) Was ist großzügiger?
„Jeder siebte Besucher erhält eine Freikarte" oder „15 % der Besucherinnen und Besucher bekommen Freikarten"
c) Ein Möbelhaus wirbt mit „Preissenkung bis zu 200 %!" Ist das möglich?

8 Das Quadrat ist in 7 Teile zerlegt.

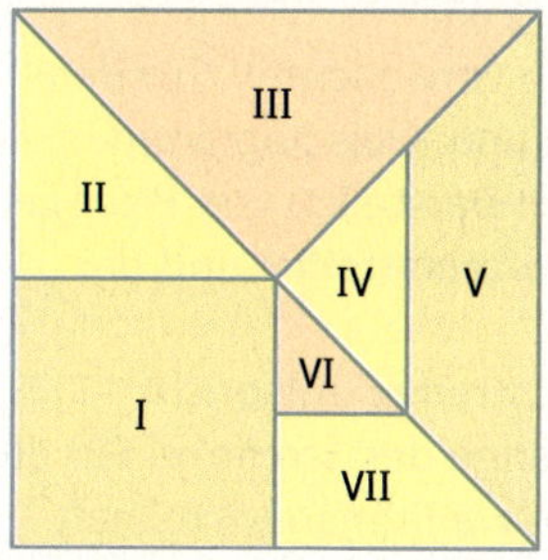

a) Gib die Bruchteile in Prozent an.
b) Stelle auf unterschiedliche Art Bruchteile zusammen, die 50 % ergeben.
c) Zeichne das Quadrat mit der Seitenlänge 10 cm und färbe in diesem Quadrat gleich große Teilflächen mit der gleichen Farbe.

Thomas A. Edison sagte:

„Wir wissen nicht einmal ein Millionstel Prozent aller Dinge."

$\frac{1}{1000000}$ % = 0,000 000 01

9 Ergänze.

39 %	10 %			8,5 %			9,9 %		
$\frac{39}{100}$		$\frac{17}{100}$			$\frac{18}{25}$			$\frac{1}{20}$	
0,39			0,41			0,04			0,33

Runden

Wird ein Bruch als Dezimalbruch dargestellt, kann dieser sehr viele Nachkommastellen enthalten. Beim Arbeiten mit dem Taschenrechner ist es aber oft nicht sinnvoll, die gesamte Anzeige abzuschreiben.

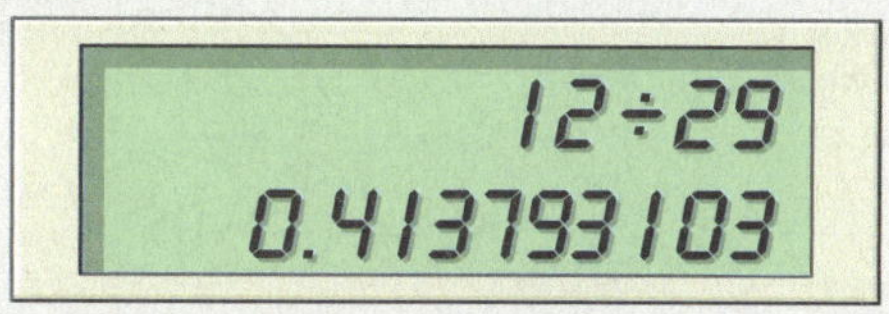

Beispiel
In einer Klasse kommen 12 von 29 Schülerinnen und Schülern mit dem Bus zur Schule. Für die Angabe eines sinnvollen Ergebnisses kann man auf einige Nachkommastellen verzichten. In der gegebenen Situation bietet es sich an, auf drei Stellen zu runden. 0,414 = 41,4 %

■ Runde sinnvoll. Gib die Brüche in Prozentschreibweise an.
- 13 von 27 in der Klasse
- 15 von 43 Medaillen
- Jeder neunte Schüler
- Ein Siebtel von 345 Teilnehmern

Prozentanteile grafisch darstellen

Zu den häufig verwendeten Streifendiagrammen und Kreisdiagrammen gehören beim Darstellen von Prozentsätzen der **Prozentstreifen** und der **Prozentkreis**.

Ergebnisse einer Umfrage: „Wie kommst du zur Schule?" (in Prozent):
Bus 55 %
Rad 30 %
zu Fuß 15 %

Beim **Prozentstreifen** entspricht 100 % der Gesamtlänge des Streifens. Für die Streifenlänge wählt man vorteilhaft 10 cm für 100 %.

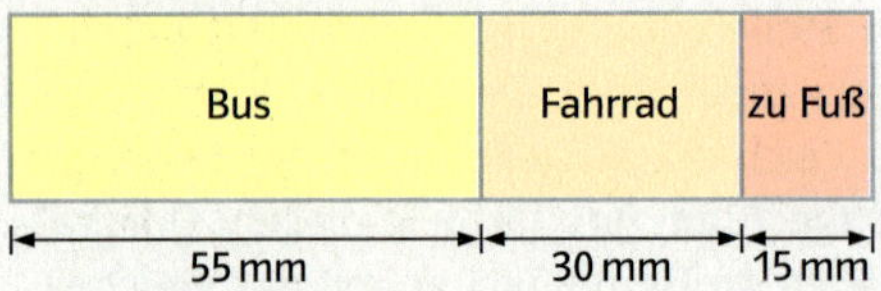

Streifenlänge und Kreisausschnitt sind proportional zu den Prozentzahlen.

Beim **Prozentkreis** entspricht 100 % dem Vollwinkel 360°.

1 % von 360° sind 360° : 100 = 3,6°
55 % von 360° sind 3,6° · 55 = 198°
30 % von 360° sind 3,6° · 30 = 108°
15 % von 360° sind 3,6° · 15 = 54°

Auf diese Weise lassen sich für alle Prozentsätze schnell die zugehörigen Winkel berechnen.

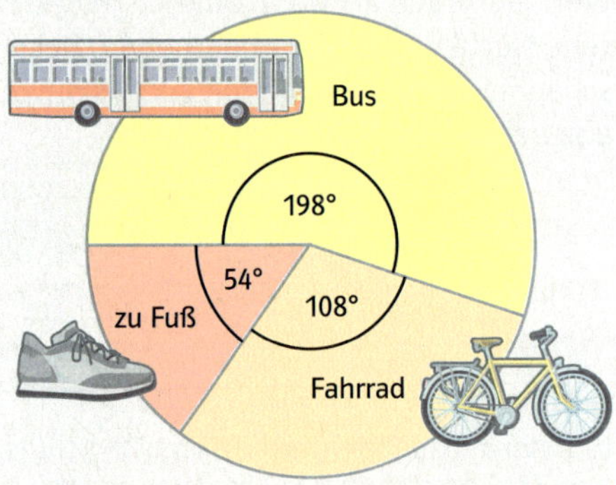

Es ist gut, wenn du diese Entsprechungen für Prozentkreise im Kopf hast:

1 %	3,6°
5 %	18°
10 %	36°
12,5 %	45°
20 %	72°
25 %	90°
$33\frac{1}{3}$ %	120°
50 %	180°
$66\frac{2}{3}$ %	240°
75 %	270°

- Fertige zu dieser Umfrage andere Diagramme an und vergleiche. Wo haben die einzelnen Diagramme ihre Vorteile?
- Erfasse die Daten von deiner Klasse und fertige ebenfalls einen Prozentstreifen und einen Prozentkreis an.
- Überlege dir noch andere Fragestellungen, die du dann ebenfalls auswerten kannst.

10 Aus der 6. Klasse kennst du noch die Winkelscheibe, mit der du gelernt hast, Winkel zu schätzen.
Du kannst sie jetzt dazu verwenden, Prozentsätze zu schätzen.
Auf die Rückseite musst du jetzt die entsprechenden Prozentzahlen schreiben.
Schätzt zu zweit.

11 Von 25 Schülerinnen und Schülern der Klasse 7c spielen 8 Handball, 40 % spielen Tennis und $\frac{14}{50}$ spielen Fußball.
a) Welche Sportart ist am beliebtesten?
b) Ermittle die Anzahl für jede Sportart.
c) Wie groß sind die Prozentsätze?
Stelle sie in einem Prozentstreifen und in einem Prozentkreis dar.
d) Welche Ergebnisse erhältst du in deiner eigenen Klasse?
e) Befrage 25 Jungen und 25 Mädchen aus anderen Klassen.
Stelle die Ergebnisse zunächst getrennt nach Jungen und Mädchen dar. Vergleiche mit dem Diagramm, das sich ergibt, wenn man beide zusammen darstellt.
f) Vergleiche auch mit den Ergebnissen deiner Mitschülerinnen und Mitschüler.

3 Prozentwert

Für den Schüleraustausch mit der Partnerschule aus England stehen in der Burg-Realschule jedes Jahr 24 Plätze zur Verfügung.
Die 7a hat 30, die 7b hat 27 und die 7c hat 24 Schülerinnen und Schüler.
24 von 81 sind etwa 30 Prozent.
→ Verteile die Plätze gerecht.

Wenn man sagt, 12 € sind 24 % von 50 €, so werden 50 € als Vergleichsgröße verwendet. Dieser Wert bezeichnet das Ganze. Man nennt ihn **Grundwert**, kurz **G**. Die 24 % $\left(= \frac{24}{100}\right)$ werden als **Prozentsatz** bezeichnet, kurz **p %**, und p = 24 ist die Prozentzahl. Die 12 € bezeichnet man als **Prozentwert**, kurz **W**.
Der Grundwert entspricht immer 100 %. Dividiert man also den Grundwert durch 100, so erhält man den Prozentwert für 1 %. Den **Prozentwert W** für p % erhält man durch Multiplikation des **Grundwerts G** mit dem **Prozentsatz p %**.

Prozentwert = Grundwert · Prozentsatz

$W = G \cdot p\%$
$\;\;\; = G \cdot \frac{p}{100}$

Formel

oder

Satz (%)	Wert
100	G
p	W

$\cdot \frac{p}{100}$ (100 → p; G → W)

Tabelle

oder

$G \xrightarrow{\cdot \frac{p}{100}} W$

Operatorbild

Prozentsatz und Prozentwert sind proportional zueinander. Man kann auch eine Tabelle anlegen.

Beispiel

Bei einem Bazar sollen 85 % der Einnahmen für die Patenschule in Peru gespendet werden. Der Rest muss für die entstandenen Kosten eingesetzt werden. Insgesamt wurden 6000 € eingenommen.

1. Lösungsmöglichkeit:
Anwendung der Formel $W = G \cdot \frac{p}{100}$
Grundwert G = 6000 €
Prozentsatz p % = 85 %
$W = 6000\,€ \cdot \frac{85}{100}$
W = 5100 €

2. Lösungsmöglichkeit:
Dreisatzverfahren

Prozentzahl	Einnahmen in €
100	6000
1	60
85	5100

: 100 (100 → 1; 6000 → 60)
· 85 (1 → 85; 60 → 5100)

3. Lösungsmöglichkeit:
$6000\,€ \xrightarrow{\cdot \frac{85}{100}} 5100\,€$

Es können 5100 € gespendet werden.

Bemerkung

Beim Rechnen mit dem Taschenrechner ist die Dezimalschreibweise vorteilhaft.
85 % = 0,85 also rechnet man: 6000 € · 0,85 = 5100 €

p%	G	W
12%	50 kg	
17%	83 m	
39%	72 €	
8,5%	174 l	
87,5%	38 km	
10,5%	978 g	
$3\frac{1}{2}$%	538 €	
$34\frac{1}{4}$%	230 m	
$7\frac{3}{4}$%	85 kg	

Aufgaben

1 Rechne im Kopf.

a) 10% von 240
50% von 17
70% von 110
80% von 125

b) 27% von 200
34% von 300
25% von 160
15% von 80

c) 15% von 1 €
27% von 1 ha
30% von 1 min
40% von 1 d

d) 25% von 2 h
72% von 2 m
35% von 4 m^2
5% von 45 kg

2 Berechne.

a) 15% von 360 €
72% von 240 €
38% von 170 €
120% von 450 €

b) 3% von 3,8 kg
7% von 4,5 t
8% von 2,5 m
6% von 1,5 l

c) 2,5% von 12 €
12,5% von 180 m
8,25% von 400 l

d) $7\frac{1}{2}$% von 250 l
$3\frac{1}{4}$% von 390 €
$6\frac{3}{4}$% von 540 m

3 Schätze zunächst und berechne dann den Wert mit einer sinnvollen Genauigkeit.
a) 21% von 1245,50 € mussten an die Gemeindekasse bezahlt werden.
b) 3,9% der 3391 km Gesamtstrecke wurden bei der Tour de France als Zeitfahren zurückgelegt.
c) Das Skelett eines 85 kg schweren Erwachsenen macht 18% seines Körpergewichts aus.

Zusammensetzung des Menschen

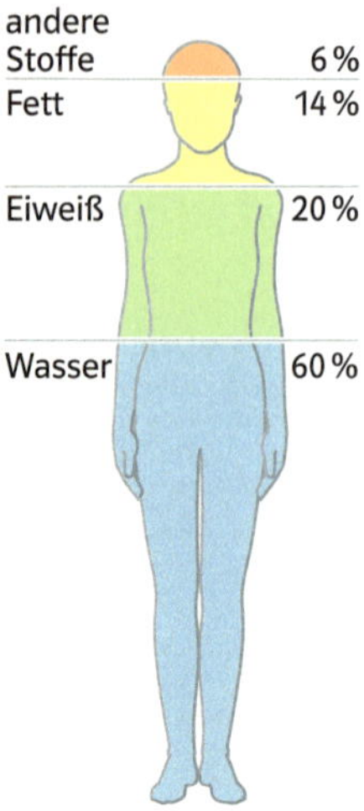

4 Hartmut sagt: „10% von 50 ist dasselbe wie 50% von 10."
Darauf sagt Claus: „Dann muss 2% von 20 auch dasselbe sein wie 20% von 2", und Achim ergänzt: „Oder 40% von 100 ist dasselbe wie 100% von 40."
Prüfe. Kannst du diese Aussage erklären?

5 Auf dem Rand ist die chemische Zusammensetzung des Menschen abgebildet.
a) Gib die Werte für einen Erwachsenen mit einem Körpergewicht von 80 kg und für ein Kind mit 45 kg an.
Bei Jugendlichen entspricht der Anteil an Wasser sogar 65%.
b) Wie viel Wasser „steckt" in eurer gesamten Familie?

Gesund essen

In der Mittagspause kauft sich Andreas einen Hamburger und eine Portion Pommes frites. Beides zusammen wiegt etwa 300 Gramm. Davon sind 32% Fett. Marina geht mit ihrer Freundin nach Hause und macht sich Eierpfannkuchen mit Äpfeln. Ihre Portion wiegt 250 Gramm bei einem Fettgehalt von 8%. Sowohl Andreas als auch Marina essen danach noch eine 80-Gramm-Portion Eis. Das Sahneeis von Andreas enthält 26% Fett, das Fruchteis von Marina 1,8%. Der durchschnittliche Fettbedarf pro Tag beträgt etwa 1 Gramm pro Kilogramm Körpergewicht.

- Berechne, wie viel Gramm Fett Andreas und Marina gegessen haben.
- Welches Körpergewicht müssten die beiden haben, wenn sie den Fettbedarf an diesem Mittag gedeckt hätten?

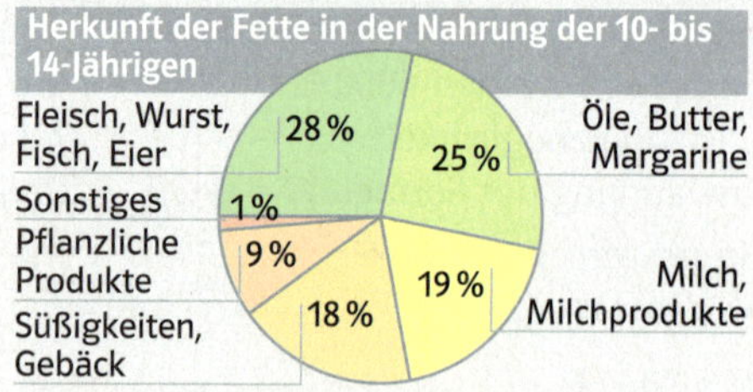

Übrigens: In den USA ist das Gewicht der Pommes-frites-Portionen seit 1980 um 80% gestiegen. Im selben Zeitraum sind die Sitze im Kino um 12 cm breiter geworden. Besteht da wohl ein rechnerischer Zusammenhang?

4 Grundwert

Einen Tag nach dem Triathlonwettbewerb standen die beiden folgenden Schlagzeilen in der örtlichen Presse:

> **Nur 80 Teilnehmer erreichten das Ziel beim mörderischen Triathlonwettbewerb!**

> **60 Prozent der Gestarteten konnten das Ziel nicht erreichen!**

→ Wie viele Teilnehmer waren eigentlich an den Start gegangen?

Der Preisnachlass von 60 € beim Kauf einer Jacke entspricht 25 %. Man kann auf das Ganze, also 100 %, schließen. Somit kann man den **Grundwert G** berechnen.

Man schließt auf 1 %, indem man die 60 € durch 25 teilt: $60\,€ : 25 = 2{,}40\,€$

Von 1 % schließt man dann wieder durch Multiplikation mit 100 auf 100 %: $2{,}40\,€ \cdot 100 = 240\,€$

In einer Rechnung zusammengefasst: $G = 60\,€ \cdot \frac{100}{25} = 240\,€$

Man erhält den Grundwert aus dem Prozentwert, indem man mit dem Kehrbruch des Prozentsatzes multipliziert.

$G = W \cdot \frac{100}{p}$ oder

	Satz (%)	Wert	
	p	W	
$\cdot\frac{100}{p}$ ↓	100	G	↓ $\cdot\frac{100}{p}$

oder $G \underset{\cdot \frac{100}{p}}{\overset{\cdot \frac{p}{100}}{\rightleftarrows}} W$

Beispiel

Nach 114 km waren 76 % der gesamten Strecke zurückgelegt.
Man kann die Länge der gesamten Strecke berechnen.

1. Lösungsmöglichkeit:
Anwendung der Formel

Prozentwert P = 114 km
Prozentsatz p % = 76 %
$G = 114\,\text{km} \cdot \frac{100}{76}$
$G = 150\,\text{km}$

2. Lösungsmöglichkeit:
Dreisatzverfahren

	Prozentzahl	Strecke in km	
	76	114	
: 76	1	1,5	: 76
· 100	100	150	· 100

3. Lösungsmöglichkeit:
Operatorbild

$150\,€ \underset{\cdot \frac{100}{76}}{\overset{\cdot \frac{76}{100}}{\rightleftarrows}} 114\,\text{km}$

Die gesamte Strecke war 150 km lang.

Bemerkung

Beim Rechnen mit dem Taschenrechner ist es geschickter, den Prozentwert durch den Prozentsatz in Dezimalbruchschreibweise zu dividieren.
$G = 114\,\text{km} : 0{,}76 = 150\,\text{km}$.

! ≙ bedeutet „entspricht“.

p%	W	G
12%	72€	
15%	13,5m	
18%	115,2g	
44%	352ha	
56%	252a	
7,5%	6,75m	
15,5%	93t	
0,3%	1,65hl	
41,8%	334,4g	

zu Aufgabe 7:

Aufgaben

1 Rechne im Kopf. Wie viel sind 100%?

a) 10% ≙ 15€
20% ≙ 46m
25% ≙ 35km
50% ≙ 3,8g

b) 1% ≙ 7,5m
2% ≙ 9kg
4% ≙ 11t
5% ≙ 20min

c) 40% ≙ 16hl
60% ≙ 48€
80% ≙ 88 m^2
30% ≙ 18kg

d) 75% ≙ 300g
15% ≙ 66h
70% ≙ 56€
35% ≙ 49l

2 Berechne den Grundwert. Runde wenn nötig auf die nächst kleinere Einheit.

a) 26% ≙ 39m
32% ≙ 112€
46% ≙ 120cm
74% ≙ 120cm

b) 144cm ≙ 48%
840g ≙ 36%
108l ≙ 72%
125t ≙ 95%

c) 12,5% ≙ 55€
3,5% ≙ 71,25kg
28,5% ≙ 1,25kg
0,25% ≙ 1,5 m^2

d) 77,7km ≙ 37%
292,4l ≙ 68%
23,56€ ≙ 31%
0,184kg ≙ 23%

3 Stelle im Heft 100% dar.

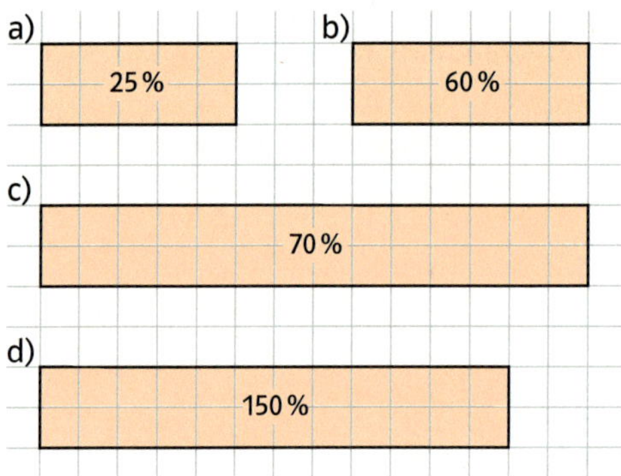

4 Bestimme den Grundwert.

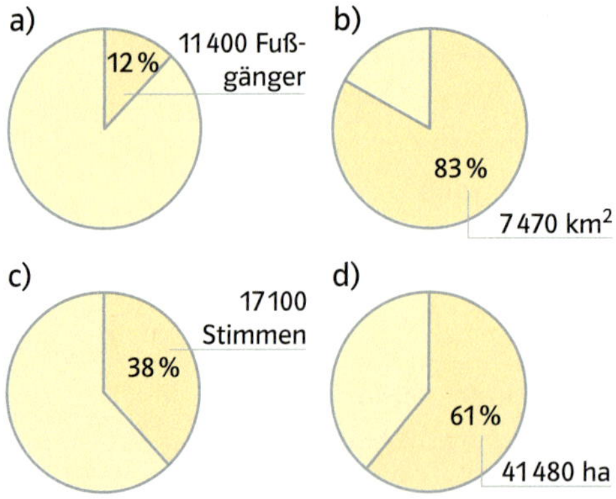

5 Berechne jeweils den Grundwert und vergleiche die Ergebnisse.

a) P = 300€
p% = 15%; p% = 30%; p% = 60%

b) P = 500€
p% = 10%; p% = 20%; p% = 30%

c) P = 150€; P = 300€
p% = 20%

d) P = 200€; P = 300€
p% = 40%

Erkläre, was dir aufgefallen ist.

6 Berechne den Grundwert.

a) Wenn man den Grundwert um 20% erhöht, erhält man 120€.

b) Wenn man den Grundwert um 20% vermindert, erhält man 120€.

c) Erhöht man den Grundwert um ein Viertel, so erhält man 500kg.

d) Vermindert man den Grundwert um ein Viertel, so erhält man 500kg.

e) Vergleiche die Ergebnisse der einzelnen Aufgaben miteinander. Vergleiche auch die Differenzen zwischen Grundwert und Prozentwert.

7 In deutschen Wörtern kommen die Vokale a, e, i, o und u unterschiedlich oft vor. Das Wort Natur hat mit a und u 40% Vokale. Das Wort Aal besteht zu $66\frac{2}{3}$% aus dem Vokal a. Das Wort Typ enthält gar keine Vokale, also 0%.

a) Suche Wörter, die zu 40% aus Vokalen bestehen.

b) Finde Wörter, die zu $33\frac{1}{3}$% aus demselben Vokal bestehen.

c) Bestimme den Prozentsatz der Vokale in den Wörtern Mama, Bauer, Uhu und suche entsprechende Wörter mit demselben Prozentsatz an Vokalen.

d) Wer findet das Wort mit dem höchsten Prozentsatz an Vokalen? Es sind auch Wörter aus anderen Sprachen erlaubt.

e) Nehmt einen deutschen, englischen und französischen Text und bestimmt den Prozentsatz an a, e, i, o und u. Ausländische Mitschüler können dasselbe in ihrer Muttersprache machen.
Vergleicht anschließend die Ergebnisse. Stellt ihr Unterschiede fest?

5 Prozentsatz

Eine Umfrage an der Schiller-Realschule unter 50 Schülerinnen und Schülern der siebten Klassen ergab, dass 38 ein eigenes Handy besitzen.
In einer Untersuchung einer Zeitung stand zu lesen, dass 81 % der 14-Jährigen ein eigenes Handy besitzen.
→ Überprüfe die Zeitungsmeldung in deiner Klasse.

Der Prozentsatz $\left(\frac{p}{100}\text{ oder } p\,\%\right)$ gibt den Anteil eines bestimmten Prozentwertes am Grundwert an.
Wenn man den Prozentwert durch den Grundwert teilt, erhält man einen Bruch.
Hat er als Nenner die Zahl 100, so ist der Zähler die **Prozentzahl p** und der Bruch $\frac{p}{100}$ der **Prozentsatz p %**.

Prozentsatz

$p\,\% = \frac{p}{100}$

Anteile können über den zugehörigen Prozentsatz p % verglichen werden.
Man berechnet den Prozentsatz, indem man den Prozentwert durch den Grundwert dividiert.

$p\,\% = W : G$ oder

Wert	Satz (%)
G	100
W	p

($\cdot\frac{W}{G}$)

oder

$100\,\% \xrightarrow{\cdot\frac{W}{G}} p\,\%$; $100\,\% \xrightarrow{:G} \frac{100\,\%}{G} \xrightarrow{\cdot W} p\,\%$

Bemerkung
Prozentsätze können auch größer als 100 % sein.

Beispiele

a) Von 400 Mitgliedern eines Musikvereins spielen 184 ein Instrument.
Grundwert G = 400; Prozentwert W = 184

1. Lösungsmöglichkeit:
Anwendung der Formel $p\,\% = \frac{W}{G}$

$p\,\% = \frac{184}{400} = \frac{46}{100} = 0{,}46 = 46\,\%$

2. Lösungsmöglichkeit:
Dreisatzverfahren

Anzahl der Mitglieder	Prozentzahl
400	100
1	0,25
184	46

(: 400, dann · 184)

3. Lösungsmöglichkeit:
Operatorbild

$100 \xrightarrow{\cdot\frac{184}{400}} 46$; $100 \xrightarrow{:400} 0{,}25 \xrightarrow{\cdot 184} 46$

46 % aller Mitglieder des Vereins spielen ein Instrument.

b) In den letzten 5 Jahren hat sich die Anzahl der Ehrenurkunden bei den Mädchen von 18 auf 36 erhöht, also verdoppelt: Grundwert G = 18; Prozentwert W = 36.
$p\,\% = \frac{36}{18} = \frac{200}{100} = 2{,}00 = 200\,\%$
Es ergibt sich ein Prozentsatz von 200 %.

Aufgaben

W	G	p%
176 m	320 m	
294 kg	980 kg	
11,7 l	78 l	
75,9 g	230 g	
30,6 km	85 km	
95,20 €	140 €	
4,93 l	5,8 l	
2,85 m	7,5 m	
6,3 h	105 h	

1 Berechne den Prozentsatz im Kopf.

a) 17 von 100
38 von 200
99 von 300

b) 13 von 50
8 von 25
17 von 20

c) 3,5 von 5
6,3 von 20
9 von 75

d) 23 von 200
44 von 250
17 von 51

2 Wie viel Prozent sind es?

a) 36 m von 72 m
15 kg von 60 kg
12 l von 60 l

b) 0,35 m von 1 m
71 l von 1 hl
450 g von 1 kg

c) 11 m von 25 m
2 km von 40 km
28 kg von 80 kg

d) 45 min von 1 h
30 min von 2 h
3 h von 1 d

3 Gib den Prozentsatz zunächst durch Überschlag an.
Berechne dann auf zwei Nachkommaziffern genau.

a) 27 € von 105 €
3,50 € von 12 €
4,95 € von 210 €

b) 72 t von 680 t
17 kg von 36 kg
88 cm von 99 cm

4 Bei den Bundesjugendspielen erhielten von 450 Teilnehmern 63 eine Ehrenurkunde und weitere 216 eine Siegerurkunde.
a) Drücke die Anteile in Prozent aus.
b) Wie viel Prozent der Teilnehmer bekamen keine Urkunde?
c) Veranschauliche die Ergebnisse in einem geeigneten Diagramm.

5 Eine Umfrage unter 350 Mitarbeitern der Firma Meyer ergab:

Mit dem Computer arbeiten	
Das traue ich mir zu	235
Ich denke, das liegt mir nicht	39
Er ist für mich ein vertrautes Werkzeug	172
Das entspricht meinem Interesse	156
Ich habe eine andere Meinung	54

a) Gib die einzelnen Umfrageergebnisse in Prozent an.
Runde sinnvoll.
b) Warum ergibt die Summe der Prozentsätze mehr als 100 %?
c) Welche Diagrammformen sind hier nicht sinnvoll?
Begründe deine Entscheidung.

Diagramme am PC

Mit einem Tabellenkalkulationsprogramm kannst du schnell Prozentsätze ausrechnen und die zugehörigen Diagramme darstellen. Du musst die Daten und die Formeln zur Berechnung der Prozentsätze in das Tabellenblatt eingeben.
Wenn du die gewünschten Daten mit der Maus markierst, kannst du mit dem Diagrammassistenten ein gewünschtes Diagramm erstellen.

	A	B	C	D
1	**Klasse 7a**			
2	Jungen	Mädchen	Gesamt	
3	12	18	=A3+B3	
4	=A3/C3	=B3/C3	=A4+B4	
5				
6				
7				
8				
9				
10				
11				
12				

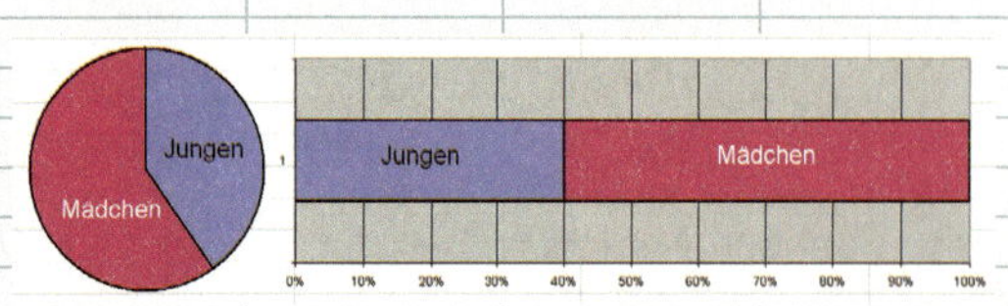

Bei einer Änderung der Ausgangsdaten berechnet das Programm automatisch die neuen Prozentsätze und verändert die zugehörigen Diagramme.

Versuche es bei folgendem Beispiel:

Klasse 7a hat 12 Jungen und 18 Mädchen.

- Berechne die Prozentsätze und erstelle das dazugehörige Diagramm.
- Wie ändern sich die Verhältnisse von Jungen und Mädchen, wenn je ein Junge und Mädchen zusätzlich in die Klasse kommen?
- Wie sieht die Änderung aus, wenn je ein Junge und ein Mädchen die Klasse verlassen?
Kannst du das Ergebnis voraussagen?
- Ein Mädchen verlässt die Klasse und ein Junge kommt neu dazu. Setze diese Veränderungen fort, bis genauso viele Jungen wie Mädchen in der Klasse sind.
Betrachte die zugehörigen Diagamme.

Zusammenfassung

Absoluter und relativer Vergleich

Beim **absoluten Vergleich** werden die **Anteile** direkt miteinander verglichen. Beim **relativen Vergleich** werden die **Bruchteile** miteinander verglichen.

In der 7a haben 6 von 25 eine Ehrenurkunde erhalten, in der Klasse 7b 5 von 20. Absolut gesehen ist die 7a besser. 6 Urkunden sind mehr als 5 Urkunden. Relativ gesehen ist die 7b besser:
$\frac{5}{20} = \frac{25}{100}$ und $\frac{6}{25} = \frac{24}{100}$, also $\frac{5}{20} > \frac{6}{25}$

Prozent

Brüche mit dem Nenner 100 werden als **Prozente** bezeichnet. Sie können auch als Dezimalbruch dargestellt werden.
Wenn man einen Bruch nicht auf den Nenner 100 erweitern kann, dividiert man einfach den Zähler durch den Nenner.

$\frac{24}{100} = 0{,}24 = 24\,\%$

$\frac{p}{100} = p\,\%$

$\frac{2}{13} = 2:13 = 0{,}153\ldots \approx 15\,\%$

13
70
65
50

Diagramme mit Prozentangaben

Für die Darstellung von Prozentanteilen verwendet man häufig **Prozentstreifen** oder **Prozentkreise**.

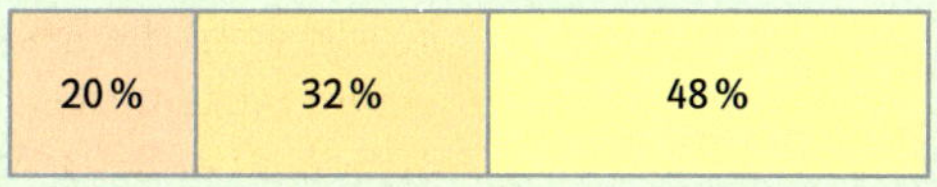

Beim Prozentstreifen entspricht 100 % der Gesamtlänge des Streifens.
Günstigerweise wählt man 10 cm für 100 %.

Beim Prozentkreis entspricht 100 % dem Vollwinkel 360°.

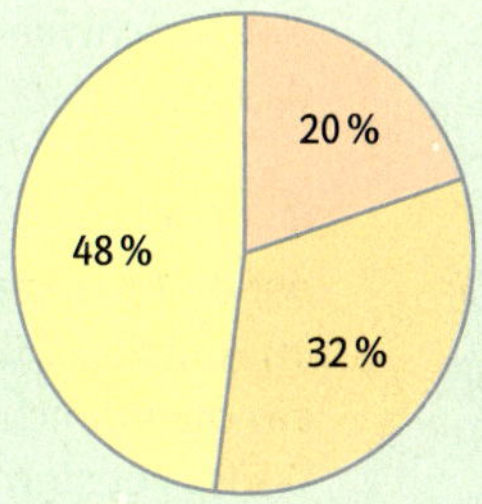

Prozentwert

Ein Bruchteil des Grundwerts wird als **Prozentwert W** bezeichnet. Der Prozentwert entspricht immer p %. Man erhält den Prozentwert, indem man den Grundwert mit dem Prozentsatz multipliziert.

64 % der Teilnehmer kamen ins Ziel.
$p\,\% = 64\,\%$ und $G = 25$; $W = ?$
$W = G \cdot p\,\%$
$W = 25 \cdot \frac{64}{100} = 16$
16 Teilnehmer kamen ins Ziel.

Grundwert

Das Ganze wird als **Grundwert G** bezeichnet. Der Grundwert entspricht immer 100 %. Er ist die Vergleichsgröße.
Man erhält den Grundwert, indem man den Prozentwert mit dem Kehrbruch des Prozentsatzes multipliziert.

16 kamen an, das waren 64 %.
$p\,\% = 64\,\%$ und $W = 16$; $G = ?$
$G = W \cdot \frac{100}{p}$
$G = 16 \cdot \frac{100}{64} = 25$
Es waren insgesamt 25 Teilnehmer.

Prozentsatz

Anteile können über den **Prozentsatz p %** verglichen werden.
Man erhält den Prozentsatz, indem man den Prozentwert durch den Grundwert dividiert.

16 von 25 Teilnehmern kamen ins Ziel.
$W = 16$ und $G = 25$; $p\,\% = ?$
$p\,\% = \frac{W}{G}$
$p\,\% = \frac{16}{25} = \frac{64}{100} = 0{,}64 = 64\,\%$
64 % der Teilnehmer kamen ins Ziel.

Üben • Anwenden • Nachdenken

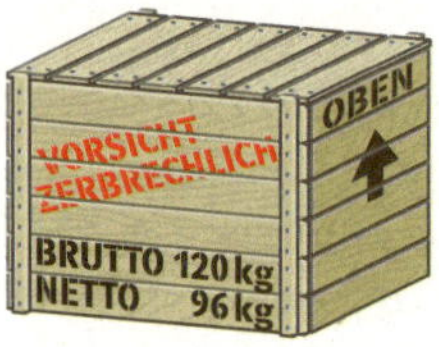

Der Mathematiklehrer sagt: „Heute haben wieder 50 % die Prozentrechnung nicht verstanden." Darauf ein Schüler: „So viele sind wir ja gar nicht."

Bei der gestrigen Verkehrskontrolle am Sportplatz mussten leider wieder mehrere Alkoholsünder aus dem Verkehr gezogen werden. „Schon bei Verzehr von einer Flasche Bier steigt der Alkoholgehalt im Blut bei einem 80 kg schweren Menschen um 0,3 Promille", mahnte Polizeimeister Lambert.

Aus dem Amtsblatt Klopfhausen

1 Gib den Bruch als Prozentsatz und als Dezimalbruch an.

$\frac{1}{2}$; $\frac{4}{5}$; $\frac{7}{10}$; $\frac{13}{20}$; $\frac{19}{100}$; $\frac{38}{400}$; $\frac{6}{15}$; $\frac{9}{25}$; $\frac{17}{30}$

2 Stelle die Prozentangabe in der Dezimalbruchschreibweise dar, dann als Bruch und kürze wenn möglich.
a) 40 %; 55 %; 33 %; 12 %; 8 %; 9 %; 20 %
b) 12,5 %; 4,2 %; 2,5 %; 0,5 %; 120 %; 200 %

3 Ein Pullover besteht zu 50 % aus Baumwolle, zu 30 % aus Acrylfaser. Der Rest ist Wolle.
a) Stelle die Zusammensetzung in einem Prozentstreifen der Länge 10 cm dar.
b) Wie sieht die Zusammensetzung in einem Prozentkreis mit Radius 4 cm aus?
c) Beate hat 800 g Material verarbeitet. Berechne die jeweiligen Anteile in Gramm.
d) Wie schwer ist ein Pullover, der 180 g Wolle enthält?

4 Franz und Paul wollen die nebenstehende Aussage von Polizeimeister Lambert im Amtsblatt überprüfen. Sie wissen, dass ein menschlicher Körper etwa zu 80 % aus Wasser besteht und fünf Liter Blut hat. Welche Begründung haben die beiden für die Angaben von Polizeimeister Lambert? Der Alkoholgehalt von Bier ist etwa 5 %.

5 Für ihr Handy bekommt Steffi 45 % Rabatt und zahlt noch 53,90 €. Wie viel hat Steffi gespart?

6 Betrachte die Kiste auf dem Rand.
a) Wie viel Prozent des Bruttogewichts betragen Tara und Netto bei dieser Kiste?
b) Eine andere Ware wiegt 250 kg, ihr Bruttogewicht ist fünf Prozent größer. Wie schwer ist die Verpackung?

7 In einer Untersuchung von Schülerinnen und Schülern einer 7. Klasse über die Mediennutzung ergaben sich folgende Durchschnittswerte in Minuten pro Tag. Werte die Daten aus, indem du die prozentualen Anteile berechnest und Diagramme für die unterschiedlichen Merkmale erstellst.

Medien	an Schultagen		am Wochenende	
	m	w	m	w
Fernsehen	40	45	150	130
Radio/CD	170	195	230	235
Computerspiele	30	10	50	15
Internet	5	3	10	5
Zeitung/Zeitschrift	10	15	10	12
Buch	5	10	10	15

8 Eine Kücheneinrichtung hat einen Grundpreis von 4800 €.
a) Hinzu kommen 19 % Mehrwertsteuer. Wie hoch ist der Rechnungsbetrag?
b) Bei Barzahlung werden 3 % Skonto abgezogen. Welcher Endpreis ist zu zahlen?
c) Ist es günstiger, wenn zunächst Skonto abgezogen wird und dann die Mehrwertsteuer hinzukommt?

Häufig vorkommende Begriffe aus dem Alltag

- Kleine Anteile werden auch in **Promille** angegeben. Es gilt: 1 Promille = 1 ‰ = 0,001
- Einen Preisnachlass nennt man häufig **Rabatt**.
- Wenn man eine Rechnung innerhalb einer bestimmten Zeit bezahlt, spricht man bei Preisnachlässen auch von **Skonto**.
- Das Gewicht einer Ware ohne Verpackung heißt **Nettogewicht**, das Verpackungsgewicht heißt **Tara**. Beide Gewichte zusammen ergeben das **Bruttogewicht**.

Ist Inline-Skaten ein gefährlicher Sport?

Nach einer Aussage der Deutschen Gesellschaft für Chirurgie ist Inline-Skaten besonders für Anfänger eine Sportart mit hohem Verletzungsrisiko.
Dabei sind 50 % der Verletzungen Brüche. Experten behaupten, dass nur einer von vier Skatern ohne Verletzung bleibt.

In den beiden Prozentkreisdarstellungen sind die Arten der Verletzungen und die Unfallorte dargestellt.

- Wähle eine andere Diagrammart, um die Reihenfolge der Häufigkeiten besser zu erkennen.
- Kannst du erklären, warum diese Reihenfolge bei den Häufigkeiten auftritt?

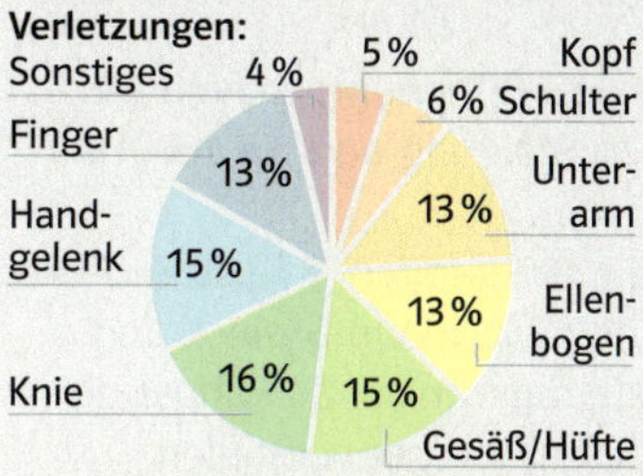

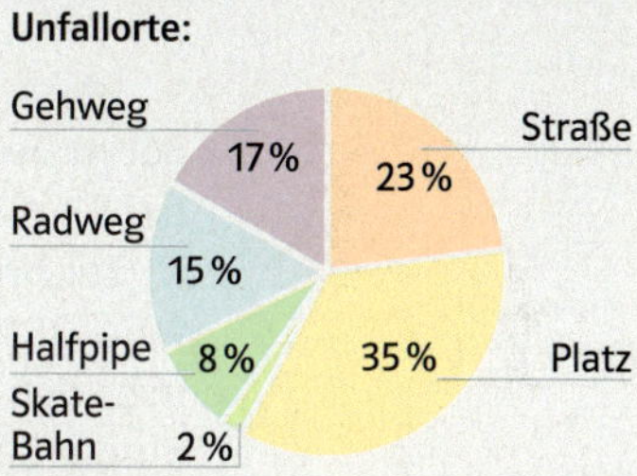

Am Werner-Siemens-Schulzentrum ergab eine Umfrage unter 250 Skatern für die Unfallorte folgendes Ergebnis:

Unfallort	Nennungen
Straße	93
Platz	75
Skate-Bahn	34
Halfpipe	35
Radweg	13

- Vergleiche und versuche auch für deine Schule mit einer Umfrage Daten zu bekommen.
- Vergleiche auch unterschiedliche Darstellungen in Diagrammen.

In der Abbildung sind die unfallträchtigsten Sportarten erfasst. Das Diagramm zeigt absolute Zahlen.

- Nimm ein paar Sportarten heraus und vergleiche die Anteile mithilfe einer geeigneten Grafik.

Die Entfernung zwischen zwei Orten wird auf der Karte horizontal gemessen.
Das Verhältnis von Höhenunterschied und horizontaler Entfernung wird als **Steigung** bezeichnet.

13 % Steigung bedeutet: Die Straße steigt auf 100 m horizontaler Entfernung um 13 m an.

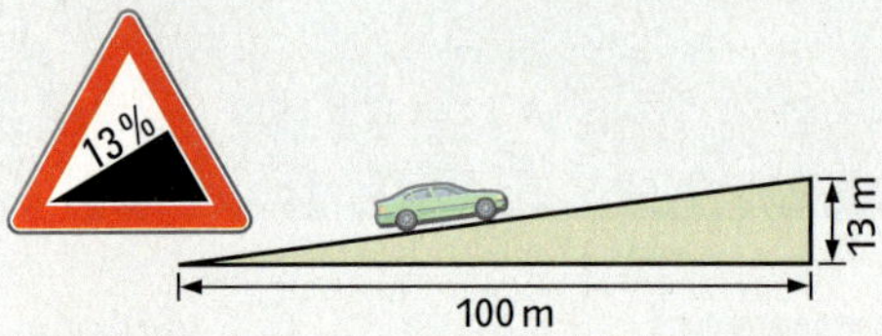

- Berechne den Höhenunterschied für 800 m bei 16 % Steigung und für 1600 m bei 8 % Steigung.
- Zeichne die Steigungen 5 %; 10 %; 15 %; 20 %; 25 % und 50 % in ein Dreieck und miss den Steigungswinkel. So kannst du dir die Steigungen besser vorstellen.

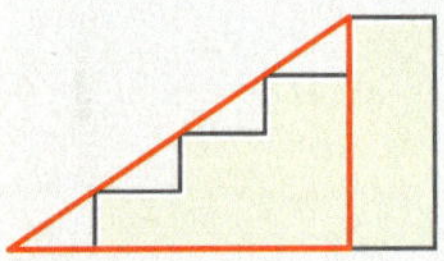

Steigung an Treppen

Für den Bau von Treppen gibt es empfohlene Maße:

	Stufenhöhe	Trittbreite
in Schulen	16 cm	30 cm
in Häusern	18,5 cm	28 cm
in Kellern	21 cm	25 cm

- Berechne die Steigungen der verschiedenen Treppen in Prozent.
- Erkläre die Unterschiede.

Rampen für Rollstuhlfahrer

Nach der Bauverordnung dürfen diese Rampen nicht steiler als 6 % sein.
Wie müssten dann Treppen mit derselben Steigung in Schulen gebaut werden?

Für Rollstuhlfahrer sind Rampen wichtig, um in Gebäude zu kommen, zu denen sie sonst keinen Zugang hätten.

Die steilste Straße der Welt in Dunedin (Neuseeland)

Aus der Zeitung

Steiler gehts nimmer

St. Moritz. – Von null auf 137 km/h in sieben Sekunden, ein Gefälle von 100 % – der steilste Starthang der Welt auf der Corviglia (2840 m hoch) verlangt den Fahrern beim Abfahrtslauf der Ski-WM gleich alles ab.

In einer anderen Zeitung wirbt eine Automobilfirma:

Die steilste Zahnradbahn der Welt

führt auf den Pilatus in der Schweiz. Der Berg erhebt sich nahe der Stadt Luzern. Die durchschnittliche Steigung der Strecke beträgt 42 %.

- Wie lang ist die horizontale Strecke, wenn die Talstation 440 m und die Bergstation 2063 m hoch liegt?
- Ermittle durch Zeichnung den durchschnittlichen Steigungswinkel und die Schienenlänge.
- Informiere dich im Internet über andere Zahnradbahnen und deren technische Daten.

Rückspiegel

1 Schreibe in Prozent mit einer Dezimalen.

a) $\frac{15}{300}$; $\frac{18}{40}$; $\frac{4}{5}$; $\frac{55}{250}$; $\frac{1}{3}$

b) $\frac{8}{15}$; $\frac{9}{11}$; $\frac{10}{12}$

c) jeder Vierte; 7 von 10

2 Schreibe als Dezimalbruch.

85 %; 17 %; 9 %; 120 %; 3,5 %

3 Berechne das Ergebnis der Klassensprecherwahl in Prozent und stelle es in einem Prozentstreifen dar.

Jan	12 Stimmen
Kira	8 Stimmen
Leon	4 Stimmen
Sina	1 Stimme

4 Berechne die fehlenden Werte.

Grundwert	Prozentwert	Prozentsatz
520 €	56 €	
48,5 m		76 %
	17,5 kg	38 %

5 Beim Räumungsverkauf wurde ein Mantel um 35 % ermäßigt.
Ursprünglich kostete der Mantel 298 €.
Berechne den neuen Preis.

6 In dem Prozentstreifen ist die Verteilung einer Umfrage über Schülerlotsen dargestellt. Insgesamt wurden 500 Jugendliche befragt, wie wichtig sie Schülerlotsen finden.
Wie viele Stimmen waren es jeweils?

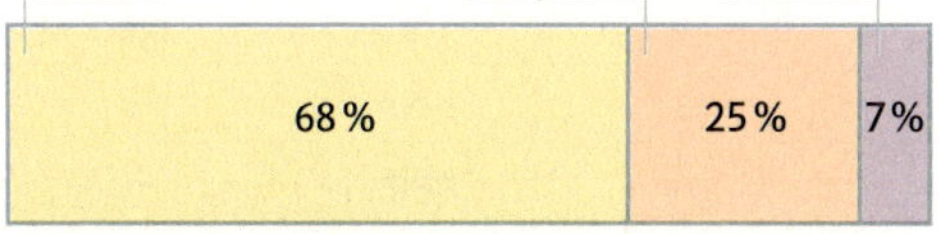

7 Nach Abzug eines Rabatts von 20 % musste Herr Kleinschmidt noch 720 € für sein Trekkingrad bezahlen.
Wie hoch war der Preis ohne Rabatt?

Rückspiegel

1 Schreibe in Prozent mit einer Dezimalen.

a) $\frac{2}{3}$; $\frac{12}{25}$; $\frac{42}{70}$; $\frac{9}{250}$; $\frac{11}{20}$

b) $\frac{12}{65}$; $\frac{25}{45}$; $\frac{15}{8}$

c) drei von 50; jeder Zweite der Hälfte

2 Schreibe als Dezimalbruch.

7 %; 12,5 %; 2,25 %; $3\frac{1}{4}$ %; 250 %

3 Berechne die Flächenanteile der Erdteile in Prozent und stelle sie in einem Prozentkreis dar.

Europa	10,4 Mio. km²
Asien	43,8 Mio. km²
Afrika	30,3 Mio. km²
Amerika	42,2 Mio. km²
Australien	5,9 Mio. km²
Antarktis	14,1 Mio. km²

4 Berechne die fehlenden Werte.

Grundwert	Prozentwert	Prozentsatz
107,25 €	3,75 €	
3,8 km		125 %
	11,25 kg	$4\frac{1}{2}$ %

5 Beim Räumungsverkauf wird ein Mantel, der ursprünglich 198 € gekostet hat, für 149 € angeboten. Um wie viel Prozent wurde der Preis ermäßigt?

6 2005 wurden in einer Region 80 Mio. Tonnen Kohlendioxid freigesetzt.
Berechne die drei Anteile in Mio. Tonnen.

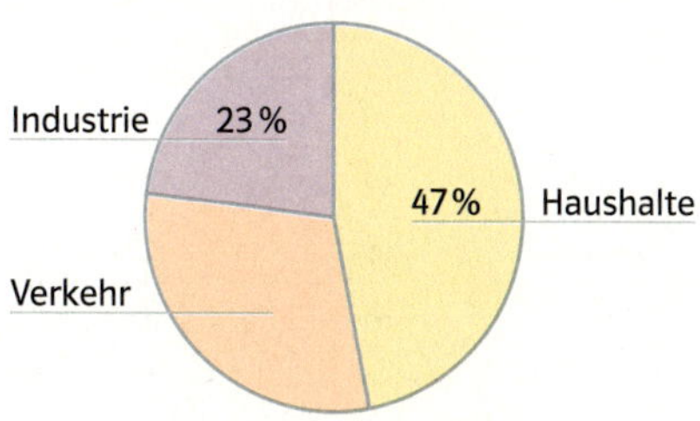

7 Beim Kauf eines kleinen Zelts sparte Marina durch einen Nachlass von 5 % 12,50 €. Wie viel Euro musste sie bezahlen?

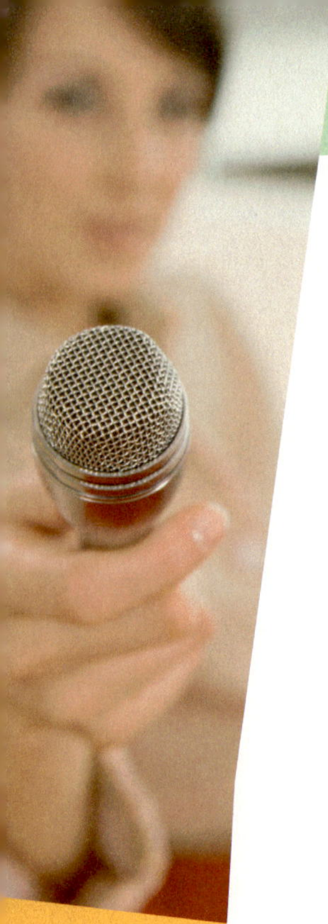

Jugendliche und Fernsehen

Das Fernsehverhalten Jugendlicher wird durch verschiedene Faktoren beeinflusst. Vermutlich führt der Besitz eines eigenen Fernsehers dazu, das Fernsehgerät auch mehr zu nutzen, andererseits könnte die Mitgliedschaft im Verein dazu führen, seltener fernzusehen.

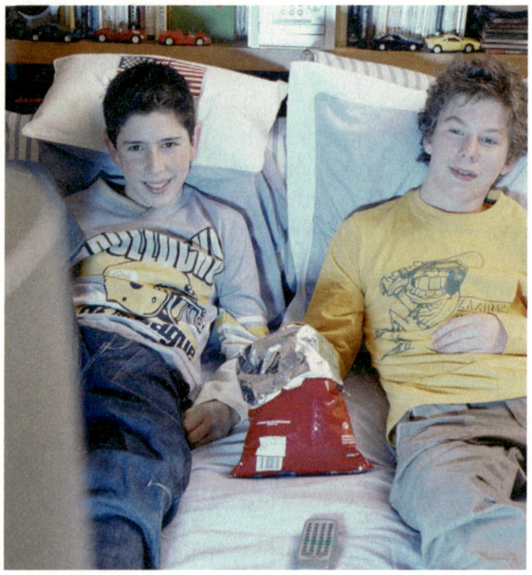

Da die Erhebung anonym sein muss, gibt jeder Befragte auf dem Frageoben statt des Namens eine frei gewählte Kennung an. Diese Kennung kann ein beliebiges Wort oder eine Zahlenkombination sein.

Mit dem Fragebogen könnt ihr das Fernsehverhalten unter Berücksichtigung der beiden Gesichtspunkte „eigener Fernseher" und „Mitgliedschaft im Verein" für eure Klasse untersuchen.

Fragebogen

Kennung ________________

Junge ☐ Mädchen ☐ Alter ______

a) Hast du ein eigenes Fernsehgerät?

Ja ☐ Nein ☐

b) Bist du aktives Mitglied in einem Verein, in dem du regelmäßig einige Stunden pro Woche verbringst? Falls „ja": Wie viele Stunden pro Woche verbringst du im Verein?

Ja ☐ Nein ☐ Stunden ______

c) Wie viele Stunden hast du in den letzten sieben Tagen einen Fernseher benutzt? (nur volle Stunden angeben)

Stunden ______

Fertigt einen solchen Fragebogen an. Kopiert ihn und führt die Umfrage durch.

Urliste

Kennung	Geschlecht	Alter	Fernsehzeit in Stunden	eigener Fernseher	Mitglied im Verein	Vereinszeit in Stunden
007	m	14	3	nein	ja	2,5
8-tung	w	13	12	ja	ja	6,0
Aha	w	15	15	ja	nein	–
Bär	m	14	60	ja	nein	–
...						

Um die Umfrage auszuwerten, empfiehlt es sich, die Daten in einer Urliste zu erfassen.

Stellt die Ergebnisse eurer Umfrage in einer solchen Urliste zusammen.

Die Befragung kann nun unter verschiedenen Gesichtspunkten ausgewertet werden:
- für alle Befragten
- getrennt nach Jungen und Mädchen
- getrennt nach Besitzern und Nichtbesitzern eines Fernsehgerätes
- getrennt nach Mitglied bzw. Nichtmitglied eines Vereins

Hierzu ist es hilfreich, Ranglisten anzufertigen. Stelle die vier Ranglisten auf.

Beantworte mithilfe von Kennwerten folgende Fragen:
- Gibt es im Fernsehverhalten Unterschiede zwischen Jungen und Mädchen?
- Verleitet der eigene Fernseher dazu, mehr fernzusehen?
- Nutzen Mitglieder eines Vereins den Fernseher seltener?

Das Fernsehen dient sowohl der Unterhaltung als auch der Information. Schätze ab, wie viele Stunden du pro Woche in etwa Fernsehen schaust.
Wie viele Stunden davon dienen der Unterhaltung, wie viele der Information?
Fasst die Ergebnisse eurer Klasse zusammen und beschreibt mit geeigneten Kennwerten, wie ihr das Fernsehen nutzt.

In diesem Kapitel lernst du,

- Daten in Ur- und Ranglisten zu erfassen,
- statistische Erhebungen mit geeigneten Mitteln durchzuführen,
- das Ergebnis einer statistischen Erhebung auszuwerten und zu interpretieren,
- das Ergebnis statistischer Erhebungen geeignet darzustellen.

1 Rangliste

Björn	14,5
Silke	14,8
Mutlu	14,7
Stefan	15,2
Jens	13,4
Nelli	13,9
Olga	14,6
Martin	15,0
Kyra	13,1
David	14,4
Anke	14,7
Suse	14,9
Sven	16,8
Tom	14,1
Karin	13,7
Sonja	14,5
Petra	14,4
Afua	14,1
Cora	14,7
Felix	13,8
Peter	15,5
Magida	14,8
Abdul	14,6
Leo	15,1
Marco	14,2
Franka	14,1
Linda	13,9
Ines	17,0

In der Klasse 7b wurde ein 100-m-Lauf durchgeführt. Die gestoppten Zeiten (in Sekunden) findest du in der Liste links.
→ Wie groß ist die Zeitspanne zwischen dem Schnellsten und dem Langsamsten?
→ Wie heißen die drei Schnellsten?
→ Wer war schneller als Ines?
→ Stelle selbst weitere Fragen und beantworte sie.

Bei einer statistischen Erhebung werden Daten oft in Listen erfasst.
Sind die Daten in der Liste geordnet, so lassen sich viele Fragen zur statistischen Erhebung leichter beantworten.

Eine **Liste** ist eine Sammlung statistischer Erhebungsdaten.
Die bei der Erhebung aufgestellte Liste heißt **Urliste**. Sie ist in der Regel ungeordnet. Wird die Urliste der Größe nach geordnet, so erhält man eine **Rangliste**.

Bemerkung
Kommen in einer Rangliste mehrere gleich große Werte vor, so fertigt man besser eine Häufigkeitsliste an.

Beispiel
Frau Hentrich notiert sich die Zeugnisnoten ihrer Klasse. So erhält sie eine Urliste.
3; 3; 1; 4; 2; 5; 4; 4; 3; 3; 5; 2; 1; 4; 4; 3; 3; 2; 1; 5; 4; 6; 2; 3; 3; 3; 4; 2
Mit der Rangliste verschafft sie sich einen besseren Überblick.
1; 1; 1; 2; 2; 2; 2; 2; 3; 3; 3; 3; 3; 3; 3; 3; 3; 4; 4; 4; 4; 4; 4; 4; 5; 5; 5; 6
Der Klasse gibt sie die Noten in einer Häufigkeitsliste bekannt.

Note	1	2	3	4	5	6
Anzahl	3	5	9	7	3	1

Aufgaben

1 In einem Mathematiktest wurden folgende Noten geschrieben:

Note	1	2	3	4	5	6
Anzahl	3	5	9	5	4	0

Stelle das Ergebnis der Klassenarbeit in einer Rangliste dar.

2 Dreizehn Kinder haben sich gewogen:
41 kg; 39 kg; 44 kg; 47 kg; 51 kg; 48 kg; 40 kg; 45 kg; 48 kg; 49 kg; 48 kg; 38 kg; 40 kg
Erstelle eine Rangliste und bestimme den Wert in der Mitte der Liste. Berechne den Mittelwert und vergleiche ihn mit dem Wert in der Mitte der Liste.

3 Beim Schlagballwurf der Klasse 7 wurden folgende Weiten erzielt:
23 m; 17 m; 31 m; 15 m; 20 m; 21 m; 29 m; 32 m; 16 m; 33 m; 13 m; 22 m; 24 m; 12 m; 28 m; 30 m; 27 m; 23 m; 17 m; 16 m; 22 m; 10 m; 39 m; 40 m; 19 m; 35 m; 41 m; 18 m; 17 m

a) Fertige eine Rangliste an.
b) Wie viele Schüler haben Weiten zwischen 20 m und 30 m geworfen?
c) Welche Weite liegt in der Mitte?

4 Bei einer Geburtstagsfeier gibt es den lustigen Dreikampf Kirschkernweitspucken – Strohhalmwerfen – Besenbalancieren.

Name	Kirschkern	Strohhalm	Besen
Kyra	4,17 m	2,11 m	7 s
Janine	6,42 m	1,54 m	3 s
Eugen	5,13 m	1,17 m	24 s
Moni	2,57 m	2,08 m	2 s
Daniel	7,18 m	1,96 m	8 s
Linda	3,72 m	1,84 m	6 s
Dennis	1,58 m	2,51 m	12 s
Jan	4,68 m	2,07 m	13 s
Markus	2,51 m	1,35 m	25 s
Alina	3,78 m	1,83 m	10 s
Renate	0,58 m	1,12 m	19 s
Lars	4,19 m	2,31 m	5 s
Hakan	2,75 m	2,25 m	14 s
Jochen	1,97 m	1,74 m	4 s
Anne	2,43 m	1,86 m	21 s

a) Bestimme für jeden Wettkampf die drei Besten.
b) Um die Platzierung im Dreikampf zu ermitteln, können die Rangplätze für jede Disziplin genutzt werden. Wer in der Summe den niedrigsten Wert hat, hat gewonnen, der zweitniedrigste ist Zweiter usw. Vervollständige die Tabelle im Heft.

Name	K	S	B	Summe
Kyra	6.	4.	10.	20
Janine	2.	12.	14.	28
Eugen	3.	14.	2.	19
…	…	…	…	…

Ranglisten mit dem Computer

Beim Weitsprung hat jeder drei Versuche. Um möglichst schnell die Platzierungen zu ermitteln, werden die Sprungweiten im Computer festgehalten.
Es soll für jeden der weiteste Sprung herausgesucht und danach eine Rangliste erstellt werden.

	A	B	C	D	E
1	**Weitsprungwettberwerb der Sport AG Realschule Tahlhausen**				
3	**Name**	**1. Sprung**	**2. Sprung**	**3. Sprung**	**beste Weite**
4	Conny	3,26	3,18	3,57	3,57
5	Pia	2,84	2,67	3,28	3,28
6	Aishe	3,34	3,27	3,09	3,34
7	Ali	3,35	3,45	3,22	3,45
8	Piere	3,15	3,19	3,37	3,37
9	Sarah	3,26	3,32	3,38	3,38
10	Alex	3,58	3,61	3,60	3,61
11	Holger	3,29	3,56	3,54	3,56
12	Kerstin	2,90	3,17	3,45	3,45
13	Katrin	2,88	2,80	3,04	3,04
14	Paul	2,99	2,58	3,12	3,12
15	Erwin	1,52	3,17	2,85	3,17
16	Achim	2,87	3,17	3,15	3,17
17	Dirk	3,45	3,12	3,41	3,45
18	Dennis	2,85	2,74	2,85	2,85

Mit dem Befehl =MAX(B7:D7) wird z. B. der größte Wert der Zellen B7, C7 und D7 ermittelt und in Zelle E7 eingetragen. Für alle Teilnehmerinnen und Teilnehmer wird so verfahren. Anschließend wird das ganze Feld von A7 bis E21 markiert. Unter dem Menüpunkt DATEN wird SORTIEREN gewählt und die Liste nach „beste Weite" aufsteigend sortiert. So erhält man eine nach der besten Weite sortierte Rangliste.

- Erstelle die Rangliste.
- Der Mittelwert der Zellen B7, C7 und D7 wird mit =MITTELWERT(B7:D7) berechnet. Erstelle eine Rangliste, wenn nicht die beste Sprungweite, sondern der Mittelwert der drei Sprünge zur Wertung herangezogen wird. Vergleiche diese Rangliste mit der ersten Rangliste.
- Bestimme den Mittelwert aller durchgeführten Sprünge und vergleiche ihn mit dem Mittelwert der Mittelwerte.
- Führt selbst einen Weitsprungwettbewerb durch und wertet ihn mit dem Computer aus.

2 Kennwerte

Einnahmen Schulfest

Stand	€
Kuchen	246,00
Brötchen	85,50
Bratwurst	122,50
Quiz	43,50
Rallye	26,00
Masken	72,00
Torwand	99,00
Karaoke	45,50
Disko	33,50

Schülerinnen und Schüler der Elm-Asse-Schule haben auf einem Schulfest mehrere Spiel- und Verkaufsstände organisiert.

→ Welcher Stand hat am meisten Geld eingenommen, welcher am wenigsten?

→ Wie viel Geld mehr hat der Stand mit den meisten Einnahmen im Vergleich zu dem mit den wenigsten Einnahmen?

→ Was würdet ihr mit den Einnahmen machen?

Um sich nach einer Datenerhebung einen Überblick zu verschaffen, verwendet man Kennwerte.

Die am häufigsten verwendeten **Kennwerte** sind die folgenden:
Der kleinste Wert heißt **Minimum**. Der größte Wert heißt **Maximum**.
Die Differenz aus dem Maximum und dem Minimum heißt **Spannweite**.
Die Summe aller Werte geteilt durch die Anzahl der Werte heißt **Mittelwert**.

Beispiel

Bei einem Orientierungslauf haben Schülerinnen und Schüler der 7a folgende Zeiten erreicht:

Name	Jan	Insa	Anja	Jakob	Mathias	Lukas
Zeit in min	77	84	67	92	83	89

Kennwerte:

Minimum: 67 min Spannweite: 92 min − 67 min = 25 min

Maximum: 92 min Mittelwert: $\frac{77 + 84 + 67 + 92 + 83 + 89}{6}$ min = 82 min

Am schnellsten war Anja bei dem Orientierungslauf mit 67 Minuten.
Am längsten brauchte Jakob mit 92 Minuten. Anja war 15 Minuten eher im Ziel als Jakob.
Die Schüler der 7a haben im Durchschnitt 82 Minuten gebraucht.

Aufgaben

Das arithmetische Mittel wird oft auch nur als Mittelwert bezeichnet.

1 Bestimme Minimum, Maximum, Mittelwert und Spannweite.

a) 123 m; 234 m; 211 m; 342 m; 154 m; 240 m; 333 m; 206 m; 353 m

b) 2 t; 12 t; 9 t; 21 t; 16 t; 7 t; 3 t; 14 t ; 7 t

2 Der Mittelwert soll 24 sein. Berechne den fehlenden Wert.

a) 17; □; 21; 27; 36

b) 14; 16,5 ; □; 29,5; 40

c) 0; 10; 10; □; 30; 40; 50

3 Welche Zensur hat die Klasse im Durchschnitt erreicht?

Note	1	2	3	4	5	6
Schüler	2	7	9	6	3	1

4 Bestimme alle Kennwerte. Welche Bedeutung haben sie?

Tage	Mo	Di	Mi	Do	Fr	Sa	So
Länge in km	24	48	33	52	26	41	39

3 Daten erfassen – Stichproben

Obsthändler Grimm erhält eine Lieferung von 7500 kernlosen Mandarinen. Er möchte ungefähr wissen, wie viele davon doch Kerne enthalten. Dazu greift er wahllos 50 Mandarinen heraus und schneidet sie auf. Herr Grimm findet drei Mandarinen mit Kernen.

→ Warum überprüft Herr Grimm nicht alle Mandarinen?

→ Wie viele kernhaltige Mandarinen werden ungefähr in der Lieferung sein?

Oft ist es nicht möglich, die Gesamtheit zu erfassen. In manchen Fällen wird der zu untersuchende Gegenstand bei der Untersuchung zerstört, in anderen Fällen ist die Gesamtheit zu groß.

Im Südwest-Fernsehen wird montags bis freitags im Vorabendprogramm die Sendung „Kaffee oder Tee?" ausgestrahlt. Um die Einschaltquote für Baden-Württemberg zu ermitteln, werden 2000 Personen befragt. Von ihnen schauen 94 Personen regelmäßig diese Sendung. Daraus ergibt sich eine Einschaltquote von $\frac{94}{2000} = 0{,}047 = 4{,}7\%$. In Baden-Württemberg schauen diese Sendung schätzungsweise 4,7% von 10,6 Mio. Einwohner, das sind 498 200, also etwa 0,5 Mio. Personen.

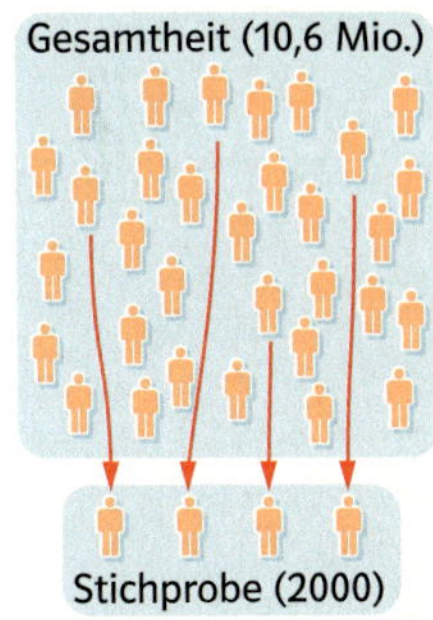

Wird bei einer statistischen Erhebung zu einer bestimmten Fragestellung nur ein Teil der Gesamtheit befragt, so spricht man von einer **Stichprobe**.
Das Ergebnis der Stichprobe erlaubt Aussagen über die Gesamtheit.

Beispiel

An einem Urlaubsort werden 1200 Gäste befragt, wie sie angereist sind.

Verkehrsmittel	Auto	Eisenbahn	Bus	Flugzeug
absolute Häufigkeit	756	198	168	78
relative Häufigkeit	0,63	0,165	0,14	0,065

Nach einer Werbekampagne erwartet der Ort für das kommende Jahr 21 000 Gäste.
Da $21\,000 \cdot 0{,}165 = 3465$ ergibt, rechnet die Bahn mit etwa 3500 Fahrgästen.

Aufgaben

1 Ein Automobilwerk kauft 200 000 Scheinwerferlampen.
a) Bei einer Stichprobe sind von 1000 Lampen 6 defekt. Wie viele Lampen sind wohl insgesamt defekt?
b) Warum reicht eine Stichprobe von 100 Lampen nicht aus?

2 Um festzustellen, ob ein Kuchen gar ist, sticht man einmal in den Teig.
a) Ist dieses Verfahren eine „Stichprobe"?
b) Wie muss man vorgehen, damit die Stichprobe eine relativ sichere Auskunft darüber gibt, ob der Kuchen gar ist? Befrage deine Eltern.

3 In einem Landkreis sind 9400 Pkw zugelassen. Bei einem Fest zählt Sven auf dem Parkplatz nur die Autos des Landkreises nach Marken sortiert.

Automarke	Opel	BMW	Merc.	Ford	VW	Sonst.
Anzahl	139	65	59	102	149	62

a) Wie viele Autos jeder Marke gibt es annähernd in dem Landkreis?
b) Warum kann das Ergebnis nicht auf Deutschland übertragen werden?

4 Die Stadt Stuttgart möchte zur Planung des Wohnungsbaus ermitteln, wie viele der 290 842 Haushalte in der Stadt Ein-, Zwei-, Drei-, … Personenhaushalte sind.
Dazu wird eine Umfrage bei 1000 Haushalten gemacht.
Das Ergebnis dieser Stichprobe wird in einer Tabelle festgehalten.

Anzahl der Personen	1	2	3	4	mehr
Anzahl der Haushalte	485	259	121	92	43

Bestimme, wie viele Ein-, Zwei-, Drei-, … Personenhaushalte es ungefähr in Stuttgart gibt.

Inhalt	Anzahl
36	12
37	28
38	226
39	765
40	2517
41	936
42	354
43	162

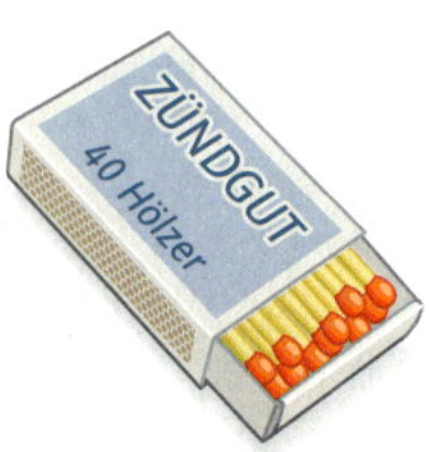

5 Eine Streichholzfirma stellt täglich 3 000 000 Schachteln Streichhölzer her. Auf der Packung steht: 40 Hölzer.
Eine Stichprobe von 5000 Schachteln ergab die in der Tabelle links dargestellte Verteilung der tatsächlichen Inhalte.
a) Wie viele Schachteln mit der entsprechenden Anzahl Streichhölzer sind täglich zu erwarten?
b) Herr Feuerle kauft 20 Schachteln. Wie viele Streichhölzer hat er wohl tatsächlich gekauft?
c) Wie viel Prozent der Schachteln enthalten mindestens 39 Streichhölzer?
d) Wie viel Prozent der Schachteln enthalten mehr als 38 und weniger als 43 Streichhölzer?
e) Bei weniger als 38 Streichhölzern kann der Kunde reklamieren.

Sinnvolle Stichprobe???

Bei einer Stichprobe muss man sorgfältig die Bedingungen auswählen, unter denen sie durchgeführt wird. Das Ergebnis soll schließlich auf die Gesamtheit übertragbar sein.
Überprüfe daraufhin die folgenden Stichproben und mache gegebenenfalls Verbesserungsvorschläge für eine bessere Stichprobe.

- Herr Völl möchte wissen, ob sein Dach noch in Ordnung ist. Dazu überprüft er 30 Dachpfannen, die sich gut erreichbar direkt am Dachfenster befinden.
- Das Jugendamt möchte wissen, wie viele Familien in einem Bezirk mehr als drei Kinder haben. Es bittet eine Schule der Gemeinde, eine Erhebung durchzuführen.
- Der Deutsche Mieterbund möchte ermitteln, wie viel Quadratmeter Wohnfläche pro Person zur Verfügung stehen. In zehn Großstädten werden dazu je 100 Haushalte im Stadtzentrum befragt.
- Zur Planung des öffentlichen Nahverkehrs wird in den Sommerferien täglich zu unterschiedlichen Zeiten eine Fahrgastbefragung durchgeführt.

- In einer Buchhandlung wird jeder 50. Kunde gefragt, wie viele Bücher er jährlich etwa kauft.

4 Zentralwert

In einem Dorf gibt es neun Familien, die Kühe haben.
Herr Kögel behauptet, in seinem Dorf ginge es den Familien sehr gut, denn im Durchschnitt habe jede Familie 34 Kühe.
→ Was sagen wohl Frau Olfs und Herr Baum dazu?

Fam. Hart	14 Kühe	Fam. Kögel	180 Kühe
Fam. Wagner	10 Kühe	Fam. Weber	20 Kühe
Fam. Olfs	24 Kühe	Fam. Gruber	8 Kühe
Fam. Baum	16 Kühe	Fam. Stark	23 Kühe
Fam. Schmid	11 Kühe		

Manchmal ist es nicht hilfreich, den Mittelwert zu berechnen.
Frau Bauer möchte wissen, wie lang sie in der Regel für die Fahrt zur Arbeit benötigt. Dazu schreibt sie drei Wochen lang die Fahrzeit in Minuten auf.

Mo	Di	Mi	Do	Fr		Mo	Di	Mi	Do	Fr		Mo	Di	Mi	Do	Fr
38	32	30	36	37		40	37	32	98	42		31	34	30	33	35

Frau Bauer berechnet den Mittelwert und stellt fest, dass sie im Durchschnitt 39 Minuten benötigt. Doch meistens braucht sie weniger als 39 Minuten. Die Autopanne am Donnerstag, als sie 98 Minuten benötigte, verfälscht den Mittelwert. Um sich einen Überblick zu verschaffen, ordnet sie die Fahrzeiten in einer Rangliste.

30 30 31 32 32 33 34 **35** 36 37 37 38 40 42 98

|

Mitte der Rangliste

Nun stellt Frau Bauer fest, dass sie sieben Mal weniger als 35 Minuten und sieben Mal mehr benötigte. Dabei ist es egal, ob sie mal eine Autopanne hatte oder nicht. In diesem Fall ist dieser Kennwert, der so genannte **Zentralwert**, aussagekräftiger als der Mittelwert.

! *Der Zentralwert wird auch Median genannt.*

Der **Zentralwert** ist der Wert in der Mitte der Rangliste.

Bemerkung

Hat die Rangliste eine ungerade Anzahl von Werten, so ist der mittlere Wert der Zentralwert. Hat die Rangliste eine gerade Anzahl von Werten, so stehen zwei Werte in der Mitte. Als Zentralwert wird dann der Mittelwert dieser beiden Werte genommen.

Beispiele

a)

Rangplatz	1.	2.	3.	4.	5.
Wert	4	6	7	38	42
			|		
Zentralwert			7		

Rangplatz	1.	2.	3.	4.	5.	6.
Wert	3	9	10	14	31	52
			|	|		
Zentralwert			$\frac{10+14}{2} = 12$			

Rangplatz	1.	2.	3.	4.	5.	6.
Wert	3	6	9	9	18	33
			|	|		
Zentralwert			9			

Beachte: In einer Rangliste kann der Zentralwert mehrfach auftreten.

Aufgaben

1 Bestimme für jede der Ranglisten den Mittelwert und den Zentralwert und vergleiche diese Werte miteinander. Was stellst du fest? Erkläre.

a) 3; 5; 7; 9; 11; 13; 15
   3; 5; 7; 9; 11; 13; 29
   3; 5; 7; 9; 11; 29; 41

b) 20; 25; 30; 35; 40; 45; 50
   6; 25; 30; 35; 40; 45; 50
   6; 11; 30; 35; 40; 45; 50

c) 15; 18; 21; 25; 28; 31
   15; 18; 23; 23; 28; 31
   15; 23; 23; 23; 23; 31
   15; 21; 21; 25; 25; 31

2 Berechne Mittelwert und Zentralwert. Streiche dann den ersten und letzten Wert weg und berechne die Kennwerte neu.

a) 8; 12; 15; 17; 19; 23; 25; 26; 29
b) 0; 1; 10; 11; 12; 14; 15; 15; 17; 18; 20
c) 3; 5; 12; 15; 15; 16; 18; 19; 51; 65
d) 2; 2; 25; 28; 31; 39; 41; 42; 69; 88
e) 4; 4; 17; 19; 21; 23; 25; 38; 38

3 Bestimme für jede Rangliste den Zentralwert. Wie viele Werte der Rangliste sind kleiner oder gleich dem Zentralwert? Wie viele sind größer oder gleich? Wie viel Prozent sind das? Formuliere eine Regel.

Liste 1 2; 3; 5; 6; 8
Liste 2 3; 3; 4; 5; 5; 6; 8; 8
Liste 3 1; 2; 2; 3; 3; 3; 4; 5; 6; 7
Liste 4 3; 5; 6; 7; 9; 12; 15; 17

4 Elf verschiedene Handys werden nach einem Punktsystem von −5 (sehr schlecht) bis +5 (sehr gut) beurteilt:
+3; +2; +5; −1; 0; +2; −2; +3; −4; +4; −1
Bestimme Mittelwert und Zentralwert. Begründe, welcher Wert aussagekräftig ist.

5 In einem Geschichtstest wurden folgende Punktzahlen erreicht.

Agnes	23	Ismail	17
Anja	26	Jan	12
Andre	5	Katrin	20
Arthur	11	Kim	20
Beate	2	Markus	23
Britta	6	Michael	8
Conny	16	Monika	25
Daniela	11	Nadine	12
Frosso	16	Nicole	17
Helene	24	Sandra	21
Holger	14	Theo	18
Ignaz	19	Tim	18
Ines	19	Viktor	22
Irma	12		

a) Stelle eine Rangliste auf.
b) Bestimme Minimum, Maximum, Spannweite, Zentralwert und Mittelwert.
c) Schreibe mithilfe dieser Kennwerte einen Bericht, wie der Test ausgefallen ist.

6 Ein Laptop kostet in neun verschiedenen Fachgeschäften:
849 €; 875 €; 879 €; 899 €; 899 €; 929 €; 949 €; 950 €; 979 €
Ein Magazin möchte einen Preis als Anhaltspunkt für den Verbraucher nennen.

7 In der Firma Gschwindt und Co. gibt es fünf Auszubildende, sieben Arbeiter, vier Gesellen, einen Meister, zwei Verwaltungskräfte und einen Chef.
Es werden folgende Nettogehälter gezahlt:
Auszubildende: 350 €; Arbeiter: 1150 €;
Gesellen: 1500 €; Meister: 1900 €;
Verwaltungskraft: 1400 €; Chef: 8900 €.
Der Chef behauptet, dass in seinem Betrieb gut verdient wird, man brauche sich nur den Durchschnittsverdienst anzusehen. Der Auszubildende Thomas ist anderer Meinung.
Wie wird er argumentieren?

Auf welchem Rangplatz liegt der Zentralwert?

Bisher konnten wir durch einfaches Abzählen den Zentralwert einer Rangliste leicht bestimmen. Für umfangreichere Ranglisten oder Häufigkeitslisten ist dieses Verfahren umständlich und zeitaufwändig. Man benötigt ein Verfahren, um den mittleren Rangplatz und damit den Zentralwert schnell zu bestimmen.
Zwei Beispiele sollen das Verfahren verdeutlichen.

Rangplatz	1	2	3	4	5	6	7
Wert	3	5	8	10	11	14	16
				|			
Zentralwert				10			

Die Gesamtzahl der Erhebung beträgt 7 und ist ungerade. Der Zentralwert liegt an der 4. Stelle, das ist die $\left(\frac{7+1}{2}\right)$-te Stelle.

Rangplatz	1	2	3	4	5	6	7	8
Wert	2	5	7	9	15	17	19	24
				|	|			
Zentralwert				$\frac{9+15}{2} = 12$				

Die Gesamtzahl der Erhebung beträgt 8 und ist gerade. Der Zentralwert liegt zwischen 4. und 5. Stelle, bzw. zwischen $\frac{8}{2}$-ter und $\left(\frac{8}{2}+1\right)$-ter Stelle.

In einer Jugendherberge wird einen Monat lang die Aufenthaltsdauer der Gäste ermittelt.

Übernachtungen	1	2	3	4	5	6	7	8	9	10	11	12
Anzahl	124	183	217	154	84	53	92	26	5	8	3	7
Zwischensumme	124	307	524	678	762	815	907	933	938	946	949	956

Die Zwischensumme gibt jeweils die letzte Rangplatznummer des Wertes an.
Die Gesamtzahl beträgt 956.

Es kann keine Rangliste für 956 Werte geschrieben werden, dennoch kann die Mitte der Rangliste und damit der Zentralwert bestimmt werden.
Der Zentralwert liegt zwischen den Plätzen $\frac{956}{2} = 478$ und $\left(\frac{956}{2}+1\right) = 479$.
Auf Platz 478 bzw. 479 steht der Wert 3. Der Zentralwert beträgt also 3 Übernachtungen.
Das heißt: Ungefähr die Hälfte aller Gäste übernachtet nicht mehr als 3-mal.

- In einer Umfrage wird ermittelt, wie viele Stunden Jugendliche am Computer verbringen.

Zeit in Std.	0	2	4	6	8	10	12	14	16
Anzahl	32	185	76	91	29	13	6	3	1

Bestimme Mittelwert, Zentralwert und häufigsten Wert. Mache mithilfe dieser Kennwerte Aussagen.

- 150 Jugendliche werden befragt, wie oft sie durchschnittlich im Monat in die Disco gehen.

Discobesuche	0	1	2	3	4	5	6
Anzahl	23	29	31	22	27	11	7

Bestimme Mittelwert, Zentralwert und häufigsten Wert. Mache mithilfe dieser Kennwerte Aussagen.

5 Daten erfassen – Umfragen

Umfrage zur Schülerzeitung

Liebe Schülerinnen und Schüler,
wir beabsichtigen eine Schülerzeitung herauszugeben. Von euch möchten wir dazu Wünsche und Anregungen erhalten. Bitte füllt diesen Fragebogen gewissenhaft aus:

Zur Person:
Bist du ein Junge ☐
oder ein Mädchen ☐?

Wie alt bist du? ______ Jahre

Welche Klasse besuchst du? ______

Zur Sache:
Wie viel würdest du für eine Schülerzeitung höchstens ausgeben? ______ Euro

Einige Schülerinnen und Schüler der Jahrgangsstufe 7 möchten die Schülerzeitung „Kreidezeit" herausgeben. Bevor sie die erste Zeitung auflegen, möchten sie wissen, was die Mitschülerinnen und Mitschüler von einer Schülerzeitung erwarten und wie groß die erste Auflage sein soll.

→ Entwirf einen geeigneten Fragebogen für diese Umfrage. Achte darauf, dass der Fragebogen verständlich formuliert und leicht auszuwerten ist.

Statistische Erhebungen helfen Fragen zu klären. Um die dazu notwendigen Daten zu erhalten, müssen sinnvolle Umfragen oder Experimente durchgeführt werden.
Möchte man z.B. über das Freizeitverhalten Jugendlicher Auskunft bekommen, so führt man eine Umfrage durch. Möchte man die Qualität eines Waschpulvers überprüfen, so macht man ein Experiment.

Die Daten einer statistischen Erhebung können durch **Umfragen** oder **Experimente** ermittelt werden.
Dazu benötigt man geeignete Fragebögen oder Messmethoden.

Beispiele

a) Umfrage zur Haustierhaltung.
Mögliche Fragen beziehen sich auf:
- Art der Tiere
- Anzahl der Tiere
- monatliche Kosten
- zeitlicher Pflegeaufwand

usw.

Die Daten werden durch eine Umfrage mithilfe eines Fragebogens ermittelt.

b) Überprüfung der Reifenqualität.
Mögliche Fragen beziehen sich auf:
- Bremsweg bei trockener Fahrbahn
- Bremsweg bei nasser Fahrbahn
- Haftung bei Schnee
- Lebensdauer

usw.

Die Daten werden durch Experimente mithilfe von Messungen ermittelt.

Aufgaben

1 Wie intensiv arbeiten Jugendliche im Haushalt mit? Die Schülerinnen und Schüler der 7c haben dazu Fragebögen entworfen.
a) Was ist an den Fragebögen gut, was ist schlecht? Begründe.

Wie oft hilfst du im Haushalt? ______

Hast du feste Aufgaben? *ja* ☐ *nein* ☐
Welche Tätigkeiten verrichtest du im Haushalt? ______

Hilfst du gerne im Haushalt? *ja* ☐ *nein* ☐

Bist du ein Junge ☐ *oder ein Mädchen* ☐ *?*
Wie viele Stunden pro Woche hilfst du im Haushalt? ______
Gehst du einkaufen? *ja* ☐ *nein* ☐
Hilfst du beim Spülen? *ja* ☐ *nein* ☐
Versorgst du die Haustiere? *ja* ☐ *nein* ☐
Leerst du den Mülleimer? *ja* ☐ *nein* ☐
Welche weiteren Tätigkeiten verrichtest du regelmäßig im Haushalt? ______

Danke für deine Mitarbeit.

Dein Alter ______ *Dein Geschlecht* ______
Wie viele Geschwister hast du? ______
Wie viel Zeit verwendest du durchschnittlich pro Woche für folgende Tätigkeiten:
Mithilfe beim Spülen ______ *Min.*
Tisch decken ______ *Min.*
Einkaufen ______ *Min.*
Bügeln ______ *Min.*
Mülleimer leeren ______ *Min.*
Sonstige Tätigkeiten ______ *Min.*

b) Entwirf selbst einen Fragebogen. Überlege dir vorher, welche Daten das Thema am besten erfassen.
c) Einigt euch in der Klasse auf einen gemeinsamen Fragebogen und führt die Umfrage durch. Wertet das Ergebnis der Umfrage aus. Welche Kennwerte eignen sich?

Fragebögen und ihre Wirkung

Die Erstellung eines Fragebogens erfordert viel Geschick. Die Fragen müssen verständlich formuliert sein. Sie dürfen den Befragten weder irritieren noch beeinflussen.

Fragebogen 1	Fragebogen 2
Kaugummi kauen im Unterricht sollte verboten sein. ja ☐ nein ☐	Kaugummi kauen im Unterricht sollte nicht erlaubt sein. ja ☐ nein ☐

- Führt die Befragung in eurem Bekanntenkreis durch. Die Hälfte der Klasse benutzt Fragebogen 1, die andere Hälfte Fragebogen 2.
  Haben die unterschiedlichen Formulierungen zu unterschiedlichen Ergebnissen geführt? Woran könnte das liegen?
- Zu welchem Ergebnis soll dieser Fragebogen wohl führen?

1. *Es kann schon mal sein, dass mein Kind das Haus ohne Frühstück verlässt.* *ja* ☐ *nein* ☐
2. *Aus Zeitgründen gebe ich meinem Kind manchmal Geld mit, um sich etwas zum Frühstück zu kaufen.* *ja* ☐ *nein* ☐
3. *An diesem Kiosk sollte es auch Vollwertkost zu günstigen Preisen geben.* *ja* ☐ *nein* ☐
4. *An der Schule sollte es einen Kiosk geben.* *ja* ☐ *nein* ☐

- Gib Beispiele an, wie die Formulierung eines Fragebogens zum Thema Schulkiosk das Ergebnis beeinflussen kann.

- Erstelle einen Fragebogen, der leicht zu dem entgegengesetzten Ergebnis führen könnte. Der letzte Satz soll aber gleich lauten.

- Nenne Aussagen, denen man leicht zustimmen kann bzw. Aussagen, denen man nicht gerne zustimmt.
  Welchen Einfluss haben diese Formulierungen auf das Ergebnis der Umfrage?

2 Beim Bogenschießen wird auf eine Scheibe mit 1,20 m Durchmesser aus einer Entfernung von 75 m geschossen.
Bei einem Wettbewerb hat man 72 Pfeile. Eine Bogenschützin hat an 12 Wettbewerben teilgenommen und folgende Punktzahlen erreicht:

Jan	512	Feb	498	Mär	501
Apr	520	Mai	531	Jun	524
Jul	513	Aug	508	Sep	521
Okt	496	Nov	515	Dez	517

a) In welchem Monat hatte sie den geringsten bzw. den größten Erfolg?
Wie groß ist der Unterschied zwischen diesen beiden Werten?
b) Wie musst du die Werte notieren, damit du a) möglichst leicht beantworten kannst?
c) Wie viele Punkte hat sie pro Wettkampf durchschnittlich erreicht?
Wie viele sind es pro Schuss?
d) Welche Kennwerte werden in den Aufgaben a) und c) ermittelt?

3 Um den Einfluss von Alkohol auf die Reaktionszeit von Erwachsenen zu testen, werden 100 Personen einem Reaktionstest unterzogen.
Zunächst wird der Versuch nüchtern, dann mit 0,5 ‰; 0,8 ‰ und 1,2 ‰ Alkohol im Blut durchgeführt.

Reaktionszeit in $\frac{1}{10}$ s	6	7	8	9	10	11	12	13	14	15	16	17
nüchtern	4	15	28	31	18	3	1	0	0	0	0	0
bei 0,5 ‰	0	1	7	21	36	18	9	5	2	0	1	0
bei 0,8 ‰	0	0	2	13	19	24	20	14	3	3	2	0
bei 1,2 ‰	0	0	0	0	10	19	16	28	12	6	6	3

Die Tabelle hält die Ergebnisse fest.

Beispiel:
In nüchternem Zustand haben 18 von 100 Personen eine Reaktionszeit von $10 \cdot \frac{1}{10}\,s = \frac{10}{10}\,s$ gehabt.
Das ist genau 1 Sekunde.

Bestimme für jede Zeile die durchschnittliche Reaktionszeit aller Testpersonen. Welche Aussagen kannst du über den Einfluss von Alkohol auf die Fahrtüchtigkeit machen?

4 Wer reagiert schneller, Mädchen oder Jungen? Die Klassen 7a und 7b versuchen dies herauszufinden.

Klasse 7a

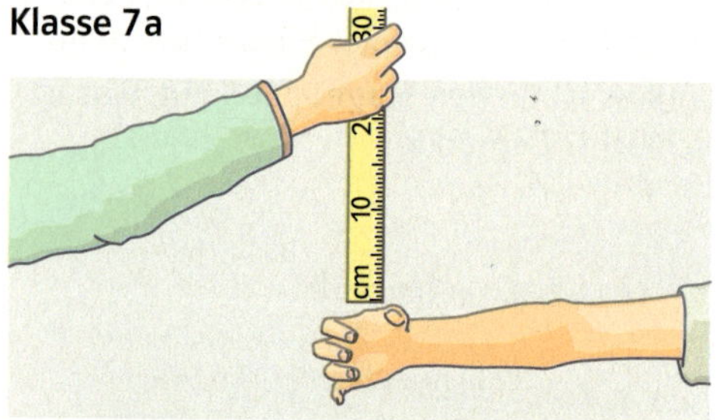

Klasse 7b

a) Beschreibe die beiden Experimente. Welche Größe dient zur Beschreibung der Reaktionsfähigkeit?
b) Für welches Experiment würdest du dich entscheiden? Begründe.
c) Führt in eurer Klasse ein Experiment zur Bestimmung der Reaktionsfähigkeit durch und wertet das Ergebnis mithilfe der Kennwerte Minimum, Maximum, Spannweite, Zentralwert und Mittelwert aus.
Gibt es bei der Auswertung Unterschiede zwischen dem Ergebnis der Jungen und Mädchen?

5 Welcher Strohhalm fliegt weiter? Ein leichter oder ein schwerer Strohhalm?
a) Stelle eine Vermutung auf und begründe sie.
b) Beschreibe ein Experiment, mit dem diese Frage beantwortet werden kann.
c) Führe das Experiment durch. Wirf dazu mindestens 25-mal den leichten und 25-mal den schweren Strohhalm. Bestimme Minimum, Maximum, Spannweite, Zentralwert und Mittelwert.
Schreibe kurz auf, wie du deinen Eltern die Ergebnisse des Experiments schildern würdest.

6 Daten auswerten – Quartile

In einer Realschule wird mit einer Stichprobe ermittelt, wie viele Stunden pro Woche Schülerinnen und Schüler durchschnittlich für ihre Hausaufgaben benötigen.
→ Bestimme Maximum, Minimum, Spannweite, Zentralwert und Mittelwert für Jungen und Mädchen getrennt.
Was fällt auf?
→ Mehr als 50 % der Jungen benötigen pro Woche 5 bis 10 Stunden für die Hausaufgaben. Vergleiche mit den Mädchen.
→ Stelle weitere Vergleiche an.
Zum Beispiel in welchem Bereich die unteren 25 % (Kurzarbeiter) oder die oberen 25 % (Vielschaffer) der Stichprobe liegen.

Std. pro Woche	Jungen	Mädchen
15	||	||
14	||||	|||
13	卌	||||
12	卌	卌 |||
11	|	卌
10	卌 卌	卌 |
9	|||	||
8	|||	|||
7	||||	|||
6		||||
5	卌 ||	||

Um statistische Erhebungen besser miteinander vergleichen zu können, werden Kennwerte ermittelt. Die bisher bekannten Kennwerte geben keinen hinreichenden Aufschluss darüber, ob die Daten (Merkmalswerte) dicht beieinander oder weit verstreut liegen. Dazu führen wir deshalb zwei weitere Kennwerte ein, das **untere Quartil** und das **obere Quartil**. Gemeinsam mit dem Zentralwert kann man so eine Rangliste in vier Abschnitte aufteilen.

Bestimmung der Quartile
In einer Rangliste belegen die Daten die Plätze 1 bis n.
- Multipliziere n mit $\frac{1}{4}$ **(unteres Quartil q_u)**; $\frac{1}{2}$ **(Zentralwert z)** und $\frac{3}{4}$ **(oberes Quartil q_o)**.
- Ist das Ergebnis nicht ganzzahlig, so nimm den Wert des nächst höheren Rangplatzes als Quartil bzw. Zentralwert.
- Ist das Ergebnis ganzzahlig, so nimm den Mittelwert aus den Werten dieses und des nächst höheren Rangplatzes als Quartil bzw. Zentralwert.

Der Unterschied zwischen q_o und q_u heißt **Quartilabstand q**.

Bemerkung

Das untere Quartil markiert den 1. Abschnitt. Mindestens 25 % aller Daten sind kleiner oder gleich q_u. Das obere Quartil markiert den letzten Abschnitt. Mindestens 25 % aller Daten sind größer oder gleich q_o. Den Bereich von q_u bis q_o nennen wir **zentrale Hälfte**, hierin befinden sich mindestens 50 % aller Daten.
Der Quartilabstand q ist ein Maß für die Dichte der Daten. Je kleiner q ist, desto dichter liegen die Daten in der zentralen Hälfte.

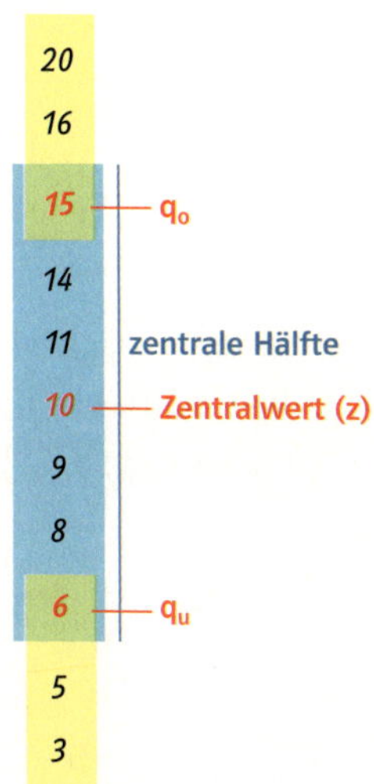

Beispiele

a) Die Rangliste gibt die Handy-Ausgaben pro Monat in Euro an.

| 7 10 14 | 18 20 23 | 23 25 28 | 30 31 38 |

16 (q_u) 23 (z) 29 (q_o)

$q = 29 - 16 = 13$

b) In der Klasse 7c mit 14 Mädchen und 16 Jungen wird ermittelt, wie viele Stunden pro Woche die Jugendlichen durchschnittlich Sportsendungen im Fernsehen verfolgen.

Mädchen:

Rangplatz	1.	2.	3.	4.	5.	6.	7.	8.	9.	10.	11.	12.	13.	14.
Stunden	0	0	0	1	1	2	2	2	4	5	6	6	6	7

Jungen:

Rangplatz	1.	2.	3.	4.	5.	6.	7.	8.	9.	10.	11.	12.	13.	14.	15.	16.
Stunden	0	1	1	2	2	2	3	4	4	4	4	4	5	5	6	10

Bestimmung der Quartile:
Die Quartile können durch Abzählen in der Rangliste bestimmt werden. Dazu werden die Rangplätze für das untere Quartil, den Zentralwert und das obere Quartil bestimmt.

Mädchen: n = 14

	$\frac{1}{4}n$	$\frac{1}{2}n$	$\frac{3}{4}n$
	3,5	7	10,5
Platz	4.	7./8.	11.
Quartil	$q_u = 1$	$z = 2$	$q_o = 6$

Jungen: n = 16

	$\frac{1}{4}n$	$\frac{1}{2}n$	$\frac{3}{4}n$
	4	8	12
Platz	4./5.	8./9.	12./13.
Quartil	$q_u = 2$	$z = 4$	$q_o = 4{,}5$

Die Liste der Mädchen umfasst 14 Werte.
Bestimmung des unteren Quartils:
$\frac{1}{4} \cdot 14 = 3{,}5$. Die nächstgrößere ganze Zahl ist 4. Auf dem 4. Rangplatz steht der Wert 1. Das untere Quartil q_u ist also 1.

Zur Bestimmung der anderen Quartile wird genauso verfahren.
$\frac{1}{2} \cdot 14 = 7$; z liegt zwischen dem 7. und 8. Rangplatz: $z = \frac{2+2}{2} = 2$
$\frac{3}{4} \cdot 14 = 10{,}5$; q_o liegt auf dem 11. Rangplatz: $q_o = 6$

Vergleich der Quartilabstände:
- Mindestens 50 % der Jungen schauen zwischen 2 und 4,5 Stunden Sportsendungen pro Woche, die Zeit unterscheidet sich somit nur um 2,5 Stunden.
- Bei den Mädchen streuen die Werte in der zentralen Hälfte um 5 Stunden.

Die Jungen unterscheiden sich in ihrem Fernsehverhalten also weniger als die Mädchen.
Vergleich der Zentralwerte:
- Die Hälfte der Jungen schaut pro Woche mindestens 4 Stunden,
- die Hälfte der Mädchen aber höchstens 2 Stunden.

Die Jungen scheinen an Sportsendungen interessierter zu sein als die Mädchen.

c) Es wurden 113 Jugendliche gefragt, wie lange sie wöchentlich im Internet chatten.
Da man in der Häufigkeitsliste die Rangplätze nicht direkt ablesen kann, wurde die Zeile „Zwischensumme" ergänzt. Dort steht die letzte Rangplatznummer des Wertes.

Nutzung in Min./Woche	0	15	30	45	60	75	90	105	120	135	150	165	180	195	210	225
Anzahl der Nennungen	17	7	8	6	9	17	10	4	6	6	7	3	5	2	2	4
Zwischensumme	17	24	32	38	47	64	74	78	84	90	97	100	105	107	109	113

Bestimmung der Quartile: n = 113
q_o liegt auf dem 85. Rangplatz. Dieser Platz ist in der unteren Zeile in der 10. Spalte erreicht. Die zugehörige Nutzungsdauer beträgt 135 Minuten. Also ist $q_o = 135$.

	$\frac{1}{4}n$	$\frac{1}{2}n$	$\frac{3}{4}n$
	28,25	56,5	84,75
Platz	29.	57.	85.
Quartil	$q_u = 30$	$z = 75$	$q_o = 135$

Aufgaben

1 Bestimme für die folgenden Ranglisten unteres und oberes Quartil, Quartilabstand und Zentralwert.
a) 3; 5; 7; 9; 11; 13; 15; 17; 19; 21; 23; 25
b) 7; 7; 10; 10; 12; 12; 15; 15; 18; 18; 20
c) 5; 6; 24; 28; 56; 58; 75; 78; 79; 85
d) 0; 3; 3; 5; 7; 10; 13; 17; 19; 19; 22; 23

2 Betrachte folgende Rangliste:
0; 2; 5; 5; 6; 7; 8; 8; 10; 12; 13; 13; 15; 17; 20; 22; 25; 26; 28; 31; 33; 35; 35; 57; 85
Bestimme unteres und oberes Quartil, Quartilabstand, Zentralwert, Minimum, Maximum, Spannweite und Mittelwert.
Streiche anschließend den ersten und zweiten Wert sowie den vorletzten und letzten Wert. Berechne dann die Kennwerte neu.
Was fällt dir jetzt auf?

3 Betrachte die beiden Ranglisten.

0	0	7	7	7	8	8	8	9	11	12
0	2	2	2	3	8	12	12	12	12	12

a) Beschreibe ohne Rechnung, was die beiden Datenlisten gemeinsam haben und worin sie sich unterscheiden.
b) Bestimme für beide Listen Mittelwert, Spannweite und Zentralwert.
Was stellst du fest?
c) Bestimme für beide Ranglisten oberes und unteres Quartil sowie den Quartilabstand.
Welche Aussage kannst du jetzt machen?

4 Übertrage die Tabelle in dein Heft und ergänze die fehlenden Werte.

	a)	b)	c)	d)
Minimum	0		13	
unteres Quartil	5	9	24	7,0
oberes Quartil	19			9,5
Maximum	34	31	41	12,0
Quartilabstand		8	12	
Spannweite		27		8,5

5 Die Ergebnisse von Umfragen wurden hier in Häufigkeitslisten zusammengefasst, um sie kürzer darstellen zu können. Bestimme für diese Häufigkeitslisten unteres und oberes Quartil, Zentralwert und Quartilabstand.
a) Anzahl guter Freundinnen und Freunde

Anzahl	0	1	2	3	4	5	6	7	8	9	10
Häufigkeit	4	5	4	7	9	8	3	5	6	2	1

b) Ausgaben für Schulmaterial pro Monat

Ausg. in €	2	5	6	8	10	12	15	16	20
Häufigkeit	3	8	4	2	12	5	6	1	2

c) Anzahl der bisher besuchten Schulen

Anzahl	2	3	4	5	6	7	8
Häufigkeit	128	109	42	21	11	0	2

6 In den Jahrgangsstufen 5 und 7 wird die durchschnittliche Nutzung des Internets pro Woche in Stunden erhoben. Nach der Auswertung ergaben sich folgende Kennwerte.

Nutzung des Internets in Stunden:

Kennwert	Jahrgang 5	Jahrgang 7
Minimum	0	0
unteres Quartil	1	1
Zentralwert	2	3
oberes Quartil	5	6
Maximum	18	20
Mittelwert	3,24	4,01

a) Mache Aussagen über Unterschiede und Gemeinsamkeiten zwischen den beiden Gruppen.
b) Überprüfe folgende Aussagen:
- Etwa 50 % der Jugendlichen in der Jahrgangsstufe 5 nutzen das Internet 1 bis 5 Stunden die Woche.
- Die zentrale Hälfte streut in der Jahrgangsstufe 7 stärker als in der Jahrgangsstufe 5.
- Mindestens 25 % der Jugendlichen in der Jahrgangsstufe 7 nutzen das Internet mehr als 7 Stunden pro Woche.

c) Mache weitere Aussagen mithilfe der Kennwerte.

Best.	♂	♀
0	17	11
1	14	12
2	9	8
3	5	7
5	3	6
6	4	1
8	0	3
9	2	0

7 Die Nutzung des E-Commerce durch Jugendliche wird für Mädchen und Jungen getrennt untersucht. Dabei wird die durchschnittliche Anzahl der Bestellungen pro Quartal (3 Monate) in einer Häufigkeitsliste erfasst. Bestimme die Quartile und den Mittelwert. Mache Aussagen über Unterschiede und Gemeinsamkeiten.

8 Wie viele SMS-Kontakte haben Schülerinnen und Schüler pro Woche?
Erfasst für eure Klasse die Daten und bestimmt Minimum, Maximum, Mittelwert, unteres und oberes Quartil, Zentralwert und den Quartilabstand. Verfasst mit diesen Kennwerten einen Artikel für die Schülerzeitung.

Quartile mit dem Computer

Für Ur- und Ranglisten können die Quartile auch mit dem Computer bestimmt werden. Der Computer berechnet die Quartile nach einer komplizierten Formel. Deshalb erhältst du mit dem Computer manchmal etwas andere Werte.
Das vom Computer berechnete untere Quartil genügt jedoch immer der wichtigen Eigenschaft, dass mindestens 25% aller Werte nicht größer als dieses untere Quartil sind. Entsprechend gilt für das obere Quartil, dass mindestens 25% aller Werte nicht kleiner als das obere Quartil sind.

G9 | fx | =QUARTILE(A7:D15;1)

	A	B	C	D	E	F	G	H
1	**Lassalle-Realschule**							
2								
3	Handy-Ausgaben in Euro für den Monat Mai 2006							
4								
5	Umfrage in Jahrgangsstufe 8							
6								
7	30	14	11	20		Minimum:	2	
8	35	7	25	6				
9	5	14	20	13		unteres Quartil:	13	
10	34	15	16	10				
11	15	21	23	32		Zentralwert:	17,5	
12	25	5	21	47				
13	14	4	19	32		oberes Quartil:	25	
14	33	18	17	2				
15	17	22	13	29		Maximum:	47	
16								
17						Mittelwert:	19	

Mit dem Befehl =**Quartile(A7:D15;1)** wird das untere Quartil, mit dem Befehl =**Quartile(A7:D15;3)** das obere Quartil bestimmt.

- Welche Werte bekommt man für =**Quartile(A7:D15;0)**, =**Quartile(A7:D15;2)** und =**Quartile(A7:D15;4)**?
Erkläre die Zahlen 0 bis 4.
- Stelle die Handy-Ausgaben in einer Rangliste dar und prüfe:
  - Mindestens 25% aller Werte sind nicht größer als 13,00 €.
  - Mindestens 25% aller Werte sind nicht kleiner als 25,00 €.
- Wie hoch waren eure Handy-Kosten im letzten Monat? Gebt eure Daten in den Computer ein und lasst die Kennwerte bestimmen. Vergleicht eure Kennwerte mit denen der Lassalle-Realschule.
- Verfasse für eine Schülerzeitung einen kurzen Artikel über die Handy-Ausgaben. Verwende dazu die Kennwerte.

7 Daten darstellen und beurteilen

Mit einer Wasserpistole sollen zehn Kerzen mit zehn Schuss ausgelöscht werden. Im Wettbewerb tritt eine Klasse 7 gegen eine Klasse 5 an.

→ Welche Klasse hat gewonnen?

Bestimme zur Beantwortung der Frage die Kennwerte Minimum, Maximum, unteres und oberes Quartil, Zentralwert und Mittelwert. Begründe deine Entscheidung mithilfe der Kennwerte.

Anzahl der ausgelöschten Kerzen

Klasse 5: 3, 4, 4, 6, 5, 1, 5, 5, 3, 3, 8, 5, 2, 7, 5, 4, 7, 10, 1, 4, 3, 8, 3, 5

Klasse 7: 6, 6, 4, 4, 4, 5, 1, 7, 5, 5, 4, 8, 3, 4, 6, 2, 5, 0, 7, 10, 1, 4, 4, 6, 5, 3, 5

Mithilfe der Kennwerte Minimum, Maximum, Zentralwert, unteres und oberes Quartil können statistische Erhebungen gut interpretiert und miteinander verglichen werden. Deshalb werden diese Kennwerte in einem Kennwertdiagramm, dem **Boxplot**, dargestellt. Der Boxplot hilft, bei einer umfangreichen Datenmenge die Übersicht nicht zu verlieren.

Zum Zeichnen eines **Boxplots** werden über eine Skala, die alle Werte der Erhebung umfasst, die Kennwerte Minimum, Maximum, Zentralwert, unteres und oberes Quartil eingetragen. Die zentrale Hälfte zwischen dem unteren und oberen Quartil wird als **Box** gezeichnet. Zwischen den Quartilen und dem Minimum bzw. dem Maximum werden Striche, die so genannten **Antennen**, gezeichnet.

Boxplot:

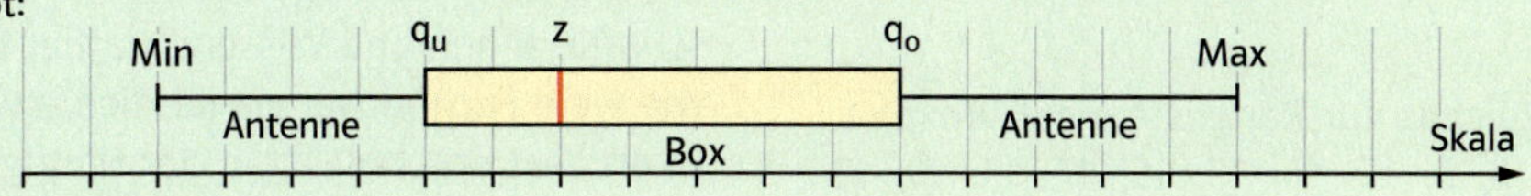

Beispiel

Wie häufig sind Jugendliche und Erwachsene im letzten Jahr ins Kino gegangen?

Häufigkeit der Besuche	0	1	2	3	4	5	6	7	8	9	10	15	17	19	24
Anzahl der Jugendlichen	3	7	14	23	21	17	11	5	7	3	1	2	1	1	1
Anzahl der Erwachsenen	22	26	25	17	14	7	2	3	1	0	3	1	0	0	0

Zum Zeichnen der beiden Boxplots ist es hilfreich, die Kennwerte in einer Tabelle zu

	Jugendliche		Erwachsene	
	Rangplatz	Wert	Rangplatz	Wert
Minimum:	1	0	1	0
unteres Quartil:	30	3	31	1
Zentralwert:	59	4	61	2
oberes Quartil:	88	6	91	4
Maximum:	117	24	121	15

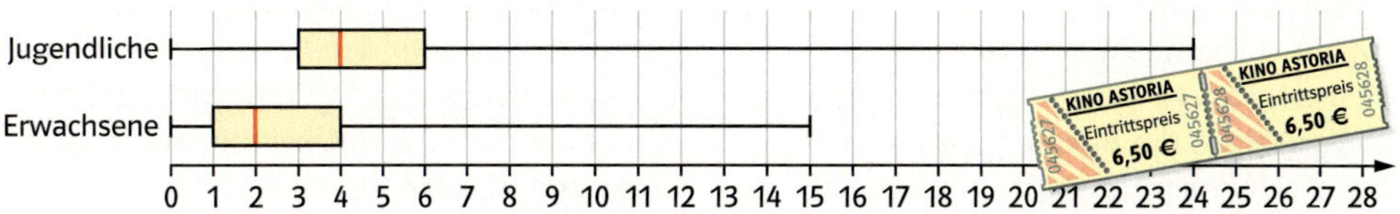

! Boxplots können auch senkrecht gezeichnet werden.

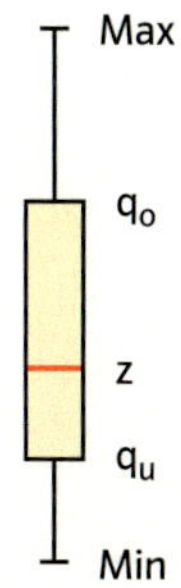

Aus den Boxplots der vorigen Seite kann Folgendes abgelesen werden:
- Von den Erwachsenen gehen mindestens 25 % nicht mehr als einmal pro Jahr ins Kino, mindestens 25 % gehen aber auch viermal und öfter ins Kino.
- Mindestens 50 % der Jugendlichen gehen drei- bis sechsmal im Jahr ins Kino.
- Mindestens 50 % der Erwachsenen gehen nur ein- bis viermal im Jahr ins Kino.
- Während von den Jugendlichen mindestens 75 % mehr als zweimal im Jahr ins Kino gehen, sind es bei den Erwachsenen nur ungefähr 25 %.
- Bei den Jugendlichen setzen sich einige Ausreißer deutlicher nach oben ab als bei den Erwachsenen, das zeigen die Antennen.
- Die zentralen Hälften für die Jugendlichen und Erwachsenen sind gleich groß, jedoch gegeneinander versetzt. In beiden Fällen liegen die Daten des unteren Bereichs der zentralen Hälfte dichter als die des oberen Bereichs.

In beiden Gruppen zeigt also die Mehrheit ein nahezu gleiches Kinoverhalten, die Jugendlichen gehen aber insgesamt häufiger ins Kino.

Aufgaben

1 Zeichne den Boxplot.

	Minimum	unteres Quartil	Zentralwert	oberes Quartil	Maximum
a)	0	12	15	21	27
b)	17	23	31	42	59
c)	50	120	175	210	250

2 Zeichne zur Rangliste einen Boxplot.
a) 5; 8; 8; 12; 14; 15; 15; 17; 19; 19; 19; 24; 25; 27; 27; 28; 32; 36
b) 0; 2; 18; 26; 30; 32; 32; 33; 35; 38; 39; 40; 40; 42; 51

3 Die vier Boxplots stellen das Ergebnis einer Umfrage nach den durchschnittlichen Handy-Kosten pro Monat dar, abhängig von der Altersgruppe.

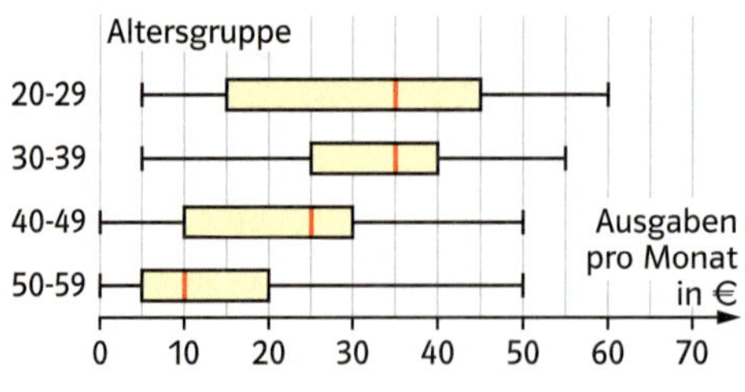

a) Fasse in einer Tabelle alle Kennwerte, die du ablesen kannst, zusammen.
b) Interpretiere jeden einzelnen Boxplot.
c) Vergleiche die Boxplots miteinander. Welche Aussagen kannst du machen?

4 Zeichne für die beiden Ranglisten die Boxplots. Was stellst du fest?

0	5	5	5	7	7	7	9	9	9	15	15	15
0	0	0	5	5	5	7	7	7	9	9	9	15

5 Bei einer Umfrage wurden 69 Wissenschaftlerinnen und Wissenschaftler befragt, wie viele Fachbücher sie jährlich etwa lesen. Das Ergebnis ist in der Häufigkeitsliste zusammengefasst.

gelesene Bücher	3	4	5	6	7	8	9
Anzahl der Nennungen	2	8	10	8	4	3	8

gelesene Bücher	10	11	12	13	14	15	16
Anzahl der Nennungen	15	3	4	0	1	2	1

a) Erstelle ein Säulendiagramm. Der Computer kann dir helfen.
b) Bestimme die notwendigen Kennwerte und zeichne den Boxplot. Es ist hilfreich, dazu in der Tabelle eine zusätzliche Zeile mit der „Zwischensumme" zu bilden.
c) Verfasse für ein Wissenschaftsmagazin einen Artikel über den Leseeifer der Wissenschaftlerinnen und Wissenschaftler. Dokumentiere den Artikel mit einem geeigneten Diagramm.

6 Sind Mädchen kleiner als Jungen?
Eine Messreihe soll diese Frage beantworten. In der Liste ist die Körpergröße in cm angegeben.

Kyra	167	Linda	162	Cora	167
Janine	166	Renate	169	Katrin	170
Mariola	159	Jenny	163	Alina	160
Lena	164	Sarah	165	Afua	165
Eugen	181	Dirk	173	Daniel	164
Ken	168	Jan	185	Mirko	178
Artur	174	Alex	183	Marvin	165
Tobbi	171	Sven	169	Iwan	169
Tino	168	Abdul	160	Holger	192

a) Erstelle für Jungen und Mädchen getrennt einen Boxplot. Beantworte mithilfe der Boxplots die Frage, ob Mädchen kleiner sind als Jungen.
b) Führt eine solche Messung in eurer Klasse durch.

7 In einer Mehlfabrik werden 500-g-Tüten abgepackt. Um die Qualität der vier Abfüllmaschinen zu prüfen, wird von jeder Maschine eine Stichprobe genommen. Die Ergebnisse der Stichprobe sind in den Boxplots wiedergegeben.

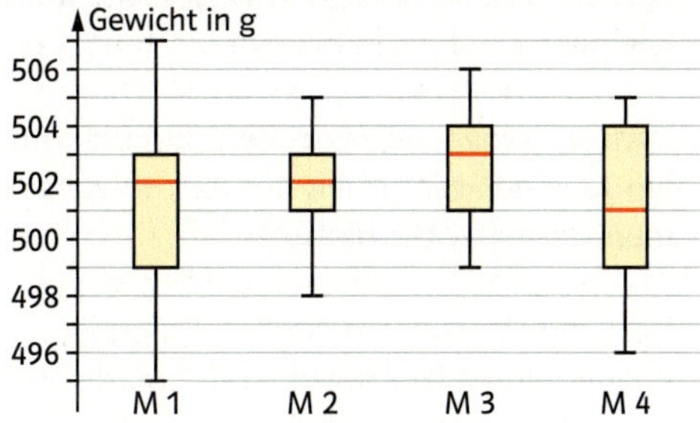

Beurteile die Qualität der Maschineneinstellung. Welche Maschinen sollten nachjustiert werden? Warum?

Papierflieger

■ Fertige aus einem DIN-A4-Blatt einen Papierflieger gemäß der Faltanleitung an.

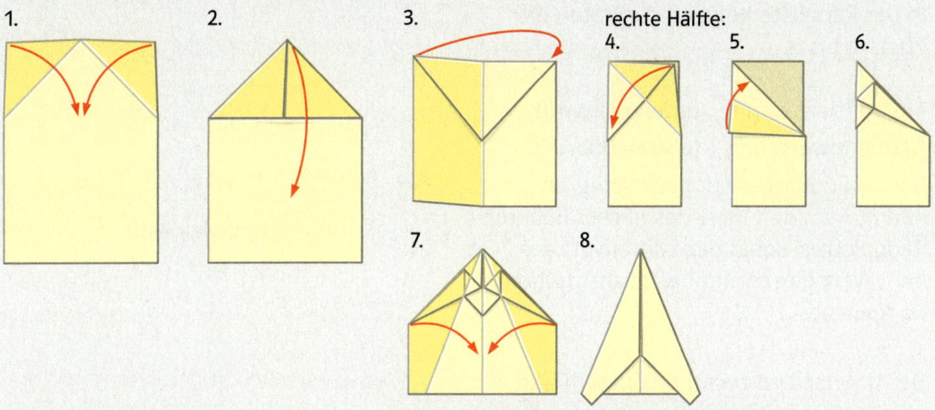

Linke Hälfte wie rechte Hälfte 4. – 6. falten.

Anschließend auffalten und wie in Bild 7 fortfahren.
Du erhältst Bild 8. Falte an der Mittellinie auf, der Flieger ist fertig.
■ Um die Flugeigenschaften zu testen, miss für 25 Flüge die Flugweite.
Erstelle für die Messreihe einen Boxplot.
Mit einer Büroklammer am Bug des Flugzeugs kannst du den Flieger trimmen.
■ Prüfe die Flugeigenschaften des getrimmten Fliegers. Zunächst mit einer, dann mit zwei und schließlich mit drei Büroklammern. Erstelle für die Messergebnisse die Boxplots und vergleiche sie mit dem ersten Boxplot.
Mache Aussagen darüber, ob das Trimmen wirklich die Flugeigenschaften verbessert.
■ Mit wie vielen Büroklammern wird die beste Flugeigenschaft erzielt?

Zusammenfassung

Listen

Statistische Erhebungen können in **Listen** erfasst werden. Die bei der Erhebung ursprünglich aufgestellte Liste heißt **Urliste**. Sie ist in der Regel ungeordnet.
Eine der Größe nach geordnete Liste heißt **Rangliste**.

Bei einem Test können 8 Punkte erreicht werden. In der Liste wird das Testergebnis der 13 Schülerinnen und Schüler erfasst.
Urliste: 4; 6; 6; 2; 6; 0; 3; 7; 6; 5; 5; 3; 6
Rangliste: 0; 2; 3; 3; 4; 5; 5; 6; 6; 6; 6; 6; 7

Stichprobe

Wird bei einer statistischen Erhebung nur ein Teil der Gesamtheit befragt, so spricht man von einer **Stichprobe**.

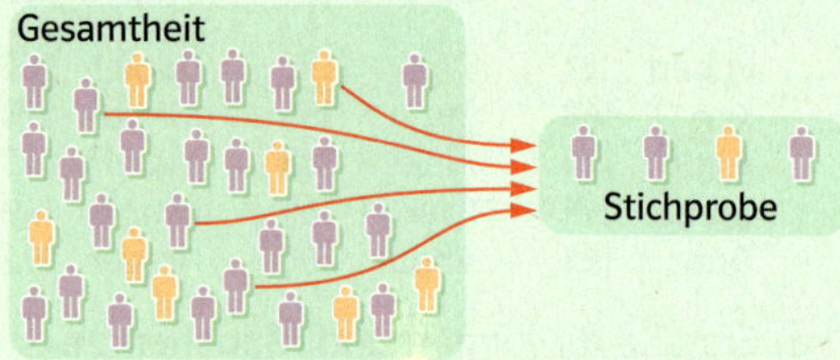

Umfrage und Experiment

Die Daten einer statistischen Erhebung können durch **Umfragen** oder **Experimente** ermittelt werden. Dazu benötigt man geeignete Fragebögen oder Messmethoden.

Kennwerte

Um statistische Erhebungen besser auswerten und vergleichen zu können, werden **Kennwerte** ermittelt.

Rangliste mit Rangplatznummerierung:

1.	2.	3.	4.	5.	6.	7.	8.	9.	10.	11.	12.	13.	14.
2	4	5	7	8	8	10	12	13	13	17	18	18	20

- **Quartile**

Die **Quartile** teilen die Rangliste in vier (fast gleich große) Abschnitte auf.

n = 14	3,5	7	10,5
Platz	4.	7./8.	11.
Quartil	$q_u = 7$	$z = 11$	$q_o = 17$

- **Bestimmung der Quartile**

In der Rangliste belegen die Daten die Plätze 1 bis n.

- **unteres Quartil**
- **oberes Quartil**
- **Zentralwert**

Multipliziere n mit $\frac{1}{4}$ **(unteres Quartil)**, $\frac{1}{2}$ **(Zentralwert)** und $\frac{3}{4}$ **(oberes Quartil)**.
Ist das Ergebnis nicht ganzzahlig, so nimmt man den Wert des nächst höheren Rangplatzes, sonst den Mittelwert aus dem Wert dieses und des nächst höheren Rangplatzes.

11
| 2 4 5 7 8 8 10 12 13 13 17 18 18 20 |
↑ Min, ↑ q_u, ↑ z, ↑ q_o, ↑ Max

zentrale Hälfte
$q = q_o - q_u = 17 - 7 = 10$

- **Quartilabstand**

Der Unterschied zwischen oberem und unterem Quartil heißt **Quartilabstand q**. Er ist ein Maß für die Dichte der Daten in der zentralen Hälfte.

Daten darstellen und beurteilen

- **Boxplot**

Der **Boxplot** ist eine grafische Veranschaulichung der Quartile. Dabei wird der erste und letzte Abschnitt zwischen Minimum und q_u bzw. Maximum und q_o als Antenne, der zweite und dritte Abschnitt als Box über eine Skala gezeichnet. In der Box wird der Zentralwert markiert.

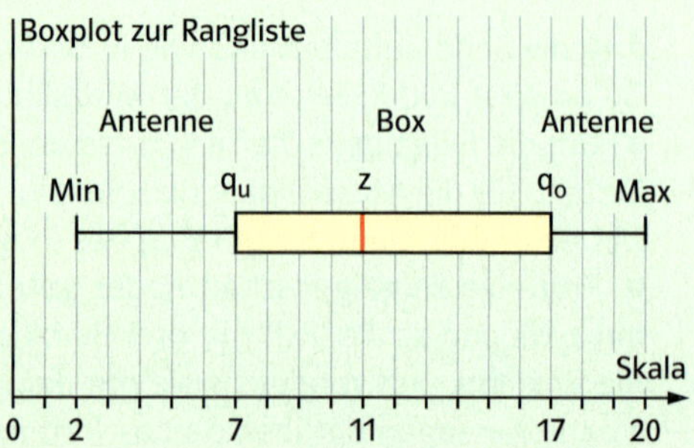

Üben • Anwenden • Nachdenken

1 Das Versenden von E-Mails ist eine Nutzung des Internets. In der Tabelle ist das Ergebnis einer Umfrage zu diesem Thema erfasst. Befragt wurden Erwachsene im Alter von 25 bis 65 Jahren.

Anzahl der versandten E-Mails pro Tag	Alter bis 30 Jahre	Alter über 30 Jahre
0	3	29
1	5	21
2	17	16
3	25	13
4	17	6
5	30	11
6	13	9
7	6	2
8	10	3
9	4	0
10	5	7
11	2	0
12	1	2

E-Mails, die schnelle Post

Das Versenden von E-Mails wird immer beliebter. Vor allem junge Menschen nutzen diese Möglichkeit intensiv. Immerhin versenden über die Hälfte von ihnen regelmäßig mehr als 4 E-Mails pro Tag, unter den über 30-Jährigen sind dies nur 30%.
Auch scheint sich die Gruppe der unter 30-Jährigen über die Vorteile der elektronischen Post einig zu sein, senden doch mehr als 50% von ihnen zwischen 4 und 8 E-Mails pro Tag, während in der älteren Gruppe die Spanne von 0 bis 12 E-Mails pro Tag reicht.

Der Zeitungsartikel wurde mithilfe dieser Daten verfasst.
a) Der Artikel enthält eine Reihe von Behauptungen. Kannst du sie bestätigen? Wo findest du Fehler?
b) Schreibe selbst einen Zeitungsartikel.
c) Führt auch statistische Vergleiche durch. Befragt dazu eure Eltern zu verschiedenen Gesichtspunkten der Nutzung des Internets und vergleicht mit eurer Nutzung. Fasst die Ergebnisse der Klasse zusammen.

2 Die Herausgeber einer Schülerzeitung wollen die Meinung der Schülerinnen und Schüler zu ihrer Zeitung in Erfahrung bringen. Dazu entwickeln sie einen Fragebogen.

Fragebogen zur Schülerzeitung Kreidezeit

1. Welche Note gibst du unserer Schülerzeitung?
(sehr gut) 1 2 3 4 5 6 (ungenügend)
2. Welche Themen sollen deiner Meinung nach bevorzugt angesprochen werden?
a) Themen aus dem Schulalltag ☐
b) Musik ☐
c) alles über Lehrer ☐
d) Politik ☐
d) Buchvorstellungen ☐
e) Witze ☐
3. Wie findest du die Aufmachung unserer Zeitung? ____________
4. Für eine Schülerzeitung würde ich bis zu ______ € ausgeben.

a) Formuliere den Fragebogen weiter aus.
b) Welche Möglichkeit der statistischen Auswertung und Darstellung bieten die Fragen?
c) Wenn ihr eine Schülerzeitung habt, so könnt ihr eine solche Umfrage durchführen und auswerten.
Wie könnte eine gute Präsentation aussehen?

3 In der Schule wird ein Unfallbuch geführt.
Jeder gemeldete Unfall, auch kleine Verletzungen, wird darin festgehalten.

Unfälle	0	1	2	3	4	5	6	7	8	9
Anzahl der Tage	5	6	4	2	0	1	2	2	0	1

a) Fertige eine Rangliste an.
b) Zeichne ein Säulendiagramm.
c) Zeichne den Boxplot und mache Aussagen über die Unfallhäufigkeit in der Schule.

Unter den vielen Möglichkeiten der Freizeitgestaltung hat das Fernsehen eine große Bedeutung. Will man herausfinden, welche Bedeutung das Fernsehen für Jugendliche hat, macht man eine Umfrage. Dabei ist der Fragebogen so zu gestalten, dass die Auswertung einfach und schnell möglich ist, ohne jedoch das Ergebnis zu verfälschen.

Mit den folgenden drei Fragebögen soll festgestellt werden, wie viel Zeit Jugendliche durchschnittlich vor dem Fernseher verbringen.

- Welche Vor- bzw. Nachteile haben die vorgestellten Fragebögen? Denke auch an die Auswertung.
- Mache weitere Vorschläge zur Gestaltung eines Fragebogens.
- Führt eine solche Umfrage mit einem von euch selbst gestalteten Fragebogen in eurer Klasse durch und stellt das Ergebnis in geeigneter Form grafisch dar.

Fragebogen 1

Wie viele Minuten verbringst du in der Regel pro Woche vor dem Fernseher?

Ich verbringe ______ Minuten pro Woche vor dem Fernseher.

Fragebogen 2

Kreuze an, wie viele Stunden du pro Woche durchschnittlich vor dem Fernseher verbringst.

0; 1; 2; 3; 4; 5; 6; 7; 8; 9; 10; 11; 12;

mehr als 12

Fragebogen 3

Wie viel Zeit verbringst du normalerweise pro Woche vor dem Fernseher?

- ☐ 0–2 Std.
- ☐ 2–4 Std.
- ☐ 4–6 Std.
- ☐ 6–8 Std.
- ☐ 8–10 Std.
- ☐ 10–12 Std.
- ☐ 12–14 Std.
- ☐ 14–16 Std.
- ☐ 16–18 Std.
- ☐ 18–20 Std.
- ☐ mehr als 20 Std.

Umfrage zu Freundschaften

Wie viele Freunde und Freundinnen haben Jugendliche?
Wie viel Zeit verbringen sie mit ihnen?
Wie verbringen sie die gemeinsame Freizeit?

- Sucht weitere Fragen zu diesem Thema.
- Erstellt einen geeigneten Fragebogen.
- Überlegt, wen ihr fragen wollt. Zum Beispiel die Jahrgangsstufe 7 oder 10 % aller Schülerinnen und Schüler oder 100 Jugendliche auf der Straße oder …
- Führt die Befragung durch und wertet sie aus.

Fragebogen zum Freizeitverhalten

Mit diesem Fragebogen möchten wir herausfinden, wie viel Zeit du in der Regel pro Woche mit Sport und Hobbys verbringst und wie viel Geld du dafür ausgibst. Bitte nur ganzzahlige Werte eintragen.

Zur Person

1. Wie alt bist du? ______ Jahre
2. Welche Klasse besuchst du? ______
3. Bist du ein Junge □ oder Mädchen □ ?

Zur Sache

1. Wie viel Zeit verwendest du pro Woche
   a) für Sport? ____ Stunden pro Woche
   b) für Hobbys? ____ Stunden pro Woche
2. Wie viel Geld gibst du monatlich aus?
   a) für Sport ____ € im Monat
   b) für Hobbys ____ € im Monat

Vielen Dank, dass du uns geholfen hast.

Mit dem Fragebogen soll besonders der Frage nach dem zeitlichen und finanziellen Aufwand für Sport und sonstige Hobbys nachgegangen werden. Die Auswertung einer solchen Befragung in der Klasse 7c der Theodor-Heuss-Realschule seht ihr in der unten aufgeführten Liste.

Geschlecht	♂	♀	♀	♂	♀	♂	♂	♂	♀	♂	♂	♂	♀	♀	♀	♂	♀	♀	♀	♂	♂	♀	♂	♀	♀	♂	♀	♂	♀
Angaben in €/Monat	15	30	24	10	25	60	12	20	24	15	25	35	25	20	50	30	32	60	36	55	15	40	35	25	20	170	45	30	75
Zeit in Std/Woche	12	4	15	12	7	4	12	9	5	5	3	7	7	10	6	6	8	3	8	12	8	7	10	5	8	16	6	12	9

- Was kannst du aus der Liste alles ablesen? Denke dabei auch an die Kennwerte wie Minimum, Zentralwert, Mittelwert usw. Die Auswertung kannst du auch für Jungen und Mädchen getrennt durchführen. Verfasse einen Zeitungsartikel mit den Ergebnissen deiner Auswertung. Zeichne ein geeignetes Diagramm.

- Führt eine ähnliche Umfrage in eurer Klasse durch und wertet sie aus. Überlegt zuerst, welche Daten ihr erheben wollt, welche Fragen dazu nötig sind und wie der Fragebogen aussehen soll. Beachtet, dass die Befragung anonym sein muss.
- Prüfe, ob die Aussagen des Zeitungsartikels stimmen.

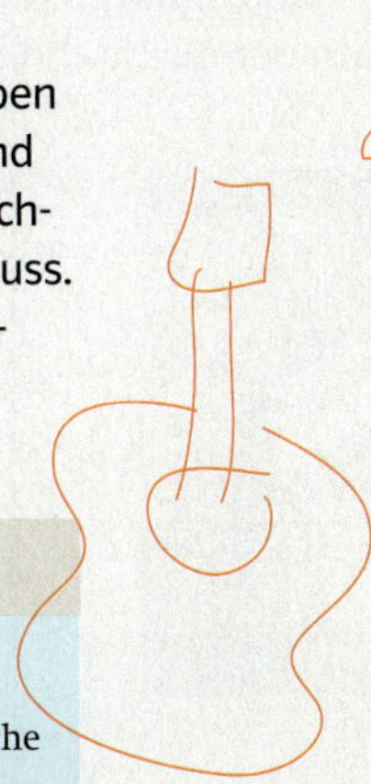

EXTRABLATT

Hobbys kosten Zeit

Wer hat kein Hobby? In der Klasse 7c jedenfalls hat jeder zumindest ein Hobby, für das er pro Woche mindestens drei Stunden aufwendet. Ganz Beflissene gehen ihrem Hobby sogar bis zu 16 Stunden pro Woche nach. Gut die Hälfte aller Schülerinnen und Schüler verbringen zwischen sechs und zehn Stunden pro Woche mit ihrem Hobby. Im Durchschnitt hat jeder acht Stunden pro Woche Zeit, seinem Hobby zu frönen. Man sieht, Hobbys kosten Zeit, aber eine schöne Zeit.

Es gibt noch weitere grafische Darstellungsmöglichkeiten von Kennwerten.

4 Die Ergebnisse der Pisa-Studie von 2003 wurden mit sogenannten Perzentilbändern veranschaulicht. Nachfolgend siehst du für einige Länder die Perzentilbänder für die mathematische Kompetenz.

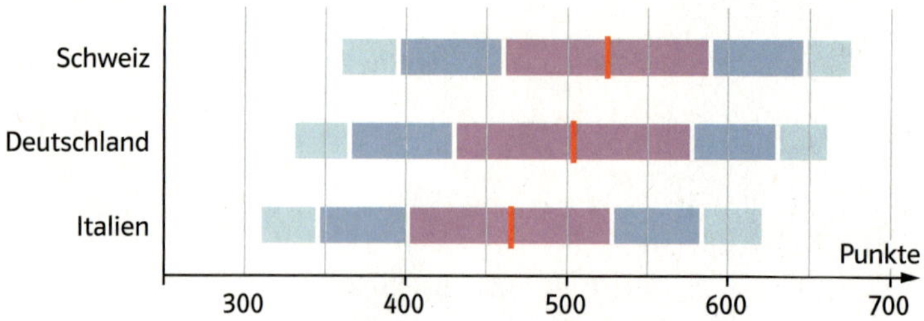

Was haben Perzentilbänder mit Boxplots gemeinsam, worin unterscheiden sie sich? Welchen Vor- bzw. Nachteil haben Perzentilbänder gegenüber Boxplots? Welchen Grund könnte es haben, auf die Antennen zu verzichten?

5 Erstelle aus dem Zeitungsartikel der Schülerzeitung die passenden Boxplots. Stimmt der letzte Satz des Artikels?

Fernsehen spricht Kinder wenig an.

Eine Studie über die Zeit, die Kinder und Jugendliche vor dem Fernseher verbringen, zeigt deutlich, dass mit zunehmendem Alter mehr Fernsehen geguckt wird. Von den befragten Fünftklässlern verbrachten die Hälfte nicht mehr als 9 Stunden pro Woche vor dem Fernseher, wo hingegen die Hälfte der Zehntklässler auf 16 Stunden kommt.
Obwohl es bei den Fünftklässlern Vielseher bis auf 45 Stunden brachten, schauten lediglich 25 % mehr als 13 Stunden und immerhin 25 % höchstens 5 Stunden. Bei den Zehntklässlern gab es mit höchstens 35 Stunden keine direkten Vielseher, aber weniger als 7 Stunden pro Woche schaffte keiner von ihnen, und immerhin die Hälfte der befragten Zehntklässler schaute zwischen 10 und 20 Stunden pro Woche. Dies alles zeigt, je älter die Kinder, desto mehr Fernsehen pro Woche.

Stabdiagramme und Boxplots

Stabdiagramme sind ähnlich dem Säulendiagramm eine Möglichkeit, statistische Erhebungen anschaulich darzustellen.
Um die Aussagekraft eines Stabdiagramms zu erhöhen, hilft ein Boxplot, den man unter das Stabdiagramm zeichnet. Das abgebildete Stabdiagramm zeigt eine Umfrage unter Gameboy-Besitzern nach der durchschnittlichen Nutzungsdauer pro Woche.

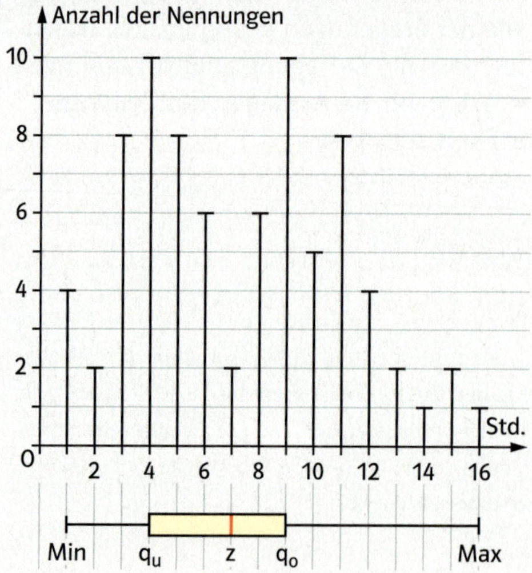

Das Stabdiagramm lässt eine Abschätzung der zentralen Hälfte bzw. des Zentralwerts kaum zu. Hier hilft der Boxplot.

■ Zeichne für die Häufigkeitsliste das Stabdiagramm und den Boxplot.

Wert	1	2	3	4	5	6	7	8	9
Häufigkeit	7	8	7	4	4	3	2	1	1

■ Vergleiche Boxplot und Stabdiagramm.

Um zu ermitteln, wie häufig Arbeitnehmer pro Jahr wegen Krankheit fehlen, wurden 100 Arbeitnehmer befragt.

Anzahl der Fehltage	0	1	2	3	4	5	6	7	8	9	10
Anzahl der Arbeitn.	3	8	15	10	3	9	4	2	4	6	8

Anzahl der Fehltage	11	12	13	14	15	16	17	18	19	20
Anzahl der Arbeitn.	5	7	0	2	5	3	0	2	1	3

■ Zeichne das Stabdiagramm und den Boxplot. Welche Aussage kannst du mithilfe des Boxplots besser machen als mit dem Stabdiagramm?

Rückspiegel

Immer mehr Schülerinnen und Schüler nutzen das Internet zur Bearbeitung ihrer Hausaufgaben. Jugendliche der Jahrgangsstufe 7 wurden 2005 und 2006 befragt, wie oft sie im letzten Jahr das Internet zur Lösung ihrer Hausaufgaben genutzt haben.

2004: 0; 2; 5; 0; 20; 10; 8; 25; 2; 15; 1; 0; 3; 10; 5; 24; 0; 20; 15; 2; 12; 20; 10; 8; 6; 25; 15; 18; 4; 5; 13; 0; 10; 10; 3; 8; 2; 0; 3; 12; 20; 5; 1; 1; 0; 20; 6; 23; 4; 10; 15; 12; 25; 0; 8; 2; 10; 14; 20; 5; 1; 0; 15; 6; 1; 25; 8; 18; 0; 5; 10; 24; 1; 12; 7; 20; 1; 0; 3; 6

2005: 3; 10; 25; 0; 32; 1; 25; 40; 5; 12; 15; 20; 30; 10; 10; 36; 1; 15; 20; 3; 25; 30; 12; 24; 10; 15; 6; 2; 14; 5; 15; 10; 35; 2; 0; 0; 20; 12; 25; 15; 30; 6; 35; 10; 4; 12; 24; 15; 15; 3; 27; 20; 1; 25; 30; 18; 10; 10; 8; 35; 20; 5; 15; 0; 25; 40; 1; 10; 15; 6; 12; 10; 30; 20; 3; 16; 5; 0; 10; 10; 2; 15; 4; 0; 12

1 Fertige zu jeder Urliste die zugehörige Rangliste an.

2 Wie viel Prozent der Jugendlichen haben 2004 das Internet zur Bewältigung ihrer Hausaufgaben mehr als 10-mal genutzt? Wie viel Prozent waren es 2005?

3 Die Auswertung einer Umfrage zum jährlichen Theaterbesuch führte zu folgenden Aussagen:
- Während die „Theatermuffel" gar nicht gehen, gehen die „Theaterfreaks" bis zu 18-mal im Jahr.
- Immerhin gehen ca. 50 % der Befragten mindestens 2-mal im Jahr ins Theater.
- Ca. 50 % der Befragten besuchen zwischen 1-mal und 6-mal im Jahr das Theater.

Zeichne einen zu den Aussagen passenden Boxplot.

4 Übertrage die Tabelle in dein Heft und ergänze sie. Zeichne die Boxplots.

	a)	b)	c)	d)
Min	0	9	3	4,7
q_u	5	23		
z	18	26	9	7,6
q_o		34	13	8,3
Max	127			14,5
q	34		7	3,2
Spannweite		64	25	

1 Fertige für jede Urliste mithilfe einer Strichliste eine Häufigkeitsliste an.

2 Wie hat sich die Nutzung des Internets zur Bewältigung der Hausaufgaben von 2004 zu 2005 verändert? Vergleiche mithilfe von zwei Boxplots.

3 Welche Aussagen sind richtig? Begründe.
- Das Internet wurde im Jahr 2005 tendenziell häufiger genutzt als 2004.
- Die zentrale Hälfte streute im Jahr 2005 stärker als 2004.
- Mindestens 25 % der Befragten nutzten im Jahr 2004 das Internet häufiger als 19-mal.
- Mindestens die Hälfte aller Befragten nutzten 2004 das Internet mehr als 10-mal.

4 In einer Bücherei wird die Anzahl der im Jahr ausgeliehenen Bücher nach Altersgruppen erfasst.

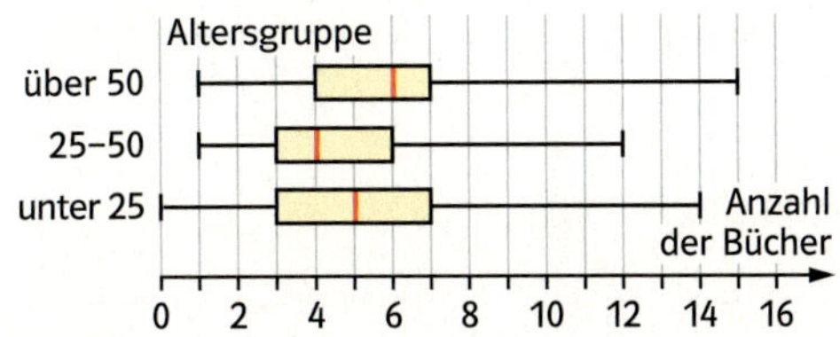

a) Fasse in einer Tabelle alle Kennwerte zusammen, die du ablesen kannst.
b) Interpretiere und vergleiche die Boxplots.

Paradiese am Äquator

1 mm Niederschlag
=
1 Liter Wasser
pro m²

Millionenfach geartet

In den immerfeuchten tropischen Regenwäldern fallen jährlich über 2000 mm Niederschlag.

Die Wälder bedecken zwar nur 6 % der etwa 144,5 Mio. km² festen Erdoberfläche, beheimaten wahrscheinlich aber rund 75 % aller Tierarten. Der Käferkundler Terry Erwin schätzt, dass in allen tropischen Regenwäldern der Erde ca. 30 Mio. Tierarten leben, von denen jedoch nur ein kleiner Bruchteil entdeckt ist.

- Wie viel Liter Regenwasser pro m² fallen täglich im Regenwald? Und in Deutschland? Eine Badewanne fasst 100 l, ein Eimer 10 l. Vergleiche.
- Welche Gesamtfläche bedecken die tropischen Regenwälder auf der Erde? Wie oft passt Deutschland da hinein?
- Wie viele Tierarten gibt es schätzungsweise weltweit?
- Formuliert Aussagen zum Diagramm.

Niederschläge im Jahr:
Manaus (Brasilien)
2043 mm
Mainz
586 mm

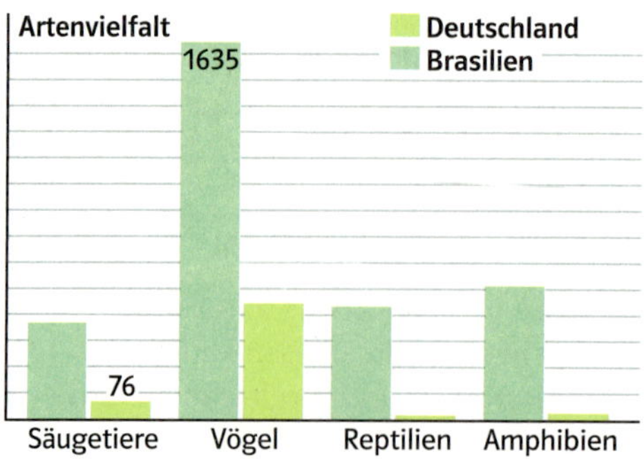

Vom Boden in luftige Höhe

Zwei Drittel aller tropischen Tiere leben großteils unentdeckt in den Baumkronen. Zur Forschung in Höhen von 30 m bis 40 m haben Wissenschaftler ein Baumfloß aus 13,60 m langen Plastikschläuchen und Netzen gebaut. Obwohl es 750 kg wiegt, gibt es genügend Halt ohne auf den Baumwipfeln Äste abzubrechen.

- Könnt ihr das erklären?
- Zeichnet das Baumfloß maßstabsgetreu und schätzt, welche Fläche es bedeckt.

Kleine Schwerstarbeiter

Die Blattschneiderameisen sind Wanderer zwischen Boden und Blätterdach. Eine meist rund 2 Mio. Ameisen umfassende Kolonie legt zur eigenen Versorgung unterirdische Pilzkolonien an und nährt sie mit Blattstücken aus den Baumkronen.

- Eine Ameise hat schwer zu tragen. Erläutert und vergleicht mit euch.
- Wie lang ist der Weg „zur Arbeit" im Verhältnis zur Körperlänge der Ameisen? Wie weit müsstet ihr im Vergleich laufen?
- Welche Blättermasse wird in der Kolonie am Tag verarbeitet? Und pro Ameise?

Blattschneiderameise
Länge: 0,9 cm
Gewicht: 0,003 g
Kolonieverbrauch:
6000 kg Blätter im Jahr

Blatt: 0,2 g

Grüne Riesen

Die Bäume der tropische Regenwälder werden in so genannte Stockwerke eingeteilt. In den einzelnen Höhenstufen herrschen ganz unterschiedliche Bedingungen.

- Beschreibt und erklärt das nebenstehende Schaubild.
- Was erlebt ein Baumsteigerfrosch, wenn er von 20 m in 40 m Höhe steigt? Was ist, wenn er auf den Boden fällt?
- Zeichnet die Baumriesen neben ein passendes Hochhaus und euch Schüler.

Stockwerkbau des Tropischen Regenwaldes

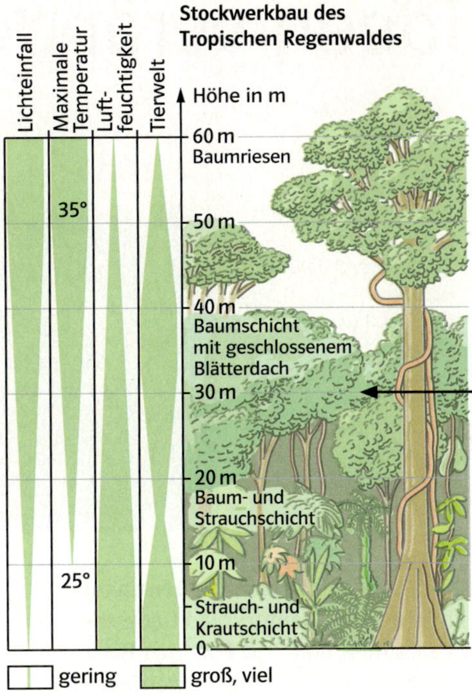

Einzigartig und unwiederbringlich

Heute werden die einzigartigen tropischen Lebensräume zur Schaffung von neuem Siedlungs- und Wirtschaftsraum sowie zur Holzgewinnung unwiederbringlich zerstört. Jede Minute vernichtet der Mensch weltweit tropischen Regenwald in der Fläche von etwa 76 Fußballfeldern.

Naturwunder gefährdet!

Brasilia – Umweltschützer gingen bislang davon aus, dass in Brasilien pro Jahr 1,5 Mio. ha Regenwald vernichtet werden.

Neuste Forschungen mit hochauflösenden Satellitenaufnahmen haben gezeigt, dass die jährliche Zerstörung sogar doppelt so schnell voranschreitet. Ein Fünftel des brasilianischen Regenwaldes ist bereits endgültig zerstört. Heute beträgt die Fläche des Tropenwaldes ca. 530 Mio. Hektar.

- Wie viel Regenwald wird weltweit während einer Unterrichtsstunde zerstört? Stellt die Fläche anschaulich dar.
- Wie viel Prozent des Tropenwaldes wird in Brasilien jedes Jahr zerstört?
- Zeichnet ein Schaubild, das die Zerstörung des Regenwaldes in Brasilien bis ins Jahr 2020 in unterschiedlicher Geschwindigkeit zeigt. Wann ist er völlig zerstört?
- Vergleicht die Abnahmewerte mit der Fläche von Deutschland und NRW. Beachtet die unterschiedlichen Größeneinheiten.
- Wie groß war der Amazonas-Regenwald ursprünglich?

Zwei mittelgroße Fußballfelder sind ca. 1 Hektar (100 m · 100 m) groß.

Flächen
Deutschland: 357 000 km²
NRW: 34.000 km²

... und jetzt Demo!

Die Einzigartigkeit des tropischen Regenwaldes bedarf des unbedingten Schutzes vor weiterem Raubbau. Gestaltet Plakate, eine Zeitung oder ein Theaterstück, durch die ihr über die katastrophale Zerstörung der Regenwälder informiert. Macht die Angaben dabei in Schaubildern so anschaulich wie möglich. Die Ergebnisse könnt ihr bei einer Schulveranstaltung präsentieren.
Vielleicht kann eure Klasse über eine Umweltorganisation auch Pate für eine Schutzfläche im Regenwald werden. Wurde in eurer Schule schon einmal über den Einsatz von Umweltpapier nachgedacht?

Ideen verändern die Welt

Zweirad
von Gottlieb Daimler
- *250 ccm*
- *368 Watt (0,5 PS)*
- *max. 12 km/h*

Motorwagen
von Karl F. Benz
- *1 Zylinder*
- *0,63 kW (0,85 PS)*
- *13 bis 16 km/h*

Das erste funktionierende Benzinauto
Im Jahre 1885 bauten zwei Deutsche, Gottlieb Daimler und Karl Friedrich Benz, die ersten brauchbaren benzingetriebenen Fahrzeuge der Welt.

- Angenommen, Karl Benz wollte seinen Motorwagen im 617 km entfernten Berlin dem Kaiser vorstellen: Mit welcher Fahrzeit für die Hin- und Rückfahrt müsste er rechnen, wenn er am Tag höchstens zehn Stunden fahren kann?
Wie lange bräuchte Gottlieb Daimler?
Wie lange seid ihr unterwegs, wenn ihr von zu Hause nach Berlin reisen wollt?
- Die Leistung eines Pkw muss heute in Kilowatt (kW) angegeben werden. Viele benutzen aber dennoch die alte Leistungseinheit Pferdestärke (PS). Gebt einen Term an zur Umrechnung von kW in PS und umgekehrt. Formuliert eine Faustregel.
- Lest aus der Grafik die Durchschnittsgeschwindigkeiten ab. Vergleicht.

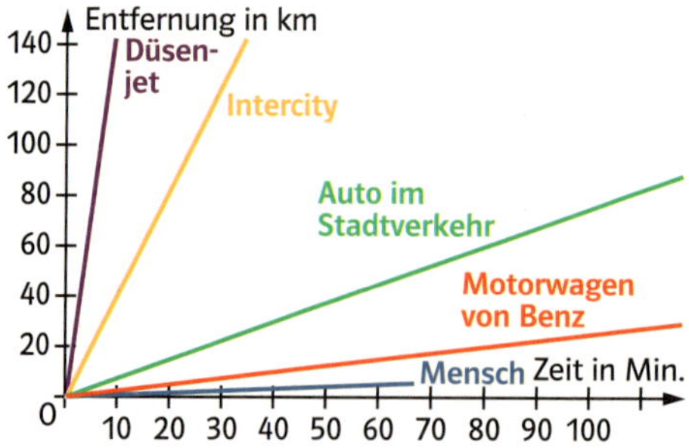

Die Büroklammer
1899 erfand der Norweger Johann Vaalen die Büroklammer. Sie ist aus gebogenem Metalldraht gefertigt und meist etwa 3 cm lang und 1cm breit.

- Stellt euch vor, eure Klasse möchte, um ins „Buch der Rekorde" zu kommen, insgesamt 10 000 Büroklammern möglichst schnell zu einer langen Kette zusammenstecken. Wie lange bräuchtet ihr? Was ist, wenn acht Schülerinnen und Schüler vorzeitig aufgeben? Wie wirkt es sich aus, wenn fünf Klassenmitglieder zwischendurch für 30 Min. zur Schulleitung müssen?
- Das unten abgebildete Rechteck besteht aus acht Büroklammern. Wie lang und wie breit ist es?

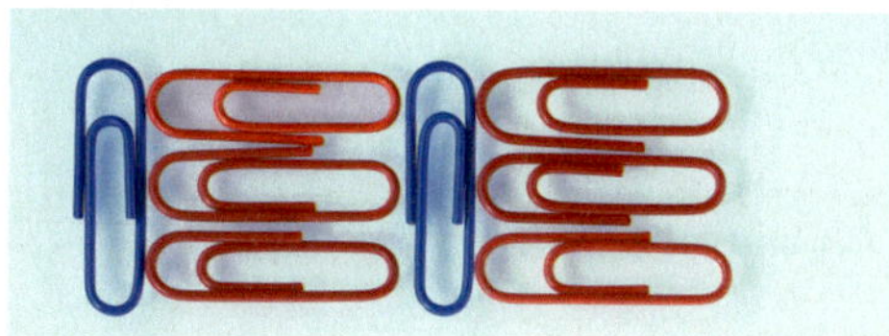

- Setzt das Muster fort. Welche Länge und Breite kann ein Rechteck aus 10 000 Klammern haben?
- Versucht, aus den Klammern ein Quadrat zu legen.
- Erfindet ein eigenes Muster und berechnet ebenfalls Länge und Breite des Rechtecks aus 10 000 Büroklammern.

Coca-Cola

Der Apotheker John Styth Pemberton entwickelte 1886 einen Sirup gegen Müdigkeit und Kopfschmerzen. Er mischte ihn mit Sodawasser und fertig war die Coca-Cola. Die geheime Formel für das Originalgetränk liegt in einem Tresor in Atlanta. Ihren typischen Geschmack erhält Coca-Cola durch die koffeinhaltige Kolanuss vom afrikanischen Kolabaum.

■ Recherchiert im Internet nach Informationen über den Kolabaum, über die Verarbeitung der Frucht und die Zusammensetzung von Cola.
Stellt die Ergebnisse auf Plakaten zusammen.

■ Führt in allen 7er-Klassen eine Umfrage zum wöchentlichen Cola-Verbrauch durch. Wertet die erhaltenen Daten am PC aus und stellt eure Ergebnisse grafisch dar.

■ Jeder Deutsche trinkt im Schnitt 46 Liter Cola im Jahr. Ein Liter enthält 110 Gramm Zucker. Wie viele Stücke Würfelzucker sind das im Jahr? Schätzt zuerst und überprüft.

Die erste mechanische Uhr

1510 schuf der Schlosser Peter Henlein eine Taschenuhr, das Nürnberger Ei. Armbanduhren kamen erst 400 Jahre später auf. In alten Uhren kann man das Zahnradgetriebe noch deutlich erkennen:

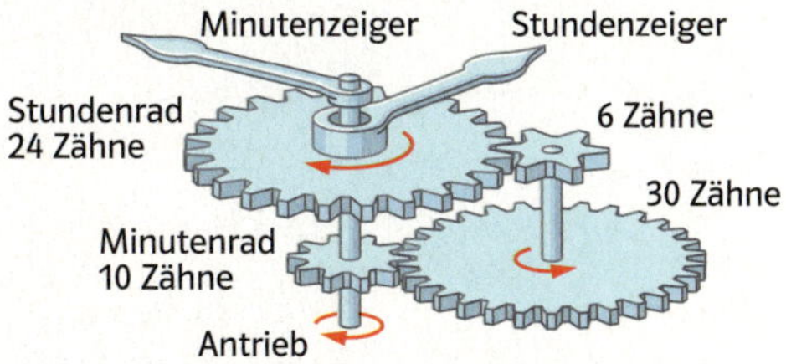

■ Wie funktioniert das Getriebe?

■ Dreht sich der Minutenzeiger einmal komplett, so hat der Stundenzeiger ein Zwölftel des Kreises zurückgelegt.
Erklärt anhand der Abbildung.

■ Beschreibt das Getriebe für eine Uhr mit Sekundenzeiger.

Der Füller

Ein amerikanischer Kaufmann namens Lewis Edson Watermann ärgerte sich beim Schreiben ständig über die Tintenklekse seiner Feder und erfand ein kleines Gefäß für Tinte, das durch feine Kanäle mit der Feder verbunden war. Am 12.02.1884 meldete er die Erfindung beim Patentamt an.

■ Schätzt, wie viele leere Tintenpatronen in eurer Schule in einem Schuljahr zusammenkommen.

■ Um Kunststoffmüll zu vermeiden, können Füller nachgefüllt werden. Die in 60 Patronen enthaltene Menge Tinte ist in einem einzigen 30-ml-Tintenglas abgefüllt. Stellt Preis- und Abfallvergleiche an.

... und jetzt eine Reise in die Vergangenheit!

Findet heraus, wann und von wem ein Gegenstand, den ihr euch aus eurem Alltag nicht mehr wegdenken könnt, erfunden wurde. Wie wurde er weiterentwickelt? Was meint ihr, wie geht die Entwicklung möglicherweise weiter?
Gestaltet gemeinsam eine Infowand für eure Klasse, für die gesamte Jahrgangsstufe, für den Eingangsbereich der Schule oder für den Verwaltungsbereich. Vielleicht steht ja auch eine Projektwoche an.

Fit for life

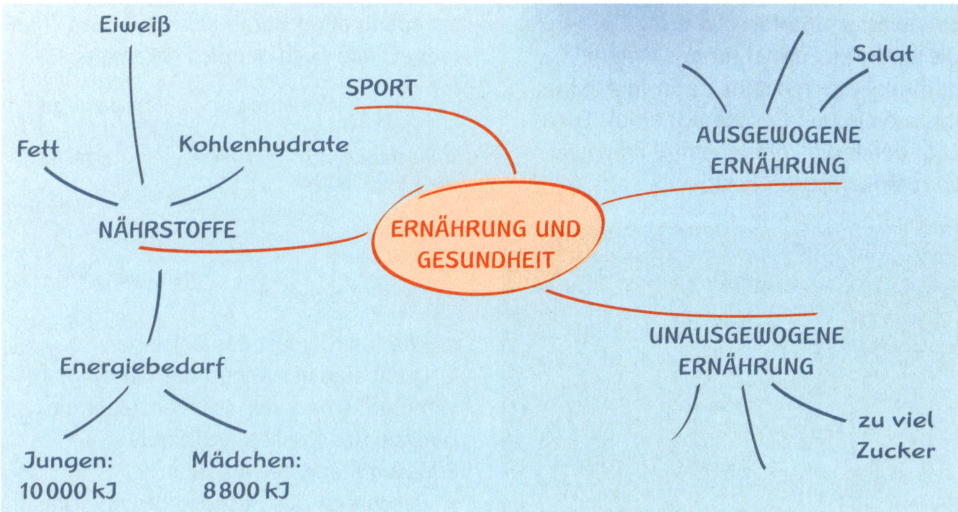

Früher wurde der Energiegehalt statt in ***Kilojoule*** *in* ***Kilokalorien*** *angegeben.*
1 kcal = 4,2 kJ

Aufgaben der Nährstoffe:

Fett:
- *Deckung des Energiebedarfs,*
- *Wärme und Organschutz,*
- *Träger fettlöslicher Vitamine*
- *1 g entspricht 37,8 kJ*

Eiweiß:
- *Wachstum,*
- *Zell- und Gewebeerneuerung*
- *1 g entspricht 16,7 kJ*

Kohlenhydrate:
- *Deckung des Energiebedarfs*
- *1 g entspricht 16,7 kJ*

Wozu werden Vitamine, Mineralien, Ballaststoffe und Wasser benötigt?

Was der Körper braucht

Der menschliche Körper braucht Nährstoffe zur Deckung seines Energiebedarfs und zur Gewinnung von körpereigenen Baustoffen. Pro Kilogramm Körpergewicht benötigt der Mensch täglich durchschnittlich 0,8 g Fett, 0,9 g Eiweiß und 5 g Kohlenhydrate.

- Erstellt eure eigene Mindmap zum Thema Gesundheit und Ernährung.
- Bestimmt den Nährstoffbedarf in Gramm und Kilojoule für euer Körpergewicht.
- Vergleicht euren Bedarf mit dem eines Erwachsenen.

Versteckter Zucker

In Deutschland werden pro Person im Durchschnitt 120 g Zucker pro Tag konsumiert. Um den täglichen Bedarf zu decken, genügen jedoch schon 1 bis 2 g Zucker pro Kilogramm Körpergewicht.

- Wie viel Zucker solltet ihr am Tag aufnehmen? Wie viele Stücke Würfelzucker sind das?
- Wie viel Zucker nehmt ihr täglich zu euch? Liegt ihr damit im bundesweiten Durchschnitt?
- Stellt den Zuckergehalt verschiedener Getränke grafisch dar und vergleicht.

Unsere Energielieferanten

Der Tagesbedarf an Energie wird durch die Aufnahme von Nahrungsmitteln gedeckt. Die Nährstoffzusammensetzung von Lebensmitteln wird auf den Verpackungen angegeben.
Beispiel:

Nährstoffe je 100 g	Haselnusscreme	Orangenlimonade
Eiweiß in g	7	< 0,1
Fett in g	30	< 0,1
Kohlenhydrate in g	54	0,3

- Überlegt, wie man mithilfe einer Tabellenkalkulation die Energiemenge der dargestellten Nahrungsmittel in kJ bestimmen kann.
- Untersucht mithilfe einer Tabellenkalkulation, wie viel Energie verschiedene Lebensmittel liefern.
Betrachtet dabei die eurer Meinung nach gesunden und ungesunden Lebensmittel. Vergleicht die Ergebnisse.
- In welcher Reihenfolge werden die Inhalte auf der Verpackung angegeben? Erkundigt euch nach den gesetzlichen Bestimmungen.

Leckere Flüssigkeitsspender

Täglich sollten wir etwa zwei bis drei Liter Flüssigkeit zu uns nehmen. Unser Flüssigkeitsbedarf wird nicht nur durch Getränke sondern auch durch feste Nahrung gedeckt. Verspürt man Durst, so leidet der Körper bereits unter Flüssigkeitsmangel. Deshalb sollte man auch trinken, wenn man keinen Durst hat.

- Welches Obst und Gemüse ist Wasserspender Nummer 1?
- Vergleicht den Fruchtgehalt verschiedener Fruchtgetränke und stellt ihn grafisch dar.
- Chantal hat bereits einen Liter ihres Flüssigkeitsbedarfs durch Getränke gedeckt. Wie kann sie ihren restlichen Bedarf ausgewogen decken?
- Wie sieht eure heutige Flüssigkeitsversorgung bis jetzt aus? Wie geht's weiter?

3,5 kg Wassermelone	3,22 l
250 g Erdbeeren	222,75 ml
95 g Apfel	79,8 ml
450 g Banane	336,6 ml

75 g Mais	57,75 ml
50 g Tomaten	46,9 ml
125 g Kohl	107,5 ml
500 g Kartoffeln	390 ml

Eiserne Energiekiller

Jede körperliche Tätigkeit verbraucht Energie. Sport ist ein wahrer Energiekiller. Ein Triathlet, der am Ironman auf Hawaii teilnimmt, muss 3,8 km schwimmen, 180 km Rad fahren und 41,195 km laufen. Ein 70 kg schwerer Triathlet rechnet mit Wettkampfzeiten von 1:35 Stunden für das Schwimmen, 6 Stunden für das Radfahren und 3:45 Stunden für den Marathonlauf.

- Bestimmt den Energieverbrauch in kJ eines Ironman-Teilnehmers.
- Recherchiert. Wie viele Kartoffeln bzw. Nudeln müsste er essen, um diesen Energieverbrauch auszugleichen? Wie füllen die Triathleten den Energiespeicher im Wettkampf auf?
- Wie lange müsstet ihr eure verschiedenen alltäglichen Tätigkeiten verrichten, um die gleiche Menge an Energie zu verbrauchen?
- Wie viel Energie verbraucht ihr bei eurer Lieblingssportart?

Schlafen	273 kJ pro h
Liegen	323 kJ pro h
Gehen	840 kJ pro h
Radfahren	63 kJ pro Min.

... und jetzt ran an die Essgewohnheiten!

Wie eine ausgewogene Ernährung aussieht, zeigt euch der Ernährungskreis.

- Erstellt ein eigenes Ernährungsprotokoll für einen Tag und vergleicht es mit dem Ernährungskreis.
- Gibt es eine bessere Darstellungsart als ein Kreisdiagramm? Zeigt es.
- Entwerft Steckbriefe zu verschiedenen Ernährungsweisen, wie zum Beispiel vegetarische, vegane, mediterrane Kost usw.
Stellt dazu jeweils einen Ernährungsplan für einen Tag auf.

Der Ernährungskreis

Go for Olympia!

Fünf Ringe – Eine Welt

- Konstruiert die Olympischen Ringe. Sie sollten etwa die Hälfte eurer Heftseite einnehmen.
- Gestaltet die Ringe farbig. Erkundigt euch nach der Bedeutung der Farben.
- Wie groß werden die Olympischen Ringe, wenn ihr sie mit eurer ganzen Klasse nachstellt?

Die Wasserratten

Peter v. d. Hoogenband (NL) schwamm 2004 in Athen die 100 m-Freistil in 48,17 Sekunden.

- Arnos Bestzeit liegt bei 2:25 min. Wie weit schwimmt der Olympiasieger in der gleichen Zeit?
- Welche Tiere können schneller schwimmen als du laufen kannst?
- Erstellt eine Rangliste aller genannten „Wasserratten".

Der Marathonlauf

Jeder Marathonlauf erstreckt sich über eine Länge von 42,195 km. Auf dem Foto seht ihr etwa 7-mal so viele Marathonläufer wie in Athen starteten.

- Schätzt, wie viele Läufer insgesamt gestartet sind.
- Stefano Baldini lief in Athen nach 2:10,55 h über die Ziellinie. Wie weit lief er durchschnittlich in einer Minute? Und in einer Stunde?
- Die Marathonstrecke hat eine außergewöhnliche Länge. Warum?

Frauen am Ball

Beim olympischen Hockeyturnier der Frauen 2004 gab es zwei Gruppen mit je fünf Mannschaften. In den Gruppen spielte jede Mannschaft gegen jede.

- Eine Halbzeit dauert 45 Minuten. Wie lange spielt eine Mannschaft in der Gruppenspielphase?
- Wie viele Gruppenspiele gab es insgesamt?
- Erstellt Spielkombinationen für den eigenen Sportunterricht.

Pferde auf geheimen Wegen

Beim Dressurreiten müssen die Reiter mit ihren Pferden Hufschlagfiguren auf gedachten Linien vorführen.

- Zeichnet den abgebildeten Reitplatz im Maßstab 1:200. Skizziert die abgebildete Hufschlagfigur.
- Bestimmt die Länge des Weges um den gesamten Platz und die direkten Wege von F nach E und von M nach K.
- Wie lang ist die rechte Hufschlagfigur? Überlegt euch ein geeignetes Messverfahren.
- Erfindet eigene Hufschlagfiguren mithilfe eurer Zeichenmaterialien.
- Der Reitplatz soll 10 cm hoch mit Sand gefüllt werden. Es wurden 65 m³ Sand bestellt.

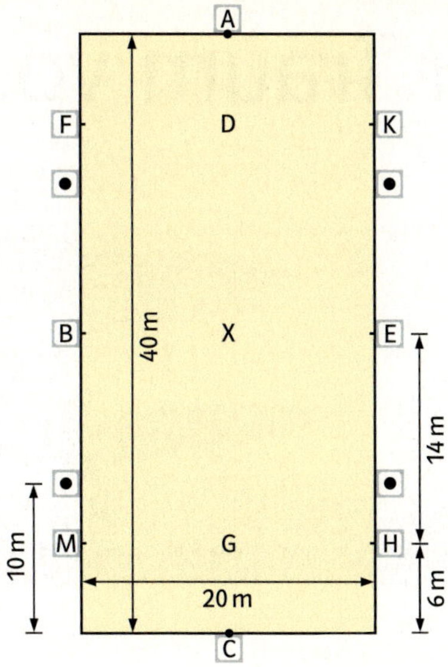

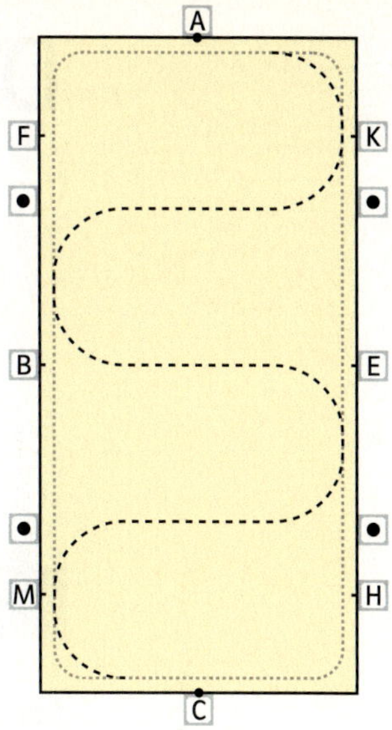

Riesen des Sports

Erfolgreiche Basketballspieler sind häufig besonders groß.

- John Stockton war mit $6\frac{1}{6}$ Fuß der kleinste Spieler im amerikanischen „Dreamteam“ von 1992. Charles Barkley und Michael Jordan waren $\frac{1}{4}$ Fuß, Patrick Ewing $\frac{5}{6}$ Fuß und David Robinson $\frac{11}{12}$ Fuß größer. Der deutsche Basketballer Dirk Nowitzki ist 2,14 m groß. Vergleicht.
- Michael Jordan traf von 19 Freiwurfversuchen 13-mal. Fabian verwandelt bei den Schulmeisterschaften 17 von 24 Freiwürfen.

12 Zoll = 1 Fuß
1 Zoll = 2,54 cm

... und jetzt Endspurt!

Erstellt eure eigene Olympiazeitung. Veranstaltet dazu eine Klassenolympiade.

Mögliche Wettkämpfe:
- verschiedene Mannschaftsspiele (mit eigenen Regeln)
- ungewöhnliche Disziplinen, wie Zielwerfen, Sackhüpfen, Kopfrechnen, Lösen von Knobelaufgaben ...

Tipps für eure Zeitung:
- den Zeitungstitel aus geometrischen Figuren entwerfen
- Diagramme zu euren Olympiaergebnissen erstellen
- Interviews durchführen und Reportagen schreiben
- Steckbriefe über Sportberühmtheiten, über die ersten Frauen bei den Olympischen Spielen etc. anfertigen (auch in Englisch)

Der Traum vom Fliegen

Auf Lilienthals Spuren

Der Maschinenbauingenieur Otto Lilienthal gilt als Pionier des Drachenflugs. 1891 gelangen dem Deutschen die ersten menschlichen Gleitflüge ohne Motorunterstützung. Den ersten Flug über 250 m schaffte er 1893 von einem 110 m hohen Berg. Heute können Gleitdrachen von allen Berghöhen herab tagelang weit über 300 km fliegen.

- Fertigt ein Werbeplakat für eine Flugvorführung an, auf dem der Flug Lilienthals maßstäblich zu sehen ist.
- Wie weit weg von eurer Schule könnte Lilienthal, wie weit die modernen Gleitflieger fliegen?
- Beim Skifliegen werden Weiten von über 220 m erzielt. Vergleicht.

Lindberghs Alleingang

Charles Lindberghs Traum war es, alleine und ohne Zwischenlandung den Atlantik in einem Propellerflugzeug zu überqueren. Am 21. Mai 1927 landete der Amerikaner nach $33\frac{1}{2}$ Stunden Flug müde, aber unversehrt mitten in Paris und wurde weltweit als Held gefeiert.

- Auf der Karte seht ihr seine Flugstrecke. War dies der kürzeste Weg? Ein Globus und ein Faden können euch weiterhelfen.
- Warum sieht man auf dem Flug in die USA oft Eisberge aus dem Fenster?
- Wie schnell flog Lindbergh im Schnitt?
- Warum wurde die Sensation von der Atlantiküberquerung in New York fünf Stunden früher bekannt als in Paris?

Chinesen auf dem Mond

Als 1969 der Amerikaner Neil Armstrong als erster Mensch den 384 000 km von der Erde entfernten Mond betrat, behauptete eine Zeitung: „Hätten sich die Chinesen alle übereinandergestellt, jeder auf die Schultern des anderen, dann hätten sie einen der ihren auch ohne Rakete zum Mond bringen können."

- Es lebten damals ca. 750 Millionen Menschen in China, heute über 1,3 Millarden.
- Wie oft könnte die Weltbevölkerung den Mond erreichen? Jeder fünfte Mensch ist chinesisch.
- Und die Deutschen?

Auf dem Weg zu unseren Nachbarn

Heute geht es nicht mehr nur darum, die Welt zu umkreisen. Wissenschaftler suchen heute nach Möglichkeiten, die Planeten unseres Sonnensystems mit hochtechnisierten Raumsonden zu erforschen. Mars und Jupiter sind im Visier, andere auch.

- Bei bemannten Flügen bereiten jedoch die Flugzeit und die Versorgung im All Probleme. Warum wohl?
- Um sich die Dimensionen im Weltall vor Augen zu führen, ist ein Modell hilfreich. Die Werte der Tabelle helfen, unser Sonnensystem auf dem Schulhof nachzustellen.

Planet	Abstand zur Sonne	Durchmesser
Merkur	57,9 Mio. km	4 878 km
Venus	108,2 Mio. km	12 104 km
Erde	149,6 Mio. km	12 756 km
Mars	227,9 Mio. km	6 794 km
Jupiter	779 Mio. km	142 796 km
Saturn	1 432 Mio. km	120 000 km
Uranus	2 884 Mio. km	52 900 km
Neptun	4 509 Mio. km	48 600 km
Pluto	5 966 Mio. km	2 284 km

- Könnt ihr das Weltall auch an der Wand eures Klassenzimmers abbilden? Fertigt eine Skizze an.

Mit Gas in den Gasometer

Am 1. März 1999 startete der Schweizer Ballonfahrer Bertrand Piccard mit seinem Co-Piloten im „Orbiter 3" zu einem Non-Stop-Flug rund um die Erde. Der Ballon erreichte Höhen von über 11 000 m.
Nach 45 755 km Flugstrecke landeten die Piloten 19 Tage und 21 Stunden später in der Wüste von Ägypten.

- Eine Beobachterin sagte: „Das hätte ich mit meinem Auto aber schneller geschafft!"
- Welche Temperaturen herrschten beim Flug außerhalb der Kapsel?
- Im Gasometer in Oberhausen, einer alten Industriehalle, wurde der Ballon 2004 in seiner vollen Größe ausgestellt. Wie sah das aus? Erstellt eine Skizze. Beachtet auch die realen Größen.

Luftabkühlung
etwa 0,6 °C
pro 100 m Höhe

... und jetzt Abflug!

Nun habt ihr viel von Flugträumereien erfahren und einiges selbst erforscht. Jetzt seid ihr selbst Pilotinnen und Piloten, Astronautinnen und Astronauten. Baut aus Papier eigene Flieger, die besonders weit oder schnell fliegen, die interessante Flugeigenschaften haben, Saltos fliegen oder einfach nur gut aussehen. Eurer Fantasie sind keine Grenzen gesetzt!
Entwickelt in eurer Klasse einen Flugwettbewerb mit eigenen Regeln und unterschiedlichen Kriterien. Wer ist Fliegerstar?
Aber aufgepasst: Immer schön auf dem Boden bleiben, sonst stürzt ihr ganz tief ab, wie Lilienthal 1896 durch eine Windböe bei seinem letzten Flugversuch.

Lösungen zum Basiswissen

Basiswissen | Kreis und Winkel, Seite 6

2
45° spitzer Winkel
90° rechter Winkel
135° stumpfer Winkel
240° überstumpfer Winkel
310° überstumpfer Winkel

3
a) ein Kreisausschnitt: Drittelkreis
gefärbter Anteil der Kreisfläche: zwei Drittel
b) ein Kreisausschnitt: Achtelkreis
gefärbter Anteil der Kreisfläche: fünf Achtel
c) ein Kreisausschnitt: Sechzehntelkreis
gefärbter Anteil der Kreisfläche: vier Sechzehntel oder ein Viertel

Basiswissen | Rationale Zahlen, Seite 6

1
a) −3,5; −2,1; −0,4; +0,9; +3,8
b) statt −4,76 ist es −4,74
statt −4,65 ist es −4,675
statt −4,69 ist es −4,61

2
a) richtig b) falsch c) richtig d) richtig

3
a) II b) III c) IV d) III

Basiswissen | Symmetrische Figuren, Seite 7

1
D(1|6)

2
D(8|7)

3
Mögliche vierte Eckpunkte sind (0|0); (10|4); (4|10).

4

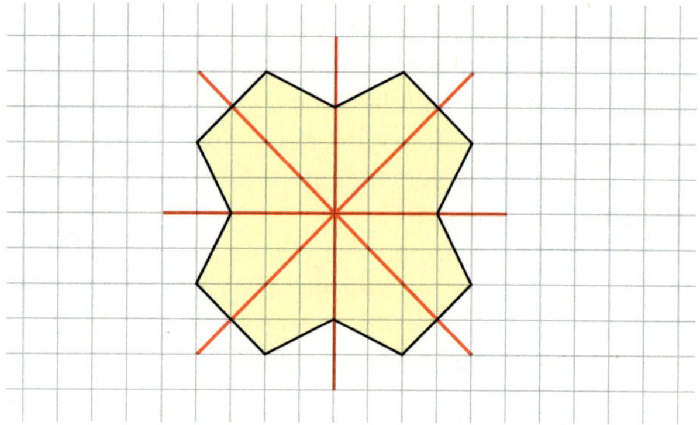

Basiswissen | Daten, Seite 8

1
a) Säulendiagramm

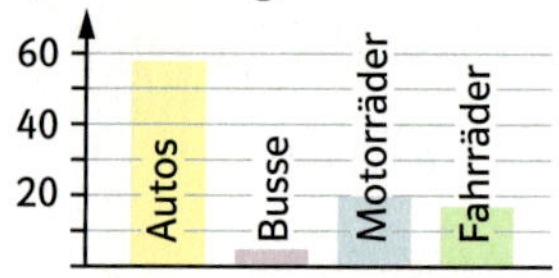

b) Kreisdiagramm

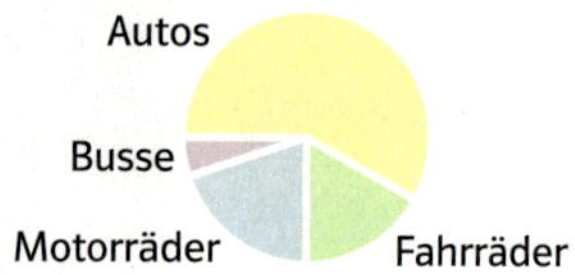

c) Streifendiagramm

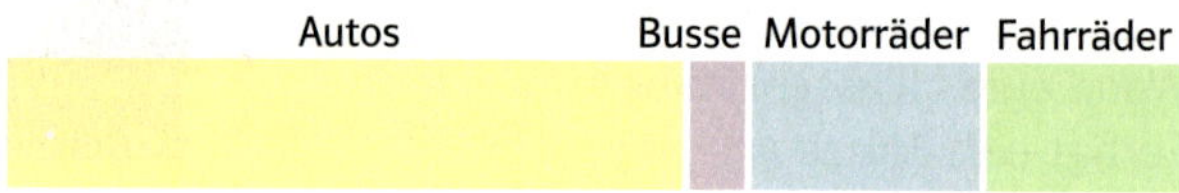

2
Minimum: 56 mm; Maximum: 225 mm; Spannweite: 169 mm
Mittlere monatliche Niederschlagsmenge
in Tokio: $\frac{1560}{12}$ mm = 130 mm.

3
Durchschnitt der erreichten Punktzahl: $\frac{294}{30} = 9{,}8$.

4

a) Durchschnittliche Weiten der Klassen:

7a: $\frac{7106}{8}$ cm = 688,25 cm

7b: $\frac{7092}{8}$ cm = 686,50 cm

7c: $\frac{7131}{8}$ cm ≈ 691,38 cm

7d: $\frac{7025}{8}$ cm ≈ 678,13 cm

Die durchschnittlich größte Weite hat die Klasse 7c mit 691,38 cm gestoßen.

b) Den größten Unterschied findet man mit 87 cm in der Klasse 7d, den kleinsten mit 11 cm in der Klasse 7c.

c) 7a: $\frac{2703}{3}$ cm = 701 cm

7b: $\frac{2691}{3}$ cm = 697 cm

7c: $\frac{2682}{3}$ cm = 694 cm

7d: $\frac{2704}{3}$ cm ≈ 701,3 cm

Werden nur die drei besten Leistungen bewertet, so hat mit 701,3 cm die Klasse 7d den besten Durchschnitt erzielt.

d) 7a: $\frac{5370}{6}$ cm = 695 cm

7b: $\frac{5345}{6}$ cm ≈ 690,8 cm

7c: $\frac{5356}{6}$ cm ≈ 692,7 cm

7d: $\frac{5350}{6}$ cm ≈ 691,7 cm

Werden die beiden schlechtesten Leistungen gestrichen, so hat mit 895 cm die Klasse 7a den besten Durchschnitt erzielt.

Basiswissen | Rechnen mit Brüchen, Seite 9/10

1

a) $\frac{4}{6}; \frac{6}{9}; \frac{8}{12}$ b) $\frac{10}{15}; \frac{12}{18}; \frac{20}{30}$

c) $\frac{18}{24}; \frac{24}{32}; \frac{30}{40}$ d) $\frac{6}{8}; \frac{9}{12}; \frac{12}{16}$

e) $\frac{10}{12}; \frac{25}{30}; \frac{40}{48}$ f) $\frac{15}{18}; \frac{20}{24}; \frac{50}{60}$

2

a) $\frac{4}{7}$ b) $\frac{5}{8}$ c) $\frac{2}{3}$

d) $\frac{5}{6}$ e) $\frac{3}{4}$ f) $\frac{3}{5}$

3

a) > b) < c) <

d) > e) > f) <

4

a) $\frac{1}{4} < \frac{3}{8} < \frac{1}{2} < \frac{7}{12} < \frac{17}{24} < \frac{5}{6}$

b) $\frac{3}{5} < \frac{2}{3} < \frac{17}{25} < \frac{52}{75} < \frac{7}{10} < \frac{11}{15} < \frac{37}{50}$

5

a) 1 b) $\frac{3}{7}$ c) 2

d) $\frac{11}{12}$ e) $\frac{4}{5}$ f) $1\frac{1}{15}$

g) $1\frac{1}{3}$ h) $\frac{3}{8}$ i) $\frac{1}{2}$

6

a) $1\frac{5}{24}$ b) $1\frac{11}{20}$ c) $\frac{7}{36}$

d) $1\frac{27}{40}$ e) $\frac{11}{35}$ f) $\frac{4}{15}$

g) $\frac{13}{56}$ h) $\frac{59}{63}$ i) $\frac{11}{72}$

7

a) $1\frac{1}{4}$ b) $4\frac{1}{6}$ c) $4\frac{13}{24}$

d) $\frac{27}{40}$ e) $1\frac{5}{18}$ f) $2\frac{1}{3}$

8

a) $2\frac{1}{3}$ b) $1\frac{1}{4}$ c) $1\frac{23}{28}$

d) $2\frac{3}{8}$ e) $1\frac{27}{28}$ f) $2\frac{35}{36}$

9

a) $\frac{3}{10}$ b) $\frac{9}{10}$ c) $\frac{1}{3}$

d) $\frac{3}{8}$ e) $\frac{9}{28}$ f) $\frac{5}{7}$

g) $\frac{6}{5}$ h) $\frac{1}{2}$ i) $\frac{8}{9}$

10

a) $\frac{7}{10}$ b) $\frac{15}{56}$ c) $\frac{16}{45}$

d) $\frac{7}{36}$ e) $\frac{35}{36}$ f) $\frac{16}{63}$

g) $1\frac{1}{54}$ h) $\frac{35}{72}$ i) $\frac{21}{64}$

11

a) $\frac{2}{3}$ b) $\frac{2}{15}$ c) $\frac{1}{6}$

d) 2 e) $3\frac{3}{4}$ f) $2\frac{1}{2}$

12

a) $\frac{1}{2}$ b) $\frac{5}{14}$ c) 1

d) $\frac{4}{5}$ e) $\frac{3}{20}$ f) $\frac{1}{18}$

Basiswissen | Rechnen mit Dezimalbrüchen, Seite 11

1

a) 0,9 b) 0,23 c) 0,901

d) 0,14 e) 0,245 f) 5,45

2

a) $\frac{7}{10}$ b) $\frac{45}{100} = \frac{9}{20}$ c) $\frac{567}{1000}$

d) $1\frac{6}{10} = 1\frac{3}{5}$ e) $54\frac{3}{10}$ f) $10\frac{1}{100}$

3

a) 0,036; 0,36; 0,42; 0,95; 0,951; 4,02
b) 2,56; 2,65; 5,26; 5,62; 6,25; 6,52
c) 0,0780; 0,0788; 0,087; 0,0877; 0,0878

4

a) 136 cm	b) 34 cm	c) 8250 m
d) 19 350 g	e) 1750 kg	f) 4500 mg
g) 4200 dm^3	h) 55 m^2	i) 12 340 mm^2

5

a) 0,53; 0,59; 0,64; 0,71; 0,77
b) 8,53; 8,58; 8,64; 8,7; 8,77

6

a) 6,8	b) 4,3	c) 20,4
d) 11,8	e) 0,37	f) 10,53

7

a) 11,348	b) 0,524
c) 183,341	d) 3,439

8

a) 78,144	b) 435,8125	c) 62,18
d) 64,5232	e) 42,963	f) 0,1

9

a) 15	b) 9,5	c) 12

10

a) 208	b) 4,47	c) 102,2
d) 51,98	e) 607,608	f) 3,8356
g) 5,1957	h) 0,006 65	

11

a) 0,3	b) 0,05
c) 1,692	d) 0,85

12

a) 20	b) 20	c) 2,8
d) 3,4	e) 1233,333…	f) 4250
g) 0,7	h) 0,0135	

13

a) 12,8	b) 0,256	c) 8
d) 6,7	e) 7,65	f) 4,0656

14

a) 109,5	b) 0,15
c) 2,8	d) 1

15

a) 0,3	b) 1,5	c) 0,02
d) 2,5	e) 0,1	

16

a) $9{,}0 \cdot 7{,}4 = 66{,}6$
b) $0{,}9 \cdot 4{,}7$

17

$7{,}5 \cdot 2{,}4 - 19{,}6 : 3{,}5 = 12{,}4$

Lösungen der Rückspiegel

Rückspiegel, Seite 37, links

1
a) −17 b) −13
c) 102 d) −83

2
a) −96 b) −105
c) −9 d) 6
e) 264 f) −4

3
a) 6 b) −20
c) 110 d) 90

4
a) −58 b) 44
c) 65 d) 51

5

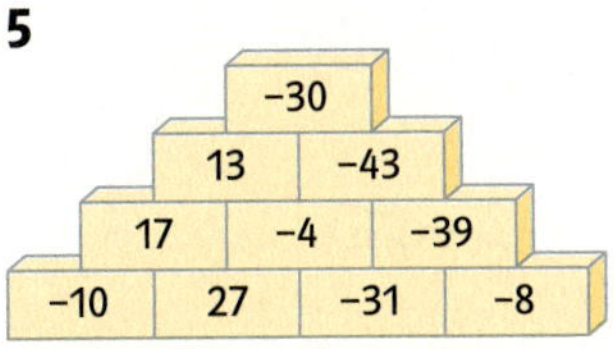

6
a) −4 b) −56
c) −5 d) 86
e) 90

7
−17 − (23 + 36) = −76

8
529 m unter dem Meeresspiegel

Rückspiegel, Seite 37, rechts

1
a) −51 b) −171
c) −36,1 d) 3,04

2
a) −15 b) 8,96
c) −12 d) −3,75
e) $-\frac{2}{3}$ f) −6

3
a) −18,5 b) −106,12
c) $-2\frac{3}{4}$ d) −23

4
a) −61 b) 26,4 c) 5,3

5

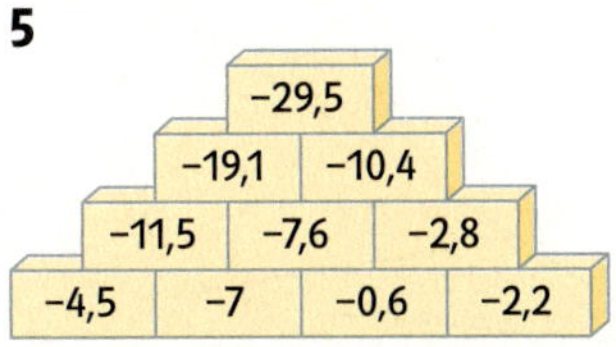

6
a) −112 b) −3,2
c) −1 d) 9,9

7
(−88 − (−76)) · (84 : (−28)) = 36

8
Rückgang um 0,5 °C pro 100 m

Rückspiegel, Seite 59, links

1

α	27°	39°	107°	18°	62°
β	52°	79°	57°	108°	117°
γ	101°	62°	16°	54°	1°

2

$\gamma = 80°$

3

Dreieck ABC: stumpfwinklig
Dreieck ABD: stumpfwinklig
Dreieck BCD: stumpfwinklig
Dreieck ACD: spitzwinklig

4

Die Konstruktionszeichnungen sind verkleinert abgebildet.

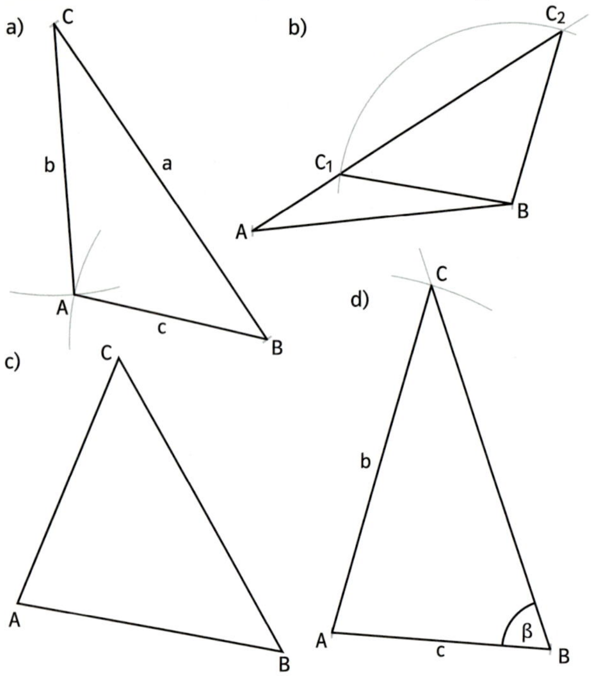

5

1 : 200 000
1 cm entspricht 2 km

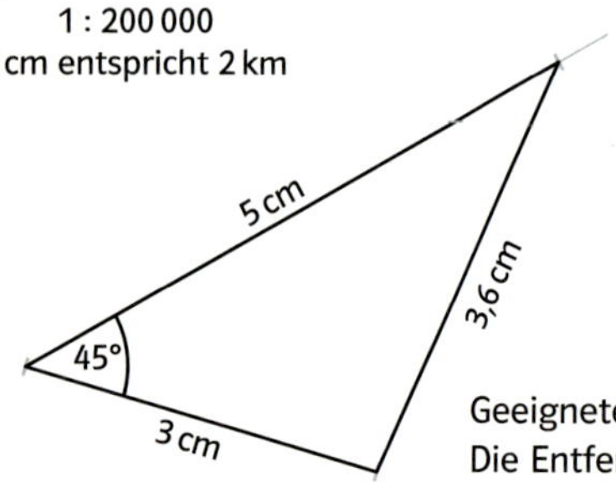

Geeigneter Maßstab z. B.: 1 : 200 000
Die Entfernung beträgt ca. 7,2 km.

Rückspiegel, Seite 59, rechts

1

a) $\alpha = 46°$; $\gamma = 68°$
b) $\alpha = 41°$; $\beta = 84°$; $\gamma = 55°$

2

a) $\alpha = 68°$
b) $\alpha = \beta = 54°$
c) $\gamma = 28°$; $\alpha = 124°$

3

a) Winkelsumme von 180° lässt dritten Winkel nicht zu.
b) Die beiden kurzen Seiten „liegen auf der längsten Seite“. (Dreiecksungleichung)

4

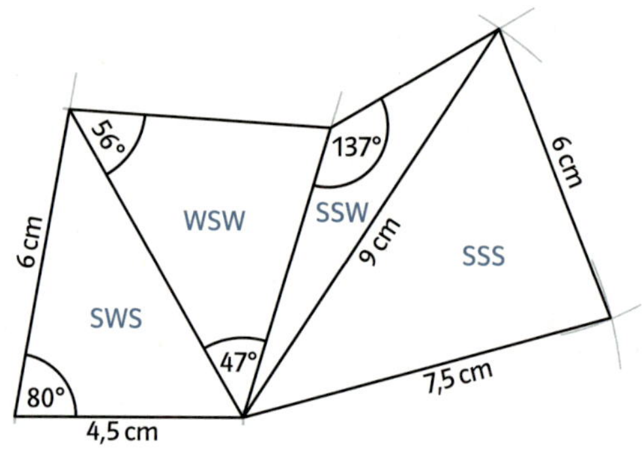

5

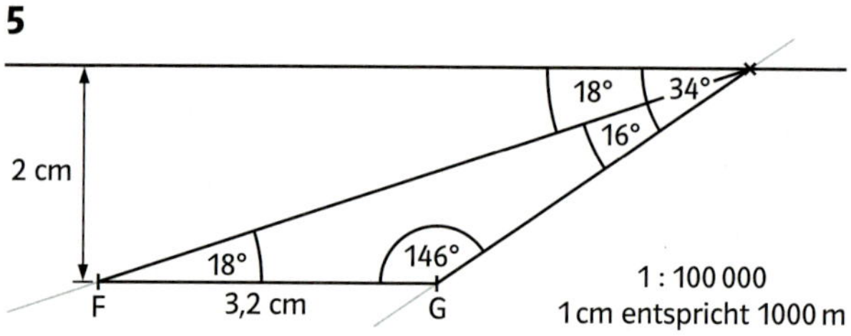

Geeigneter Maßstab z. B.: 1 : 100 000
Die Höhe beträgt ca. 2000 m.

Rückspiegel, Seite 75, links

1

a) 19 b) 21
c) 26 d) 14

2

a) $8 \cdot 5 + 4 \cdot 8 = 72\,cm$
$8 \cdot x + 4 \cdot y$
b) $4 \cdot 6 + 4 \cdot 5 + 4 \cdot 8 = 76\,cm$
$4 \cdot x + 4 \cdot y + 4 \cdot z$

3

a) $40a - 20b$ b) $10x + 20y$
c) $10a + 25c$ d) $9x - 52y$

4

a) $9y$ b) $12x$
c) $5bc$ d) $25ab$
e) $8x \cdot 4xy$ u.ä. f) $12p^2 \cdot 4qr$ u.ä.
g) $5xy$ h) $0{,}6p^2q$
i) $-16t^2v$ j) $5yz^2$

5

a) $12pq - 4p^2$ b) $6xy^2 - 18xy$
c) $30x + 5y$ d) $12x - xy - y$

6

a) $2(3xy + 4)$ b) $3a(b + 4)$
c) $7c(3d + e)$ d) $16x(3y - 2x)$
e) $15rs(r - 4s)$ f) $9t^2(-9s + 1)$

7

a) $5x - 2(x + 3) = 3x - 6$ b) $(3 + y) \cdot x - xy = 3$
c) $(10b + (2a - 6)) : 2 = 5b + a - 3$

Rückspiegel, Seite 75, rechts

1

a) -5 b) 8,5 c) 9 d) -4

2

a) $6 \cdot 4{,}5 + 6 \cdot 9 = 81\,cm$
$6 \cdot x + 6 \cdot y$
b) $4 \cdot 5{,}5 + 6 \cdot 6{,}4 + 4 \cdot 4 + 4 \cdot 1{,}5 = 82{,}4\,cm$
$4 \cdot x + 6 \cdot y + 4 \cdot z + 4(x - z)$

3

a) $20a$ b) $-15r - 30s$
c) $-2x + 13{,}8y$ d) $-62{,}6c - 16{,}8d$

4

a) $-15x^2y$ b) $-60a^3bc$
c) $63uv^2w$ d) $-0{,}6ab^2$
e) $-3v^4w^2$ f) $8r^2s^3t$
g) $-7ab^2$ h) $6x^2y^2$
i) $-0{,}25t^2v^2$ j) $0{,}4a^2bc^2$

5

a) $8c^2 + 12cd - 4ec$ b) $-6g^2h + 9g^3 - 1{,}5g^2$
c) $8xy$ d) $11x^2 - 4xy$

6

a) $16(3m^2 + n^2)$ b) $r(s + t + u)$
c) $2ab(a + 2 - b)$ d) $x(12 + 5x - 3y)$
e) $2(4ab - 3a + 5b)$ f) $7xy(4x - 6y + 1)$

7

a) $x + 2x = 3x$
b) $x + (x + 1) + (x + 2) = 3x + 3 = 3 \cdot (x + 1)$

Rückspiegel, Seite 93, links

1

a) $x = 4$ b) $x = 6$ c) $x = 9$

d) $x = 4$ e) $x = 7{,}5$ f) $x = -3$

2

a) $x = 2$ b) $x = \frac{1}{2}$ c) $x = 6$

d) $x = 2$ e) $y = 2$ f) $y = 4$

3

a) Statt 24 muss es −24 heißen (man subtrahiert 28).
b) Statt 25 muss es 15 heißen (man subtrahiert 5).
c) Statt 54 muss es 6 heißen (man muss durch 3 dividieren).
d) Statt 0 muss es 1 heißen, denn die Division durch 22 ergibt 1.

4

a) $x = -6$ b) $x = 6$ c) $x = 6$

d) $u = 8$ e) $u = 3$ f) $u = 6$

5

$x + 2x + 4 = x + 50$
$x = 23$

6

Karens Alter heute: x
$x = 6 \cdot (x - 10)$
$x = 12$
Karen ist heute 12 Jahre alt.

7

	Alter heute	Alter vor 8 Jahren
Sonja	x	x − 8
Sonjas Vater	56 − x	56 − x − 8

$3 \cdot (x - 8) = 56 - x - 8$
$x = 18$
Sonja ist heute 18 Jahre alt, ihr Vater 38 Jahre.

8

$u = 30\,cm$
$a = 8\,cm$
$b = 9\,cm$

Rückspiegel, Seite 93, rechts

1

a) $x = 4$ b) $x = 3$ c) $x = 46$

d) $y = 4$ e) $y = -\frac{3}{2}$ f) $y = -0{,}4$

2

a) $x = 1$ b) $x = \frac{14}{15}$ c) $x = 5\frac{3}{5}$

d) $x = 2$ e) $x = 1$ f) $x = 1$

3

a) Statt 10 muss es 2 heißen; es muss durch 10 dividiert werden.
b) Statt 2 muss es $\frac{1}{2}$ heißen, da 7 durch 14 dividiert werden muss.
c) Es muss $4x = 22$ heißen; es wurden verschiedenartige Summanden zusammengefasst.
d) Es muss $\frac{1}{2}x$ heißen; hier wurde die Regel „Punkt vor Strich" missachtet.

4

a) $x = 7$ b) $x = 1$ c) $x = 5$

d) $y = 2$ e) $y = \frac{1}{2}$ f) $y = \frac{1}{3}$

5

$\left(\frac{1}{6} \cdot x + 5\right) \cdot 3 = x$
$x = 30$

6

Karens Alter heute: x
$x + 20 = 9 \cdot (x - 4)$
$x = 7$
Karen ist heute 7 Jahre alt.

7

	Alter heute	Alter in 10 Jahren	Alter in 8 Jahren
Anna	3x	3x + 10	–
Maria	x	–	x + 8

$3x + 10 = 2 \cdot (x + 8)$
$x = 6$
Maria ist heute 6 Jahre alt, Anna 18 Jahre.

8

$\alpha = 60°$
$\beta = 72°$
$\gamma = 48°$

Rückspiegel, Seite 117, links

1
a) D(3|5) b) D(−1|6)

2
a)

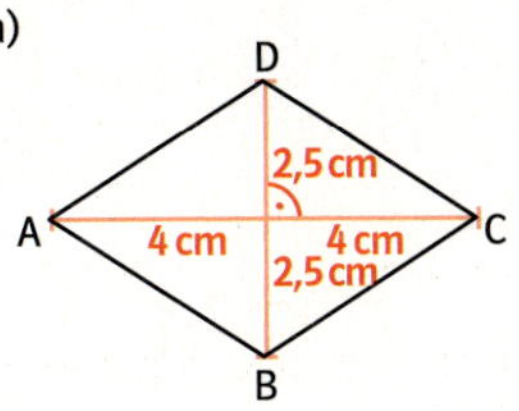

b)

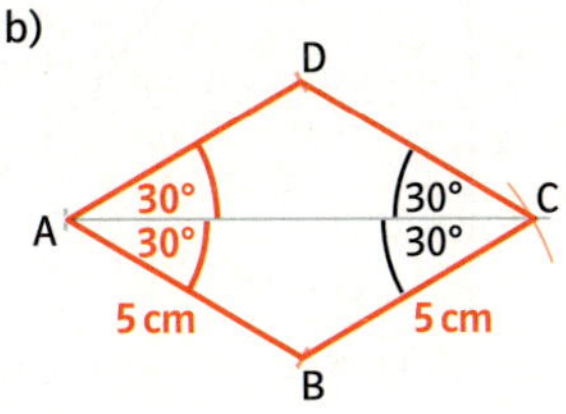

3
$\beta = 115°$; $\gamma = 65°$; $\delta = 115°$

4
$\beta = 67°$

5
$\alpha + \beta + \gamma + \delta = \alpha + (\alpha + 30°) + 3\alpha$
$+ (\alpha + 60°) = 6\alpha + 90°$
$6\alpha + 90° = 360°$
$\alpha = 45$; $\beta = 75°$; $\gamma = 135°$; $\delta = 105°$

6

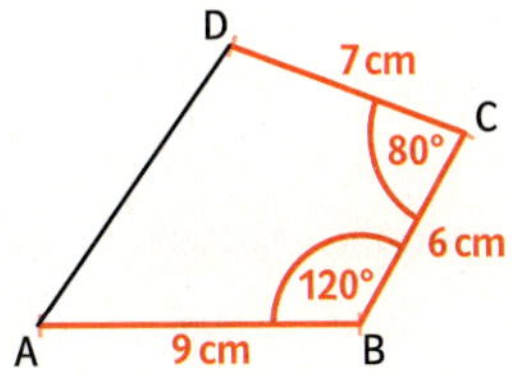

7
ABC individuell

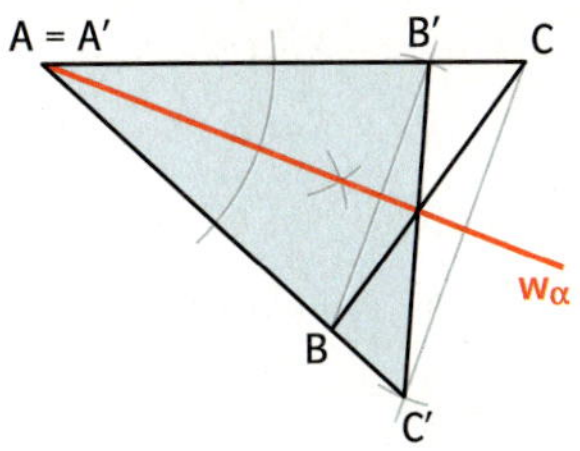

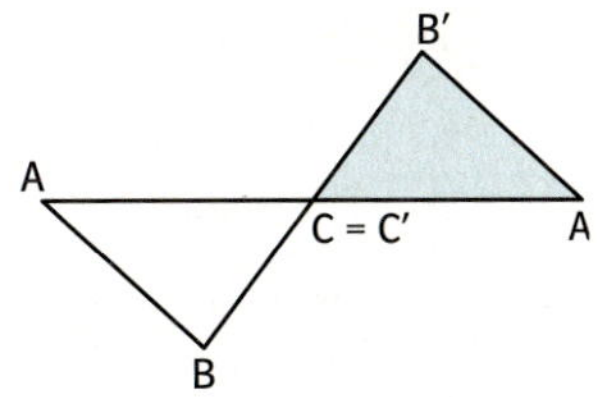

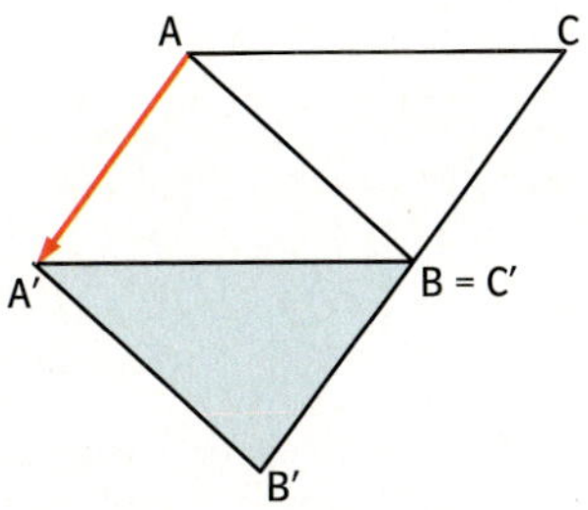

Rückspiegel, Seite 117, rechts

1
a) C(6|8); D(1|3) b) D(−4|6)

2
a)

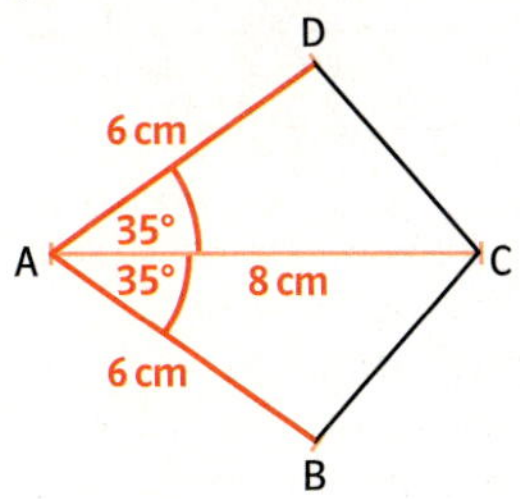

b)

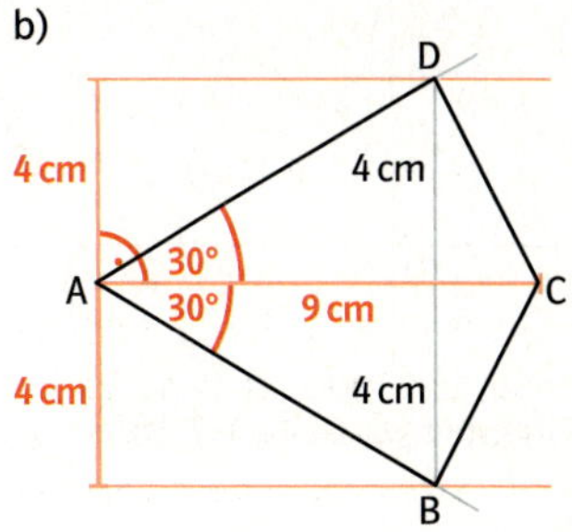

3
$\alpha = 85° + 50° = 135°$; $\beta = 45°$

4
$\alpha = 73°$

5
$\alpha + \beta + \gamma + \delta = \alpha + (2\alpha + 30°) + 2\alpha$
$+ (3\alpha - 70°) = 8\alpha - 40°$
$8\alpha - 40° = 360°$
$\alpha = 50°$
$\beta = 130°$
$\gamma = 100°$
$\delta = 80°$

6

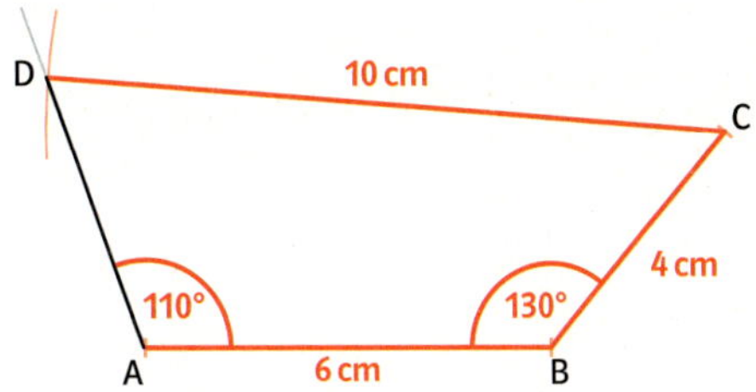

7
a)

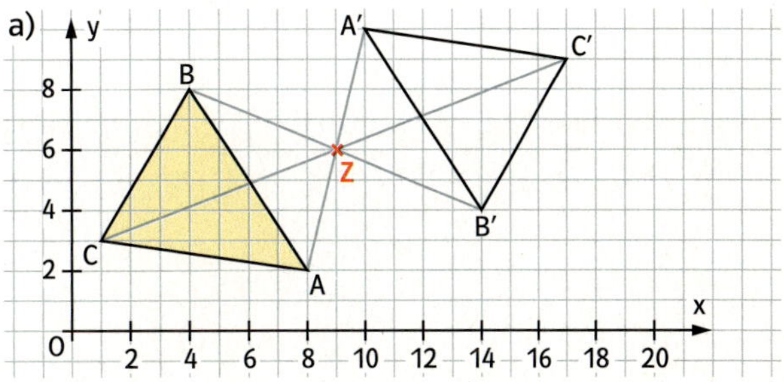

b)

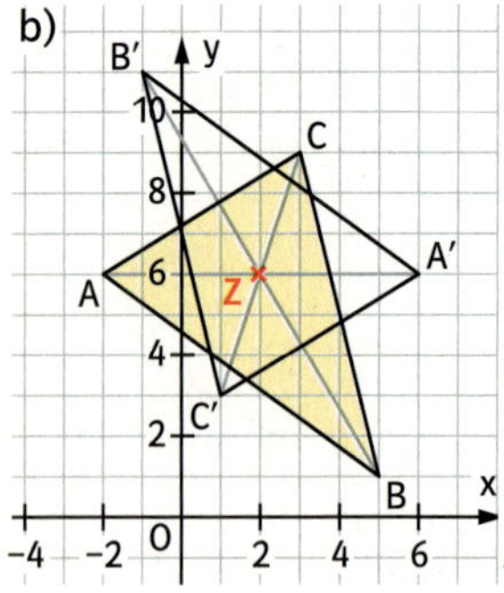

c)

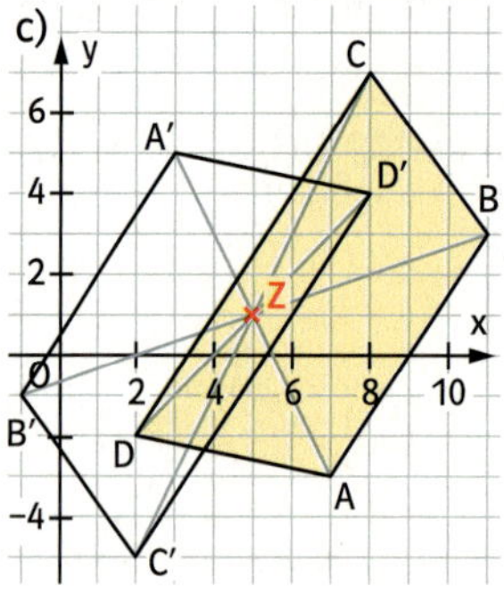

Rückspiegel, Seite 137, links

1

a) Die Zuordnung ist proportional.
b) Die Zuordnung ist keines von beiden.
c) Die Zuordnung ist antiproportional.
d) Die Zuordnung ist proportional.

2

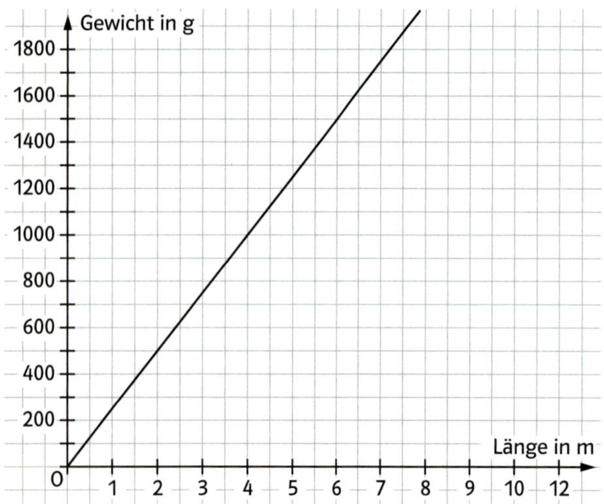

3

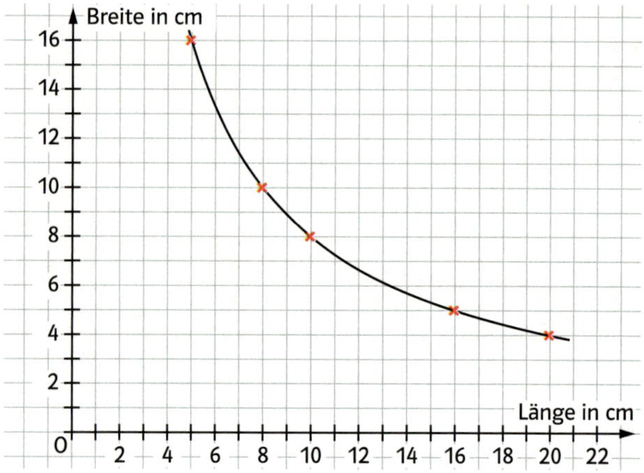

4

a) 50 min b) 17,5 km

5

a) 5,40 €
b) 2,25 €
c) Die 850-g-Dose ist teurer (100 g kosten ungefähr 19 ct) als die 560-g-Dose (100 g kosten ungefähr 18 ct).

Rückspiegel, Seite 137, rechts

1

a)

Zeit	Kosten
15 h	540 €
5 h	180 €
25 h	900 €

b)

Anzahl	Kosten
2	5,00 €
18	45,00 €
9	22,50 €

c)

Arbeiter	Zeit
40	5 h
20	10 h
8	25 h

d)

Anzahl	Kosten
36	25 €
20	45 €
24	37,50 €

2

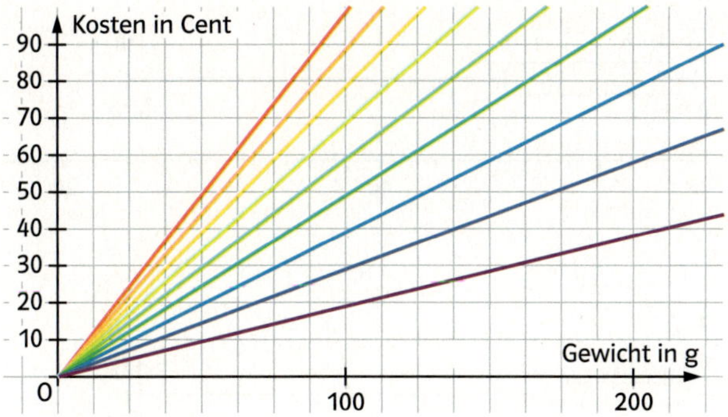

3

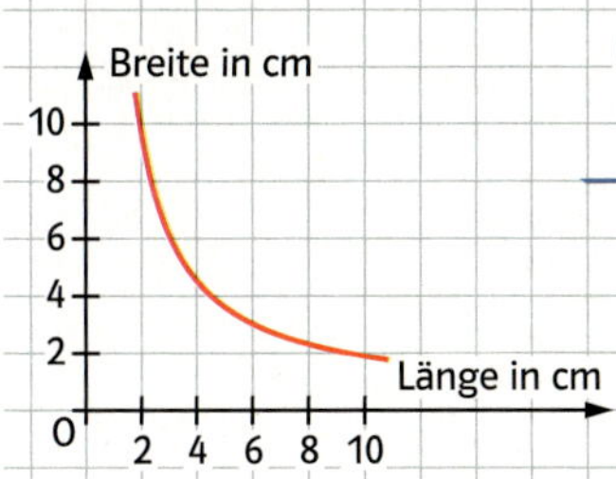

Länge in cm	Breite in cm	Flächeninhalt in cm²
2	9	18
3	6	18
4	4,5	18
6	3	18

4

a) proportionale Zuordnung

x	0	1	2	3	4	5	6	7
y	0	0,5	1	1,5	2	2,5	3	3,5

b) antiproportionale Zuordnung

x	1	2	3	4	5	6	7
y	4	2	1,3	1	0,8	0,7	0,6

5

a) 250 g würden 3,25 € kosten.
b) $2\frac{1}{2}$ kg kosten 3,56 €.
c) 3 kg sind günstiger (1 kg kosten ungefähr 2,55 €) als 4,5 kg Waschmittel (1 kg kosten ungefähr 2,61 €).
d) 650 g lose sind günstiger als eine Tüte (100 g kosten ungefähr 0,31 €).

Rückspiegel, Seite 155, links

1

a) 5,0 %; 45,0 %; 80,0 %; 22,0 %; 33,3 %
b) 53,3 %; 81,8 %; 83,3 %
c) 25 %; 70 %

2

0,85; 0,17; 0,09; 1,2; 0,035

3

Jan: 48 %; Mira: 32 %; Leon: 16 %; Sina: 4 %

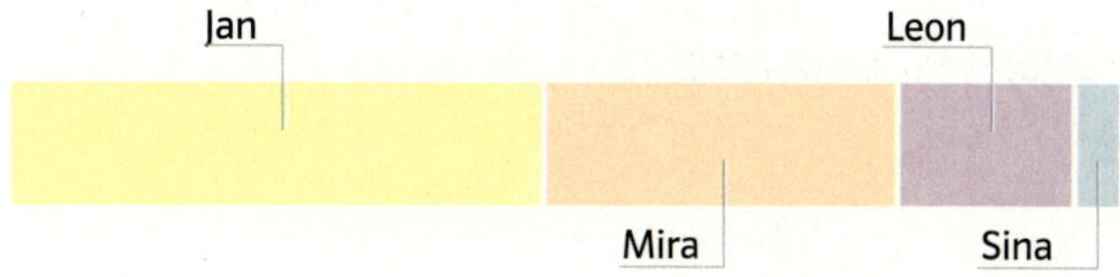

4

Grundwert	Prozentwert	Prozentsatz
520 €	56 €	10,8 %
48,5 m	36,9 m	76 %
46,1 kg	17,5 kg	38 %

5

Der neue Preis beträgt 193,70 €.

6

„wichtig“: 340 Jugendliche
„unwichtig“: 125 Jugendliche
„keine Meinung“: 35 Jugendliche

7

Der Preis ohne Rabatt war 900 €.

Rückspiegel, Seite 155, rechts

1

a) 66,7 %; 48,0 %; 60,0 %; 3,6 %; 55,0 %
b) 18,5 %; 55,6 %; 187,5 %
c) 6 %; 25 %

2

0,07; 0,125; 0,0225; 0,0325; 2,5

3
Europa: 7,1%; Amerika: 28,9%;
Asien: 29,9%; Australien: 4,0%;
Afrika: 20,7%; Antarktis: 9,6%;

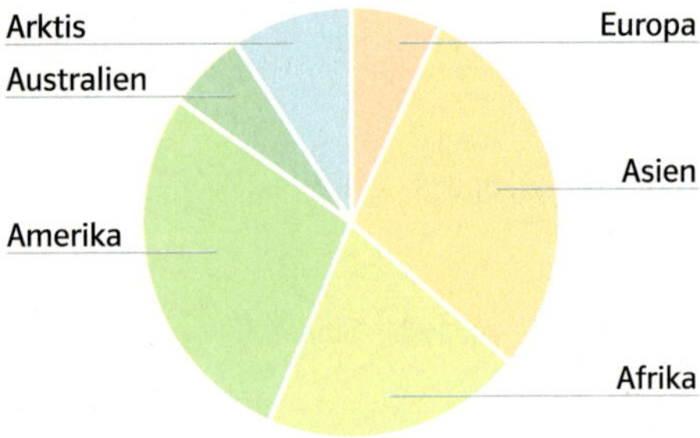

4

Grundwert	Prozentwert	Prozentsatz
107,25 €	3,75 €	3,5 %
3,8 km	4,75 km	125 %
250 kg	11,25 kg	$4\frac{1}{2}$%

5
Der Preis wurde um etwa 25 % ermäßigt.

6
Industrie: 18,4 Mio. Tonnen
Haushalte: 37,6 Mio. Tonnen
Verkehr (30 %): 24,0 Mio. Tonnen

7
Marina musste 237,50 € bezahlen.

Rückspiegel, Seite 181, links

1
2004: 0, 0, 0, 0, 0, 0, 0, 0, 0, 0, 1, 1, 1, 1, 1, 1, 2, 2, 2, 2, 2, 3, 3, 3, 3, 4, 4, 5, 5, 5, 5, 5, 5, 6, 6, 6, 6, 7, 8, 8, 8, 8, 8, 10, 10, 10, 10, 10, 10, 10, 10, 12, 12, 12, 12, 13, 14, 15, 15, 15, 15, 15, 18, 18, 20, 20, 20, 20, 20, 20, 20, 23, 24, 24, 25, 25, 25, 25

2005: 0, 0, 0, 0, 0, 0, 1, 1, 1, 1, 2, 2, 2, 3, 3, 3, 3, 4, 4, 5, 5, 5, 5, 6, 6, 6, 8, 10, 10, 10, 10, 10, 10, 10, 10, 10, 10, 10, 10, 12, 12, 12, 12, 12, 12, 14, 15, 15, 15, 15, 15, 15, 15, 15, 15, 15, 16, 18, 20, 20, 20, 20, 20, 20, 24, 24, 25, 25, 25, 25, 25, 25, 27, 30, 30, 30, 30, 30, 32, 35, 35, 35, 36, 40, 40

2
2004: 33,75 % der Jugendlichen nutzten das Internet mehr als 10-mal.
2005: 54,12 % der Jugendlichen nutzten das Internet mehr als 10-mal.

3 möglicher Boxplot

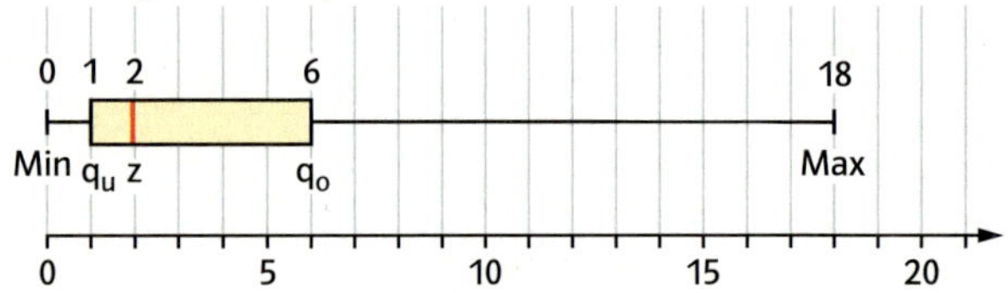

4

a)

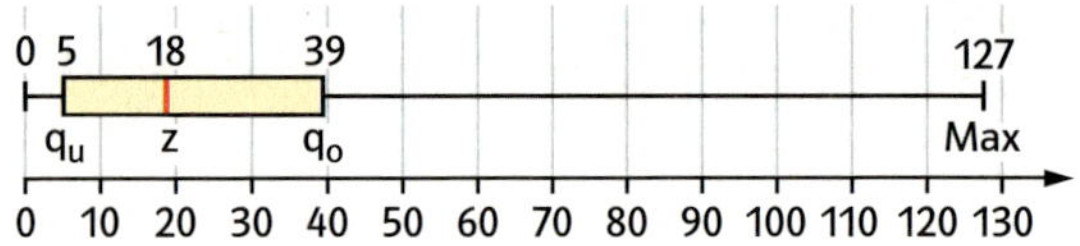

b)

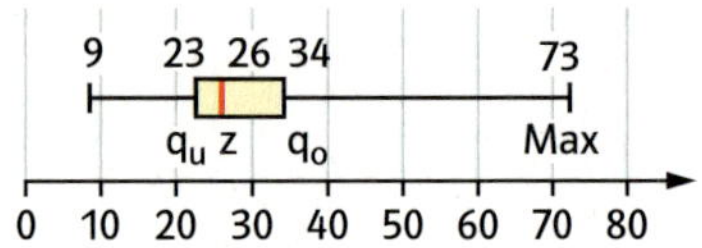

c)

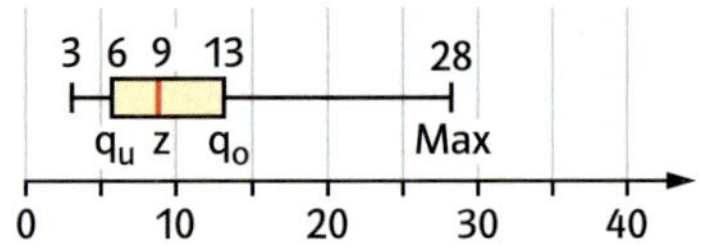

d)

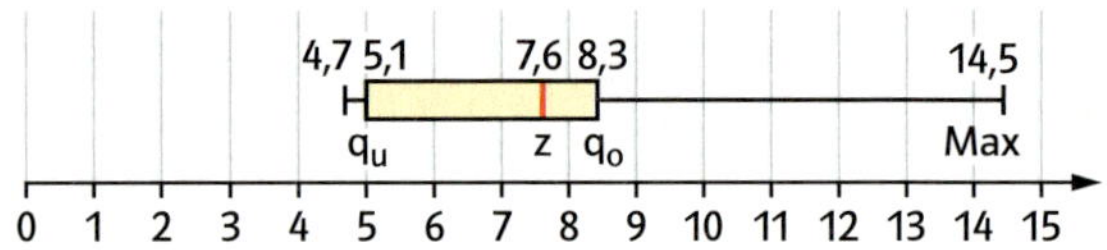

	a)	b)	c)	d)
Min	0	9	3	4,7
q_u	5	23	6	5,1
z	18	26	9	7,6
q_o	39	34	13	8,3
Max	127	73	28	14,5
q	34	11	7	3,2
Spannweite	127	64	25	9,8

Rückspiegel, Seite 181, rechts

1

Häufigkeitsliste

	0	1	2	3	4	5	6	7	8	10	12	13	14
2004	11	7	5	4	2	6	4	1	5	8	4	1	1
2005	6	4	3	4	2	4	3	0	1	12	6	0	1

	15	16	18	20	23	24	25	27	30	32	35	36	40
2004	5	0	2	7	1	2	4	0	0	0	0	0	0
2005	10	1	1	6	0	2	6	1	5	1	3	1	2

2

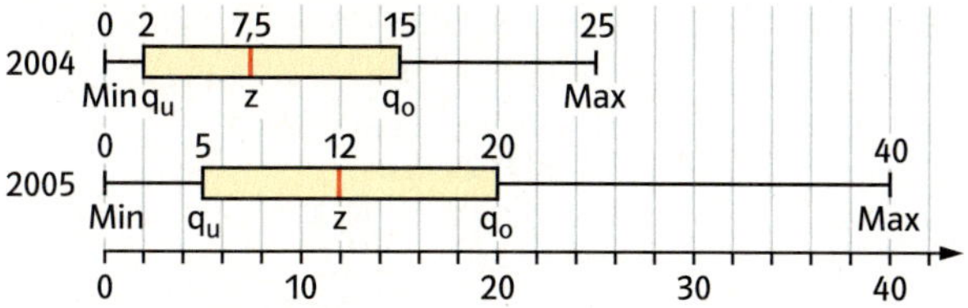

Beispiele für Aussagen:

- In beiden Jahren gab es Schülerinnen und Schüler, die das Internet zur Bewältigung der Hausaufgaben nicht nutzten.
- Insgesamt nahm die Nutzung des Internets im Jahr 2005 gegenüber dem Jahr 2004 zu.
- Während im Jahr 2004 etwa die Hälfte aller Schülerinnen und Schüler das Internet nur 2- bis 15-mal nutzten, machten sie im Jahr 2005 schon 5- bis 20-mal davon Gebrauch.
- Im Jahr 2004 nutzten etwa die Hälfte aller Schülerinnen und Schüler das Internet mehr als 7-mal, im Jahr 2005 nutzten sie es schon mehr als 11-mal.
- Die Spitzengruppe der Vielnutzer (25 %) steigerte die Nutzung von 15- bis 25-mal auf 20- bis 40-mal.
- Im Jahr 2005 setzten sich einige Ausreißer deutlicher nach oben ab als im Jahr 2004.

3

Richtig: Sowohl der Zentralwert (12 > 7,5) als auch das Maximum (40 > 25) sind im Jahr 2005 größer als im Jahr 2004
Richtig: Der Quartilabstand ist im Jahr 2005 größer als im Jahr 2004 (15 > 13)
Richtig: Das obere Quartil liegt bei 20.
Falsch: Der Zentralwert liegt für das Jahr 2004 bei 7,5.
Das heißt, mindestens die Hälfte aller Befragten nutzten im Jahr 2004 das Internet nicht mehr als 7,5-mal.

4 a)

	Min	q_u	z	q_o	Max	Spannweite	q
unter 25 J.	0	3	5	7	14	14	4
25–50 J.	1	3	4	6	12	11	3
über 50 J.	1	4	6	7	15	14	3

b) Beispiele für Aussagen:

- Die Gruppe der unter 25-Jährigen streut in der zentralen Hälfte am stärksten.
- Die Gruppe der 25- bis 50-Jährigen verhält sich am homogensten. Sie hat die kleinste Spannweite und auch der Quartilabstand ist recht klein.
- Die über 50-Jährigen lesen am meisten, der Zentralwert und das Maximum dieser Gruppe sind am größten.
- In der zentralen Hälfte verteilen sich die unter 25-Jährigen am gleichmäßigsten.
- Die zentrale Hälfte der über 50-Jährigen verhält sich völlig entgegengesetzt zur zentralen Hälfte der 25- bis 50-Jährigen. Während bei den über 50-Jährigen die Daten im 3. Viertel sehr dicht liegen, liegen sie bei den 25- bis 50-Jährigen im 2. Viertel sehr dicht.
- Wer 25 Jahre und älter ist, leiht sich mindestens ein Buch pro Jahr aus.

Register

Mathematische Symbole

=	gleich
<	kleiner als
>	größer als
$\mathbb{N}$	Menge der natürlichen Zahlen
$\mathbb{Z}$	Menge der ganzen Zahlen
$\mathbb{Q}$	Menge der rationalen Zahlen
$g \perp h$	die Geraden g und h sind zueinander senkrecht
⊾	rechter Winkel
$g \parallel h$	die Geraden g und h sind zueinander parallel
g, h, …	Buchstaben für Geraden
A, B, …, P, Q, …	Buchstaben für Punkte
$\alpha, \beta, \gamma, \delta, \ldots$	griechische Buchstaben für Winkel
$\overline{AB}$	Strecke mit den Endpunkten A und B
$\vec{a}$	Verschiebungspfeil
$A(-2\|4)$	Punkt im Koordinatensystem mit dem x-Wert −2 und y-Wert 4

Maßeinheiten und Umrechnungen

Zeiteinheiten

Jahr		Tag		Stunde		Minute		Sekunde
1a	=	365d						
		1d	=	24h				
				1h	=	60min		
						1min	=	60s

Gewichtseinheiten

Tonne		Kilogramm		Gramm		Milligramm
1t	=	1000kg				
		1kg	=	1000g		
				1g	=	1000mg

Längeneinheiten

Kilometer		Meter		Dezimeter		Zentimeter		Millimeter
1km	=	1000m						
		1m	=	10dm				
				1dm	=	10cm		
						1cm	=	10mm

Flächeneinheiten

Quadratkilometer		Hektar		Ar		Quadratmeter		Quadratdezimeter		Quadratzentimeter		Quadratmillimeter
$1\,km^2$	=	100ha										
		1ha	=	100a								
				1a	=	$100\,m^2$						
						$1\,m^2$	=	$100\,dm^2$				
								$1\,dm^2$	=	$100\,cm^2$		
										$1\,cm^2$	=	$100\,mm^2$

Raumeinheiten

Kubikmeter		Kubikdezimeter		Kubikzentimeter	Kubikmillimeter
$1\,m^3$	=	$1000\,dm^3$			
		$1\,dm^3$	=	$1000\,cm^3$	
		1l	=	1000ml	

Bildquellenverzeichnis

U1.1: Klett-Archiv (Klaus Mellenthin), Stuttgart – 4.1: Getty Images (David Gould), München – 4.2: Corbis (LWA/S. Welstead), Düsseldorf – 4.3: Avenue Images GmbH (BrandXPictures), Hamburg – 4.4: Avenue Images GmbH (StockTrek), Hamburg – 5.1: Getty Images (Paula Hibl), München – 5.2: Avenue Images GmbH (PhotoDisc), Hamburg – 5.3: Getty Images (Altrendo), München – 5.4: Getty Images (Erlanson Productions), München – 12.1: Getty Images (David Gould), München – 12.2-3: Klett-Archiv (Simianer & Blühdorn), Stuttgart – 13.1: Getty Images (James Darell), München – 14.1: Corbis (Tom Stewart), Düsseldorf – 15.2: Klett-Archiv (KD Busch Fotostudio), Stuttgart – 16.2: Klett-Archiv (KOMAAMOK), Stuttgart – 21.1: Getty Images RF (PhotoDisc), München – 23.2-4: Klett-Archiv (KD Busch Fotostudio), Stuttgart – 25.2-12: Klett-Archiv (KD Busch Fotostudio), Stuttgart – 26.2: Corbis (LATREILLE FRANCOIS), Düsseldorf – 28.2: MEV, Augsburg – 31.3: Corbis (James Randklev), Düsseldorf – 31.4: AKG, Berlin – 34.1: Klett-Archiv, Stuttgart – 36.1: Picture-Alliance (dpa), Frankfurt – 36.3: Fotofinder (arco), Berlin – 38.1: Avenue Images GmbH (StockTrek), Hamburg – 38.2-3: Klett-Archiv (Simianer & Blühdorn), Stuttgart – 39.1-2: Klett-Archiv (Simianer & Blühdorn), Stuttgart – 40.1: Klett-Archiv (Simianer & Blühdorn), Stuttgart – 42.2: Klett-Archiv (Simianer & Blühdorn), Stuttgart – 44.1: Klett-Archiv (Simianer & Blühdorn), Stuttgart – 47.3: Klett-Archiv (KOMAAMOK), Stuttgart – 48.2: Picture-Alliance (Bürschaper), Frankfurt – 49.1-2: Klett-Archiv (Simianer & Blühdorn), Stuttgart – 50.1: laif, Köln – 53.1: MEV, Augsburg – 57.5: Picture-Alliance (KPA/Ziese), Frankfurt – 58.1: mecom (Bongarts), Hamburg – 60.1: Avenue Images GmbH (BrandXPictures), Hamburg – 60.2: Zentrale für Unterrichtsmedien im Internet e.V. – 61.1: Fotosearch RF (Brand X Pictures), Waukesha, WI – 61.2: Dieter Gebhardt, Asperg – 62.1: laif (Hub), Köln – 66: Fotofinder (variopress), Berlin – 76.1: Corbis (LWA/S. Welstead), Düsseldorf – 76.2: Avenue Images GmbH (BrandXPictures), Hamburg – 77.1: Corbis, Düsseldorf – 77.2: Getty Images (Clarissa Leahy), München – 81.1: altrofoto.de, Regensburg – 88.1: Corbis (Bettmann), Düsseldorf – 92.2: ullstein bild, Berlin – 92.3: Picture-Alliance (akg-images), Frankfurt – 94.1: Getty Images (Paula Hibl), München – 94.2: Klett-Archiv (Simianer & Blühdorn), Stuttgart – 95.1: Klett-Archiv (Simianer & Blühdorn), Stuttgart – 95.2: Getty Images (PM Images), München – 95.3-5: Klett-Archiv (Simianer & Blühdorn), Stuttgart – 98.1: Fotofinder (archivberlin), Berlin – 101.1: Klett-Archiv (Simianer & Blühdorn), Stuttgart – 104.1-2: Klett-Archiv (Simianer & Blühdorn), Stuttgart – 104.5: Klett-Archiv (Simianer & Blühdorn), Stuttgart – 105.1: Corbis (Ralph A. Clevenger), Düsseldorf – 105.2: Mauritius (Rosenfeld), Mittenwald – 105.4: Corbis (Adam Woolfitt), Düsseldorf – 105.5: Musiolek, Wilhelm, Lehrte/Arpke – 105.8: Dieter Gebhardt, Asperg – 106.1: AKG, Berlin – 109.1: Getty Images (Stone), München – 109.5: Volkswagen AG, Wolfsburg – 109.6: Mitsubishi Motors Deutschland GmbH, Trebur – 109.8: Getty Images (Stone), München – 114.2: Corbis (Schuster), Düsseldorf – 114.6: Getty Images (Peter Anderson), München – 115.1: Getty Images RF (Photo Disc), München – 118.1: Getty Images (Erlanson Productions), München – 118.2: Getty Images (V.C.L.), München – 118.3: Fotosearch RF (PhotoDisc), Waukesha, WI – 118.4: Getty Images (Photographer's Choice), München – 118.5: Wikimedia Foundation Inc. (Holger Weinandt/GNU), St. Petersburg FL – 118.6: Getty Images (Botonica/James Baigr), München – 118.7: Getty Images (Image Bank), München – 118.8: Getty Images (Taxi), München – 118.9: Avenue Images GmbH (Corbis RF), Hamburg – 123.1: Mauritius (Jiri), Mittenwald – 127.2: Ecomed Verlag: Enzyklopädie der Holzgewächse – 127.3: Corbis (Sally A. Morgan), Düsseldorf – 127.4: Ecomed Verlag: Enzyklopädie der Holzgewächse – 127.5: Alamy Images RM (Reino Hanninen), Abingdon, Oxon – 127.6: Geotop, München – 129.1: Getty Images (Image Bank), München – 129.3: Creativ Collection Verlag GmbH, Freiburg – 131.2: Fotofinder (Werner Otto), Berlin – 133.2: Werner Otto, Oberhausen – 134.1: Fotofinder (Caro), Berlin – 134.2: Bananastock RF, Watlington/Oxon – 136.2: Silva Deutschland GmbH, Friedrichsdorf – 138.1: Avenue Images GmbH (PhotoDisc), Hamburg – 138.2: Klett-Archiv (Simianer & Blühdorn), Stuttgart – 139.1: Avenue Images GmbH (BrandXPictures), Hamburg – 139.2: Klett-Archiv (Simianer & Blühdorn), Stuttgart – 140.1: mecom (Bongarts), Hamburg – 141.1: MEV, Augsburg – 142.2: Picture-Alliance (dpa), Frankfurt – 144.3: Klett-Archiv (Simianer & Blühdorn), Stuttgart – 144.4: Getty Images (Image Bank), München – 144.5: Klett-Archiv (Simianer & Blühdorn), Stuttgart – 145.1: Alamy Images RM (iWitness Photos), Abingdon, Oxon – 146.2: Avenue Images GmbH (Stockbyte), Hamburg – 147.1: Avenue Images GmbH (Index Stock), Hamburg – 149.1: Mauritius (age), Mittenwald – 152.2: Klett-Archiv (Simianer & Blühdorn), Stuttgart – 153.1: Getty Images (Image Bank), München – 153.3: Getty Images, München – 154.3: Otto Bock Healthcare GmbH, Duderstadt – 154.4: Corbis (Robert Dowling), Düsseldorf – 156.1: Getty Images (Altrendo), München – 156.2: Getty Images (Taxi), München – 157.1: Corbis (zefa/Winkler), Düsseldorf – 157.2-3: Getty Images (Taxi), München – 157.4: Getty Images (Image Bank), München – 158.1: Mauritius (Grafica), Mittenwald – 160.1: MEV, Augsburg – 160.2: Klett-Archiv (Simianer & Blühdorn), Stuttgart – 161.1: Avenue Images GmbH (Iconotec), Hamburg – 161.3: MEV, Augsburg – 162.2: mecom (avanti), Hamburg – 163.2: MEV, Augsburg – 164.1: Vodafone D2 GmbH, Düsseldorf – 165.1: Fotofinder (FreeLens Pool), Berlin – 166.1: Bananastock RF, Watlington/Oxon – 167.1: Das Fotoarchiv, Essen – 168.1: iStockphoto (RF/David Freund), Calgary, Alberta – 169.1: Bananastock RF, Watlington/Oxon – 170.1: DPA (Matthias Schrader), Hamburg – 171.1: Bananastock RF, Watlington/Oxon – 173.3: Mauritius (age), Mittenwald – 175.3: Klett-Archiv, Stuttgart – 177.1: Loescher Editore (Rio Movie), Torino – 178.1: Corbis (RF), Düsseldorf – 178.2: Getty Images (Girl Ray), München – 178.3: Avenue Images GmbH (Digital Vision), Hamburg – 179.1: Getty Images (M. Krasowitz), München – 179.2: Corbis (RF), Düsseldorf – 180.2: Avenue Images GmbH (image 100), Hamburg – 182.1: STUDIO X (Gamma/Gaillarde), Limours – 183.2: blickwinkel (Fotofinder), Witten – 184.2: AKG, Berlin – 184.3: Klett-Archiv (KOMAAMOK), Stuttgart – 185.1: Okapia (Arnold), Frankfurt – 185.3: Germanisches Nationalmuseum, Nürnberg – 188.2: Corbis (Mike King), Düsseldorf – 189.2: Corbis (RF), Düsseldorf – 190.1: Getty Images (Photodisc), München – 190.2: BPK, Berlin – 190.4: Corbis (Bettmann), Düsseldorf – 191.2: Corbis (ARC/CORBIS SYGMA), Düsseldorf – 191.3: Caro Fotoagentur (Dobiey), Berlin

Nicht in allen Fällen war es uns möglich, den uns bekannten Rechteinhaber ausfindig zu machen. Berechtigte Ansprüche werden selbstverständlich im Rahmen der üblichen Vereinbarungen abgegolten.